GONGCHENG JIXIE
YEYA YU YELI CHUANDONG

工程机械
液压与液力传动

◀第2版▶

苏欣平　刘士通　主编

中国电力出版社
CHINA ELECTRIC POWER PRESS

内 容 提 要

　　本书主要讲述液压流体力学的基本知识，以及液压元件的工作原理、结构、性能分析及选型。结合工程机械的特点介绍液压系统分析、典型机构回路，介绍液压元件、液压系统设计计算，介绍基本回路及其使用、维修、故障排除，介绍液压伺服控制技术、比例控制技术以及液压新技术。

　　本书在较全面地阐述有关工程机械液压与液力传动基本内容的基础上，力求反映工程机械液压行业发展的新情况。书中删除了第 1 版中液压动力元件等章节的瞬时流量计算等，并改写了对应章节内容，更新了部分图片，增加了液压系统设计实例、比例控制及新技术、Rexroth 低速大扭矩径向柱塞马达、思考与练习等内容，更具实用性。

　　本书可以作为工程机械类专业学生教材，也可供工程机械、液压工程师、液压系统使用和维护人员学习参考。

图书在版编目（CIP）数据

工程机械液压与液力传动/苏欣平，刘士通主编. —2 版. —北京：中国电力出版社，2016.3
ISBN 978-7-5123-8786-7

Ⅰ.①工… Ⅱ.①苏…②刘… Ⅲ.①工程机械-液压传动系统 Ⅳ.①TH137

中国版本图书馆 CIP 数据核字(2016)第 006723 号

中国电力出版社出版发行

北京市东城区北京站西街 19 号　100005　http://www.cepp.sgcc.com.cn
策划编辑：周 娟　责任编辑：杨淑玲　责任印制：蔺义舟　责任校对：闫秀英
北京丰源印刷厂印刷·各地新华书店经售
2016 年 3 月第 2 版·第 3 次印刷
787mm×1092mm　1/16·24 印张·590 千字
定价：**48.00** 元

前　　言

本书是为高等学校工程机械、机电一体化、汽车运用等专业编写的。本书第 1 版于 2010 年 2 月正式出版后，得到了同行和工程技术人员的肯定，于 2011 年 7 月进行了第 2 次印刷。近 6 年来，工程机械液压与液力传动技术得到了进一步发展。为了适应培养应用型工程技术人才的需要，为了更充分地反映液压与液力传动技术的发展，特对教材第 1 版进行修订。

本书在修订过程中，力求体现教材应有的稳定性、先进性、一定的理论性和系统性，着重基本观点、基本原理和基本方法的介绍，力求保持原书的风格，贯彻少而精和理论联系实际的原则。在较全面地阐述有关工程机械液压与液力传动基本内容的基础上，力求反映工程机械液压行业发展的最新情况。为此，在保持第 1 版原有特色的基础上，第 2 版删除了液压动力元件等章节中瞬时流量计算等，并改写了对应章节内容，更新了部分图片，增加了液压系统设计实例、比例控制及新技术、Rexroth 低速大扭矩径向柱塞马达、思考与练习等内容。

全书共 2 篇、15 章。第 1 篇为液压传动，主要内容包括概述、液压流体力学基础、液压动力元件、液压执行元件、液压控制阀、液压辅助元件、液压传动基本回路、典型液压系统、液压系统设计、液压传动系统的安装、使用和维护、液压伺服系统、比例控制及新技术等；第 2 篇为液力传动，主要内容包括液力传动概述、液力传动的流体力学基础、液力变矩器、液力偶合器等。

本书适用于普通工科院校工程机械类各专业，也适用于各类成人高校、自学考试等有关机械类的学生。本书教学时数约为 75 学时，两篇既有联系，又相互独立，可根据需要选用。本书也可供工程技术人员参考。

第 2 版由苏欣平、刘士通、傅磊、陈锦耀、李玉兰、李春卉、郭爱东、董帅等编写。全书由苏欣平、刘士通主编，由苏欣平负责统稿和校对，由军事交通学院韩佑文主审。编写和改编期间，Bosch Rexroth（北京）公司提供了液压元件样本资料，许多朋友及同行提供了无私的帮助，在此一并表示感谢！

由于我们编写水平有限，书中难免有不到之处，敬请广大读者指正。

编者

2016 年初于天津东局子

第 1 版 前 言

本书是为高等学校工程机械、机电一体化、汽车运用等专业编写的。全书共 2 篇，15 章。第 1 篇为液压传动，主要内容包括概述、液压流体力学基础，液压系统的动力元件，液压执行元件、液压控制阀，液压辅助元件，液压传动基本回路、典型液压系统、液压系统设计、液压传动系统的安装、使用和维护、液压伺服系统等；第 2 篇为液力传动，主要内容包括液力传动概述、液力传动的流体力学基础、液力变矩器、液力偶合器等。

本书在编写过程中，力求贯彻少而精、理论联系实际的原则，在较全面地阐述有关工程机械液压与液力传动基本内容的基础上，力求反映国外工程机械液压行业发展的最新情况。为此，本书中液压元件采用最新结构，并突出工程机械特色；液压系统实例结合当今最先进的工程机械液压系统；元件插图不采用过去常用的剖面图，改为简单易懂的轴测图或点阵剖面图；增加了工程机械液压系统使用维护、故障诊断的内容等。本书元件的图形符号、回路和系统原理图采用国家最新图形符号绘制。

本书适用于普通工科院校工程机械类各专业，也适用于各类成人高校、自学考试等有关机械类的学生。本书教学时数约为 75 学时，两篇既有联系，又相互独立，可根据需要选用。本书也可供工程技术人员参考。

本书由苏欣平、刘士通主编，傅磊、陈锦耀为副主编，参加编写工作的有苏欣平、刘士通、傅磊、陈锦耀、李玉兰、李春卉、宋荣利、张文斌、郭爱东等。

本书由军事交通学院韩佑文副教授主审，在此表示感谢！

感谢 Bosch Rexroth（中国）公司为我们提供液压元件样本资料，感谢所有为本书提供帮助的朋友们及同行们！

由于我们编写水平有限，书中难免有不到之处，敬请广大读者指正。

编　者

目　　录

第 2 篇　液　力　传　动

第1篇 液压传动

第1章 概　述

1.1　液压传动工作原理

任何一部完整的机器都由动力部分、传动装置和工作机构组成，能量从动力部分经过传动装置到工作机构传递。根据工作介质的不同，传动装置可分为四大类：机械传动、电力传动、液体传动和气体传动。

机械传动是通过齿轮、传动带、链条、钢丝绳、轴和轴承等机械零件传递能量的。它具有传动准确可靠、制造简单、设计及工艺都比较成熟、受负荷及温度变化的影响小等优点，但与其他传动形式比较有结构复杂、笨重、远距离操纵困难、安装位置自由度小等缺点。

电力传动，在有交流电源的场合得到了广泛的应用，但交流电动机若实现无级调速需要有变频调速设备，而直流电动机需要直流电源，其无级调速需要有晶闸管调速设备。因而应用范围受到限制。电力传动在大功率及低速大转矩的场合普及使用尚有一段距离。在工程机械的应用上，由于电源困难，结构笨重，无法进行频繁的启动、制动、换向等原因，很少单独采用电力传动。

气体传动是以压缩空气为工作介质的，通过调节供气量，很容易实现无级调速，而且结构简单、操作方便、高压空气流动过程中压力损失少，同时空气从大气中取得，无供应困难，排气及漏气全部回到大气中去，无污染环境的弊病，对环境的适应性强。气体传动的致命弱点是由于空气的可压缩性致使无法获得稳定的运动，因此，一般只用于那些对运动均匀性无关紧要的地方，如气锤、风镐等。此外为了减少空气的泄漏及安全原因，气体传动系统的工作压力一般不超过 0.7～0.8MPa，因而气动元件结构尺寸大，不宜用于大功率传动。在工程机械上气动元件多用于操纵系统，如制动器、离合器的操纵等。

液体传动是以液体为工作介质，传递能量和进行控制的，它包括液力传动、液黏传动和液压传动。液力传动实际上是一组离心泵—涡轮机系统，如图 1.1-1 所示。发动机带动离心泵 1 旋转，离心泵从液槽吸入液体并带动液体旋转，最后将液体以一定的速度排入导管 3。这样，离心泵便

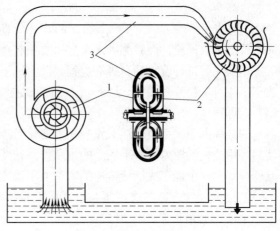

图 1.1-1　液力传动原理图

1—离心泵；2—涡轮机；3—导管

把发动机的机械能变成了液体的动能。从泵排出的高速液体经导管喷到涡轮机2的叶片上，使涡轮转动，从而变成涡轮轴的机械能。这种只利用液体动能的传动叫液力传动。

液力传动多在工程机械中作为机械传动的一个环节，组成液力机械传动而被广泛应用着，它具有自动无级变速的特点，无论机械遇到怎样大的阻力都不会使发动机熄火，但由于液力机械传动的效率比较低，一般不作为一个独立完整的传动系统被应用。

液黏传动是以黏性液体为工作介质，依靠主、从动摩擦片间液体的黏性来传递动力并调节转速与力矩的一种传动方式。液黏传动分为两大类，一类是运行中油膜厚度不变的液黏传动，如硅油风扇离合器。另一类是运行中油膜厚度可变的液黏传动，如液黏调速离合器、液黏制动器、液黏测功器、液黏联轴器、液黏调速装置等。

液压传动是只利用密闭工作容积内液体压力能的传动。液压千斤顶就是一个简单的液压传动的实例。液压千斤顶的结构如图1.1-2（a）所示，为明了起见，用符号表示其有关零部件，画出它的液压系统如图1.1-2（b）所示。

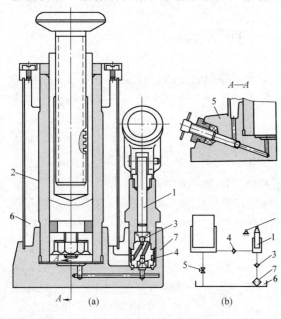

图 1.1-2　液压千斤顶
1—小液压缸；2—大液压缸；
3、4—单向阀；5—开关；6—油箱；7—滤网

液压千斤顶的小液压缸1、大液压缸2、油箱6以及它们之间的连接通道构成一个密闭的容器，里面充满着液压油。在开关5关闭的情况下，当提起手柄时，小液压缸1的柱塞上移使其工作容积增大形成部分真空，油箱6里的油便在大气压作用下通过滤网7和单向阀3进入小液压缸；压下手柄时，小油缸的柱塞下移，挤压其下腔的油液，这部分压力油便顶开单向阀4进入大液压缸2，推动大柱塞从而顶起重物。再提起手柄时，大油缸内的压力油将力图倒流入小液压缸，此时单向阀4自动关闭，使油不致倒流，这就保证了重物不致自动落下；压下手柄时，单向阀3自动关闭，使液压油不致倒流入油箱，而只能进入大液压缸顶起重物。这样，当手柄被反复提起和压下时，小液压缸不断交替进行着吸油和排油过程，压力油不断进入大液压缸，将重物一点点地顶起。当需放下重物时，打开开关5，大液压缸的柱塞便在重物作用下下移，将大液压缸中的油液挤回油箱6〔见图1.1-2（a）之剖面A—A〕。可见，液压千斤顶工作需有两个条件：一是处于密闭容器内的液体由于大小液压缸工作容积的变化而能够流动，二是这些液体具有压力。液压千斤顶就是利用油液的压力能将手柄上的力和位移转变为顶起重物的力和位移。从液压千斤顶的工作原理可知，一个能完成能量传递的完整液压系统由五部分组成：

（1）动力元件，即各类液压泵。其职能是将机械能转换为液体的压力能。液压千斤顶的小液压缸1即起液压泵的作用。

（2）执行元件，其职能是将液体的压力能转换为机械能。执行元件包括液压缸和液压马达，液压缸带动负载作往复运动，液压马达带动负载作旋转运动。图1.1-2中大液压缸2就是液压千斤顶的执行元件。

（3）控制元件，即各种阀。在液压系统中各种阀用以控制和调节各部分液体的压力、流量和方向，以满足机械的工作要求，完成一定的工作循环。液压千斤顶的单向阀 3、4 和开关 5 就是控制液流方向的。开关 5 还可控制液流的通断。

（4）辅助元件，指除以上三种以外的其他元件，包括油箱、滤油器、油管及管接头、密封件、冷却器、蓄能器、压力表、流量计等。

（5）传动介质，指传递能量的液体，包括各类液压油。

1.2　液压系统图及图形符号

工程机械的液压系统要比图 1.1-2 所示的液压千斤顶复杂得多，图 1.2-1 为推土机铲刀升降液压系统结构简图。

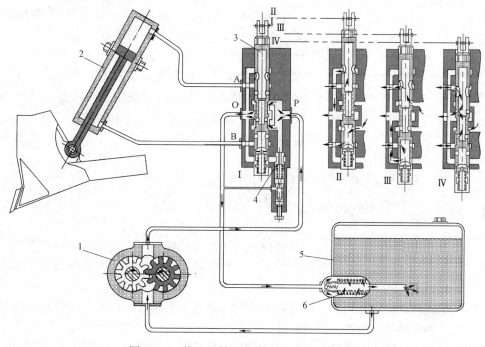

图 1.2-1　推土机铲刀升降液压系统结构简图

1—液压泵；2—液压缸；3—换向阀；4—安全阀；5—油箱；6—滤油器

推土机的液压系统通常由液压泵 1、液压缸 2、换向阀 3、安全阀 4、油箱 5 及滤油器 6 等组成。发动机带动液压泵从油箱中吸油，以一定的压力将这些油输出，这样，液压泵就把发动机的机械能转换成液压油的压力能，压力油进入液压缸，使液压缸的活塞杆伸缩，从而带动铲刀升降，这样，液压缸就把压力油的压力能转换成铲刀的机械能。换向阀的作用是控制液流的方向，它有 P、A、B 和 O 四个口分别与液压泵、液压缸上下腔及油箱相通，换向阀的阀杆有四个操纵位置对应于铲刀的四种工作状态：阀杆处于位置 I 时，在换向阀内部 P 口与 O 口通，A、B 口被封闭，此时从液压泵来的油从 P 口进入，经 O 口回油箱，液压缸活塞杆保持在一定位置，铲刀高度不变，这是换向阀的中立位置；阀杆在位置 II 时，换向阀内部 P 与 B 通、A 与 O 通，液压泵来的油经换向阀进入液压缸下腔，活塞杆缩回，铲刀提升，液压缸上腔的油经换向阀的 A 和 O 口回油箱；阀杆在位置Ⅲ时，液压泵来的油，经换向阀进入液压缸上腔，使铲刀下降；阀杆在位置Ⅳ时，换向阀内部四个口全通，铲刀呈浮动状态。

在阀杆处于位置Ⅱ或Ⅲ时，如果液压缸的活塞杆伸缩到极限位置，液压泵来的油无处可去，其压力便急剧上升，这就会造成油管破裂，泵损坏等事故，为此装设了安全阀4，以限制液压系统内的最高压力，当系统压力升高到一定值时，安全阀开启，液压泵来的油通过安全阀流回油箱，压力便不会继续上升。油箱的作用主要是储存液压油并散热，滤油器的作用是滤去液压油中的杂质以保证液压系统正常工作。

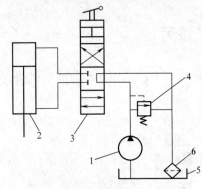

图 1.2-2　推土机液压系统图
1—液压泵；2—液压缸；3—换向阀；
4—溢流阀；5—油箱；6—过滤器

液压系统常以各种符号表示元件的职能、将各元件的符号用通路连接起来组成液压系统图，以表示液压传动及控制系统的原理。图 1.1-2（b）就是液压千斤顶的系统图，图 1.2-2 是用规定的图形符号表示的图 1.2-1 所示推土机的液压系统图。

液压系统图图形符号只表示元件的职能和连接通路，不表示元件的具体结构和参数，也不表示从一个工作状态转到另一工作状态过渡的过程，系统图只表示各元件的连接关系，而不表示系统布管的具体位置或元件在机器中的实际安装位置。系统图中的符号通常均以元件的静止位置或零位置表示，例如图 1.2-2 中的换向阀有四个位置，在系统图中一般则以其静止位置即不去操作时的中立位置表示。

1.3　液压传动的特点

与上述各种其他传动形式相比，液压传动的主要优点是：

（1）易于大幅度减速，从而可获得较大的力和扭矩，并能实现较大范围的无级变速。调速比可达 2000∶1。

（2）易于实现直线往复运动，以直接驱动工作装置。各液压元件间可用管路连接，故安装位置自由度多，便于机械的总体布置。

（3）能容量大，即较小重量和尺寸的液压件可传递较大的功率。例如，液压泵与同功率的电机相比外形尺寸为后者的 12%～13%，重量为后者的 10%～20%。这样就可以使整个机械的重量大大减轻。由于液压元件的结构紧凑、重量轻，而且液压油具有一定的吸振能力，所以液压系统的惯量小，起动快、工作平稳，易于实现快速而无冲击地变速与换向，应用于工程机械上，可减少变速时的功率损失。

（4）液压系统易于实现安全保护，同时液压传动比机械传动操作简便、省力，因而可提高效率和作业质量。

（5）液压传动的工作介质就是有润滑作用的液压油，可使各液压元件自行润滑，因而简化了机械的维护保养，并利于延长元件的使用寿命。

（6）液压元件易于实现标准化、系列化、通用化，便于组织专业性大批量生产，从而可提高生产率、提高产品质量、降低成本。

（7）与电、气配合，可设计出性能好、自动化程度高的传动及控制系统。

事物都是一分为二的，在比较各种传动方式时，也要看到液压传动的缺点，尽管这些缺点多数是可以克服的，例如：

（1）液压油的泄漏难以避免，外漏会污染环境并造成液压油的浪费；内漏会降低传动效率，并影响传动的平稳性和准确性，因而液压传动不适用于要求定比传动的场合。液压传动也比机械传动的效率低。

（2）液压油的黏度随温度变化而变化，从而影响传动机构的工作性能，因此在低温及高温条件下，采用液压传动时宜采取隔绝、冷却、加热等措施，避免液压油温度过高或过低。

（3）由于液体流动中压力损失大，故单纯采用液压传动不适用于远距离传动。在需要远距离传动时，可采用与通信、电控相结合的方法。

（4）零件加工质量要求高，液压元件成本较高。而随着液压元件的大量应用，其成本必然会大幅减低。

1.4　液压技术在工程机械上的应用及发展

由于液压传动有其突出的优点，在工程机械上已得到广泛的应用。液压挖掘机，轮胎装载机、汽车起重机、叉车、履带推土机、轮胎起重机、自行式铲运机、平地机、摊铺机、振动式压路机等工程机械都普遍采用了液压传动，整个工程机械行业基本实现了液压化。

工程机械采用液压传动后，普遍比原来同规格机械传动的产品减小了外形尺寸、减轻了重量，提高了产品性能。例如起重机采用液压伸缩臂后增加了运输状态的机动性和作业时的灵活性及对作业环境的适应性；挖掘机工作装置采用液压传动，使铲斗可以转动，增加了作业的自由度，提高了作业质量；挖掘机的行走部分采用液压传动，使底盘结构大大简化，转弯半径小，甚至可原地转向。挖掘机的操纵手柄减少为两个，使操纵大大简化、轻巧、灵便；全地形液压挖掘机在山坡上作业时仍能保证有较好的稳定性等，所有这些都大大提高了机械的作业率及各种性能指标。

液压技术自 18 世纪末英国制成世界上第一台水压机算起，已有 200 多年的历史了，但其真正的发展只是在第二次世界大战后 60 多年的时间内，战后液压技术迅速向民用工业转移，在机床、工程机械、农业机械、汽车等行业中逐步推广。20 世纪 60 年代以来，随着原子能技术、空间技术、计算机技术的发展，液压技术得到了很大的发展，并渗透到各个工业领域中去。当前液压技术正向高压、高速、大功率、高效、低噪声、高可靠性、高度集成化的方向发展。同时，新型液压元件（如采用电液比例技术、负荷传感技术）和液压系统的计算机辅助设计（CAD）、计算机辅助测试（CAT）、计算机直接控制（CDC）、计算机实时控制技术、机电一体化技术、计算机仿真和优化设计技术、可靠性技术、液压系统故障诊断技术，以及污染控制技术等方面也是当前液压传动及控制技术发展和研究的方向。

思 考 与 练 习 1

1. 传动装置分为几大类？举例说明。

2. 液压传动的定义是什么？液压传动的特点是什么？

3. 液压传动系统有哪些基本组成部分？举例说明各组成部分的作用。

第2章 液压流体力学基础

液压系统中的工作介质是液压油，了解液压油的物理、化学性质以及力学性质，对于正确理解液压传动原理以及合理设计、使用和维护液压系统都是非常必要的。本章介绍的是液压油的物理、化学性质以及力学性质。

2.1 液 压 油

2.1.1 液压油的主要性质

1. 密度 单位体积液体所含质量称为密度。体积为 V、质量为 m 的液体密度 ρ 为

$$\rho = \frac{m}{V} \quad (\text{kg/m}^3) \tag{2-1}$$

2. 重度 单位体积液体的重量称为重度。体积为 V、重量为 G 的液体的重度 γ 为

$$\gamma = \frac{G}{V} = \rho g \quad (\text{N/m}^3) \tag{2-2}$$

液压油的密度和重度随着液体温度的上升有所减小，随液体压力的增高而有所增大，但在通常使用的温度和压力范围内变化量很小，可以忽略不计。

3. 可压缩性 压力为 p_0、体积为 V_0 的液体，如压力增大 Δp 时，体积减小 ΔV，则此液体的可压缩性可用体积压缩系数 κ，即单位压力变化下的体积相对变化量来表示

$$\kappa = -\frac{1}{\Delta p} \times \frac{\Delta V}{V_0} \tag{2-3}$$

由于压力增大时液体的体积减小，因此上式的右边须加一负号，以使 κ 为正值。液体体积压缩系数的倒数，称为液体的体积弹性模量 K，简称体积模量，即 $K = 1/\kappa$。

K 表示产生单位体积相对变化量所需要的压力增量。在实际应用中，常用 K 值说明液体抵抗压缩能力的大小。在常温下，纯净油液的体积模量 $K = (1.4 \sim 2) \times 10^3 \text{MPa}$，而钢的弹性模量为 $2.06 \times 10^5 \text{MPa}$，油液的可压缩性是钢的 $100 \sim 150$ 倍。即使是这样，油液的体积模量数值还是很大，一般可认为油液是不可压缩的。但在有些情况下，例如在研究液压传动中的动态特性，包括计算液流的冲击力、抗振稳定性、工作的过渡过程以及计算远距离操纵的液压机构时，往往必须考虑液压油的可压缩性。

K 值与温度、压力有关：温度升高时，K 值减小，在液压油正常工作的范围内，K 值会有 $5\% \sim 25\%$ 的变化；压力增大时，K 值增大，但这种变化为非线性的，且当 $p \geqslant 3.0 \text{MPa}$ 时，K 值基本不再增大。

4. 液体膨胀性 液体的膨胀性是表示液体在压力不变的情况下，温度升高后其体积会增大、密度会减小的特性。膨胀性的大小可用热膨胀系数 α 表示，其定义为：当液体的温度改变 $1^\circ\!C$ 时，其体积 V 的相对变化值（ΔV 为体积变化值，Δt 为温度变化值），即

$$\alpha = \frac{1}{\Delta t} \times \frac{\Delta V}{V} \quad (1/{}^{\circ}\text{C}) \tag{2-4}$$

常用液压油的膨胀系数为 $\alpha = (8.5 \sim 9.0) \times 10^{-4}(1/{}^{\circ}\text{C})$

5. 黏性　液体在外力作用下流动（或有流动趋势）时，分子间的内聚力要阻止分子间的相对运动，而产生内摩擦力的性质，就叫液体的黏性。液体流动（或有流动趋势）时才会呈现黏性，静止的液体不呈现黏性。黏性只能阻碍液体内部的相对滑动，但不能消除滑动。

液体的黏性会使液体内部各层间的速度大小不等，如图 2.1-1 所示，设两平行平板间充满液体，下平板不动，上平板以速度 u_0 向右平移。由于液体的黏性作用，紧贴下平板的液体层速度为零，紧贴上平板的液体层速度为 u_0，而中间各层液体的速度则根据它与下平板间的距离大小近似呈线性规律分布。

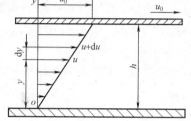

图 2.1-1　液体的黏性示意图

试验表明，液体流动时相邻液层间的内摩擦力 F_t 与液层接触面积 A、液层间的速度梯度 $\mathrm{d}u/\mathrm{d}y$ 成正比，即

$$F_t = \mu A \frac{\mathrm{d}u}{\mathrm{d}y} \tag{2-5}$$

式中，μ 为比例常数，称为黏性系数或黏度。如用 τ 表示切应力，即单位面积上的内摩擦力，则

$$\tau = \frac{F_t}{A} = \mu \frac{\mathrm{d}u}{\mathrm{d}y} \tag{2-6}$$

上式称为牛顿的液体内摩擦定律。液体的黏度是指它在单位速度梯度下流动时单位面积上产生的内摩擦力。黏度是衡量液体黏性的指标，黏性的表示方式有动力黏度、运动黏度和相对黏度。动力黏度和运动黏度又称为绝对黏度。动力（绝对）黏度 μ 是各种黏度表示法的基础，其单位为 Pa·s（帕·秒）。在以前的 CGS 制中，μ 的单位为 P（泊，dyn·s/cm^2），$1\text{Pa·s} = 10\text{P} = 10^3\text{cP}$（厘泊）。

液体的动力黏度与其密度的比值，称为液体的运动黏度 ν，即 $\nu = \mu/\rho$，单位为 m^2/s。在 CGS 制中，ν 的单位为 St（斯），$1\text{m}^2/\text{s} = 10^4\text{St} = 10^6\text{cSt}$（厘斯）$= 10^6\text{mm}^2/\text{s}$。$1\text{mm}^2/\text{s} = 1\text{cst}$（厘斯）ISO 规定统一采用运动黏度来表示油的黏度。

液体动力黏度的测定十分麻烦，工程上用一些简便的办法去测定液体相对黏度，然后再根据关系式换算出运动黏度或动力黏度。

相对黏度又称条件黏度，是采用特定的黏度计在规定条件下测出的液体黏度。根据测量条件的不同，各国采用的相对黏度不一样。我国采用恩氏黏度 ${}^{\circ}E$，美国采用赛氏黏度 SSU，英国采用雷氏黏度 ${}^{\circ}R$。

恩氏黏度用恩氏黏度计来测定，其方法是将 200cm^3 被试液体在某温度下从恩氏黏度计的小孔（孔径为 2.8mm）流完的时间 t_1 与相同体积蒸馏水在 20℃时从同一小孔流完所需时间 t_2 的比值叫该液体的恩氏黏度，常用符号 ${}^{\circ}E$ 表示。温度 t℃时的恩氏黏度用符号 ${}^{\circ}E_t$ 表示，在工程机械液压传动系统中一般以 50℃作为测定恩氏黏度的标准温度，用 ${}^{\circ}E_{50}$ 表示。

恩氏黏度与运动黏度的换算可用下述近似经验公式表示

$$\nu = \left(7.31°E - \frac{6.31}{°E}\right) \times 10^{-6} \quad (\text{m}^2/\text{s}) \tag{2-7}$$

国际标准化组织 ISO 规定统一采用运动黏度来表示油的黏度等级。我国生产的液压油采用 40℃时的运动黏度值（mm²/s）为其黏度等级标号，即油的牌号。例如牌号为 L-HL32 的液压油，就是指这种油在 40℃时的运动黏度平均值为 32mm²/s。

液体的黏度随液体的压力和温度而变。对液压油来说，压力增大时，黏度增大。压力在 20MPa 以下时，黏度变化不大，可以忽略不计。当压力很高时，黏度将急剧增大，不可忽视。例如，当压力从零升高到 150MPa 时，矿物油黏度将增大 17 倍。

黏度与压力的关系可用下列经验公式表示

$$\nu_p = \nu_0 e^{bp} \tag{2-8}$$

式中：ν_0 为在一个大气压下的运动黏度；ν_p 为压力为 p 时的运动黏度；b 为系数，对于一般液压传动用油 $b=0.002\sim0.003$；p 为油的压力。

在实际应用中，压力在 0～50MPa 范围内，可用下式计算油的黏度

$$\nu_p = \nu_0(1 + 0.003p) \tag{2-9}$$

液压油的黏度对温度的变化十分敏感，如图 2.1-2 所示，温度升高，黏度下降，其经验关系式为

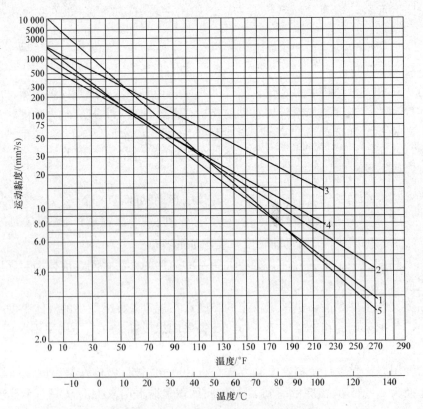

图 2.1-2　典型工作液体的黏度-温度曲线

1—石油型普通液压油；2—石油型高黏度指数液压油；

3—水包油乳化液；4—水-乙二醇液；5—磷酸酯液

$$\mu = \mu_0 \exp[-\lambda(T - T_0)] \tag{2-10}$$

式中：μ、μ_0 为油液在温度为 $T\,[K]$、$T_0\,[K]$ 时的动力黏度；λ 为经验常数，对矿物油系的液压油 $\lambda = 1.8 \times 10^{-2} \sim 36 \times 10^{-2}\,\mathrm{K}^{-1}$。

调合油的黏度。有时，一种液压油的黏度不合乎要求必须用几种液压油调合以达到要求的黏度，则此调合油的黏度可用下式计算

$$°E = \frac{a°E_1 + b°E_2 - c(°E_1 - °E_2)}{100} \tag{2-11}$$

式中：$°E_1$、$°E_2$、$°E$ 为参加调合的两种油及调合后油的黏度，且 $°E_1 > °E_2$；a、b 为参加调合的两种油各占的百分数，$a + b = 100$；c 为试验所得的系数，见表 2.1-1。

表 2.1-1 系 数 c

a（%）	10	20	30	40	50	60	70	80	90
b（%）	90	80	70	60	50	40	30	20	10
c	6.7	13.1	17.9	22.1	25.5	27.9	28.2	25	17

6. 其他特性　油液保持其良好流动性的最低温度叫做油液的流动点；油液完全失去其流动性的最高温度叫做油液的凝固点。

油液加热到液面上在接触明火时出现闪闪断续性燃烧的温度叫做油液的闪点，闪点高的油液其挥发性小。油液加热至能自行连续燃烧的温度叫做油液的燃点。燃点高的油液难以着火燃烧。

此外，还有润滑性与抗磨性，氧化安定性和热安定性，抗剪切安定性，抗乳化性和水解安定性，抗泡沫性和空气释放性，清洁度和可滤性，对密封材料的相容性，防锈性和抗腐蚀性，比热容，热导率，介电性，酸值和腐蚀性等，这些性质在矿物油精炼中加入适量添加剂来获得，其含义较为明显，不多作解释，可参阅有关资料。

2.1.2　液压系统对液压油性能的要求

为了很好地传递运动和动力，液压油应具备以下性能：

（1）黏度合适 [$2°E_{50}$（11.5cSt）到 $8°E_{50}$（60cSt）]，较好的黏温特性。

（2）润滑性能良好。

（3）质地纯净，杂质少。

（4）良好的相容性。

（5）良好的热、氧化、水解和剪切稳定性。

（6）体积膨胀系数低，比热容和热导率高，流动点和凝固点低，闪点和燃点高。

2.1.3　液压油的分类和选用

1. 分类　液压系统工作介质的品种以其代号和后面的数字组成，代号中 L 是石油产品的总分类号"润滑剂和有关产品"，H 表示液压系统用的工作介质，数字表示为该工作介质的某个黏度等级。石油型液压油是最常用的液压系统工作介质，其各项性能都优于全损耗系统用油 L-AN（旧称机械油）。全损耗系统用油是一种低品位、浪费资源的产品，不再生产。HL 液压油已被列为全损耗系统用油的升级换代产品，石油型液压油黏度等级有自 15～150 等多种规格，选用见表 2.1-2。

表 2.1-2　　　　　　　　　　　　　　液压油的分类

分　类	名　称	代　号	组成和特性	应　用
石油型	精致矿物油	L-HH	无抗氧化剂	循环润滑油，低压液压系统
	普通液压油	L-HL	HH 油，并改善其防锈和抗氧化性	一般液压系统
	抗磨液压油	L-HM	HL 油，并改善其抗磨性	低、中、高液压系统，特别适合于有防磨要求的叶片泵的液压系统
	低温液压油	L-HV	HM 油，并改善其黏温特性	能在 −40～−20℃ 低温环境中工作，主要用于工程机械等
	其他液压油		加入多种添加剂	用于高品质的专用液压系统
乳化型	水包油乳化液	L-HFAE	需要难燃液的场合	
	油包水乳化液	L-HFB		
合成型	水-乙二醇	L-HFC		
	磷酸酯液	L-HFDR		

2. 液压油的选用　在选择液压油时，除了按照泵、阀等元件出厂规定中的要求进行选择外，一般可作如下考虑：

（1）液压油黏度的选择应考虑环境温度的高低及变化情况。环境温度高时，应采用黏度较高的油；反之，应采用黏度较低的液压油。例如在严冬使用 L-HFAE 全损耗系统用油而在盛夏使用 L-HFB 全损耗系统用油。

（2）考虑液压系统中工作压力的高低。通常工作压力高时宜选择高黏度的油。在工作压力较低时，则宜选用低黏度的油。

（3）考虑运动速度的高低。当工作装置运动速度很高时，宜选择黏度较低的液压油；反之，当工作装置运动速度较低时，宜选择黏度较高的液压油。

（4）工程机械液压系统中常用的液压油有如下几种：

1）机械油。氧化稳定性差，常用于要求不高的液压系统。

2）汽轮机油。具有较高的抗氧化性、抗乳化性，用于要求较高的液压系统。

3）柴油机油。油中加有抗氧化、防锈剂和去垢剂。润滑性能好，黏度指数高。

2.2　液压油的污染与控制

2.2.1　液压油污染的原因

液压油的污染是液压系统发生故障的主要原因。它严重影响液压系统的可靠性及液压元件的寿命，因此工作介质的正确使用、管理以及污染控制，是提高液压系统的可靠性及延长液压元件使用寿命的重要手段。

进入液压油的固体污染物的主要原因是已被污染的新油、残留污染、侵入污染和内部生成污染。

液压油泵污染的原因：

（1）已被污染的新油。虽然液压油和润滑油是在比较清洁的条件下精炼和调合的，但油液在运输和储存过程中受到管道、油桶和储油罐的污染。其污染物为灰尘、砂土、锈垢、水分和其他液体等。

（2）残留污染。液压系统和液压元件在装配和冲洗中的残留物，如毛刺、切屑、型砂、涂料、橡胶、焊渣和棉纱纤维等。

（3）侵入污染。液压系统运行过程中，由于油箱密封不完善以及元件密封装置损坏由系统外部侵入的污染物，如灰尘、砂土、切屑以及水分等。

（4）生成污染。液压系统运行中系统本身所生成的污染物。其中既有元件磨损剥离、被冲刷和腐蚀的金属颗粒或橡胶末，又有油液老化产生的污染物等。这一类污染物最具有危险性。

液压系统 75% 以上的故障是由液压油污染所引起的。污染物颗粒大多数是磨粒性的，它们与元件表面相互作用时，产生磨粒磨损和表面疲劳。从元件表面切削出的碎片，加速元件磨损，使内泄漏增加，降低液压泵、液压阀等液压元件的效率和精度。这些变化起初很难觉察，尤其对液压泵来说，最终会引起失效。这种失效是不能恢复的退化失效。最容易引起磨损的颗粒是处于间隙尺寸的颗粒。

当一个大颗粒进入液压泵或液压阀时，可能使液压泵或液压阀卡死，或者堵塞液压阀的控制节流孔，引起突发性失效。有时颗粒或污染物妨碍液压阀的归位，使液压阀不能完全关闭，当液压阀再次打开时，该颗粒或污染物可能被冲走，于是，出现一种间歇失效，导致液压系统不能正常工作。

颗粒、污染物和油液氧化变质生成的黏性胶质堵塞过滤器，使液压泵运转困难，产生噪声。水分和空气的混入使液压油的润滑性能降低，并加速其氧化变质，产生气蚀，使液压元件加速腐蚀，液压系统出现振动和爬行等现象。

这些故障轻则影响液压系统的性能和使用寿命，重则损坏元件使元件失效，导致液压系统不能工作，危害是非常严重的。

2.2.2　液压油污染的控制

液压油污染的原因很复杂，液压油自身又在不断产生污染物，因此要彻底解决液压油的污染问题是很困难的。为了延长液压元件的寿命，保证液压系统可靠地工作，将液压油的污染度控制在某一限度内是较为切实可行的办法。

为了减少液压油的污染，应采取如下一些措施：

（1）对元件和系统进行清洗，清除在加工和组装过程中残留的污染物，液压元件在加工的每道工序后都应净化，装配后应经严格的清洗。最后用系统工作时使用的工作介质对系统进行彻底地冲洗，系统达到要求的清洁度后，放掉冲洗液，注入新的液压油后，才能正式运转。

（2）防止污染物从外界侵入，油箱呼吸孔上应装设高效的空气过滤器或采用密封油箱，液压油应通过过滤器注入系统。活塞杆端应装防尘密封。

（3）在液压系统合适部位设置合适的过滤器，并定期检查、清洗或更换。具体内容详见第 6 章。

（4）控制液压油的温度，液压油温度过高会加速其氧化变质，产生各种生成物，缩短其使用期限。

（5）定期检查和更换液压油。定期对液压系统的液压油进行抽样检查，分析其污染度，如已不合要求，必须立即更换。更换新的液压油前，必须对整个液压系统彻底清洗一遍。

2.2.3 污染度的测定和污染等级

1. 污染度的测定 液压油的污染度是指单位容积液压油中固体颗粒污染物的含量。含量可用质量或颗粒数表示，因而相应的污染度测定方法有称量法和颗粒计数法两种。

（1）称量法。把100mL的液压油样品进行真空过滤并烘干后，在精密天平上称出颗粒的质量，然后依标准定出污染等级。这种方法只能表示液压油中污染物的总量，不能反映颗粒尺寸的大小及其分布情况。该方法使用设备简单，操作方便，重复精度高，适用于工作介质日常性的质量管理场合。

（2）颗粒计数法。颗粒计数法是测定液压油样品单位容积中不同尺寸范围内颗粒污染物的颗粒数，借以查明其区间颗粒含量（单位容积油液中含有某给定尺寸范围的颗粒数）或累计颗粒含量（单位容积油液中含有大于某给定尺寸的颗粒数）。目前，用得较普遍的有显微镜颗粒计数法和自动颗粒计数法。

显微镜颗粒计数法也是将100mL液压油样品进行真空过滤，并把得到的颗粒经溶剂处理后，放在显微镜下，找出其尺寸大小及数量，然后依标准确定液压油的污染度。这种方法的优点是能够直接看到颗粒的种类、大小及数量，从而可推测污染原因。但要求有熟练的操作技术，操作时间长，劳动强度低，精度低。

自动颗粒计数法是利用光源照射液压油样品时，液压油中颗粒在光电传感器上投影所发出的脉冲信号来测定工作介质的污染度的。由于信号的强弱和多少分别与颗粒的大小和数量有关，将测得的信号与标准颗粒产生的信号相比较，就可以算出液压油样品中颗粒的大小与数量。这种方法能自动计数，测定简便、迅速、精确，可以及时从高压管道中抽样测定，因此得到了广泛的应用。但是，此法不能直接观察到污染颗粒本身。

2. 污染度的等级 为了描述和评定液压油污染的程度，以便对它进行控制，有必要规定出液压油的污染度等级。下面介绍GB/T 14039—2002《液压传动油液固体颗粒污染等级代号》和目前仍被采用的美国NAS 1638油液污染度等级。

我国制定的GB/T 14039—2002《液压传动油液固体颗粒污染等级代号》等效采用国际标准ISO 4406—1999。使用自动颗粒计数器计数所报告的污染等级代号由三个代码组成，该代码分别代表如下的颗粒尺寸及其分布：第一个代码代表每毫升油液中颗粒尺寸$\geqslant 4\mu m$的颗粒数；第二个代码代表每毫升油液中颗粒尺寸$\geqslant 6\mu m$的颗粒数；第三个代码代表每毫升油液中颗粒尺寸$\geqslant 14\mu m$的颗粒数。三个代码应按次序书写，相互间用一条斜线分隔。例如：代号22/18/13，其中第一个代码22表示每毫升油液中$\geqslant 4\mu m$的颗粒数在大于20 000～40 000之间（包括40 000在内）；第二个代码18表示$\geqslant 6\mu m$的颗粒数在大于1300～2500之间（包括2500在内）；第三个代码13表示$\geqslant 14\mu m$的颗粒数在大于40～80之间（包括80在内）。在应用时，可用"＊"（表示颗粒数太多而无法计数）或"—"（表示不需要计数）两个符号来表示代码。例如＊/19/14表示油液中$\geqslant 4\mu m$的颗粒数太多而无法计数；例如—/19/14表示油液中$\geqslant 4\mu m$的颗粒不需要计数。用显微镜计数所报告的污染等级代号，由$\geqslant 5\mu m$和$\geqslant 15\mu m$两个颗粒尺寸范围的颗粒浓度代码组成。为了与用自动颗粒计数器所得的数据报告相一致，代号由三部分组成，第一部分用符号"—"表示，例如：—/18/13。

表 2.2-1　　　　　　颗粒数与其代码的对应关系（GB/T 14039—2002）

每毫升的颗粒数		代　码	每毫升的颗粒数		代　码
>	≤		>	≤	
2 500 000		>28	80	160	14
1 300 000	2 500 000	28	40	80	13
640 000	1 300 000	27	20	40	12
320 000	640 000	26	10	20	11
160 000	320 000	25	5	10	10
80 000	160 000	24	2.5	5	9
40 000	80 000	23	1.3	2.5	8
20 000	40 000	22	0.64	1.3	7
10 000	20 000	21	0.32	0.64	6
5000	10 000	20	0.16	0.32	5
2500	5000	19	0.08	0.16	4
1300	2500	18	0.04	0.08	3
640	1300	17	0.02	0.04	2
320	640	16	0.01	0.02	1
160	320	15	0.005	0.01	

美国 NAS1638 污染度等级见表 2.2-2。按 100mL 工作介质中在给定的颗粒尺寸区间内的最大允许颗粒数划分为 14 个等级，最清洁的为 00 级，污染最高的为 12 级。

表 2.2-2　　　　　美国 NAS1638 污染度等级分级标准（100mL 工作介质中颗粒数）

尺寸范围 /μm	污染等级													
	00	0	1	2	3	4	5	6	7	8	9	10	11	12
	100mL 工作介质中所含颗粒的数目													
5～15	125	250	500	1000	2000	4000	8000	16 000	32 000	64 000	128 000	256 000	512 000	1 024 000
15～25	22	44	89	178	356	712	1425	2850	5700	11 400	22 800	45 600	91 200	182 400
25～50	4	8	16	32	63	126	253	506	1012	2025	4050	8100	16 200	32 400
50～100	1	2	3	6	11	22	45	90	180	360	720	1440	2800	5760
>100	0	1	1	2	2	4	8	16	32	64	128	256	512	1024

2.3　静止液体的力学基本规律

液体静力学主要是讨论液体静止时的平衡规律以及这些规律的应用。所谓"液体静止"指的是液体内部质点间没有相对运动，不呈现黏性。

2.3.1　液体静压力及其特性

作用在液体上的力有质量力和表面力两类。其中作用在液体每一质点上的，并与液体质量成正比的力称为质量力，如重力、惯性力等。单位质量液体的质量力称为单位质量力，它具有加速度的量纲。例如在重力场中，作用在单位质量液体的重力等于重力加速度。作用在液体表面上，并与液体表面积成正比的力称为表面力，如固定壁面对液体的作用力、摩擦力等。单位面积上的表面力称为应力，它又可以分为垂直作用于表面的法向应力和平行作用于表面的切向应力。当液体静止时，液体质点间没有相对运动，不存在摩擦力，所以静止液体的表面力只有法向力。液体内某点处面积 ΔA 上所受到的法向力 ΔF，称为压力 p（静压

力），即

$$p = \lim_{\Delta A \to 0} \frac{\Delta F}{\Delta A} \tag{2-12}$$

如果法向力 F 均匀地作用于面积 A 上，则压力可表示为

$$p = \frac{F}{A} \tag{2-13}$$

由于液体质点间的凝聚力很小，不能受拉，只能受压，所以液体的静压力具有两个重要特性：

（1）液体静压力的方向总是指向作用面的内法线方向。

（2）静止液体内任一点的液体静压力在各个方向上都相等。

2.3.2　液体静压力基本方程

1. 静压力基本方程　在重力场中的静止液体，其受力情况如图 2.3-1（a）所示，除了液体的重力、液面上的压力 p_0 以外，还有容器壁面对液体的压力。现要求得液体内离液面深度为 h 的 A 点处压力，可以在液体内取出一个通过该点的底面积为 ΔA 的垂直小液柱，如图 2.3-1（b）所示。小液柱的上顶与液面重合，这个小液柱在重力及周围液体的压力作用下，处于平衡状态，于是有

$$p\Delta A = p_0\Delta A + F_G$$

这里的 F_G 即为液柱的重量，$F_G = \rho g h \Delta A$，所以有

$$p = p_0 + \rho g h \tag{2-14}$$

式中，g 为重力加速度。

式（2-14）即为液体静压力的基本方程，由此式可知：

（1）静止液体内任一点处的压力由两部分组成：一部分是液面上的压力 p_0。另一部分是 ρg 与该点离液面深度 h 的乘积。当液面上只受大气压 p_a 作用时，点 A 处的静压力则为

$$p = p_a + \rho g h \tag{2-15}$$

（2）同一容器中同一液体内的静压力随液体深度 h 的增加而线性地增加。

（3）连通器内同一液体中深度相同的各点压力都相等，由压力相等的点组成的面称为等压面，在重力作用下静止液体中的等压面是一个水平面。

2. 静压力基本方程式的物理意义　如图 2.3-2 所示盛有液体的密闭容器，液面压力为 p_0，选择一基准水平面 Ox，根据静压力基本方程式可以确定距液面深度 h 处的 A 点的压力 p，即

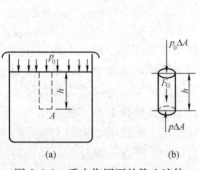

图 2.3-1　重力作用下的静止液体

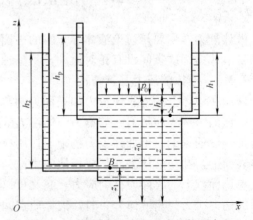

图 2.3-2　静压力基本方程式的物理意义

$$p = p_0 + \rho g h = p_0 + \rho g (z_0 - z)$$

式中：z_0 为液面与基准水平面的距离；z 为液体内点 A 与基准面间的距离。

整理后得

$$\frac{p}{\rho g} + z = \frac{p_0}{\rho g} + z_0 = 常数$$

或

$$\frac{p}{\rho} + zg = \frac{p_0}{\rho} + z_0 g = 常数 \tag{2-16}$$

这是液体静压力基本方程式的另一种形式。其中 $z_0 g$ 表示 A 点的单位质量液体的位能；p/ρ 表示 A 点的单位质量液体的压力能。

如果在与 A 点等高的容器壁上，接一根上端封闭并抽去空气的玻璃管，可以看到在静压力的作用下，液体将沿玻璃管上升至高度 h_p，根据式（2-16）可得到

$$\frac{p}{\rho} + zg = zg + h_p g$$

所以

$$h_p = \frac{p}{\rho g}$$

这说明点 A 处的液体质点由于受到静压力的作用而具有 mgh_p 的势能。单位质量液体具有的位（势）能为 $h_p g$。以上关系对 B 点也相同。

式（2-16）说明了静止液体中单位质量液体的压力能和位能可以互相转换，但各点的总能量保持不变，即能量守恒，这就是静压力基本方程式所包含的物理意义。

2.3.3　帕斯卡原理

当密闭容器内的液体，其外加压力 p_0 发生变化时，只要液体仍保持其原来的静止状态不变，液体中任一点的压力均将发生同样大小的变化。这就是说，在密闭容器内，施加于静止液体上的压力将以等值同时传到各点。这就是静压传递原理或称帕斯卡原理。

下面以图 2.3-3 为例来说明液体的静压传递原理。图中垂直液压缸、水平液压缸的截面积为 A_1、A_2，活塞上作用的负载为 F_1、F_2。由于两缸互相连通，构成一个密闭容器，因此按帕斯卡原理，缸内压力处处相等，即 $p_1 = p_2$，于是

$$F_2 = \frac{A_2}{A_1} F_1 \tag{2-17}$$

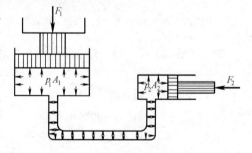

图 2.3-3　帕斯卡原理应用

如果垂直液压缸的活塞上没有负载，则当略去活塞重量及其他阻力时，不论怎样推动水平液压缸的活塞，也不能在液体中形成压力，这说明液压系统中的压力是由外界负载决定的。

2.3.4　压力的表示方法、单位

压力的表示方法有两种，一种是以绝对真空作为基准所表示的压力，称为绝对压力；另一种是以大气压力作为基准所表示的压力，称为相对压力。由于大多数测压仪表所测得的压力都是相对压力，故相对压力也称表压力。绝对压力与相对压力的关系为

绝对压力＝相对压力＋大气压力

如果液体中某点处的绝对压力小于大气压，这时在这个点上的绝对压力比大气压小的那部分数值叫做真空度。即：真空度＝大气压力－绝对压力。

由此可知，当以大气压为基准计算压力时，基准以上的正值是表压力，基准以下的负值绝对值就是真空度。绝对压力、相对压力和真空度的相互关系如图2.3-4所示。

我国法定的压力单位称为帕斯卡，简称帕，符号为Pa，$1Pa=1N/m^2$。由于此单位很小，工程上使用不便，因此常采用兆帕（10^6 帕），符号MPa，$1MPa=10^6Pa$。

我国过去在工程上采用工程大气压，也采用水柱高或汞柱高度等，这是因为液体内某一点处的表压力与它所在位置的淹深h成正比，因此也可用淹深来表示表压力的大小。压力的单位及其他非法定计量单位的换算关系为

$$1at（工程大气压）=1kgf/cm^2=9.8×10^4N/m^2$$
$$1mH_2O（米水柱）=9.8×10^3N/m^2$$
$$1mmHg（毫米汞柱）=1.33×10^2N/m^2$$

在液压技术中，目前还采用的压力单位有巴，符号为bar，即

$$1bar=10^5N/m^2=10N/cm^2≈1.02kgf/cm^2$$

例2-1　如图2.3-5所示，容器内充满油液，活塞上作用力$F=1000N$，活塞的面积$A=1×10^{-3}m^2$，问活塞下方深度为$h=0.5m$处的压力等于多少？油液的密度$ρ=900kg/m^3$。

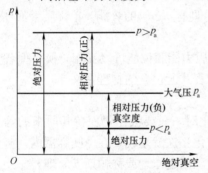

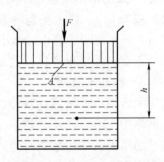

图2.3-4　绝对压力、相对压力和真空度　　　　图2.3-5　液体内压力计算图

解　根据式（2-14），$p=p_0+ρgh$，活塞和液面接触处的压力为
$$p_0=F/A=1000/（1×10^{-3}）N/m^2=10^6N/m^2$$

因此深度为h处的液体压力为

$$p=p_0+ρgh=（10^6+900×9.8×0.5）N/m^2=1.004\ 4×10^6N/m^2≈10^6N/m^2=1.0MPa$$

由此可见，液柱高度所引起的那部分压力$ρgh=4.1×10^3N/m^2$与其上面施加的压力p_0相比，可以忽略不计，并认为整个液体内部的压力是近似相等的。因而对液压传动来说，一般不考虑液体位置高度对于压力的影响，可以认为静止液体内各处的压力都是相等的。

2.3.5　静止液体作用在固体壁面上的力

静止液体和固体壁面相接触时，固体壁面上各点在某一方向上所受静压作用力的总和，便是液体在该方向上作用于固体壁面上的力。在液压传动计算中质量力（$ρgh$）可以忽略，静压力处处相等，所以可认为作用于固体壁面上的压力是均匀分布的。

当固体壁面是一个平面时，如图2.3-6（a）所示，则压力p作用在活塞（活塞直径为D、面积为A）上的力F即为

$$F = pA = \frac{\pi D^2}{4} p$$

当固体壁面是一个曲面时，作用在曲面各点的液体静压力是不平行的，但是静压力的大小是相等的，因而作用在曲面上的总作用力在不同的方向也就不一样，因此必须首先明确要计算的是曲面上哪一个方向的力。

如图 2.3-6（b）、（c）所示的球面和圆锥体面，要求液体静压力 p 沿垂直方向作用在球面和圆锥面上的力 F，就等于压力作用于该部分曲面在垂直方向的投影面积 A 与压力 p 的

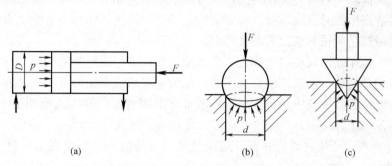

(a)　　　　　　　　(b)　　　　　(c)

图 2.3-6　液压力作用在固体壁面上的力

乘积，其作用点通过投影圆的圆心，其方向向上，即

$$F = pA = p \frac{\pi}{4} d^2$$

式中，d 为承压部分曲面投影圆的直径。

由此可见，曲面上液压作用力在某一方向上的分力等于液体静压力和曲面在该方向的垂直面内投影面积的乘积。

2.4　流动液体的力学基本规律

在液压传动过程中液压油总是在不断地流动，因此必须研究流体运动时的现象和规律。液体的流动遵循物理定律中的质量守恒定律、能量守恒定律和动量守恒定律。在流体连续介质的假设下，将上述三定律写成适合于运动液体的数学表达式后分别称为连续方程、能量方程和运动方程。本节主要讲三个基本方程——连续性方程、伯努利方程及动量方程，这三个方程是刚体力学中质量守恒、能量守恒以及动量守恒在流体力学中的具体体现，前两个用来解决压力、流速和流量之间的关系，后一个则用来解决流动液体与固体壁面之间相互作用力的问题。

液体在流动过程中，由于重力、惯性力、黏性摩擦力等的影响，其内部各处质点的运动状态是各不相同的，这些质点在不同时间、不同空间处的运动变化对液体的能量损耗有所影响，但对液压技术来说，使人感兴趣的只是整个液体在空间某特定点处或特定区域内的平均运动情况。此外，流动液体的状态还与液体的温度、黏度等参数有关。为了简化条件，便于分析，一般都在等温的条件下来讨论液体的流动情况。

2.4.1　基本概念

1. 理想液体、定常流动和一维流动　研究液体流动时的运动规律必须考虑液体黏性的

影响，当压力发生变化时，液体的体积会发生变化，但由于这个问题比较复杂，所以在开始分析时可以先假定液体为无黏性、不可压缩的理想液体，然后再根据试验结果，对理想液体的基本方程加以修正，使之比较符合实际情况。一般将既无黏性又不可压缩的液体称为理想液体。

液体流动时，若液体中任何一点的压力、速度和密度等参数都不随时间而变化，则这种流动就称为定常流动；反之，如压力、速度和密度等参数中有一个随时间而变化，就称为非定常流动。定常流动与时间无关，研究比较方便，而研究非定常流动就复杂得多。因此在研究液压系统的静态性能时，往往将一些非定常流动适当简化，作为定常流动来处理。但在研究其动态性能时则必须按非定常流动来考虑。

当液体整个地作线形流动时，称为一维流动，当作平面或空间流动时，称为二维或三维流动。一维流动最简单，但是严格意义上的一维流动要求液流截面上各点处的速度矢量完全相同，这种情况在实际液流中极为少见，一般常把封闭容器内液体的流动按一维流动处理，再用试验数据来修正其结果。

2. 迹线、流线、流束和通流截面　迹线是流动液体的某一质点在某一时间间隔内在空间的运动轨迹。

流线是表示某一瞬时液流中各处质点运动状态的一条条曲线，在此瞬时，流线上各质点速度方向与该线相切，如图 2.4-1 (a) 所示。在非定常流动时，由于各点速度随时间变化，因此流线形状也随时间而变化。在定常流动时，流线不随时间而变化，这样流线就与迹线重合。由于流动液体中任一质点在其一瞬时只能有一个速度，所以流线之间不可能相交，也不可能突然转折，流线只能是一条光滑的曲线。

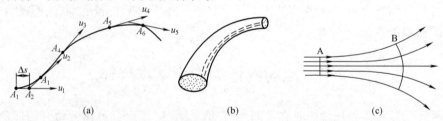

图 2.4-1　流线、流管和流束、通流截面
(a) 流线；(b) 流管和流束；(c) 通流截面

在液体的流动空间中任意画一不属流线的封闭曲线，沿经过此封闭曲线上的每一点作流线，由这些流线组合的表面称为流管。流管内的流线群称为流束，如图 2.4-1 (b) 所示，定常流动时，流管和流束形状不变。且流线不能穿越流管，故流管与真实管流相似，将流管断面无限缩小趋近于零，就获得了微小流管或微小流束。微小流束实质上与流线一致，可以认为运动的液体是由无数微小流束所组成的。

流束中与所有流线正交的截面称为通流截面，如图 2.4-1 (c) 中的 A 面和 B 面，截面上每点处的流动速度都垂直于这个面。

流线彼此平行的流动称为平行流动，流线夹角很小或流线曲率半径很大的流动称为缓变流动。平行流动和缓变流动都可算是一维流动。

3. 流量和平均流速　单位时间内通过某通流截面的液体的体积称为流量。在国际单位制中流量的单位为 m^3/s，在实际使用中，常用单位为 L/min。

对于微小流束，由于通流截面积很小，可以认为通流截面上各点的流速 u 是相等的，所以通过该截面积 dA 的流量为 $dq = udA$，对此式进行积分，可得到整个通流截面面积 A 上的流量为

$$q = \int_A u\,dA \qquad (2\text{-}18)$$

在工程实际中，通流截面上的流速分布规律很难真正知道，故直接从上式来求流量是困难的。为了便于计算，引入平均流速的概念，假想在通流截面上流速是均匀分布的，则流量等于平均流速乘以通流截面面积。令此流量与实际的不均匀流速通过的流量相等，则

$$q = \int_A u\,dA = vA$$

故平均流速 v

$$v = \frac{q}{A} \qquad (2\text{-}19)$$

流量也可以用流过其截面的液体质量来表示，即质量流量 q_m，则

$$q_m = \int_A \rho u\,dA = \rho \int_A u\,dA = \rho q \qquad (2\text{-}20)$$

4. 流动液体的压力　静止液体内任意点处的压力在各个方向上都是相等的，可是在流动液体内，由于惯性力和黏性力的影响，任意点处在各个方向上的压力并不相等，但数值相差甚微。当惯性力很小，且把液体当作理想液体时，流动液体内任意点处的压力在各个方向上的数值可以看做是相等的。

2.4.2　连续性方程

连续性方程是质量守恒定律在流体力学中的一种表达形式。如果液体作定常流动，且不可压缩，那么任取一流管（图 2.4-2），两端通流截面面积为 A_1、A_2，在流管中取一微小流束，流束两端的截面积分别为 dA_1 和 dA_2，在微小截面上各点的速度可以认为是相等的，且分别为 u_1 和 u_2。根据质量守恒定律，在 dt 时间内流入此微小流束的质量应等于从此微小流束流出的质量，故有 $\rho u_1 dA_1 dt = \rho u_2 dA_2 dt$，即 $u_1 dA_1 = u_2 dA_2$，对整个流管，显然是微小流束的集合，由上式积分得

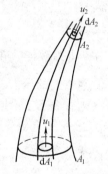

图 2.4-2　一元管流

$\int_{A_1} u_1 dA_1 = \int_{A_2} u_2 dA_2$，即 $q_1 = q_2$，如用平均速度表示，得 $v_1 A_1 = v_2 A_2$，由于两通流截面是任意取的，故有

$$q = v_1 A_1 = v_2 A_2 = vA = 常数 \qquad (2\text{-}21)$$

式（2-21）称为不可压缩液体作定常流动时的连续性方程。它说明通过流管任一通流截面的流量相等。此外还说明当流量一定时，流速和通流截面面积成反比。

2.4.3　能量方程——伯努利方程

能量方程是能量守恒定律对运动液体的一种数学表达式。在实际问题中，如果只涉及机械能，那么，能量方程就仅仅是运动微分方程的一次积分，称为伯努利方程。如果加热过程和流动的热效应是重要的，则能量方程是一个必须满足的独立方程，不妨称为一般能量方程。伯努利方程是理想液体运动过程中，表达总能量沿流线守恒的一个第一积分。

1. 不可压缩液体的伯努利方程

$$\frac{v^2}{2g} + \frac{p}{\rho g} + z = C(\psi) \tag{2-22}$$

或

$$\frac{v^2}{2} + \frac{p}{\rho} + zg = C_1(\psi) \tag{2-23}$$

式中：v 为 A 过流截面的平均流速；g 为重力加速度；$C(\psi)$、$C_1(\psi)$ 为常数；沿同一条流线取同一常数值，不同的流线 ψ 可取不同的值。但对于无旋流动，全流场取同一常数值。

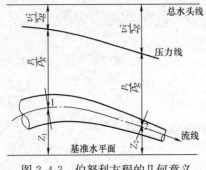

图 2.4-3　伯努利方程的几何意义

式（2-22）或式（2-23）适用于理想不可压缩流体在重力作用下的定常流动。它们表示了单位重量（或质量）流体所具有的总机械能（即动能、压力能和位势能的总和）沿流线守恒。由于式（2-22）左边各项都具有长度的量纲，因而又有明显的几何意义。第一项代表流体质点在真空中以初速 v 铅垂方向上运动所能达到的高度，称为速度头；第二项相当于液柱底面静压为 p 时液柱的高度，称为压力头；第三项代表流体质点在流线上所处的位置高度，称为位势头。因而式（2-22）表示速度头、压力头和位势头之和（称为总能头或总水头）沿流线不变，说明了总能头线是一条水平直线，如图 2.4-3 所示。三者之间可互相转化，但总和为定值。

如果忽略重力或者流线是水平线，式（2-22）或式（2-23）则变为

$$p + \frac{1}{2}\rho v^2 = p_0(\psi) \tag{2-24}$$

式中：p 为液体的静压；$\frac{1}{2}\rho v^2$ 为液体的动压；p_0 为液体的总压，是流速为零的点（驻点或滞止点）上的压力。

上式表示了沿同一流线，流速增大将导致压力减少，反之亦然。

2. 一元定常管流中的伯努利方程　对于如图 2.4-2 所示的一元管流中，可以将管轴线看成是一条流线，用过流断面上的平均值代替相应的流动参数，则可将式（2-22）写成

$$\frac{v_1^2}{2g} + \frac{p_1}{\rho g} + z_1 = \frac{v_2^2}{2g} + \frac{p_2}{\rho g} + z_2 = 常数 \tag{2-25}$$

使用上述方程时要注意，从过流断面 A_1 到过流断面 A_2 时，沿程的总能量和流量都不变。

伯努利方程有着广泛的应用，特别是对于绕流物体的无旋流动和管道内的一元流动，常用这种有限关系式（代数式）替代运动微分方程。

3. 实际流体伯努利方程　理想流体中的伯努利方程，可以通过简单地对黏性效应作修正的方法推广应用于实际流体的运动中。

对于黏性不可压缩流体在重力作用下的一元定常管流，如果考虑到从过流断面 A_1 到过流断面 A_2 间沿程有机械能的损失，还可能装有与外界进行能量交换的流体机械（泵与马达），则可将式（2-25）修改为

$$\frac{\alpha_1 v_1^2}{2g} + \frac{p_1}{\rho g} + z_1 \pm H = \frac{\alpha_2 v_2^2}{2g} + \frac{p_2}{\rho g} + z_2 + h_w \tag{2-26}$$

上式即为黏性管流（总流）的伯努利方程。

式中：下标 1 和 2 为分别代表上游过流断面 A_1 和下游过流断面 A_2；v 为过流截面的平均流速；α_1、α_2 为动能修正系数，（层流时 $\alpha_1=\alpha_2=2$，紊流时 $\alpha\approx1$）；h_s 为从断面 A_1 到 A_2 间，单位重量液体的机械能损失，又称为能头（水头）损失，包括沿程损失和局部损失；H 为从断面 A_1 到 A_2 间，单位重量液体与外界交换的能量。如果在 A_1 到 A_2 间装有泵，则 H 前取正号；装有马达，H 前取负号；没有泵与马达，则 $H=0$。

在使用上式时，过流断面 A_1 和 A_2 是可以按实际需要任意选取的，但必须取在管道较为平直的区段上，以保证流体在流过这些断面时，是一种流线的曲率和流线间的夹角都很小的缓变流。压力 p 可取过流断面上任一点的值，例如管轴线与断面交点上的值，但必须相应地取该点位置高度的 z 值。由于方程两边都有 $p/\rho g$ 项，因此两边的压力 p 必须同时取绝对压力或表压力。

4. 伯努利方程应用举例

例 2-2 试推导如图 2.4-4 所示的文丘里流量计的流量公式。

解 设 1-1 和 2-2 两个通流截面面积、平均流速和压力分别为 A_1、v_1、p_1 和 A_2、v_2、p_2。如对通过此流量计的液流采用理想液体的伯努利方程（$h_1=h_2$），取 $\alpha_1=\alpha_2=1$，则有

$$\frac{p_1}{\rho g}+\frac{v_1^2}{2g}=\frac{p_2}{\rho g}+\frac{v_2^2}{2g}$$

根据液流的连续性方程有

$$A_1v_1=A_2v_2=q$$

U 形管内的静压力平衡方程（设液体和水银的密度分别为 ρ 和 ρ'）

$$p_1+\rho gh=p_2+\rho'gh$$

由以上三式经整理可得

$$q=v_2A_2=\frac{A_2}{\sqrt{1-\left(\frac{A_2}{A_1}\right)^2}}\sqrt{\frac{2}{\rho}(p_1-p_2)}=\frac{A_2}{\sqrt{1-\left(\frac{A_2}{A_1}\right)^2}}\sqrt{\frac{2g(\rho'-\rho)}{\rho}h}=c\sqrt{h}$$

$$(2-27)$$

即流量可直接由水银差压计读数换算得到（由于有能量损失，实际流量比上式算出的略小）。

例 2-3 如图 2.4-5 所示的水箱侧壁开有一小孔，水箱自由液面 1-1 与小孔 2-2 处的压力分别在 p_1 和 p_2，小孔中心到水箱自由液面的距离为 h，且 h 基本不变，若不计损失，求水从小孔流出的速度。

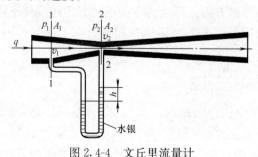

图 2.4-4　文丘里流量计

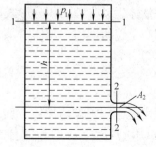

图 2.4-5　侧壁孔出流速度

解 以小孔中心线为基准，选取截面 1-1 和 2-2 列伯努利方程：

在截面 1-1：$z_1 = h$，$v_1 \approx 0$（设 $\alpha_1 = \alpha_2 = 1$）

在截面 2-2：$z_2 = 0$，$p_2 = p_a$，根据式（2-26）有

$$z_1 + \frac{p_1}{\rho g} + \frac{\alpha_1 v_1^2}{2g} = z_2 + \frac{p_2}{\rho g} + \frac{\alpha_2 v_2^2}{2g}$$

代入各参数，即可写成

$$hg + \frac{p_1}{\rho} = \frac{p_a}{\rho} + \frac{v_2^2}{2}$$

所以

$$v_2 = \sqrt{2gh + 2(p_1 - p_a)/\rho}$$

当 $p_1 = p_a$ 时，

$$v_2 = \sqrt{2gh} \tag{2-28}$$

式（2-28）即为物理学中的托里切利公式。液体从开口容器的小孔流出的速度与自由落体速度公式相同。当 $(p_1 = p_a)/\rho \gg hg$ 时，$2hg$ 项可以略去，此时 $v_2 = \sqrt{2(p_1 - p_a)/\rho} = \sqrt{2\Delta p/\rho}$。

例 2-4　计算液压泵的吸油腔的真空度或液压泵允许的最大吸油高度。

解　如图 2.4-6 所示，设液压泵的吸油口比油箱液面高 h，取油箱液面 1-1 和液压泵进口处截面 2-2 列伯努利方程，并取截面 1-1 为基准平面，则有

$$\frac{p_1}{\rho g} + \frac{\alpha_1 v_1^2}{2g} = h + \frac{p_2}{\rho g} + \frac{\alpha_2 v_2^2}{2g} + h_w$$

式中：p_1 为油箱液面压力，由于一般油箱液面与大气接触，故 $p_1 = p_a$；v_2 为液压泵的吸油口速度，一般取吸油管流速；v_1 为油箱液面流速，由于 $v_1 \ll v_2$，故可以将 v_1 忽略不计；p_2 为吸油口的绝对压力；h_w 为单位重量液体的能量损失。据此，上式可简化为

$$\frac{p_a}{\rho g} = h + \frac{p_2}{\rho g} + \frac{\alpha_2 v_2^2}{2g} + h_w$$

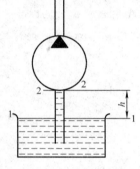

图 2.4-6　泵从油箱吸油示意图

液压泵吸油口的真空度为

$$p_a - p_2 = \rho g h + \rho g h_w + \rho \alpha_2 v_2^2/2 \tag{2-29}$$

由式（2-29）可知，液压泵吸油口的真空度由三部分组成：①把油液提升到一定高度所需的压力；②产生一定的流速所需的压力；③吸油管内压力损失。液压泵吸油口真空度不能太大，即泵吸油口处的绝对压力不能太低，否则就会产生气穴现象，导致液压泵噪声过大，因而在实际使用中 h 一般应小于 500mm，有时为使吸油条件得以改善，采用浸入式或倒灌式安装，即使液压泵的吸油高度小于零。

2.4.4　动量方程

液压传动中，经常要计算流体作用在固体壁面上的力，这个问题用动量定理来求解比较方便。液体运动方程的积分形式即为液体的动量方程。理论力学中的动量定理同样适用于液体，即在单位时间内，液体沿某方向动量的增量，等于该液体在同一方向上所受外力的和，可表示为

$$\Sigma F = \frac{d(mv)}{dt} \tag{2-30}$$

把动量定理应用到流动液体上时，须从流管中任意时刻取出如图 2.4-7 所示的被通流截面 $A{-}A$ 和 $B{-}B$ 所围成的控制体加以考察。此控制体积经 dt 时间后流至新的位置 $A'A'$、$B'B'$，在此控制体积内的微小流束中，取一流线段长为 ds、截面积为 dA、流速为 u 的微元，则这一段微元的动量为 $\rho dAdsu = \rho dqds$，其中 ρ 为液体密度，q 为通过该管道的流量。控制

体内微小流束的动量为

$$dM = \int_{s_1}^{s_2} \rho dq ds = \rho dq (s_2 - s_1)$$

整个控制体积液体的动量 M 为

$$M = \int dM = \int_q \rho (s_2 - s_1) dq$$

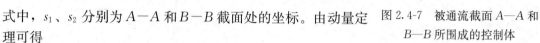

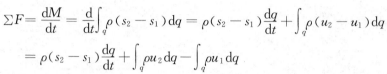

式中，s_1、s_2 分别为 $A-A$ 和 $B-B$ 截面处的坐标。由动量定理可得

图 2.4-7　被通流截面 $A-A$ 和 $B-B$ 所围成的控制体

$$\Sigma F = \frac{dM}{dt} = \frac{d}{dt} \int_q \rho (s_2 - s_1) dq = \rho (s_2 - s_1) \frac{dq}{dt} + \int_q \rho (u_2 - u_1) dq$$

$$= \rho (s_2 - s_1) \frac{dq}{dt} + \int_q \rho u_2 dq - \int_q \rho u_1 dq$$

在工程实际应用中，往往用平均流速 v 代替实际流速 u，其误差用一动量修正系数 β 予以修正，故上式可改写为

$$\Sigma F = \rho (s_2 - s_1) \frac{dq}{dt} + \rho q \beta_2 v_2 - \rho q \beta_1 v_1 \tag{2-31}$$

式（2-31）即为流动液体的动量方程。方程左边 ΣF 为作用于控制体积内液体上的所有外力的总和，而等式右边第一项表示液体流量变化所引起的力，称为瞬态力；第二、第三项表示流出控制表面和流入控制表面时的动量变化率，称为稳态力。如果控制体中的液体在所研究的方向上不受其他外力，只有液体与固体壁面的相互作用力，则该二力的作用力与反作用力大小相等，方向相反。液体作用在固体壁面的作用力分别称为瞬态液动力和稳态液动力。

定常流动时，$dq/dt = 0$，故式（2-31）中只有稳态液动力，即

$$\Sigma F = \rho q \beta_2 v_2 - \rho q \beta_1 v_1 \tag{2-32}$$

式（2-31）、式（2-32）均为矢量表达式，在应用时可根据具体问题向指定方向投影，列出该指定方向的动量方程，从而可求出作用力在该方向上的分量，然后加以合成。

动量修正系数 β 为液体流过某截面 A 的实际动量与以平均流速流过截面的动量之比，即 $\beta = (\int_A mu)/mv = (\int_A u^2 dA)/v^2 A$ 当液流流速较大且分布较均（紊流）时，$\beta = 1$；液流流速较低且分布不均匀（层流）时，$\beta = 1.33$。

一元定常管流的连续性方程式（2-21），能量方程式（2-22）与动量方程式（2-30）相配合可以解决许多工程实际问题。

例 2-5　计算如图 2.4-8 所示液体对弯管的作用力。

解　如图 2.4-8 所示，取截面 1-1 和 2-2 间的液体为控制体积，首先分析作用在该控制体积上的外力。

控制表面上液体所受的总压力为 $F_1 = p_1 A$，$F_1 = p_1 A$。设弯管对控制体积的作用力 F' 方向如图所示，它在 x、y 方向上的分力为 F'_x 和 F'_y，列出在方向 x 和 y 方向的动量方程，

有 x 方向　　　　　　　$F_1 - F'_x - F_2 \cos\alpha = \rho q v \cos\alpha - \rho q v$

故　　　　　　　　　　　$F'_x = F_1 - F_2 \cos\alpha + \rho q v (1 - \cos\alpha)$

y 方向　　　　　　　　$-F_2 \sin\alpha + F'_y = \rho q v \sin\alpha - 0$

故　　　　　　　　　　　$F'_y = \rho q v \sin\alpha + F_2 \sin\alpha$

即
$$F' = \sqrt{F_x'^2 + F_y'^2}, \theta = \arctan(F_x'/F_y')$$
液体对弯管的作用力为 $F = -F'$，方向与 F' 相反。

例 2-6   图 2.4-9 为一控制滑阀示意图。当有液流通过阀芯时，求液流对阀芯的轴向作用力。

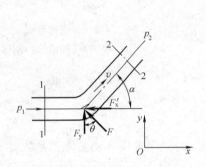

图 2.4-8   液体对弯臂的作用

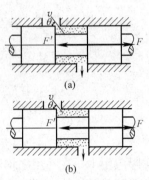

图 2.4-9   滑阀上的液动力

解   取阀芯两凸肩之间的液体为控制体，当图 2.4-9（a）中的阀芯向左移动某一距离时，液流以速度 v_1 流入阀口，并以速度 v_2 向外流出。设液流作恒定流动，则在此控制体积内液体上的力按动量定律应为 $F' = \rho Q(\beta_2 v_2 \cos\theta_2 - \beta_1 v_1 \cos\theta_1)$，由于这里 $\theta_1 = 90°$，故得 $F' = -\rho Q \beta_1 v_1 \cos\theta_1$，方向向左，而液体对阀芯的轴向作用力液动力为 $F = -F' = \rho Q \beta_1 v_1 \cos\theta_1$ 方向向右，即这时液流有一个企图使阀口关闭的力 $\rho Q \beta_1 v_1 \cos\theta_1$。

2.5   液体流动中的压力损失

实际液体具有黏性，在流动时就有阻力，为了克服阻力，就必然要消耗能量，这样就有能量损失。在液压传动中，能量损失往往可以用压力形式来表示，因此可叫压力损失，这就是实际液体流动的伯努利方程式（2-26）中 h_w 项的含义。液压系统中的压力损失分为两类，一类是油液沿等直径直管流动时所产生的压力损失，称为沿程压力损失。这类压力损失是由液体流动时的内、外摩擦力所引起的。另一类是油液流经局部障碍（如弯管、接头、管道截面突然扩大或收缩）时，由于液流的方向和速度的突然变化，在局部形成旋涡引起流速在某一局部受到扰动而变化所产生的损失称为局部压力损失。

压力损失过大也就是液压系统中功率损耗过大，这将导致油液发热加剧，泄漏量增加，效率下降和液压系统性能变坏。因此在液压技术中尽量准确估算压力损失的大小，从而寻求减少压力损失的途径和方法具有实际意义。液体在管道中的流动状态将直接影响液流的压力损失，所以先介绍液流的两种流动状态，再叙述两种压力损失。

2.5.1   液体的流动状态

1. 层流和紊流   19 世纪末，雷诺（Reynolds）首先通过试验观察了水在圆管内的流动情况，发现当流速变化时，液体流动状态也变化。在低速流动时，着色液流的线条在注入点下游很长距离都能清楚看到；当流动受到干扰时，在扰动衰减后流动还能保持稳定；当流速大时，由于流动是不规则的，故使着色液体迅速扩散和混合。前一种状态称为层流，在层流时，液体质点互不干扰，液体的流动呈线性或层状，且平行于管道轴线；后一种状态为紊流，在紊流时，液体质点的运动杂乱无章，除了平行于管道轴线的运动外，还存在着剧烈的横向运动。如图 2.5-1 所示，（b）为层流，（c）中色线开始折断，层流开始被破坏，且上下波动，并出现断裂，流动已趋向紊流，（d）中色线消失，表明流动是紊流。

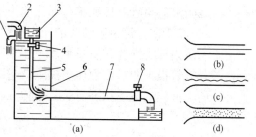

图 2.5-1　液体的流态及其实验装置
1—排水管；2—进水管；3—着色液容器；4—阀；
5—小管；6—容器；7—玻璃管；8—阀

　　层流和紊流是两种不同性质的流态。层流时，液体流速较低，质点受黏性制约，不能随意运动，黏性力起主导作用；但在紊流时，因液体流速较高，黏性的作用减弱，惯性力起主导作用。液体流动时究竟是层流还是紊流，须用雷诺数来判别。

　　2. 雷诺数　试验表明，液体在圆管中的流动状态不仅与管内的平均流速有关，还和管径 d、液体的运动黏度 ν 有关，但是真正决定液流流动状态的是这三个因数所组成的一个叫做雷诺数 Re 的无量纲数，即

$$Re = \frac{\upsilon d}{\nu} \tag{2-33}$$

　　这就是说，液体流动时的雷诺数若相同，则它的流动状态也相同。另一方面液流由层流转变为紊流时的雷诺数和由紊流转变为层流的雷诺数是不同的，前者称为上临界雷诺数，后者称为下临界雷诺数，后者数值较前者要小，所以一般都用下临界雷诺数作为判别液流状态的依据，简称临界雷诺数，当液流的实际流动时的雷诺数小于临界雷诺数（Re_{cr}）时，液流为层流，反之液流则为紊流，常见的液流管道的临界雷诺数可由实验求得，见表 2.5-1。

表 2.5-1　　　　　　　　　　　常见液流管道的临界雷诺数

管道的形状	临界雷诺数 Re_{cr}	管道的形状	临界雷诺数 Re_{cr}
光滑的金属圆管	2000～2300	有环槽的同心环状缝隙	700
橡胶软管	1600～2000	有环槽的偏心环状缝隙	400
光滑的同心环状缝隙	1100	圆柱形滑阀阀口	260
光滑的偏心环状缝隙	1000	锥阀阀口	20～100

对于非圆截面管道来说，Re 可用下式来计算

$$Re = \frac{4\upsilon R}{\nu} \tag{2-34}$$

式中，R 为通流截面的水力半径。它等于管道的过流截面积 A 和它的湿周（通流截面上与液体接触的固体壁面的周长）χ 之比，即

$$R = \frac{A}{\chi} \tag{2-35}$$

例如液体流经直径为 d 的圆截面管道时的水力半径为

$$R = \frac{A}{\chi} = \frac{\pi d^2 / 4}{\pi d} = \frac{d}{4}$$

又如正方形的管道每边长为 b，则湿周为 $4b$，因而水力半径 $R = b^2/(4b) = b/4$。水力半

径大小对管道通流能力影响很大。水力半径大，表明液流与管壁接触少，通流能力大；水力半径小，表明液流与管壁接触多，通流能力小，容易堵塞。

2.5.2　液体在直管中流动时的压力损失

由于液体内部、液体和管壁间都有摩擦存在，液体流动时沿其流动方向要损失一些能量，这部分能量损失叫做沿程压力损失。它除了与管道的长度、内径和液体的流速、黏度等有关外，还与液体的流动状态有关。液体在圆管中的层流流动是液压传动中最常见的现象。

1. 层流时的压力损失

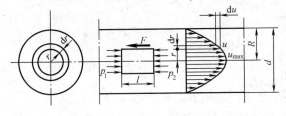

图 2.5-2　圆管中的层流

(1) 液流在通流截面上的速度分布规律。如图 2.5-2 所示，液体在一直径为 d 的圆管中自左向右作层流流动。在管流中取一轴线与管道轴线重合的微小圆柱体，其长为 l，半径为 r，作用在其两端的压力为 p_1 和 p_2，作用在圆柱表面的内摩擦力为 F，则根据牛顿定律有

$$(p_1 - p_2)\pi r^2 - F + mg\cos90° = \rho\,\pi r^2 l\,\frac{\mathrm{d}u}{\mathrm{d}t}$$

由于是恒定流动，故 $\dfrac{\mathrm{d}u}{\mathrm{d}t}=0$。内摩擦力按式（2-5）$F = -\mu2\pi rl\,\mathrm{d}u/\mathrm{d}r$ 计算（图示坐标轴中速度梯度 $\mathrm{d}u/\mathrm{d}r$ 为负值，故式中须加一负号，以使内摩擦力为正值）。令 $\Delta p = p_1 - p_2$ 将这些关系带入上式得

$$\frac{\mathrm{d}u}{\mathrm{d}r} = -\frac{\Delta p}{2\mu l}r \tag{2-36}$$

当 $r=R$ 时，$u=0$，对式（2-36）积分，则得

$$u = \frac{\Delta p}{4\mu l}(R^2 - r^2) \tag{2-37}$$

可见管内流速在半径方向内按抛物线规律分布，最大流速发生在轴线上，其值为

$$u_{\max} = \frac{\Delta p}{4\mu l}R^2 \tag{2-38}$$

(2) 圆管中的流量 Q。通过整个通流截面的流量可由对图 2.5-2 的微小圆环面积 $\mathrm{d}Q = u2\pi r\mathrm{d}r$ 积分求得，即

$$Q = \int_0^R u2\pi r\mathrm{d}r = \frac{\pi R^4}{8\mu l}\Delta p = \frac{\pi d^4}{128\mu l}\Delta p \tag{2-39}$$

$$\Delta p = \frac{128\mu lQ}{\pi d^4}$$

式中，d 为圆管内径，这就是泊萧叶公式。由上式可知，流量与管径的四次方成正比，压差与管径的四次方成反比，所以管径对流量或压力损失的影响很大。

圆管通流截面上的平均流速为

$$v = \frac{Q}{A} = \frac{\pi R^4 \Delta p}{8\mu l}/(\pi R^2) = \frac{1}{2}\frac{\Delta p}{4\mu l}R^2 = \frac{1}{2}u_{\max} \tag{2-40}$$

即液体在圆管中作层流流动时，其中心处的最大流速是其平均流速的两倍。

(3) 沿程压力损失。由式（2-39）可得其沿程压力损失为

$$\Delta p_{\mathrm{f}} = \frac{128\mu l}{\pi d^4} Q$$

其中 $Q = v\pi d^2/4, \mu = \rho\nu, Re = vd/\nu$，代入后得

$$\Delta p_{\mathrm{f}} = \frac{64}{Re} \frac{l}{d} \frac{v^2}{2g}\rho g = \lambda \frac{l}{d} \frac{v^2}{2}\rho \tag{2-41}$$

式中，λ 称为沿程阻力系数，其理论值为 $64/Re$，水在作层流流动时的实际阻力系数和理论值是很接近的。液压油在金属圆管中作层流流动时，常取 $\lambda=75/Re$，在橡胶管中 $\lambda=80/Re$。d 为水力直径 $d=4A/\chi$（A 为过流截面积），对于圆管，水力直径即为圆管内径。

2. 紊流时的压力损失　紊流是一种很复杂的流动，完全用理论方法加以研究至今未获得令人满意的成果，故仍用试验的方法加以研究，再辅以理论解释，因而紊流状态下液体流动的压力损失仍用式（2-41）来计算，式中的 λ 值不仅与雷诺数 Re 有关，而且与管壁表面粗糙度 Δ 有关，具体的 λ 值见表 2.5-2。

表 2.5-2　　　　　　　　　　　　　　　　　圆管紊流时的 λ 值

雷诺数 Re		λ 值计算公式
$Re < 22\left(\dfrac{d}{\Delta}\right)^{\frac{8}{7}}$	$3000 < Re < 10^5$	$\lambda = 0.316\ 4/Re^{0.25}$
	$10^5 \leqslant Re \leqslant 10^8$	$\lambda = 0.308/\ (0.842 - \lg Re)^2$
$22\left(\dfrac{d}{\Delta}\right)^{\frac{8}{7}} < Re < 597\left(\dfrac{d}{\Delta}\right)^{\frac{9}{8}}$		$\lambda = \left[1.14 - 2\lg\left(\dfrac{\Delta}{d} + \dfrac{21.25}{Re^{0.95}}\right)\right]^{-2}$
$Re > 597\left(\dfrac{d}{\Delta}\right)^{\frac{9}{8}}$		$\lambda = 0.11\left(\dfrac{\Delta}{d}\right)^{0.25}$

注：钢管 $\Delta = 0.004$mm；铜管 $\Delta = 0.001\ 5 \sim 0.001$mm；橡胶软管 $\Delta = 0.03$mm。

2.5.3　局部压力损失

局部压力损失是指液体流经阀口、弯管、通流截面突然变化等处时，流速的大小或方向发生急剧变化所引起的压力损失。液流通过这些局部阻力处时，由于流速大小和方向均发生急剧变化，在这些地方形成旋涡，使液体的质点间相互急剧摩擦，从而产生了能量损耗。

当圆管中流动的液体遇到突然扩大的截面时（图 2.5-3），可以根据伯努利方程来推导局部能量损失。在图 2.5-3 的 1-1 和 2-2 截面处存在如下关系

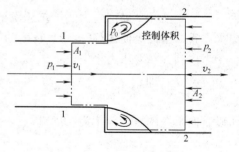

图 2.5-3　突然扩大的局部压力损失

$$\frac{p_1}{\rho g} + \frac{\alpha_1 v_1^2}{2g} = \frac{p_2}{\rho g} + \frac{\alpha_2 v_2^2}{2g} + h_{\mathrm{f}} + h_{\zeta}$$

式中，h_{ζ} 为单位质量液体的局部压力损失。由于局部压力损失发生在很短的距离内，所以这里的沿程损失 h_{f} 可忽略不计。取截面 1-1 和 2-2 间的液体为控制体，根据动量方程有

$$p_1 A_1 + p_0 (A_2 - A_1) - p_2 A_2 = \rho Q (\beta_2 v_2 - \beta_1 v_1)$$

由于 $Q = A_1 v_1 = A_2 v_2$，且由试验得，$p_0 = p_1$，由以上两式推得

$$h_{\zeta} = \frac{v_2}{g}(\beta_2 v_2 - \beta_1 v_1) + \frac{\alpha_1 v_1^2 - \alpha_2 v_2^2}{2g} \tag{2-42}$$

对于紊流来说，$\alpha_1 = \alpha_2 = \beta_1 = \beta_2 = 1$，因此，上式可变成

$$h_\zeta = \zeta_1 \frac{v_1^2}{2g} \tag{2-43}$$

式中，ζ_1 为局部损失系数，$\zeta_1 = (1 - A_1/A_2)$。当 $A_2 \gg A_1$ 时，$\zeta_1 = 1$，因此，突然扩大截面处的局部能量损失为 $v_1^2/2g$，这说明进入突然扩大截面处液体的全部动能会因液流扰动而全部损失掉，变为热能而散失。可见，当导管截面突然扩大时，液流中的动能转换为压力能的效率很低，如要使压力能有效得到恢复，必须采用截面逐渐扩大的导管。当液流遇到突然收缩截面时，将产生一个收缩喉部，其收缩程度取决于 A_2/A_1 的比值和进口处边缘的几何形状。由于入口处压力能转换为动能的效率较高，局部损失大都消耗在液体由喉部流出时产生的扰动上。当液流通过管道弯曲部位时，由于液体的惯性使其脱离管道内壁的引导而形成一个先收缩后扩大的流束，并且还要叠加一个和主流正交的二次流，弯管中的能量损失比直管大。

对于液流通过各种标准液压元件的局部损失，一般可从产品技术资料中查得，但所查到的数据是在额定流量 Q_n 时的压力损失 $h_{\zeta n}$，若实际通过流量 Q 与其不一致时，可按下式计算

$$h_\zeta = (Q/Q_n)^2 h_{\zeta n} \tag{2-44}$$

2.5.4　管路系统总压力损失与压力效率

管路系统总的压力损失等于所有直管中的沿程压力损失和局部压力损失之和，即

$$h = \Sigma \lambda \frac{l}{d} \frac{v^2}{2g} + \Sigma \zeta \frac{v_1^2}{2g} \tag{2-45a}$$

或

$$\Delta p = \Sigma \lambda \frac{l}{d} \frac{v^2}{2g} \gamma + \Sigma \zeta \frac{v_1^2}{2g} \gamma \tag{2-45b}$$

必须指出，上两式只有在两相邻局部损失之间的距离大于导管内径 $10 \sim 20$ 倍时才成立，否则液流受前一个局部阻力的干扰还没稳定下来，就经历下一个局部阻力，它所受的扰动将更为严重，因而会使式（2-45b）算出的压力损失值比实际数值小。

考虑到存在着压力损失，一般液压系统中液压泵的工作压力 p_p 应比执行元件的工作压力 p_1 高 Δp，即

$$p_p = p_1 + \Delta p$$

所以管路系统的压力效率为

$$\eta_p = \frac{p_1}{p_p} = \frac{p_p - \Delta p}{p_p} = 1 - \frac{\Delta p}{p_p} \tag{2-46}$$

2.6　液体在小孔和缝隙中的流动

本节主要分析液体流经孔口及缝隙时的流量公式，因为液压系统中的节流调速、伺服系统工作原理等都是建立在这些公式的基础上。此外，液压元件中的泄漏也要用它来进行估算和分析。

2.6.1　孔口流量-压力特性

1. 薄壁小孔流量计算　所谓薄壁小孔是指小孔的长度与孔径之比（简称长径比）$l/d \leqslant 0.5$ 的孔。如图 2.6-1 所示，液体流经薄壁小孔时，因 $D \gg d$，通流截面 1-1 的流速较低，流过小孔时液体质点突然加速，在惯性力作用下，流过小孔后的液流形成一个收缩截面 ee，对圆形小孔，此收缩截面离孔口的距离约为 $d/2$，然后再扩散，这一过程，造成能量损失，

并使油液发热，收缩截面面积 A_0 和孔口截面积 A 的比值称为收缩系数 C_c，$C_c = A_0/A$。

对于图 2.6-1 所示通过薄壁小孔的液流来说，列出其截面 1-1 和 2-2 列出伯努利方程（设动能修正系数 $\alpha = 1$），则有

$$\frac{p_1}{\rho g} + \frac{v_1^2}{2g} = \frac{p_2}{\rho g} + \frac{v_2^2}{2g} + \sum h_\zeta$$

式中，h_ζ 为局部能量损失（包括截面缩小时 $h_{\zeta 1}$ 和扩大时 $h_{\zeta 2}$）

$$h_{\zeta 1} = \zeta \frac{v_e^2}{2g}, \quad h_{\zeta 2} = \left(1 - \frac{A_e}{A_2}\right) \zeta \frac{v_e^2}{2g}。由于 A_e \ll A_2，$$

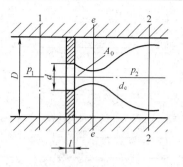

图 2.6-1　液体在薄壁小孔中的液流

所以 $\sum h_\zeta = h_{\zeta 1} + h_{\zeta 2} = (\zeta + 1) \dfrac{v_e^2}{2g}$，将上式代入前式（因为 $A_1 = A_2$ 时，$v_1 = v_2$），则得

$$v_e = \frac{1}{\sqrt{\zeta + 1}} \sqrt{\frac{2g}{\gamma}(p_1 - p_2)} = C_v \sqrt{\frac{2\Delta p}{\rho}} \tag{2-47}$$

式中：C_v 为小孔速度系数，$C_v = 1/\sqrt{\zeta + 1}$；Δp 为小孔前后的压差，$\Delta p = p_1 - p_2$。

由此得流经小孔的流量为

$$Q = A_e v_e = C_c C_v A_0 \sqrt{\frac{2\Delta p}{\rho}} = C_d A_0 \sqrt{\frac{2\Delta p}{\rho}} \tag{2-48}$$

式中：C_c 为截面收缩系数，$C_c = A_e/A_0$；C_d 为流量系数，$C_d = C_c C_v$。

C_d 由试验确定，在液流为完全收缩（即当管道直径与小孔直径之比 $D/d \geqslant 7$）时，液流在小孔处呈紊流状态，薄壁小孔的收缩系数 C_c 取 $0.61 \sim 0.63$，速度系数 C_v 取 $0.97 \sim 0.98$，这时 $C_d = 0.61 \sim 0.62$；当液流不完全收缩时（$D/d < 7$），$C_d \approx 0.7 \sim 0.8$。

2. 细长小孔的流量计算　　所谓细长小孔，一般指小孔的长径比 $l/d > 4$ 时的情况。液体流经细长小孔时，一般都是层流状态，所以可直接应用前面已导出的直管流量公式（2-39）来计算（如计及进口起始段影响时，用修正系数 $C_e = 1 + \zeta Red/64l$）加以考虑，否则，可不计 C_e，可写成

$$Q = \frac{1}{C_e} \frac{\pi d^4}{128 \mu l} \Delta p \tag{2-49}$$

比较式（2-48）和式（2-49）不难发现，通过孔口的流量与孔口的面积、孔口前后的压力差以及孔口形式决定的特性系数有关。由式（2-48）可知，通过薄壁小孔的流量受油液黏度影响很小，也就是受油温变化影响较小，但与小孔前后的压差的平方根成正比。由式（2-49）可知，流经细长小孔的流量与小孔前后压差的一次方成正比，同时由于公式中也包含油液的黏度，因此流量受油温变化的影响较大。

2.6.2　缝隙的流量-压力特性

在液压传动中常见的缝隙形式有两种：一种是两个平面形成的平面缝隙，如柱塞泵的缸体与配流盘；另一种是由内、外圆柱表面形成的环状缝隙，如柱塞泵的柱塞与柱塞孔。

1. 平行平板缝隙

（1）压差作用下的流动。液体在压差 $\Delta p = p_1 - p_2$ 作用下通过固定平行平板缝隙的流动，叫做压差流动。如图 2.6-2 所示，设 l 和 b 为平板缝隙长度和宽度，h 为缝隙高度，一般恒有 $l \gg h$ 和 $b \gg h$。质量力忽略不计，对于液流中的一微小单元 $\mathrm{d}x\mathrm{d}y$（宽度方向取单位长

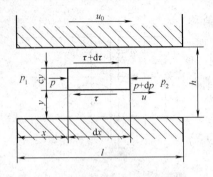

图 2.6-2　平行平板间隙液流

度），作用在与液流相垂直的两个表面（面积为 $\mathrm{d}y$）上的压力为 p 和 $p+\mathrm{d}p$，作用在与液流相平行的两个平面（面积为 $\mathrm{d}x$）上的单位面积摩擦力为 τ 和 $\tau+\mathrm{d}\tau$，因此它的瞬时受力平衡方程为

$$p\mathrm{d}y + (\tau+\mathrm{d}\tau) = (p+\mathrm{d}p)\mathrm{d}y + \tau\mathrm{d}x$$

整理后并将 $\tau=\mu\,\mathrm{d}u/\mathrm{d}y$ 代入后有

$$\frac{\mathrm{d}^2 u}{\mathrm{d}y^2} = \frac{1}{\mu}\times\frac{\mathrm{d}p}{\mathrm{d}x}$$

对上式两次积分可得

$$u = \frac{y^2}{2u}\times\frac{\mathrm{d}p}{\mathrm{d}x} + C_1 y + C_2 \qquad (2\text{-}50)$$

式中，C_1、C_2 为边界条件所确定的积分常数。

当平行平板固定时，在 $y=0$ 和 $y=h$ 处都是 $u=0$。此外，液流作层流时只是的线性函数，即 $\mathrm{d}p/\mathrm{d}x = (p_2-p_1)/l = -(p_1-p_2)/l = -\Delta p/l$，将这些关系代入式（2-50）得

$$u = \frac{y(h-y)}{2\mu l}\Delta p \qquad (2\text{-}51)$$

由此得通过固定平行平板缝隙的流量为

$$Q = \int_0^h ub\mathrm{d}y = \int_0^h \frac{y(h-y)}{2\mu l}\Delta p\, b\mathrm{d}y = \frac{h^3 b\Delta p}{12\mu l} \qquad (2\text{-}52)$$

从以上两式可以看出，在间隙中的速度分布规律呈抛物线状，通过间隙的流量与间隙的三次方成正比，因此液压元件内间隙的大小对其泄漏的影响是很大的。

上述推导仅适用于层流运动，因为牛顿内摩擦力定律只在层流时成立。

（2）剪切作用下的流动。当平行平板有相对运动时，即便压差 $\Delta p=0$，液体也会被带着移动，这就是剪切作用所引起的流动。将边界条件 $y=0$ 时 $u=0$，$y=h$ 时 $u=0\pm u_0$，代入式（2-50），并使 $\Delta p=0$，便得 $u=\pm u_0 y/h$，由此得出流量公式为

$$Q = \int_0^h ub\mathrm{d}y = \frac{u_0}{2}bh \qquad (2\text{-}53)$$

（3）在压差和剪切联合作用下的流动。这种流动是前两种流动的综合，其流速在缝隙内的分布规律和流量是前两种情况的叠加，即

$$u = \frac{y(h-y)}{2\mu l}\Delta p \pm \frac{u_0}{h}y \qquad (2\text{-}54)$$

$$Q = \int_0^h ub\mathrm{d}y = \frac{bh^3}{12\mu l}\Delta p \pm \frac{bh}{2}u_0 \qquad (2\text{-}55)$$

式（2-54）和式（2-55）中，当长平板相对于短平板的运动方向与压差流动方向一致时取正号；反之，取负号。

如果将上面的流量理解为泄漏量，则由于泄漏所造成的功率损失为

$$P_1 = \Delta p Q = \Delta p\left(\frac{bh^3}{12\mu l}\Delta p \pm \frac{bh}{2}u_0\right) \qquad (2\text{-}56)$$

上式表明，缝隙 h 越小，泄漏损失功率越小；但是 h 的减小会使液压元件中的摩擦功率损失增大，因而缝隙 h 有一个使这两种功率损失之和为最小的最佳值，并不是越小越好。

2. 圆柱环形缝隙流动

（1）同心环形缝隙流动。图 2.6-3 所示为同心环形间隙流动。当 $h/r \ll 1$ 时（相当于液压元件内配合间隙的情况），可以将环形缝隙间的流动近似地看做是平行平板缝隙间的流动，只要将 $b = \pi d$ 代入式（2-55），就可得到流量公式，即

$$Q = \frac{\pi d h^3}{12 \mu l} \Delta p \pm \frac{\pi d h}{2} u_0 \tag{2-57}$$

式中，u_0 为同心圆环在轴向内的相对移动速度，u_0 与压差方向一致时，等式右边第二项取正号，方向相反时取负号。

当圆环没有相对移动时，其缝隙流量公式为

$$Q = \frac{\pi d h^3}{12 \mu l} \Delta p$$

（2）偏心环形缝隙流动（略）。

3. 平行圆环形平面缝隙流动　如图 2.6-4 所示，上圆盘与下圆盘形成的间隙为 h，液流由圆盘中心孔流入，在压差作用下向四周沿径向呈放射形流出。柱塞泵的滑履与斜盘之间以及某些静压支承均属这种流动。

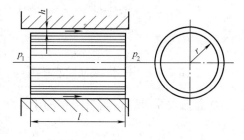

图 2.6-3　同心环形缝隙间的液流

在半径 r 处取宽度为 $\mathrm{d}r$ 的液层，将液层展开，可近似看做平行平板间的缝隙流动，在 r 处的流速为 u_r，因此有

$$u_r = -\frac{1}{2\mu}(h-y)y \frac{\mathrm{d}p}{\mathrm{d}r}$$

通过的流量为

$$Q = \int_0^h u_r 2\pi r \mathrm{d}y = \int_0^h -\frac{y(h-y)}{2\mu} \frac{\mathrm{d}p}{\mathrm{d}r} 2\pi r \mathrm{d}y = -\frac{h^3 \pi r}{6\mu} \frac{\mathrm{d}p}{\mathrm{d}r}$$

所以

$$\frac{\mathrm{d}p}{\mathrm{d}r} = \frac{6\mu}{h^3 \pi r} Q$$

对上式积分可得

$$p = -\frac{6\mu}{h^3 \pi r} Q \ln r + C$$

由边界条件 $r = r_2$ 时，$p = p_2$，可求出 C，代入上式得

$$p = -\frac{6\mu}{h^3 \pi r} Q \ln \frac{r_1}{r} + p_2$$

又当 $r = r_1$ 时，$p = p_1$，则

$$\Delta p = p_1 - p_2 = \frac{6\mu}{h^3 \pi r} Q \ln \frac{r_2}{r_1}$$

由上式可得圆环形平面缝隙流量为

$$Q = \frac{h^3 \pi r \Delta p}{6\mu \ln(r_2/r_1)} \tag{2-58}$$

4. 圆锥状环缝隙流动　图 2.6-5 所示为圆锥状环形间隙的流动。若将这一间隙展开成平面，则是一个扇形，相当于平行圆盘间隙的一部分，所以可根据平行圆盘间隙流动的流量公式，导出这种流动情况下的流量公式。

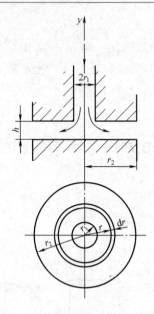

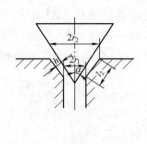

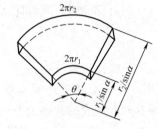

图 2.6-4　平行圆盘间隙液流　　　　　图 2.6-5　圆锥状环形间隙的流动

从几何关系可以得到当圆锥的半锥角为 α 时展开的扇形中心角为

$$\theta = \frac{2\pi r_1}{r_1/\sin\alpha} = 2\pi\sin\alpha$$

把通过此扇形块的流动看做是平行圆环形平面缝隙流动的一部分，即在平行圆盘中，中心角为 2π，而现在扇形中心角为 $2\pi\sin\alpha$，将式（2-58）中的 π 代以 $\pi\sin\alpha$，即可得其流量公式为

$$Q = \frac{\pi\sin\alpha\, h^3 \Delta p}{6\mu\ln(r_2/r_1)} \tag{2-59}$$

例 2-7　已知液压缸中活塞直径 $d=100$mm，长 $l=100$mm，活塞与液压缸同心时间隙 $h=0.1$mm，$\Delta p = 2.0$MPa，油液的动力黏度为 $\mu=0.1$Pa·s。求同心时的泄漏量。

解　同心时泄漏量，由式（2-57）得

$$Q = \frac{\pi d h^3 \Delta p}{12\mu l}(1+1.5\varepsilon^2)$$

$$= \frac{3.14 \times 0.1 \times 0.000\,1^3 \times 2.0 \times 10^6}{12 \times 0.1 \times 0.1} \times (1+0)\,\text{m}^2/\text{s} = 5.23 \times 10^{-6}\,\text{m}^3/\text{s}$$

例 2-8　某圆锥阀，其半锥角 $\alpha=20°$，$r_1=2$mm，$r_1=7$mm，间隙 $h=1$mm，阀的进出口压力差 $\Delta p = 1.0$MPa，油液的黏度 $\mu=0.1$Pa·s，求通过阀的流量。

解　由式（2-61）可得

$$Q = \frac{\pi\sin\alpha h^3 \Delta p}{6\mu\ln(r_2/r_1)} = \frac{3.14 \times \sin 20° \times 0.001^3}{6 \times 0.1 \times \ln(7/2)} \times 1 \times 10^6\,\text{m}^2/\text{s} = 1.43 \times 10^{-3}\,\text{m}^3/\text{s}$$

5. 两倾斜平板形成的楔形缝隙流动　图 2.6-6（a）所示为在逐渐加大的倾斜平板缝隙间的流动情况，设上平板相对于下平板倾斜一个 θ 角，并以速度 u_0 向右运动，进、出口处的缝隙和压力分别为 h_1、$-p_1$ 和 h_2、$-p_2$，并设距左端面 x 距离处的缝隙为 h，压力为 p，则在微小单元 $\mathrm{d}x$ 处的流动，可由于 $\mathrm{d}x$ 值很小而将倾斜平板近似地看做是平行平板。根据

式（2-55），并注意到$-\Delta p/l=\mathrm{d}p/\mathrm{d}x$，求得这时的流量公式是

$$Q=-\frac{bh^3}{12\mu}\times\frac{\mathrm{d}p}{\mathrm{d}x}+\frac{bu_0h}{2}$$

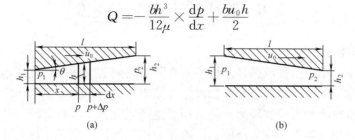

图 2.6-6　倾斜平板缝隙间的液流

由于$h_1=h_1+x\tan\theta,\mathrm{d}x=\mathrm{d}h/\tan\theta$，将上述关系代入前式，整理后得

$$\mathrm{d}p=-\frac{12\mu Q}{b\tan\theta}\frac{\mathrm{d}h}{h^3}+\frac{6\mu u_0}{\tan\theta}\frac{\mathrm{d}h}{h^2} \tag{2-60}$$

对上式进行积分，并将$\tan\theta=(h_2-h_1)/l$的关系代入之得

$$\Delta p=p_1-p_2=\frac{6\mu l}{b}\frac{(h_1+h_2)}{(h_1h_2)^2}Q-\frac{6\mu l}{h_1h_2}u_0$$

移项求出流量的表达式为

$$Q=\frac{b}{6\mu l}\frac{(h_1h_2)^2}{(h_1+h_2)}\Delta p+\frac{bh_1h_2}{h_1+h_2}u_0 \tag{2-61}$$

当倾斜平板相互间无相对运动时，$u_0=0$，其流量表达式应为

$$Q=\frac{b}{6\mu l}\frac{(h_1h_2)^2}{(h_1+h_2)}\Delta p \tag{2-62}$$

倾斜平板缝隙中的压力分布情况可通过对式（2-60）积分得到，将边界条件$h=h_1$时，$p=p_1$，代入得

$$p=p_1-\frac{6\mu Q}{b\tan\theta}\left(\frac{1}{h_1^2}-\frac{1}{h^2}\right)+\frac{6\mu u_0}{\tan\theta}\left(\frac{1}{h_1}-\frac{1}{h}\right)$$

将式（2-61）代入上式，并用图 2-27 中的几何关系整理之得

$$p=p_1-\frac{1-(h_1/h)^2}{1-(h_1/h_2)^2}\Delta p-\frac{6\mu u_0(h_2-h)}{h^2(h_2+h_1)}x \tag{2-63}$$

当$u_0=0$时，则有

$$p=p_1-\frac{1-(h_1/h)^2}{1-(h_1/h_2)^2}\Delta p \tag{2-64}$$

对于在逐渐缩小的倾斜平板缝隙间的流动 ［图 2.6-6（a）］ 来说，其流量和逐渐加大缝隙的流动情况相同，但压力分布情况在$u_0=0$时则是

$$p=p_1-\frac{(h_1/h)^2-1}{(h_1/h_2)^2-1}\Delta p \tag{2-65}$$

2.7　液　压　卡　紧

液压卡紧详见第 5 章。

2.8　液压冲击和空穴现象

2.8.1　液压冲击

在液压系统中，由于某种原因，液体压力在某一瞬间会突然急剧升高，产生很高的压力峰值，这种现象称为液压冲击，也称水锤现象。液压冲击的压力峰值往往比正常工作压力高好几倍，且常伴有巨大的振动和噪声，使液压系统产生温升，有时会使一些液压元件或管件损坏，并使某些液压元件（如压力继电器、液压控制阀等）产生误动作，导致设备损坏，因此，搞清液压冲击的本质，估算出它的压力峰值并研究抑制措施，是十分必要的。

图 2.8-1　液压冲击

1. 液压冲击产生的原因　如图 2.8-1 所示，有一较大的容腔（如液压缸或蓄能器）和在另一端装有阀门的管道相连，容腔的体积较大，其中的压力 p 可看做是恒定的，阀门开启时，管道内的液体从流束口流过，当不考虑管中的压力损失时，即均等于 p。当阀门 K 瞬间关闭时，管道中便产生液压冲击，其过程见表 2.8-1 所述。液压冲击的实质主要是管道中的液体因突然停止运动而导致动能向压力能的瞬时转变。

另外，液压系统中运动着的工作部件突然制动或换向时，工作部件的动能将引起液压执行元件的回油腔和管路内的油液产生液压激振，导致液压冲击。

表 2.8-1　　　　　　　　　　　　　　　　液压冲击过程

时　间	过　　程
$t=0$	阀门瞬间关闭
$t=0\rightarrow l/c$	管中液体自阀门开始向容腔方向依次停下，动能变为压力能，认为有一高压波以波速 c 由阀门向容腔推进
$t=l/c$	整个管内液体 $v=0$，处在冲击压力作用下，容腔和管道交界面处压力不平衡，管道中的压力大于容腔中的压力
$t=l/c\rightarrow 2l/c$	由交界面开始，管中液体依次向容腔方向松动，以流速 v 向左运动，压力依次恢复正常压力 p，认为有一正常压力波由容腔向阀门推进
$t=2l/c$	管中液体恢复正常压力 p，但以流速 v 向左运动，液体有脱离阀门的趋势
$t=2l/c\rightarrow 3l/c$	从阀门开始管中液体依次停下，压力也依次下降为低压，认为有一低压波由阀门向容腔推进
$t=3l/c$	整个管中液体 $v=0$，处在低压作用下，容腔和管道的交界面处压力又不平衡，容腔中的压力大于管道中的压力
$t=3l/c\rightarrow 4l/c$	由容腔开始，液体依次向阀门方向流动，恢复正常压力 p 和正常流速 v，一正常压力波由容腔向阀门推进
$t=4l/c$	管中液体以流速 v 向右运动，压力为正常压力 p，和液压冲击未发生前情况一样，如此结束液压冲击的一个循环
$t>4l/c$	以后的过程周而复始地继续下去。但由于液体有黏性，液体和管道有弹性，所以在液压冲击过程中要消耗能量，实际上，液压冲击时管道中的压力变化是一个围绕正常压力 p 的逐渐衰减的振荡过程

液压系统中某些元件的动作不够灵敏，也会产生液压冲击。如系统压力突然升高，但溢流阀反应迟钝，不能迅速打开时，便产生压力超调，也即压力冲击。

2. 液体突然停止运动时产生的液压冲击　这种液压冲击发生在突然关闭的液流管道中。以图 2.8-1 为例说明，设管道的截面积为 A，长度为 l，管道中液流的流速为 v，当管道的末端突然关闭时，液体立即停止运动。根据能量转化和守恒定律，液体的动能 $\rho A l v^2 / 2$ 必须转化为液体的弹性能 $A l \Delta p^2 / (2K')$，即

$$\frac{1}{2}\rho A l v^2 = \frac{1}{2}\frac{Al}{K'}\Delta p^2$$

所以

$$\Delta p = \rho\sqrt{\frac{K'}{\rho}}v = \rho c v \tag{2-66}$$

式中：Δp 为液压冲击时压力的升高值；K' 为液体的等效体积模量；ρ 为液体密度；c 为冲击波在管中的传播速度，$c = (K'/\rho)^{1/2}$。

由式（2-66）可知，对于一定的某种油液和管道材质来说，ρ 和 c 均为定值，因此唯一能减小 Δp 的办法是加大管道的通流截面以降低 v 值。

液压冲击波在管中的传播速度 c 可按下式计算

$$c = \sqrt{\frac{K'}{\rho}} = \frac{\sqrt{K/\rho}}{\sqrt{1 + \dfrac{d}{E}\times\dfrac{K}{\delta}}} \tag{2-67}$$

式中：K 为液压油的体积模量；d、δ 分别为管道内径、壁厚；E 为管道材料的弹性模量。对于液压传动中的管路来说，c 一般为 890～1250m/s。

式（2-67）仅适用于管道关闭是在瞬间内完成的情况，也即阀门的关闭时间 t 小于压力波来回一次所需的时间 t_c（临界关闭时间）的情况，即

$$t \leqslant t_c(t_c = 2l/c) \tag{2-68}$$

凡满足式（2-68）的称为完全冲击，否则便是非完全冲击。非完全冲击时引起的压力峰值比完全冲击时的低，非完全冲击时引起的压力峰值按下式计算

$$\Delta p = \rho c v \frac{t_c}{t} \tag{2-69}$$

如果阀门不是完全关闭，而是部分关闭，从而使液流流速从 v 降到 v'，即冲击前后的稳态流速变化值为 $\Delta v = v - v'$，这种情况下只要在式（2-66）和式（2-69）中以 Δv 代替 v，便可求得相应条件下的压力升高值 Δp。

知道了 Δp，便可求出冲击后管道中的最大压力 $p_{\max} = p + \Delta p$，式中 p 为正常工作压力。

例 2-9　在内径 $d = 200$mm，壁厚 $\delta = 10$mm 的管道中，液体的流速 $v = 2$m/s，压力 $p = 2.0$MPa。已知油液的体积模量 $K = 2.0\times10^6$MPa，管壁材料的弹性模量 $E = 2.0\times10^5$MPa。当阀门突然关闭时，试求最大压力升高值 Δp 及管壁材料内产生的应力。

解　取油液的密度 $\rho = 900$kg/m³，由式（2-69）可计算冲击波传播速度 c，即

$$c = \frac{\sqrt{K/\rho}}{\sqrt{1 + \dfrac{d}{E}\times\dfrac{K}{\delta}}} = \frac{\sqrt{2\times10^9/900}}{\sqrt{1 + \dfrac{200}{2\times10^{11}}\times\dfrac{2\times10^9}{10}}}\text{m/s} = 1360.8\text{m/s}$$

所以

$$\Delta p = \rho c v = 900 \times 1360.8 \times 2 \text{Pa} = 24.5 \times 10^5 \text{Pa}$$

管壁内产生的应力为

$$\sigma = p_{max} d/(2\delta) = (\Delta p + p)d/(2\delta)$$
$$= (2 + 2.45) \times 10^6 \times 200/20 \text{Pa} = 42.5 \times 10^6 \text{Pa} = 42.5 \text{MPa}$$

3. 运动部件制动时产生的液压冲击 设总质量为 ΣM 的运动部件在极短时间 Δt 内实现制动时，将速度从 v 下降到零（速度的变化值为 Δv，过流有效工作面积为 A），则根据动量定理，有

$$pA\Delta t = \Sigma M \Delta v$$

所以冲击力为

$$p = \Sigma M \Delta v / A \Delta t \tag{2-70}$$

上式所算得的结果是近似值（因忽略了阻尼、泄漏等因素），在估算时偏于安全。

4. 减小液压冲击的措施 减小冲击的有害影响是多方面的，在设计和安装使用液压系统时应采取必要措施，以减小液压冲击。由以上分析可知，可以归纳出以下减小液压冲击的措施：

（1）延长换向时间，如在电液换向阀中安装双向阻尼器控制阀芯的移动速度，从而控制换向时间。实践证明，运动部件制动换向时间大于 0.2s，冲击就会大为减轻。

（2）在液压元件结构上采取一些措施，如在液压缸中设置节流缓冲装置，在换向阀的封油台肩上加工各种切口，以减小流速的变化。

（3）在容易产生液压冲击的地方，设置压力升高的溢流阀或蓄能器。

（4）尽量缩短管路长度，减小管路弯曲或采用橡胶软管。

2.8.2 空穴现象

在流动的液体中，因某处的压力低于空气分离压时，原先溶解在液体中的空气就会分离出来而产生气泡，这种现象被称之为空穴现象。空穴现象使液压装置产生噪声和振动，使金属表面受到腐蚀。为了解空穴现象产生的机理，先介绍一下液压油的空气分离压和饱和蒸气压。

1. 油液的空气分离压和饱和蒸气压 油液中都溶解有一定量的空气，一般溶解 5%～6% 体积的空气。油液能溶解的空气量与绝对压力成正比，在大气压下正常溶解于油液中的空气，当压力低于大气压时，就成为过饱和状态，在一定的温度下，如压力降低到某一值时，过饱和的空气将从油液中分离出来形成气泡，这一压力值称为该温度下的空气分离压。含有气泡的液压油的体积弹性模量将大为减小，所含的气泡越多，液压油的体积弹性模量将越低。

当液压油在某温度下的压力低于某一数值时，油液本身迅速汽化，产生大量蒸气气泡，这时的压力称为液压油在该温度下的饱和蒸气压。一般来说，液压油的饱和蒸气压相当小，比空气分离压小得多，因此，要使液压油不产生大量气泡，它的压力最低不得低于液压油所在温度下的空气分离压。

2. 节流口处的空穴现象 当液流流经如图 2.8-2 所示的节流口的喉部位置时，根据伯努利方程，该处的压力要降低。如压力低于液压油工作温度下的空气分离压，溶解在油液中的空气将迅速地大量分离出来，变成气泡。这些气泡随着液流流到下游压力较高的部位处时，会因承受不了高压而破灭，产生局部的液压冲击，发出噪声并引起振动，当附着在金属表面上的气泡被压溃破时，它所产生的局部高温和高压会使金属剥落、表面粗糙或出现海绵

状的小洞穴，节流口下游部位常可发现这种腐蚀的痕迹，这种现象称为气蚀。空穴现象常用空穴系数 σ 来标志其剧烈程度

$$\sigma = 2(p_c - p_v)/(\rho v_c^2) \qquad (2\text{-}71)$$

式中：p_v 为油液的饱和蒸气压力；p_c 为节流口收缩喉部处的压力；v_c 为节流口收缩喉部处的液流速度。

上式中的 p_v 应该用空气分离压 p_g 来代替，因为液压系统中局部地区的压力下降到 p_g 时，即溶解空气大量分离时，就已是不能允许的了，只有在油液中空气含量极少时才会用饱和蒸气压作为不允许出现空穴现象的界限。

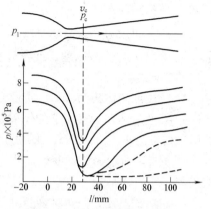

图 2.8-2　节流口处的空穴现象

在图 2.8-2 所示的节流口中，按伯努利方程式有

$$p_1 - p_c = (\rho v_c^2)/2$$

故式（2-71）可写成

$$\sigma = \frac{p_c - p_v}{p_1 - p_c} \qquad (2\text{-}72)$$

当用绝对压力来表示时，$p_v \approx 0$，则上式可简化为

$$\sigma = \frac{p_c}{p_1 - p_c} \doteq \frac{p_c}{p_1/p_c - 1} \qquad (2\text{-}73)$$

由此得

$$\frac{p_1}{p_c} = 1 + \frac{1}{\sigma} \qquad (2\text{-}74)$$

对于小孔及锥阀来说，空穴系数 $\sigma = 0.4$，因此 $p_1/p_c = 3.5$。这就是说，当 $p_1/p_c > 3.5$ 时，就要发生空穴现象。必须注意，当出现空穴时，有关液压传动的基本原理及论述就都不适用了。

在液压元件中，只要某点处的压力低于液压油所在温度的空气分离压，就会产生空穴现象。如液压泵中，当液压泵吸油管直径太小，吸油管阻力太大，滤网堵塞，或液压泵转速过高，因而使其吸油腔的压力低于液压油工作温度下的空气分离压时，液压泵便产生空穴现象，使液压泵吸油不足，流量下降，噪声激增，输出流量和压力剧烈波动，系统无法稳定地工作，严重时使泵的机件腐蚀，出现气蚀现象。

3. 减小空穴现象的措施　在液压系统中的任何地方，只要压力低于空气分离压，就会发生空穴现象。为了防止空穴现象的产生，就是要防止液压系统中的压力过度降低。具体措施有：

（1）减小流经节流小孔前后的压力差，一般希望小孔前后的压力比 $p_1/p_c < 3.5$。

（2）正确设计液压泵的结构参数，适当加大吸油管内径，使吸油管中液流速度不致太高，尽量避免急剧转弯或存在局部狭窄处，接头应有良好密封，过滤器要及时清洗或更换滤芯以防堵塞，对高压泵宜设置辅助泵向液压泵的吸油口供应足够的低压油。

（3）提高零件的抗气蚀能力——增加零件的机械强度，采用抗腐蚀能力强的金属材料，提高零件的表面加工质量等。

思 考 与 练 习 2

1. 工程机械使用的液压油，如果黏度过低将会影响工作性能，为什么会这样？

2. 什么叫压力？何为绝对压力、相对压力、真空度，三者的关系如何？

3. 试说明连续性原理、能量守恒定律、沿程损失、局部损失、内漏外漏、液压冲击、气穴的概念。

4. 液压油的体积为 18L，质量为 16.1kg，求此液压油的密度及重度。

5. 某液压油在大气压下的体积是 50L，当压力升高后，其体积减小到 49.9L，设液压油的体积模量为 $K=700\text{MPa}$，求压力升高值。

6. 图 2-1 所示为一黏度计，若 $D=100\text{mm}$，$d=98\text{mm}$，$l=200\text{mm}$，外筒与内筒间的间隙相等，外筒转速 $n=480\text{r/min}$ 时，测得的转矩 $T=70\text{N·cm}$，试求其液压的动力黏度。

7. 用恩式黏度计测得某液压油（$\rho=850\text{kg/m}^3$）200mL 流过的时间为 $t_1=153\text{s}$，20℃时 200mL 的蒸馏水流过的时间为 $t_2=51\text{s}$，求该液压油的恩式黏度 $°E$、运动黏度 ν 和动力黏度 μ 各为多少？

8. 如图 2-2 所示，具有一定真空度的容器用一根管子倒置于液面与大气相通的水槽中，液体在管中上升的高度 $h=1\text{m}$，设液体的密度为 $\rho=1000\text{kg/m}^3$，试求容器内的真空度。

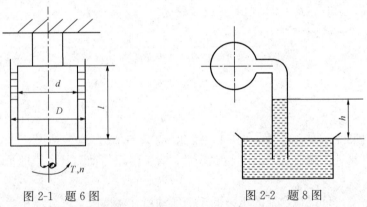

图 2-1　题 6 图　　　　　　　　图 2-2　题 8 图

9. 如图 2-3 所示，有一直径为 d、质量为 m 的活塞浸在液体中，并在力 F 的作用下处于静止状态。若液体的密度为 ρ，活塞浸入深度为 h，试确定液体在测压管内的上升高度 x。

10. 图 2-4 所示容器 A 中液体的密度 $\rho_A=900\text{kg/m}^3$，B 中液体的密度为 $\rho_B=1200\text{kg/m}^3$，$Z_A=200\text{mm}$，$Z_B=180\text{mm}$，$h=60\text{mm}$，U 形管中的测压介质为汞，试求 A、B 之间的压力差。

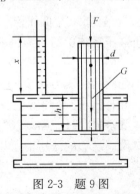
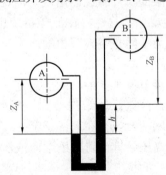

图 2-3　题 9 图　　　　　　　　图 2-4　题 10 图

11．图 2-5 所示，有一容器充满重度为 γ 的油，其压力 p 由水银压力计的读数 h 来确定。现将压力计向下移动一段距离 a（容器不动），则压力计的读数变化 Δh 为多少？

12．图 2-6 所示，半径 $R=100\mathrm{mm}$ 的钢球（密度为 $8\mathrm{g/cm^3}$）堵塞着垂直壁上一个直径 $d=1.5R$ 的圆形孔，问容器的水位 H 最小为多少时，钢球才能处于平衡状态？

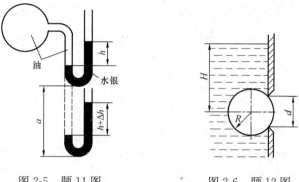

图 2-5　题 11 图　　　　　　　图 2-6　题 12 图

13．如图 2-7 所示水平截面是圆形的容器，内存 $\rho=900\mathrm{kg/m^3}$ 的液体，上端开口，求作用在容器底面的作用力。若在开口端加一活塞，连活塞重量在内，作用力为 30kN，则容器底面的总作用力为多少？

14．如图 2-8 所示，已知水深 $H=10\mathrm{m}$，截面 $A_1=0.04\mathrm{m^2}$，截面 $A_2=0.02\mathrm{m^2}$，求孔口的出流流量以及点 1 处的表压力（取 $\alpha=1$，$\rho=1000\mathrm{kg/m^3}$，不计损失）。

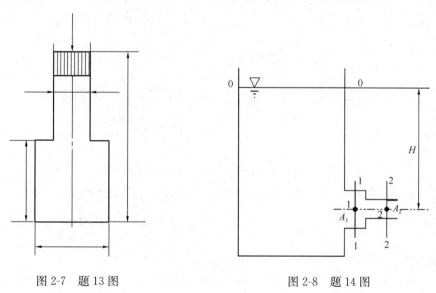

图 2-7　题 13 图　　　　　　　图 2-8　题 14 图

15．图 2-9 所示为一抽吸设备水平放置，其出口和大气相通，细管处截面积 $A_1=3.2\mathrm{cm^2}$，出口处管道截面积 $A_2=4A_1$，$h=1\mathrm{m}$，求开始抽吸时，水平管中所必须通过的流量 q（液体为理想液体，不计损失）。

16．图 2-10 所示为一水平放置的固定导板。将直径 $d=0.1\mathrm{m}$，流速为 $v=20\mathrm{m/s}$ 的射流转过 90°角，求导板作用于液体的合力大小和方向（$\rho=1000\mathrm{kg/m^3}$）。

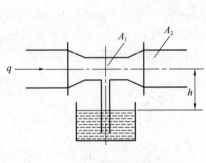

图 2-9　题 15 图

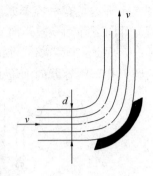

图 2-10　题 16 图

17. 如图 2-11 所示的液压系统的安全阀,阀座直径 $d=25\text{mm}$,当系统压力为 5.0MPa 时,阀的开度为 $x=5\text{mm}$,通过的流量 $q=600\text{L/min}$,若阀的开启压力为 4.3MPa,油液的密度 $\rho=900\text{kg/m}^3$,弹簧刚度 $k=20\text{N/mm}$,求油液出流角 α。

18. 液体在管中的流速 $v=4\text{m/s}$,管道内径 $d=60\text{mm}$,油液的运动黏度 $\gamma=30\text{cSt}$,试确定流态。若要保证其为层流,其流速应为多少?

19. 图 2-12 所示液压泵的流量 $q=32\text{L/min}$,液压泵吸油口距离液面高度 $h=500\text{mm}$,吸油管直径 $d=20\text{mm}$。粗滤网的压力降为 0.01MPa,油液的密度 $\rho=900\text{kg/m}^3$,油液的运动黏度为 $\gamma=20\text{cSt}$,求液压泵吸油口处的真空度。

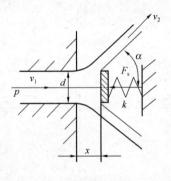

图 2-11　题 17 图

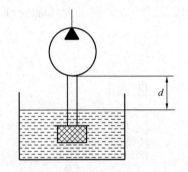

图 2-12　题 19 图

20. 运动黏度 $\gamma=40\text{cSt}$ 的油液通过水平管道,油液密度 $\rho=900\text{kg/m}^3$,管道内径为 $d=10\text{mm}$,$l=5\text{m}$,进口压力 $p_1=4.0\text{MPa}$,则流速为 3m/s 时,出口压力 p_2 为多少?

21. 有一薄壁节流小孔,通过的流量为 $q=25\text{L/min}$ 时,压力损失为 0.3MPa,试求节流孔的通流面积。设流量系数 $C_d=0.61$,油液的密度 $\rho=900\text{kg/m}^3$。

22. 图 2-13 所示柱塞直径 $d=19.9\text{mm}$,缸套直径 $D=20\text{mm}$,长 $l=70\text{mm}$,柱塞在力 $F=40\text{N}$ 作用下向下运动,并将油液从缝隙中挤出,若柱塞与缸套同心,油液的动力黏度 $\mu=0.784\times10^{-3}\text{Pa·s}$,则柱塞下落 0.1m 所需的时间为多少?

23. 如图 2-14 所示的液压系统从蓄能器 A 到电磁阀 B 的距离 $l=4\text{m}$,管径 $d=20\text{mm}$,壁厚 $\delta=1\text{mm}$,钢的弹性模量 $E=2.2\times10^5\text{MPa}$,油液的体积模量 $K=1.33\times10^3\text{MPa}$,管路中油液原先以 $v=5\text{m/s}$、$p_0=2.0\text{MPa}$ 流经电磁阀,求当阀瞬间关闭、0.02s 关闭和 0.05s 关闭时,在管路中达到的最大压力为多少?

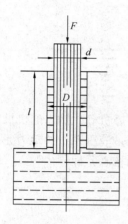

图 2-13 题 22 图

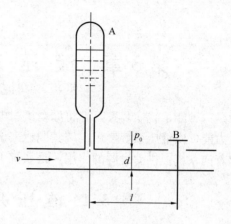

图 2-14 题 23 图

第 3 章 液 压 动 力 元 件

液压泵是一种能量转换装置，它将原动机（电动机或内燃机等）输出的机械能转换为工作液体的压力能，供液压系统使用。按其职能来说，液压泵是液压系统的动力元件，又称能源装置，起着向系统提供动力源的作用，是系统不可缺少的核心元件。

3.1 液 压 泵 概 述

3.1.1 液压泵的工作原理及种类

1. 液压泵的工作原理 工程机械液压系统中所使用的液压泵都是容积式液压泵，即其工作原理是依靠密封容积变化来进行的。容积式液压泵的工作原理可用图 3.1-1 所示的简单例子来说明。图中柱塞 2 装在缸体 3 中形成一个密封的容腔 a，柱塞在弹簧 4 的作用下始终压紧在偏心凸轮 1 上。原动机驱动偏心轮凸轮 1 旋转使柱塞 2 做往复运动，使密封容腔 a 的大小发生周期性的交替变化。当柱塞向右移动，容腔 a 由小变大，形成部分真空，油箱中的油液在大气压作用下，经吸油管顶开单向阀 6 进入容腔 a，这就是吸油过程；反之，当柱塞向左移动，容腔 a 由大变小，容腔中吸满的油液将顶开单向阀 5 流入系统，这就是压油过程。这样液压泵就将原动机输入的机械能转换成液体的压力能，原动机驱动偏心凸轮不断旋转，液压泵就不断地吸油和压油。

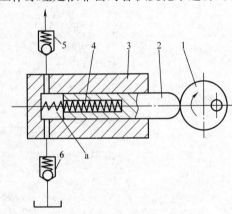

图 3.1-1 液压泵工作原理图

2. 液压泵的特点 由以上可知容积式液压泵的基本特点：

（1）必须具有若干个密封的工作腔（在上例中是一个），在运转的过程中工作腔的容积循环着由小到大，再由大到小，进行吸油和压油的周期性动作。泵的输出流量与密封工作腔的数目、容积变化量和单位时间内的变化次数成正比，与其他因素无关，所以称这种泵为容积泵。

（2）油箱内液体的绝对压力必须恒等于或大于大气压力，这是容积式液压泵能够吸入油液的外部条件。因此，为保证液压泵正常吸油，油箱必须与大气相通或采用密闭的充压油箱。

（3）具有相应的配流机构，将吸油腔和排油腔隔开，保证液压泵有规律地连续吸排油液。液压泵的结构原理不同，其配流机构也不相同。图 3.1-1 所示油泵的配油机构就是单向阀 5、6。

容积式液压泵中的油腔处于吸油时称为吸油腔，处于压油时称为压油腔。吸油腔的压力取决于吸油高度和吸油管路的阻力。吸油高度过高或吸油管路阻力太大，会使吸油腔真空度过高而影响液压泵的自吸性能，压油腔的压力则取决于外负载和排油管路的压力损失，从理论上讲排油压力与液压泵的流量无关。

　　容积式液压泵的理论流量取决于液压泵的有关几何尺寸和转速，而与压力无关，但油压要影响泵的内泄漏和油液的压缩量，从而影响泵的实际输出流量，所以液压泵的实际输出流量随排油压力的升高而降低。

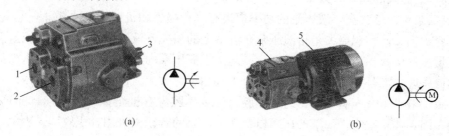

(a)　　　　　　　　　　　　　(b)

图 3.1-2　液压泵、电机—液压泵装置及图形符号

(a) 液压泵及一般图形符号；(b) 电机-液压泵及图形符号

1—排油口；2—吸油口；3—驱动轴；4—液压泵；5—电机

　　3. 液压泵的分类　液压泵按其每旋转一周（360°）所能输出的油液的体积是否可调节而分为定量泵和变量泵两类，不可调节的为定量泵，可调节的为变量泵；按结构形式可分为齿轮式、叶片式和柱塞式三大类，每类中还有很多种型式：例如，齿轮泵有外啮合和内啮合之分；叶片泵有单作用和双作用之分；柱塞泵有径向式和轴向式之分等。应用较广的是渐开线齿形外啮合齿轮泵。

3.1.2　液压泵的压力、排量及流量

1. 压力

　　(1) 工作压力。液压泵实际工作时的输出压力称为工作压力。工作压力的大小取决于外负载的大小和管路上的压力损失大小，而与液压泵的流量无关。

　　(2) 额定压力。液压泵在正常工作条件下，按试验标准规定连续运转的最高压力称为液压泵的额定压力，超过此值就是过载，溢流阀将被打开，溢流卸荷。

　　(3) 最高允许压力。在超过额定压力的条件下，根据试验标准规定，允许液压泵短暂运行的最高压力值，称为液压泵的最高允许压力。

　　2. 排量和流量

　　(1) 排量 V。排量是指在没有泄漏的情况下，泵轴旋转一周（360°），泵所排出的液体的体积，即由其密封容腔几何尺寸变化计算而得的排出液体的体积叫液压泵的排量，就图 3.1-1 所示油泵来说，凸轮轴（即泵轴）每转一圈，柱塞往复一次，它所排出的液体体积等于柱塞截面积 A 和行程 l 的乘积，故其排量为 $V = Al$。

　　(2) 理论流量 $q_{(th)p}$。理论流量是指在不考虑液压泵的泄漏流量的条件下，在单位时间内所排出的液体体积。显然，如果液压泵的排量为 V，其主轴转速为 n，则该液压泵的理论流量 $q_{(th)p}$ 为

$$q_{(th)p} = Vn \tag{3-1}$$

　　(3) 实际流量 q。液压泵在某一具体工况下，单位时间内所排出的液体的体积称为实际流量，它等于理论流量 $q_{(th)p}$ 减去泄漏和压缩损失后的流量 q_{lp}（液压泵的泄漏量可以看做与泵的输出压力以及泄漏系数成正比），即

$$q = q_{(th)p} - q_{lp} \tag{3-2}$$

（4）额定流量 q_n。液压泵在正常工作条件下，按试验标准规定（即在额定压力和额定转速下）必须保证的输出流量。

3.1.3　液压泵的功率和效率

1. 液压泵的功率损失　液压泵的功率损失有容积损失和机械损失两部分。

（1）容积损失。容积损失是指液压泵在流量上的损失，液压泵的实际输出流量总是小于其理论流量。产生容积损失的主要原因，一是由于液压泵内部高压腔总有少量压力油通过缝隙泄漏到低压腔；二是泵在吸油过程中，由于吸油阻力太大、油液黏性以及液压泵转速高等原因而导致油液来不及充满全部密封工作腔（即工作腔没有被全部利用），三是油液压力升高，受到压缩，体积减小。油液的压缩以及在液压泵的容积损失用容积效率来表示，它等于液压泵的实际输出流量 q 与其理论流量 $q_{(th)p}$ 比，即

$$\eta_v = \frac{q}{q_{(th)p}} = \frac{q_{(th)p} - q_{lp}}{q_{(th)p}} = 1 - \frac{q_{lp}}{q_{(th)p}} \tag{3-3}$$

因此，液压泵的实际输出流量 q 为

$$q = q_{(th)p}\eta_v = Vn\eta_v \tag{3-4}$$

液压泵的容积效率随着液压泵工作压力的增大而减小，且泵的排量越小、转速越低，容积效率 η_v 也越低。

（2）机械损失。机械损失是指液压泵在转矩上的损失。液压泵的实际输入转矩 T 总是大于理论上所需要的转矩 T_t。产生机械损失的主要原因有：一是油液在泵体内流动时液体的黏性引起摩擦转矩损失，这部分损失与油液黏度、泵的转速有关，黏度越高，泵轴的转速越高，则这部分转矩损失就越大；二是泵内相对运动机件之间因机械摩擦而引起的摩擦转矩损失，这部分损失与泵的压力有关，输出压力越高，这部分转矩损失就越大。设泵所需的理论转矩为 T_t，转矩损失为 T_l，则实际输入转矩 $T = T_t + T_l$。液压泵的机械损失用机械效率 η_m 表示，η_m 等于液压泵的理论转矩 T_t 与实际输入转矩 T 之比，则液压泵的机械效率为

$$\eta_m = \frac{T_t}{T} = \frac{1}{1 + \frac{T_l}{T_t}} \tag{3-5}$$

2. 液压泵的功率

（1）输入功率 P_i。液压泵的输入功率 P_i 是指作用在液压泵主轴上的机械功率，当输入转矩为 T_i、角速度为 ω 时，有

$$P_i = T_i\omega \tag{3-6}$$

（2）输出功率 P。液压泵的输出功率是指液压泵在工作过程中的实际吸油口与压油口之间的压差 Δp 和泵的输出流量 q 的乘积，即

$$P = \Delta p q \tag{3-7}$$

在工程实际中，若液压泵实际吸油口与压油口之间压差 Δp 的计量单位用 MPa 表示，输出流量 Q 用 L/min 表示，则液压泵的输出功率 P 可表示为

$$P = \frac{\Delta p q}{60} \quad (kW) \tag{3-8}$$

在实际的计算中，若油箱通大气，液压泵吸油口与压油口之间压差 Δp 往往用液压泵出

口压力 p 代替。

（3）液压泵的总效率 η。液压泵的总效率是指液压泵的实际输出功率与其输入功率的比值，即

$$\eta = \frac{P}{P_\text{i}} = \frac{\Delta p\, q}{T_\text{i}\omega} = \frac{\Delta p\, q_\text{th}\eta_\text{v}}{T_\text{t}\omega/\eta_\text{m}} = \eta_\text{v}\eta_\text{m} \tag{3-9}$$

由式（3-9）可知，液压泵的总效率等于其容积效率与机械效率的乘积，所以液压泵的输入功率也可写成

$$P_\text{i} = \frac{\Delta p\, q}{\eta} \tag{3-10}$$

图 3.1-3（a）所示为液压泵的功率流程图，液压泵的各个参数和压力之间的关系如图 3.1-3（b）所示。

3. 液压泵的自吸能力 泵的自吸能量是指泵在额定转速下，从低于泵以下的开式油箱中自行吸油的能力。自吸能力的大小常以吸油高度或者真空度来表示。泵自吸的实质是泵吸油腔形成局部真空，油箱中的液压油在大气压的作用下进入吸油腔，因此，

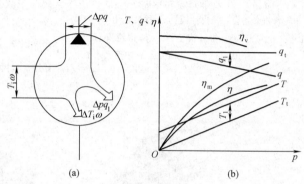

图 3.1-3 液压泵的功率流程图及特性曲线

液压泵吸油腔的真空度越大，则吸油高度越高。一般泵所允许的吸油高度不超过 500mm。对于自吸能力差的液压泵，可采用措施：①使油箱液面高于液压泵；②采用压力油箱；③采用补油泵供油。对于不同结构类型的液压泵，其自吸能力是不同的，泵的自吸能力也是衡量它的性能指标之一。

3.2 齿 轮 泵

齿轮泵是利用齿轮啮合原理进行工作的。按啮合性质的不同，可将齿轮泵分为外啮合齿轮泵、内啮合齿轮泵和螺杆泵三种。

3.2.1 外啮合齿轮泵

1. 工作原理

外啮合齿轮泵的工作原理如图 3.2-1 所示。两个啮合的齿轮置于泵体中，两齿间形成的工作腔被泵体及齿轮端面的侧板所封闭。当主动齿轮按图示方向旋转时，从动齿轮由主动齿轮带动旋转。在吸油腔，两齿轮轮齿逐渐脱离啮合，吸油腔的容积相对增大，形成真空，油箱中的油液在大气压的作用下经吸油管路被吸入其内；随齿轮的旋转，充满齿间的液体沿泵体内表面被带到排油腔；齿轮啮合形成的密封作用使排油腔和吸油腔不相通；在排油腔，齿轮轮齿逐渐进入啮合，排油腔容积相对减小，油液受挤压，经排油口排出。齿轮连续旋转，轮齿依次进入啮合，吸油腔周期性地由小变大，排油腔周期性地由大变小，于是齿轮泵便能不断地吸入和排出液体。由于油液的压缩性非常小，因此排油路上的负载阻力将使排油腔输

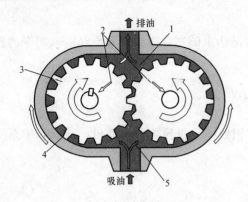

图 3.2-1   外啮合齿轮泵的工作原理

1—轮齿进入啮合，排出油液；2—排油压力作用于两齿
轮产生径向力；3—主动齿轮；4—齿轮轮齿间传输油
液；5—齿轮脱离啮合产生真空，从油箱吸入油液

出有压力的油液。

图 3.2-2 所示为外啮合齿轮泵。图 3.2-2
（a）所示为采用泵体与端盖式结构，主动齿轮
安装在传动轴上，传动轴由轴承支承，从动齿
轮由主动齿轮带动旋转。图 3.2-2（b）所示为
采用泵体、前端盖、后端盖的三片式结构。

2. 排量和流量

排量是指泵每转一周所排出的油液体积。
设齿轮模数为 m，节圆直径 d，齿宽 B，齿数
z，并认为齿间的容积与轮齿的体积相等，则两
个几何尺寸完全相同的外啮合齿轮旋转所排出
的油液，可看成高度为 $2m$ 的齿轮工作面所扫过
的环形体积，即排量 V_i 为

$$V_i = 2\pi dmB$$

或

$$V_i = 2\pi zm^2B \tag{3-11}$$

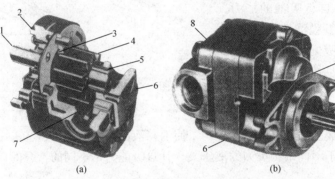

图 3.2-2   外啮合齿轮泵

（a）泵体与端盖式结构；（b）泵体与两侧泵盖的三片式结构

1—传动轴；2—前端盖；3—侧板；4—主动齿轮；5—轴承；6—泵体；

7—从动齿轮；8—后端盖

由式（3-11）可知，根据泵的排量 V_i（mL）和转速 n（r/min），可计算泵的理论流量
q_{Vi}

$$q_{Vi} = V_i \cdot n \tag{3-12}$$

可见，当排量一定时，泵的理论流量与转速成线性比例关系，转速高，流量大，如图
3.2-3 所示。

液压泵转速的提高受吸油性能的限制，转速过高会引起吸油不充分，泵内部运动件间的
磨损加剧，并影响使用寿命；而转速过低会使泵的输出流量减少，脉动增大，并有可能难以
产生真空而使吸油困难，甚至液压泵无压力油液输出。因此，液压泵都有一个确定的额定
转速。

在额定转速下，泵的理论流量是常数。当排出腔是高压，吸油腔是低压，而齿轮侧面有
轴向间隙，必然产生从排油腔到吸油腔的油液内泄漏。因此，泵输出的实际流量 q 小于理论

流量 q_{Vi}，其减少的液体体积称为液压泵的容积损失。

排油压力越高，泄漏越大，容积效率越低，其流量-压力特性曲线如图 3.2-4 所示。此外，由于吸油腔是低压，排油腔压力越高，齿轮及轴承受不平衡侧向液压力的作用越大，这将影响轴承寿命，并使齿轮及轴变形。

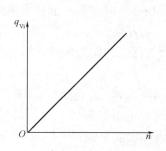

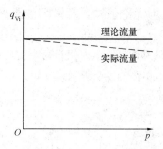

图3.2-3　液压泵的流量-转速曲线　　　　图3.2-4　液压泵的流量-压力曲线

3. 特性　外啮合齿轮泵的泄漏、困油和径向液压力不平衡是影响齿轮泵性能指标和寿命的三大问题。各种不同齿轮泵的结构特点之所以不同，都因采用了不同结构措施来解决这三大问题所致。

（1）泄漏。齿轮泵存在着三个可能产生泄漏的部位：齿轮端面和两侧端盖之间间隙（轴向间隙）；齿轮顶圆和壳体内孔之间间隙（径向间隙）以及两个齿轮的齿面啮合处间隙（啮合间隙）。其中对泄漏影响最大的是轴向间隙，通过轴向间隙的泄漏量可占总泄漏量的 $75\%\sim80\%$，因为这里泄漏途径短，泄漏面积大。轴向间隙过大，泄漏量多，会使容积效率降低；但间隙过小，齿轮端面和端盖之间的机械摩擦损失增加，会使泵的机械效率降低。因此，普通齿轮泵的容积效率比较低，输出压力也不容易提高。在高压齿轮泵中，一般多使用轴向间隙补偿装置，以减小端面泄漏，提高容积效率。所以，设计和制造时必须严格控制泵的轴向间隙。

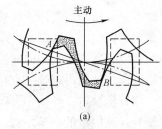

（2）困油。齿轮泵要平稳工作，齿轮啮合的重叠系数必须大于1，也就是说要求在一对轮齿即将脱开啮合前，后面的一对轮齿就要开始啮合。就在两对轮齿同时啮合的这一小段时间内，留在齿间的油液被围困在两对轮齿、壳体以及两侧端盖所形成的一个密闭空腔中，如图 3.2-5（a）所示，当齿轮继续旋转时，这个空间的容积逐渐减小，直到两个啮合点 A、B 处于节点两侧的对称位置时，如图 3.2-5（b）所示，这时封闭容积减至最小。由于油液的可压缩性很小，当封闭容腔的容积减小

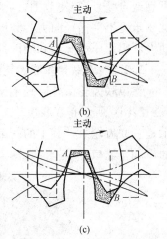

图3.2-5　齿轮泵困油现象

时，被困的油液受挤压，压力急剧上升，油液从各缝隙中被强行挤出，造成油液发热，并使机件（齿轮和轴承等）受到很大的额外的负载（径向力）；当齿轮继续旋转，这个封闭容腔的容积又逐渐增大，直至如图 3.2-5（c）所示的最大位置，容腔容积增大时又会造成局部真空，使油液中溶解的气体分离，产生气穴现象，加剧流量的不均匀性，并可能产生气浊。这

些都将使齿轮泵产生强烈的噪声，这就是齿轮泵的困油现象。

消除困油的方法，通常是在齿轮泵的两侧端盖上铣两条卸荷槽（图3.2-5中虚线所示），使封闭腔容积减小时通过左边的卸荷槽与压油腔相通［图3.2-5（a）］；而容积增大时通过右边的卸荷槽与吸油腔相通［图3.2-5（c）］。一般的齿轮泵两卸荷槽是非对称开设的，往往向吸油腔偏移，但无论怎样，两槽间的距离 a 必须保证在任何时候都不能使吸油腔和压油腔相互串通，对于分度圆压力角 $\alpha = 20°$、模数为 m 的标准渐开线齿轮 $a = 2.78m$，当卸荷槽为非对称时，在压油腔一侧必须保证 $b = 0.8m$，另一方面为保证卸荷槽畅通，槽宽 $c > 2.5m$，槽深 $h \geqslant 0.8m$，如图3.2-6所示。

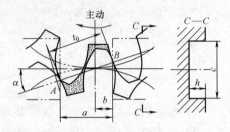

图3.2-6　非对称卸荷槽尺寸

（3）径向不平衡力。齿轮泵工作时，作用在齿轮外圆上的压力是不相等的，在压油腔和吸油腔处齿轮外圆和齿廓表面承受着工作压力和吸油腔压力，在齿轮和壳体内孔的径向间隙中，可以认为压力从压油腔压力逐渐分级下降到吸油腔压力，这些液体压力综合作用的结果，给齿轮一个径向的作用力（即不平衡力）使齿轮和轴承受载。工作压力越大，径向不平衡力也越大。径向不平衡力很大时能使轴弯曲，造成齿顶与壳体产生接触，同时加速轴承的磨损，降低轴承的寿命。为了减小径向不平衡力的影响，有的泵上采取了缩小压油口的办法，使压力油仅作用在一个齿到两个齿的范围内，同时适当增大径向间隙，使齿轮在压力作用下，齿顶不能和壳体相接触。当然，最有效的办法是加大齿轮轴一直径以减小弯曲形变。

（4）优缺点。外啮合齿轮泵的优点是结构简单，尺寸小，重量轻，制造方便，价格是同容量叶片泵成本的一半左右。结构紧凑，自吸能力强（无论在高速、低速甚至手动时，都能可靠地自吸），转速范围大，对油液污染不敏感，工作可靠，维护容易。它的缺点是一些机件要承受不平衡径向力，磨损严重，泄漏大，工作压力的提高受到限制。此外，它的流量脉动大，因而压力脉动和噪声都比较大，并且只能用作定量泵。

3.2.2　双联和多联齿轮泵

除单联齿轮泵外，还有在同一传动轴上配置了两个、三个泵的双联、三联泵等。图3.2-7（a）所示是双联齿轮泵，两个齿轮泵有各自独立的吸油口和排油口。图3.2-7（b）所示是三联齿轮泵，其中的两个泵共用一个吸油口，分设两个排油口，而第三个泵有独立的吸油口和排油口。

(a)　　　　　　　　　　　　　(b)

图3.2-7　多联齿轮泵

(a) 双联齿轮泵；(b) 三联齿轮泵

3.2.3 高压外啮合齿轮泵

齿轮泵由于结构简单，成本较低，在液压系统中得到广泛的应用。CB 系列齿轮泵的额定工作压力为 2.5MPa，如要提高它的工作压力，则因泄漏增大致使容积效率降低，工作压力过高时，甚至因泄漏量过大而无法工作，或根本达不到所要求的工作压力。在齿轮油泵中（其他容积式油泵也如此），为了能输出高压油，就要求有较好的密封性能，但相对运动的零件间又必须有一定的间隙，这就构成了一对矛盾。因此，提高油泵工作压力的途径就是要合理地解决这一矛盾。对于齿轮油泵来讲，相对运动表面有齿顶圆和泵体内孔、齿轮端面和侧盖端面以及齿轮啮合处的齿面等。而其中又以齿轮端面处的轴向间隙对泄漏的影响较大。油压越高，将侧盖推开的油压作用力越大，使端面间隙增加，泄漏量更大。因此，为了提高齿轮油泵的工作压力，主要的是要减少齿轮轴向间隙处的泄漏量。如果采取在制造上减小齿轮轴向间隙的措施来减小泄漏量，这不仅增加制造中的困难，而且零件的磨损将引起间隙迅速增加，结果仍然使容积效率降低。因此，目前在高压齿轮泵中，为了提高容积效率，较多的是采用液压补偿轴向间隙的方法。一般采用浮动轴套或浮动侧板或挠性侧板，使轴向间隙能自动补偿。

1. 浮动轴套 图 3.2-8 所示为浮动轴套结构示意图。在结构上使 A 腔与齿轮泵压油腔相通，因此，在压力油的作用下，浮动轴套 1 以一定的压紧力压向齿轮 4，同时在齿间中的液体压力又给浮动轴套一个撑开力，必须使压紧力大于撑开力，这样才能保证轴向间隙自动补偿，而且随着工作压力的升高，压紧力也增大，这样在高压情况下，也能保证泵有较高的容积效率。

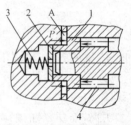

图 3.2-8 浮动轴套
结构示意图
1—浮动轴套；2—垫片；
3—弹簧；4—齿轮

在齿轮泵起动时，靠弹簧 3 通过垫片 2 压在浮动轴套 1 上，使浮动轴套和齿轮端面有一定的预压紧力（一般为 50～80N），以保证起动时的轴向间隙密封。

由于撑开力的作用线不在轴线上，而向压油区一边偏移，所以，压紧力与撑开力的作用线不重合，使浮动轴套倾斜，磨损增加，对高压齿轮泵必须解决这个问题，一般都采用压力平衡式浮动侧板。

2. 压力平衡式浮动侧板。为了使压紧力与撑开力的合力作用线重合，一般采用压力平衡式浮动侧板。下面以 CB-H 型齿轮泵的平衡密封为例，说明其结构和特点，如图 3.2-9 所示。

CB-H 型齿轮泵由前盖 1，泵体 2，后盖 3、主动齿轮 4、被动齿轮 5 和滚针轴承 9 等零件组成。其轴向间隙自动补偿是采用压力平衡式浮动侧板，如图 3.2-9（b）所示。

浮动侧板是由耐磨衬板 6 和橡胶密封圈黏结而成。浮动侧板在油压作用下，压向齿轮端面，保证轴向间隙自动补偿。为了防止橡胶密封圈 7 从缝隙中挤出或擦伤，设有一个加固骨架 8。密封 12 及支撑板 10 装在低压区，目的是使密封 12 所包围的区域 11 不进入高压油，而与低压腔相通，这样使作用在浮动侧板的压紧力的作用线接近撑开力的作用线，防止浮动侧板倾斜，提高容积效率，使磨损情况也大有改善。

3. 浮动侧板 分区压力平衡式浮动侧板，如图 3.2-10 所示。

浮动侧板上被四个密封条 a 和两个密封条 b 分成五个区域，并且在区域 I 和 IV 的径向处开有深 1.5mm、宽 72° 的通槽 C，与过渡区齿间液体相通，其压力为 p_{II}，p_{IV}，当齿轮泵的

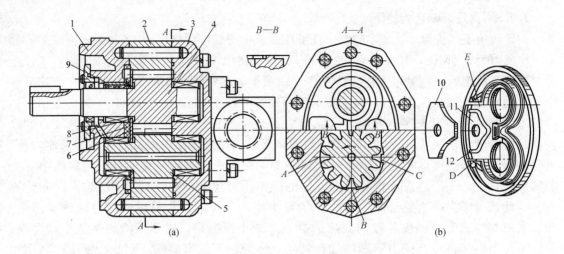

图 3.2-9 CB-H 型齿轮泵

1—前盖；2—泵体；3—后盖；4—主动齿轮；5—被动齿轮；6—耐磨衬板；7—橡胶密封圈；

8—加固骨架；9—滚针轴承；10—支撑板；11—区域；12—密封

工作压力为 16.0MPa 时，$p_{II} = p_{IV} = 12.70$MPa。区域 I 与吸油腔相通，区域 III 与压油腔相通，区域 V 为泄漏封闭区，其压力 p_V 接近过渡区压力 p_I。因此，作用在浮动侧板上的液体压力分布与齿轮泵的吸、压油腔，过渡区的液体压力分布相对应。这样使压紧力与撑开力的合力作用线趋向重合，防止浮动侧板倾斜，提高了容积效率，减少磨损。

因为这种浮动侧板的轴向浮动间隙很小（一般为 0.5mm），所以齿轮泵在起动和空载运转时，由橡皮密封条的预压紧力来保证浮动侧板和齿轮端面的紧密接触。

此外，还有轴向间隙和径向间隙都能补偿的齿轮泵，这种泵的轴向间隙和径向间隙都可以补偿到最佳值，可以在更高的压力下工作，其工作压力为 16.0～32.0MPa。其轴向间隙补偿仍采用浮动侧板式，而径向间隙补偿原理图如图 3.2-11 所示。

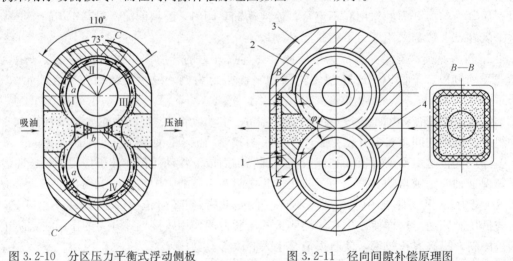

图 3.2-10 分区压力平衡式浮动侧板   图 3.2-11 径向间隙补偿原理图

1—径向间隙补偿体；2—主动齿轮；3—泵体；4—被动齿轮

主动齿轮 2 和被动齿轮 4 与泵体 3 的径向间隙很大，且均与吸油腔相通。只有在扇形角

φ 印的范围内，与径向间隙补偿体 1 之间起密封作用。径向间隙补偿体的背面由方框形密封圈所包围的区域与压油腔相通，在液体压力的作用下使径向间隙补偿体压向齿轮，起径向间隙补偿作用。其特点是齿轮受径向力小，使轴承负荷减小，并提高了容积效率。

3.2.4　内啮合齿轮泵

图 3.2-12 所示为渐开线内啮合齿轮泵的工作原理和剖视图。小的外齿轮置于大的内齿圈中，小齿轮的一侧与内齿圈相啮合，而另一侧则通过月牙状隔板与内齿圈隔开。月牙状隔板的作用是把吸油腔和排油腔隔开。当小齿轮被驱动旋转时，内齿圈也随着同向旋转。在吸油腔，轮齿逐渐脱开啮合时，容腔相对增大，形成真空，油箱中的油液在大气压的作用下经吸油管路而被吸入；随齿轮转动，充满小齿轮齿间的油液沿月牙状隔板传送到排油腔；在排油腔，轮齿逐渐进入啮合时，容腔相对减小，油液受挤压从排油口排出。小齿轮连续旋转，吸油腔周期性地由小变大，排油腔周期性地由大变小，于是便能不断地吸入和排出液体，如图 3.2-12（a）所示。

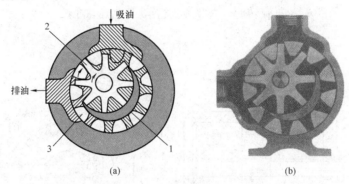

图 3.2-12　渐开线内啮合齿轮泵
（a）工作原理图；（b）结构剖视图
1—月牙状隔板；2—小齿轮；3—内齿圈

图 3.2-13 所示是摆线内啮合齿轮泵的工作原理和剖视图。它由外齿轮、内齿轮、泵体和端盖等组成。小的外齿轮比大的内齿轮少一个齿，两个齿轮的轴心线有偏心距。小齿轮的每一个齿总是与内齿轮的齿面接触，从而形成数个密闭工作腔。当小齿轮转动时，两个齿轮按同一方向旋转，油液首先进入容积周期性地增大的工作腔，经过渡区，然后在容积周期性变小的工作腔排油。

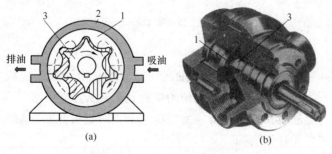

图 3.2-13　摆线内啮合齿轮泵
（a）工作原理图；（b）结构剖视图
1—外齿轮；2—泵体；3—内齿轮

内啮合齿轮泵的轴承也受不平衡液压力的作用，排油压力越高对轴承寿命的影响越大。此外，除单联内啮合齿轮泵外，实际应用中也有双联、三联内啮合齿轮泵。

3.2.5　高压内啮合齿轮泵

一般外啮合的齿轮油泵，用液压补偿侧面间隙的结构较多，但要补偿径向间隙则较困难。下面介绍一种既能补偿侧面间隙，又能补偿径向间隙的高压内啮合齿轮油泵。它的最高工作压力可达 30.0MPa，转速为 1800～4000r/min，容积效率在 96% 以上。

1. 内啮合齿轮泵的结构　这种高压内啮合齿轮泵的结构如图 3.2-14 所示，它由前泵盖1，左轴承支承体2，泵体（右轴承支承体）3 和后泵盖7用螺钉紧固在一起。双金属滑动轴承8 和14 装在轴承支座的轴承孔内，用来支承小齿轮13 的轴颈，内齿轮4 由浮动支承块12支承。两齿轮的两侧面装有侧板5和6，小齿轮和内齿轮之间装有月牙形隔板10，起隔绝吸油腔与压油腔的作用。月牙形隔板用导向销11 支承在两侧板上，导向销与两侧板孔间有径向间隙，月牙形隔板的顶部用限位销9 支承，限位销的两端插入轴承支座2和3的相应孔中。当小齿轮按图示箭头方向旋转时，A 为吸油腔，B 为压油腔。

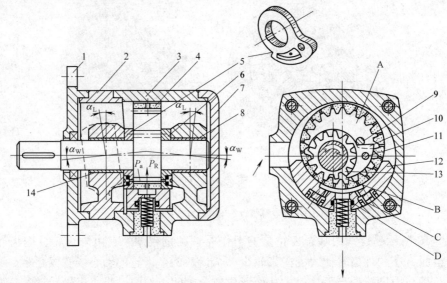

图 3.2-14　内啮合齿轮泵的结构图

1—前泵盖；2—左轴承支承体；3—泵体（右轴承支承体）；4—内齿轮；5、6—侧板；

7—后泵盖；8、14—滑动轴承；9—限位销；10—月牙形隔板；11—导向销；

12—浮动支承块；13—小齿轮；A—吸油腔；B—压油腔；C、D—背压室

2. 结构特点

（1）轴向间隙和径向间隙自动补偿。轴向间隙补偿是由侧板来完成的。左端侧板如图 3.2-15 所示。图中 e 为背压室，压油腔的压力油经孔 f 与压力室相通，当压油腔的压力升高时，背压室内的压力也随之升高，在背压力的作用下，两侧板紧贴在两齿轮的端面上，保证轴向最佳间隙，并能自动补偿磨损。

径向间隙的补偿是由浮动支承块来完成的，在浮动支承块12 下面的两个背压室 C、D 都和压力油相通，当压油腔内的压力升高时，背压室内的压力也随之升高，在背压力的作用下，浮动支承块12 紧贴在内齿轮的外圆柱表面上，使径向间隙保持最佳值，并能自动补偿磨损。

（2）挠性轴承。齿轮泵的齿轮轴，如果受到不平衡的径向力的单方向作用，就要发生变形，导致载荷集中于轴承的末端，并在该处产生局部磨损，特别是高压齿轮泵，这种磨损会严重影响齿轮泵的寿命。为了避免这种情况，在该高压内啮合齿轮泵中采用了挠性轴承结构，如图 3.2-16 所示。

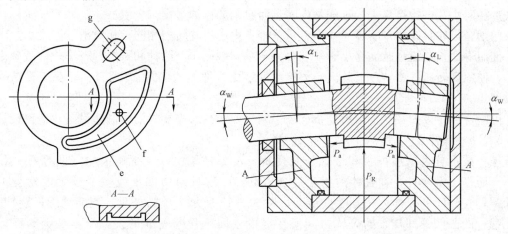

图 3.2-15 侧板及背压室　　　　　　　图 3.2-16 挠性轴承

所谓挠性轴承，就是轴承随着齿轮轴的变形而产生弹性变形。这种轴承，由于只是通过 A 部与泵体连接，故在轴向侧板背压室内液压力 P_a 的作用下能自动变形，其挠角 α_L 与泵的排油压力成正比。小齿轮转轴受油压作用力 P_R 的作用而变形，其挠角 α_W 与泵的排油压力成正比。因此，通过正确设计，不论在任何压力下，使轴承的挠角 α_L 与小齿轮转轴的挠角 α_W 保持一致。这样，挠性轴承以全接触面支撑着小齿轮轴，不会使它发生一端接触的现象。

图 3.2-17 所示为高压内啮合齿轮泵的零件立体图。

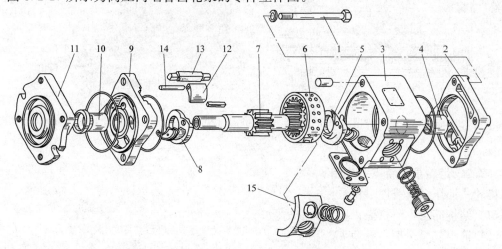

图 3.2-17 高压内啮合齿轮泵零件立体图

1—螺栓；2—后泵盖；3—泵体；4—滑动轴承；5—侧板；6—内齿轮；7—小齿轮；8—侧板；9—轴承支承体；
10—滑动轴承；11—前泵盖；12—月牙形隔板；13—限位销；14—导向销；15—浮动支座

3. 工作原理　如图 3.2-14 所示，内啮合齿轮泵由小齿轮 13，内齿轮 4，限位销 9，月牙形隔板（填隙片）10，导向销 11，浮动支撑块 12，泵体 3 和侧板 5、6 等组成。月牙形隔板10的作用是将吸油腔A和压油腔B完全隔开。小齿轮13为主动齿轮，内齿轮4为被动齿轮，内齿轮的齿数至少要比小齿轮的齿数多两个以上。当主动齿轮按图示方向旋转时，在轮齿退出啮合处（即吸油腔），工作容积增加，形成局部真空，吸入液压油，这就是内啮合齿轮泵的吸油过程。而在轮齿进入啮合处（即压油腔），使工作容积减小，液压油通过内齿轮底部径向小孔被排挤出去，这就是内啮合齿轮泵的压油过程。

内啮合齿轮泵结构紧凑、尺寸小、重量轻，由于齿轮转向相同，相对滑动速度小、磨损小、使用寿命长，流量脉动远小于外啮合齿轮泵，因而压力脉动和噪声都较小；内啮合齿轮泵容许使用高转速（高转速下的离心力能使油液更好地充入密封工作腔），可获得较高的容积效率。

内啮合齿轮泵的缺点是齿形复杂、加工精度要求高、需要专门的制造设备、造价较贵。

3.2.6 螺杆泵

螺杆泵可分为单螺杆泵和多螺杆泵两种。单螺杆泵由一个螺旋齿轮（凹螺杆）和一个驱动螺杆（凸螺杆）在壳体内相互啮合传动。多螺杆泵由两个或多个螺旋齿轮与一个驱动螺杆在封闭的壳体内相互啮合传动。图3.2-18所示为单螺杆泵。当驱动螺杆旋转时，相互啮合的凸凹螺杆与泵的壳体之间所形成的密闭工作腔逐渐增大，产生一定的真空而吸入油液。随螺杆转动，充满油液的工作腔不断把油液沿螺杆轴线方向从吸油腔向排油腔输送。

螺杆泵的特点是运转平稳，噪声低，瞬时流量十分均匀，竖放占地小，在舰船、机器的润滑系统中应用广泛。由于螺杆泵内油液由吸油到排油是无搅拌提升；因此，也常用于抽送怕搅拌的奶油、啤酒和原油等。但螺杆泵的加工制造要求比较高。

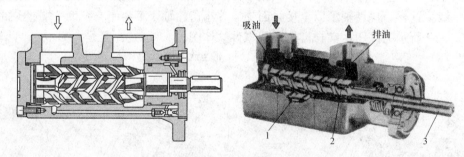

图3.2-18 螺杆泵工作原理及剖视图

1—凹螺杆；2—驱动螺杆；3—驱动轴

3.2.7 齿轮泵的特点及应用

齿轮式液压泵具有以下特点：

（1）结构简单，价格低，抗污染能力强。

（2）输出流量、压力脉动大，噪声大。

（3）内啮合齿轮泵结构紧凑，噪声低，流量脉动小，但价格较外啮合齿轮泵高。

（4）齿轮泵效率低，尤其是磨损后容积效率大大降低，影响使用寿命。

齿轮泵是比较常见的液压泵，其排量不可变，只能作定量泵使用。齿轮泵主要应用于对压力、流量特性要求不高的中低压液压系统，如工程机械、农业机械、林业机械和机床等领域。

3.3 叶 片 泵

叶片泵也是一种容积泵，它是利用转子的转动使叶片在转子滑槽中伸缩来完成其密封容腔容积的变化。叶片泵具有流量均匀性能好、脉动小，运动平稳，噪声小，容积效率高，工作压力较高，寿命较长等优点。但其结构较齿轮泵复杂，自吸性能差，对油液的污染也比较敏感，转速不宜太高等缺点。叶片泵根据一个工作周期的吸排油次数分单作用叶片泵和双作用叶片泵，前者可作变量泵使用，但工作压力较低，双作用叶片泵均为定量泵；叶片泵根据双泵连接的形式分为双联泵和双级泵，下面我们将分别介绍其结构和工作原理。

3.3.1 单作用叶片泵

1. 工作原理　单作用叶片泵的工作原理如图
3.3-1 所示。液压泵由转子 1、定子 2、叶片 3 和
端盖、配油盘（图中未画出）等件组成。定子的
工作表面是一个圆柱表面（大圆柱孔），转子偏心
地安放在定子中间，叶片装在转子上的槽内，可
以在槽中滑动。转子回转时，由于离心力和叶片
根部压力油的作用，叶片顶部贴紧在定子内表面。
这样，在定子、转子、每两个叶片和两侧配油盘
之间就形成了一个个密封的工作腔。当转子按图
示方向旋转时，图中右边的叶片逐渐伸出，密封
工作腔的容积逐渐加大，产生局部真空，油箱中
的油液在大气压力作用下由吸油口经配油盘的吸

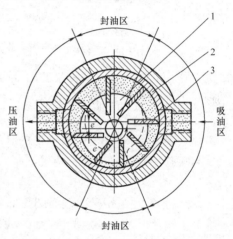

图 3.3-1　单作用叶片泵的工作原理
1—转子；2—定子；3—叶片

油窗口（图中虚线弧形槽）进入这些密封工作腔，这就是吸油过程。反之，图中左边的叶片被定子内表面推入转子的槽内，密封工作腔的容积逐渐减小，腔内油液受到压缩，经配油盘的压油窗口排出泵外，这就是压油过程。在吸油区和压油区之间，各有一段封油区把它们相互隔开。这种泵的转子每转一转，泵上每个密封工作腔完成吸油和压油动作各一次，所以称之为单作用式叶片泵。这种泵由于转子上受到的液压力是不平衡的，所以又叫非平衡式叶片泵。正因为转子受力不平衡，轴承负荷较大，所以工作压力不能较高，一般在工程机械中使用较少。

2. 排量和流量　根据定义，叶片泵的排量 V 应由泵中密封工作腔数目和每个密封工作腔在压油时容积变化量的乘积来决定。

$$V = 2\pi Deb \tag{3-13}$$

式中：D 为定子内径；b 为定子宽度；e 为定子和转子间的偏心距。

其实际输出流量则为

$$q = 2\pi Debn\eta_v \tag{3-14}$$

式中：n 为叶片泵转速；η_v 为叶片泵容积效率。

3. 流量脉动　单作用叶片泵的输出流量是不均匀的，要产生流量脉动。泵内叶片数越多，流量的脉动率越小，脉动频率越高。此外，奇数叶片的泵又比偶数叶片的泵脉动率小，脉动频率高。因此，单作用叶片泵的叶片数总是采用奇数的，一般为 13 片或 15 片。

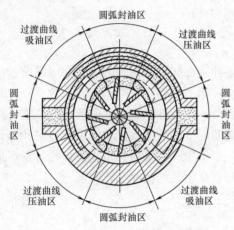

图 3.3-2　双作用叶片泵的工作原理

3.3.2　双作用叶片泵

1. 工作原理　双作用叶片泵的工作原理如图 3.3-2 所示，它的结构和作用与单作用叶片泵相似，不同之处只在于定子内表面不是圆的，是由两段长半径圆弧、两段短半径圆弧和四段过渡曲线八个部分拼合而成的，且定子和转子是同心地安装。在图示转子顺时针方向旋转的情况下，左上角和右下角处密封工作腔的容积逐渐增大，为吸油区；左下角和右上角处密封工作腔的容积逐渐减小，为压油区。吸油区和压油区之间各有一段封油区隔开。这种泵的转子每转一转，泵上每个密封工作腔完成吸油和压油动作各两次，所以称之为双作用式叶片泵。这种泵的两个吸油区和两个压油区是径向对称分布的，作用在转子上的液压力径向平衡，所以又被称为平衡式叶片泵。在工程机械上应用的一般都是双作用叶片泵。

2. 排量和流量　双叶片泵排量的计算方法与单作用式叶片泵相似。由于转子转一转，每一密封工作腔吸油和压油各两次，所以可得当不考虑叶片厚度时，泵的排量为

$$V = 2\pi(R^2 - r^2)b \tag{3-15}$$

式中：R、r 为叶片泵定子内表面圆弧部分的长、短半径；b 为定子宽度。

实际上由于叶片有一定厚度，叶片所占空间不起输油作用，故若叶片的厚度为 S，叶片的倾角为 θ，则叶片泵排量为

$$V = 2b[\pi(R^2 - r^2) - (R - r)SZ/\cos\theta] \tag{3-16}$$

实际输出流量为

$$q = 2b[\pi(R^2 - r^2) - (R - r)SZ/\cos\theta]\eta_v \tag{3-17}$$

有的双作用式叶片泵叶片根部槽与该叶片所处的工作区相通：叶片处在吸油区时，叶片根部槽与吸油腔相通；叶片处在压油区时，叶片根部槽与压油腔相通；这样，叶片在槽中往复运动时，根部槽也相应地吸油和压油，这一部分输出的油液，正好补偿了由于叶片厚度所造成的排量损失，这种泵的排量就应按式（3-18）计算。

3. 流量脉动　对图 3.3-3 所示的双作用式叶片泵来说，如不考虑叶片厚度，则瞬时流量应该是均匀的。这是因为当叶片 2 和 3 间的密封工作腔进入压油区时，它和叶片 1 和 2 间的密封工作腔是相通的，这时叶片 1 在短半径圆弧上滑动，叶片 3 在长半径圆弧上滑动，这两个密封腔的容积变化率是均匀的。因此，泵的瞬时流量也是均匀的。但在实际上叶片是有厚度的，长半径圆弧和短半径圆弧不可能制造得严格同心，尤其是当叶片根部槽设计成与压油腔相通时，泵的瞬时流量仍将出现微小的脉动，但其脉动率较其他形式的泵（螺杆泵除外）小得多，

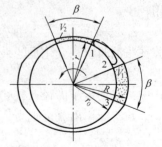

图 3.3-3　流量计算示意图

且在叶片数为 4 的倍数时最小。为此，双作用式叶片泵的叶片数一般都取 12 或 16。

因为两个吸油腔和两个压油腔都是对称分布的，所以径向力是平衡的。为了保证叶片泵

吸、压油腔不互相连通，大、小圆弧的圆心角必须略大于两叶片间的夹角。

定子的过渡曲线常用的是阿基米德螺线和等加速曲线。如果采用阿基米德螺线，则叶片做径向等速运动，即加速度为零。这样当叶片经过阿基米德螺线和圆弧部分的连接点时，径向速度发生突变，即径向加速度在理论上为无穷大，这样叶片将以很大的力冲击定子，引起噪声和严重磨损，这种现象称为硬冲现象，因此现在很少采用。现在广泛采用等加速曲线。因为在长半径和短半径的圆弧部分，叶片的径向运动速度为零。为了避免发生硬冲现象，希望叶片在过渡曲线 α 角（即大小圆弧之间曲线包含角）的前一半，叶片按等加速规律变化，在 α 角的后一半，叶片按等减速规律变化，这样的过渡曲线简称等加速曲线，这种曲线是抛物线。这种曲线仍然存在软冲现象。

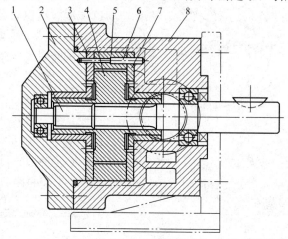

图 3.3-4　YB 型叶片泵的结构图

1—传动轴；2—泵盖；3、7—侧板；

4—转子；5—定子；6—销；

8—泵体

4. YB 型双作用叶片泵　YB 型叶片泵的结构如图 3.3-4 所示，它由泵体 8、泵盖 2、定子 5、转子 4，侧板 3 和 7、传动轴 1 等组成。转子在传动轴带动下旋转，叶片在离心力和叶片槽底部压力油的作用下紧靠定子内表面曲线，由于工作容积变化而吸油和排油，经配流盘（即侧板 7）进行配流，在配流盘上有两个吸油窗口和两个压油窗口，分别与吸油口及压油口相通。定子和配油盘用定位销 6 定位，定子和配流盘的外圆面与泵体的内孔配合。

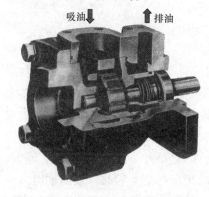

图 3.3-5　双作用叶片泵结构剖视图

该泵的工作压力为 7.0MPa，流量范围为 6～194L/min。

图 3.3-5 所示为双作用叶片泵的结构剖视图。

对于双作用叶片泵来说，其叶片可以径向放置，但为了减小叶片与定子内表面的压力角，叶片应沿旋转方向前倾放置，要有一个安放角 θ，如图 3.3-6 所示。

如果叶片径向放置时，在压油区过渡曲线内表面处，由于叶片底部压力油的作用，使叶片压向定子，则定子给叶片一个反作用力 N，N 可以分解成 P 与 T，则切向分力 $T = N\sin\beta$，切向分力有使叶片发生弯曲的趋势，压力角 β 越大，则切向分力 T 越大，这样使叶片磨损增加，运动不灵活，甚至在叶片槽内发生卡死现象。

如果叶片有一个安放角 θ，此时的切向分力为 T'，则 $T' = N\sin(\beta-\theta)$，这样可以减小切向分力、使叶片受力情况好转。一般叶片安放角 $\theta = 10°\sim14°$。YB 型叶片泵，取 $\theta = 13°$，对于前倾放置的叶片泵，不能反向旋转。

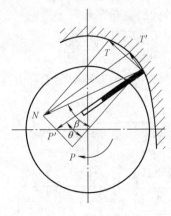

图 3.3-6　叶片的安放角

3.3.3　压力反馈式变量叶片泵

单作用式叶片泵是通过改变转子和定子间的偏心距来调节排量的,这类泵按其改变偏心距方向的不同而分为单向变量泵和双向变量泵两种。双向变量泵能在工作中更换进、出油口,使液压执行元件的运动反向。变量泵按其改变偏心距方式的不同又有手调式变量泵和自动调节式变量泵之分,自动调节式变量泵又有限压式变量泵、稳流量式变量泵等多种形式。

1. 限压式变量叶片泵　限压式变量叶片泵是一种自动调节式变量泵,它能根据外负载的大小(泵输出口压力的大小)自动调节泵的排量,其工作原理如图 3.3-7 所示。图中转子的中心 O 是固定不动的,定子(其中心为 O_1)可以左右移动,它在限压弹簧作用下被推向右端,使定子和转子的中心之间保持一个偏心距 e_x。当泵的转子逆时针方向旋转时,转子上

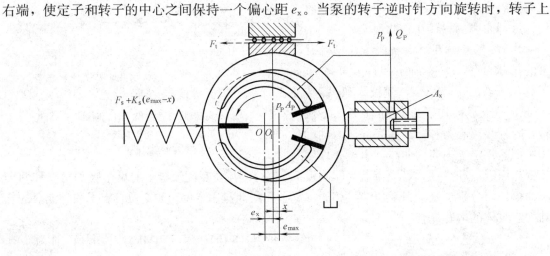

图 3.3-7　外反馈限压式变量

部为压油区,下部为吸油区,压力油的合力把定子向上压在滑块滚针支承上。定子右边有一反馈柱塞,它的油腔与泵的压油腔相通。设反馈柱塞的受压面积为 A_x,则作用在定子上的反馈力为 p_PA_x。如 p_PA_x 小于弹簧预紧力 F_s 时,弹簧把定子推向最右边,此时偏心距达到最大值 e_{max},泵的输出流量亦为最大值。当泵的压力升高到 $p_PA_x>F_s$ 时,反馈力克服弹簧预紧力把定子向左推移,偏心距 e_x 减小,泵的输出流量也随之减小。压力越高,e_x 越小,输出流量也越少。当压力大到泵内偏心距所产生的流量全部用于补偿泄漏时,泵的输出流量为零,不管外负载加大多少,泵的输出压力不会再升高,这就是这种泵被称为限压式变量叶片泵的由来。至于外反馈的意义则表示反馈力是通过柱塞从外面加到定子上来的,与内反馈式的叶片泵不同。

图 3.3-8 所示为限压式叶片泵的结构剖视图及图形符号。

2. 内反馈限压式变量叶片泵　这种泵的工作原理如图 3.3-9 所示。由图可见,泵的结构与外反馈式相似,差别只在于没有反馈柱塞,且配油盘上的压油腔对垂直轴不对称(向弹簧那边逆时针方向偏过一个角度)。这样就使定子内壁上液压作用力的合力 F 产生一个水平

分量 F_x，它就是进行自动调节用的反馈力。泵的工作压力越高，F_x 也越大，当 $F_x > F_s$ 时，定子就向左移动，改变其排量。内反馈式变量泵的变量机构简单而紧凑，但是配油盘的偏转减少了泵的排量，而且其脉动率亦较大。

图 3.3-8　限压式叶片泵结构剖视图及图形符号
1—转子；2—叶片；3—轴承座；4—定子；5—调压螺钉

3. 稳流量式变量叶片泵　这种泵的工作原理如图 3.3-10 所示。由图可见，泵的变量机构由定子左面的柱塞缸和右面的活塞缸组成，柱塞 1 与活塞 3 的活塞杆面积相等。配油盘上的油腔对称于垂直轴，因此，定子内壁上液压作用力的合力不存在水平分量，定子的移动靠柱塞缸和活塞缸两者液压作用力之差克服弹簧 4 的作用力来实现，所以这种泵又叫做差压式变量叶片泵。图 3.3-10 所示为这种泵使用时的情况，节流阀 2 出口处压力（即负载压力）p_1 接通活塞缸大腔，节流阀进口处压力（即泵的输出压力）p_P 接通活塞缸小腔和柱塞缸；由于两缸左右两侧总的承压面积相等，故压差 $p_P - p_1 = F_s/A$（F_s 为弹簧力，A 为承压面积），即这个压差由弹簧力来平衡，使泵在某一偏心距下工作。工作中如果负载压力 p_1 加大，则 p_P 亦要加大，泵的泄漏增加，压差 $p_P - p_1$ 略有变化，其结果定子在弹簧力和液压力的作用下稍稍移动，偏心距略微加大，补偿泄漏增多之量而使泵的输出流量基本上稳定不变。安全阀 5 接在活塞缸的大腔上，当 p_1 升高到安全阀调整压力时，安全阀便打开溢流，保护变量泵不受损害。

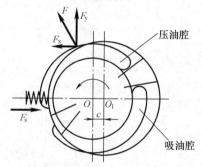

图 3.3-9　内反馈限压式变量叶片泵

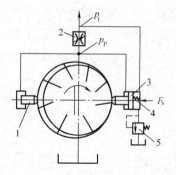

图 3.3-10　稳流量式变量泵
1—柱塞；2—节流阀；3—活塞；4—弹簧；5—安全阀

3.3.4　双联叶片泵和双级叶片泵

1. 双联叶片泵　双联叶片泵是在结构上把两个叶片泵并联，即在一个泵体内放置两套转子与定子，并由同一根传动轴驱动，其中每个泵与单级叶片泵的性能和内部结构一样。泵体有一个共同的吸油口，两个泵各有独立的出油口。根据需要两个泵的流量可单独供油，也可合流供油。例如，需要快速时，双泵同时供油；需要慢速时，小泵单独供油，大泵卸荷。

2. 双级叶片泵　双级叶片泵是由两个单级叶片泵串联而成，也是在一个泵体内放置两套转子与定子，并由同一根传动轴驱动。它与双联泵不同的是：油路成串联形式连接，第一级泵的出油口与第二级泵的进油口相连，这样油液在第一级泵内压力升高后，再到第二级泵内进一步升高。采用双级叶片泵可使每一级泵的工作压力不变，而总压力提高一倍。如每个单级叶片泵工作压力是 7.0MPa，则双级叶片泵工作压力为 14.0MPa。

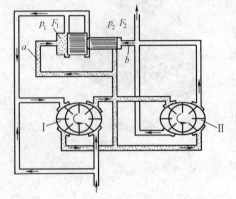

图 3.3-11　双级叶片泵工作原理

如果第一级泵出口压力为 p_1，第二级出口压力为 p_2，在正常情况下，应保证 $p_1/p_2=1/2$，即每一级泵的压力负荷相同。为了保证这一点，在泵体上设置负荷平衡阀，其工作原理如图 3.3-11 所示。负荷平衡阀的大滑阀的端面面积为 F_1，小滑阀的面积为 F_2，两滑阀的面积比为 $F_1/F_2=2$。第 I 级泵的压力油与大滑阀端面相通，第 II 级泵的压力油与小滑阀端面相通。当负荷平衡时，即 $p_1/p_2=1/2$，则 $p_1F_1=p_2F_2$，平衡阀的两边阀口处于封闭状态。

当 $p_1>p_2/2$ 时，则 $p_1F_1>p_2F_2$，平衡阀被推向右移，左端阀口打开，第一级泵压力油经阀口流回油箱，使 p_1 下降，直至 $p_1=p_2/2$ 时，阀口又关闭，处于平衡状态。如果 $p_2>2p_1$ 时，则 $p_1F_1<p_2F_2$，平衡滑阀向左移动，使右端阀口打开，第二级泵压力油经阀口流回第二级泵的吸油腔（即第一级泵的压油腔），使 p_2 下降，直至 $p_2=2p_1$ 为止，滑阀又处于平衡状态。由于负荷平衡阀的作用，使第一级泵和第二级泵所分担的压力负荷相等。

3.3.5　双作用高压叶片泵

高压高转速是目前叶片泵的发展方向。双作用叶片泵高压化以后，除了要考虑各零件的强度外，存在的主要问题就是高压下泄漏增加、噪声和低压区叶片与定子压力过大的问题，因此，须对高压叶片泵的结构采取某些措施。

1. 提高容积效率的措施　高压下提高容积效率的主要措施是采用浮动式配流盘，自动补偿轴向间隙。车辆用叶片泵就是采用这种结构，如图 3.3-12 所示。

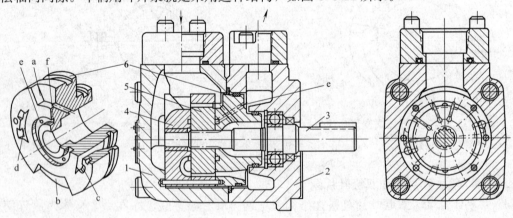

图 3.3-12　采用浮动配流盘的叶片泵

1—吸油壳体；2—排油壳体；3—驱动轴；4—侧板；5—转子；6—浮动配流盘；
a、b—吸油窗口；c、d—排油窗口；e—通道；f—环形槽

泵体由吸油壳体 1 和排油壳体 2 组成，驱动轴 3 用滑动轴承和滚动轴承支承在侧板 4 和排油壳体 2 上；转子 5 通过花键装在驱动轴 3 上，其右侧面有补偿轴向间隙的浮动配流盘6。浮动配流盘上的 a、b 为吸油窗口，c、d 为排油窗口，环形槽 f 将各叶片根部连通，并经过通道 e 与排油腔相通。

浮动配流盘"背面"接通高压油，其产生的推力稍大于与转子接触之"前面"的油压所产生的推力（一般约大 15％～30％）。工作时，配流盘在压力油的作用下，靠紧转子端面，并产生适量的弹性变形，使转子与配流盘之间保持较小的轴向间隙，即轴向间隙可得到自动补偿。所以，这种泵的工作压力较高。我国自行设计的此类泵的工作压力为 16.0MPa，最高压力为 20.0MPa，转速范围为 600～2000r/min，适用于工程机械。

2. 减小叶片对定子的压力　双作用叶片泵的径向力是平衡的，所以轴承受力情况良好。定子内表面的磨损是影响叶片泵寿命的主要因素。由于叶片底部通压力油，所以使吸油腔的定子内表面更容易磨损，因此，对高压叶片泵来说必须采用叶片的卸荷结构。减小叶片对定子压紧力的方法有两大类：一类是平衡法，即使叶片的顶部和底部压力基本保持平衡，如双叶片结构和弹簧叶片泵；另一类是通过减压供油（低压区），或减少低压区叶片底部的供压面积来减小叶片对定子的压力，即带减压阀、子母叶片和阶梯叶片的叶片泵。

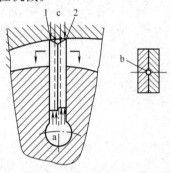

图 3.3-13　双叶片结构

1, 2—叶片

（1）双叶片结构　双叶片结构如图 3.3-13 所示，在叶片槽内放置两个可以相对移动的叶片 1 和 2，其顶部都和定子内表面接触，两叶片顶部倒角相对向内，形成油腔 c，并且通过两叶片间的小孔 b 与底部油室 a 相通。由于 c 室和 a 室对叶片的液压力平衡一部分，所以降低了叶片对定子的接触压力，减少了磨损。

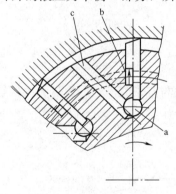

图 3.3-14　阶梯叶片结构

（2）阶梯叶片结构　阶梯叶片结构如图 3.3-14 所示，转子上的叶片槽也做成阶梯结构并形成中间室 b，b 室与排油腔相通。叶片上部的油通过孔 c 与下腔 a 相通。当叶片在吸油区时，a 室为低压，叶片只在 b 室的油压作用下压向定子，因 b 室叶片面积小，所以叶片和定子接触压力也小，减少了磨损。当叶片在压油区时，叶片上、下油压平衡，b 室通排油腔，由于排油腔通道上阻尼孔的节流作用，而使叶片仍然压向定子，而不会脱开。

（3）子母叶片结构。子母叶片结构如图 3.3-15 所示。子母叶片结构，又称组合叶片结构。母叶片 3 与定子内表面接触，子叶片 4 和母叶片间能相对滑动，并在母子叶片间形成中间压力室，并与压油腔相通。这时，子叶片 4 被压向叶片槽底，而母叶片 3 被压向定子内表面。因此，母叶片和定子间的接触压力大小由子叶片的宽度来控制。

叶片槽底部通过平衡压力孔 b 和相邻叶片间的工作容积相通，因此在吸油区时，叶片在离心力和中间压力室油压作用下，使叶片紧靠定子内表面，因小叶片受压面积较小。所以，在吸油区（低压区），叶片和定子接触压力较小；在高压区，因小叶片和大叶片背部均受高压作用，受压面积增大，使叶片仍能维持其密封性。

（4）弹簧式叶片结构。弹簧式叶片结构如图 3.3-16 所示，叶片较厚，顶部中间加工有圆弧槽，形成油室并经叶片中间孔与叶片底部相通。由于叶片与定子内表面单边接触，所以无论在吸油，还是在压油区，叶片上、下的液压力是平衡的，只靠弹簧力使叶片压向定子。

（5）用减压法来提高叶片泵压力。如图 3.3-17 所示，叶片在压油区时，上、下作用力

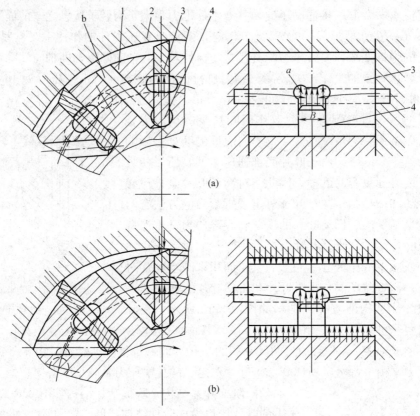

图 3.3-15　子母叶片结构

1—转子；2—定子；3—母叶片；4—定子叶片

基本平衡。在吸油区时，叶片底部通入减压后的压力，使叶片与定子间不会产生过大的接触压力，减小叶片与定子间的磨损，从而可以提高叶片泵的工作压力。

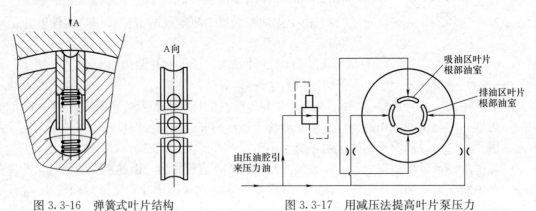

图 3.3-16　弹簧式叶片结构　　　　图 3.3-17　用减压法提高叶片泵压力

3.4　柱　塞　泵

　　按柱塞的排列和运动形式的不同，可分为轴向柱塞式和径向柱塞式两大类。若按排量是否可变，柱塞泵有定量泵和变量泵之分。

各种柱塞式液压泵的基本工作原理都是柱塞在柱塞孔中作往复运动，当柱塞外伸时，把油吸入，柱塞内缩时，把油排出去。

3.4.1 轴向柱塞泵

轴向柱塞泵因柱塞沿缸体圆周均布并与缸体的轴线平行而得名。按结构特点不同，可分为斜盘式轴向柱塞泵和斜轴式轴向柱塞泵两类。

1. 斜盘式轴向柱塞泵

图 3.4-1 所示为斜盘式轴向柱塞泵。缸体与传动轴同轴线，柱塞均布在缸体圆周的柱塞孔内。柱塞的球头与滑靴相连，而弹簧力通过传力销子作用在球形垫上，受压的球形垫通过回程盘把柱塞球头上的滑靴压紧在斜盘上。斜盘固定不动，并相对于缸体的轴线有一倾斜角 γ。

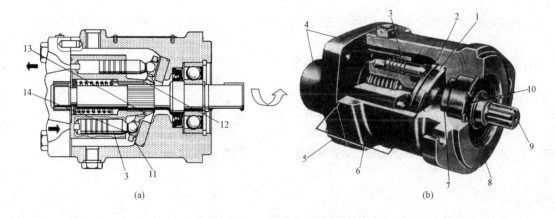

图 3.4-1 斜盘式轴向柱塞泵

（a）平面结构剖视图；（b）实物结构剖视图

1—斜盘；2—回程盘；3—柱塞；4—吸、排油口；5—配流盘；6—转子组件；7—轴密封；8—泵壳体；
9—传动轴；10—轴承；11—回程盘；12—传力销子；13—球形垫；14—柱塞头滑靴

斜盘式轴向柱塞泵的工作原理如图 3.4-2 所示。当传动轴带动缸体旋转时，柱塞随缸体一起转动。此时，由于回程盘通过滑靴把柱塞球头压紧贴在斜盘上，所以柱塞随缸体旋转的同时，也被强制在缸体上的柱塞孔内作直线往复运动。当柱塞从缸孔向外伸时，柱塞底部的容腔逐渐增大，形成真空，吸入油液；当柱塞被强迫朝柱塞孔内运动时，柱塞底部的容腔逐渐减小，油液受挤压，排出油液。缸体旋转一周，每个柱塞都完成吸、排油各一次。

配流盘固定不动，其上有腰形的吸、排油窗口。所有处于外伸吸油的柱塞均与吸油窗口连通，而处于内缩排油的柱塞均与排油窗口连通。柱塞吸、排油的转换通过配流盘来实现。

（1）排量计算。由于缸体旋转一周柱塞伸缩的行程长度与斜盘的倾角大小有关，因此改变斜盘倾角大小即可改变泵的排量，其变量原理如图 3.4-3 所示。

设柱塞直径为 d，缸体上柱塞孔的分

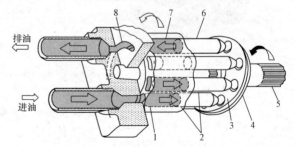

图 3.4-2 斜盘式轴向柱塞泵的工作原理

1—缸孔；2—柱塞伸出；3—回程盘；4—斜盘；5—传动轴；
6—柱塞；7—柱塞缩回；8—配流盘排油窗口

布圆半径为 R，斜盘倾角为 γ，则缸体转一周，柱塞从斜盘最高点到最低点所完成的轴向位移 h 为

$$h = 2R\tan\gamma$$

缸体转一周，一个柱塞所排出的液体体积 V_{i1} 为

$$V_{i1} = \frac{\pi}{4}d^2 h = \frac{\pi}{2}d^2 R\tan\gamma$$

设柱塞数为 z，则泵的排量 V_i 为

$$V_i = zV_{i1} = \frac{\pi}{4}d^2 h = \frac{\pi}{2}zd^2 R\tan\gamma \tag{3-18}$$

因此，改变斜盘倾角 γ，即可改变泵的排量 V_i。当 γ 等于零时，液压泵无流量输出。

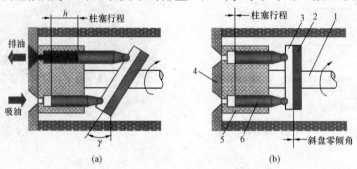

图 3.4-3　斜盘式轴向柱塞泵的变量原理

(a) 斜盘最大倾角；(b) 斜盘零倾角

1—传动轴；2—斜盘；3—回程盘；4—配流盘；5—缸体；6—柱塞

图 3.4-4 所示为斜盘式轴向柱塞变量泵的结构剖视图。与柱塞式定量泵相比，增加了一个改变斜盘倾角的变量控制机构。

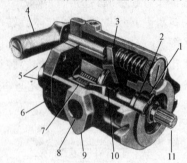

图 3.4-4　斜盘式轴向柱塞变量泵

1—轴承；2—密封；3—改变斜盘倾角的摇架；4—压力补偿器；5—吸、排油口；6—配流盘；7—旋转组件；8—销轴；9—泵壳体；10—斜盘；11—传动轴

实际上，随缸体转动，每一瞬时各个柱塞在缸体孔内的移动速度是不一样的，因此，柱塞泵输出的流量是脉动的（瞬时流量按正弦规律变化）。柱塞数越多，且为奇数时，脉动越小。通常柱塞数取 7、9、11 个。

(2) 斜盘泵的结构及特点。目前国内生产的 ZB 型和 CY14-1 型轴向柱塞泵都属于斜盘泵，在工程机械中应用较为广泛。

图 3.4-5 所示为 ZB 系列的定量泵结构图。该泵由泵体 7、泵盖 19，柱塞缸体 9、柱塞 10、配流盘 8、传动轴 5 以及轴承 13 等组成。轴套 3 用轴承 4、6 支承在泵体 7 上，传动轴 5 通过花键一端与轴套连接，另一端与柱塞缸体 9 相连。柱塞缸体在弹簧 2 和调整螺钉 1 的作用下与配油盘 8 保持液体摩擦，柱塞缸体另一端用轴承 13 支承在泵体上。该泵有 7 个柱塞，柱塞的球铰与滑靴 17 铰接，滑靴与斜盘之间也为液体摩擦。该

泵斜盘倾角 γ 是固定不变的，所以泵的排量不变，为定量泵。

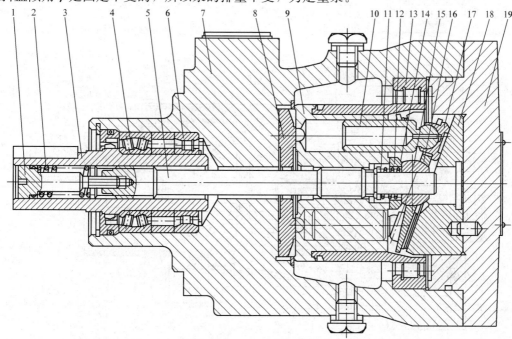

图 3.4-5　ZBD 型轴向柱塞泵

1—调整螺钉；2—弹簧；3—轴套；4—轴承；5—传动轴；6—轴承；7—泵体；8—配油盘；
9—缸体；10—柱塞；11—弹簧；12—弹簧座；13—轴承；14—顶垫；15—球铰；
16—(压紧盘) 回程盘；17—滑靴；18—斜盘；19—泵盖

　　回程盘 16 的作用是保证泵具有自吸能力，因为柱塞在吸油过程中是不能自动向外伸出的，而是在弹簧 11 和弹簧座 12 的作用下，通过传动轴端部的球铰 15 压紧回程盘 16，使滑靴 17 压向斜盘 18 表面，保证泵具有自吸能力。泵内各密封间隙的泄漏油，可经泵体漏油口排出。该泵在结构上是可逆式的，因此，也可以作为液压马达使用。

　　在 ZB 系列中，对于不同排量的定量泵，其结构完全一样，通过改变柱塞直径的大小来改变泵的排量。对于变量泵，其主泵结构与定量泵相同，而变量机构随不同的变量方式而决定。在使用中必须注意如下问题：

　　① 当泵转速 $n \leqslant 1500 \mathrm{r/min}$ 时，允许自吸，但吸油真空度不大于 16.7kPa；当转速 $n >$ 1500r/min 时，须用补油泵补油，补油压力为 0.7MPa。

　　② 应在油温小于 65℃ 的环境下工作。

　　③ 泵与驱动机构连接时，须采用弹性联轴节，其两轴同心度误差不大于 0.1mm。

　　④ 泵有两个泄漏油孔，在一般情况下，一个泄漏油孔安放在最高处接泄漏油管通油箱，另一个用油塞堵死。如果需要冷却系统进行冷却时，一个泄漏油孔接冷却油管，另一个泄漏孔用管路通油箱。

　　⑤ 吸、回、泄油管必须插入油箱液面以下。

　　⑥ 泵的进油口和排油口必须按泵的旋转方向，根据指示牌上的规定进行安装，不得接反。

　　CY14-1 型轴向柱塞泵为后置斜盘泵，如图 3.4-6 所示，配流盘配流、缸体旋转、滑靴

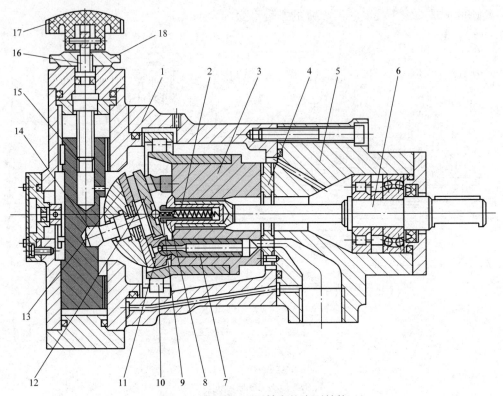

图 3.4-6 CY14-1 型轴向柱塞泵结构

1—泵体；2—弹簧；3—缸体；4—配流盘；5—前泵体（泵盖）；6—传动轴；7—柱塞；
8—外滑套；9—内滑套；10—缸外大轴承；11—滑靴；12—压盘（回程盘）；13—斜盘；
14—轴销；15—变量活塞；16—调节螺杆；17—调节手轮；18—螺母

式，滑靴与斜盘、缸体与配流盘之间为静压支承。具有结构简单、体积小、重量轻、噪声低、效率高、寿命长等优点。该型号轴向柱塞泵按压力等级分为 C 级（32MPa）和 G 级（20MPa）。排量共有 10～250mL/r 等多种规格。这种泵同样分为定量泵和变量泵，变量泵的主体部分与定量泵结构相同，而变量机构随不同的变量方式而不同。CY14-1 型轴向柱塞泵与 ZB 型的结构基本相似，它们的不同点是：

① ZB 系列采用空心传动轴，经心轴带动柱塞缸体转动，这样可使传动机构的径向力不能传到柱塞缸体上，而直接由轴承所承受。而 CY14-1 型系列则是采用传动轴直接带动缸体旋转，传动机构的径向力可能传到缸体上，但这种结构比较简单。

② ZB 系列的泵体是整体式的，结构比较紧凑，而 CY14-1 系列的泵体是分离式的，工艺性能较好。

③ ZB 系列中对压盘（回程盘）的压紧和使柱塞缸体对配油盘的预压紧力是由两个弹簧完成的，而 CY14-1 型则由一个弹簧来完成，使结构比较紧凑。

下面介绍斜盘泵的主要构件滑靴、压盘、配流盘等的结构特点：

1）滑靴。滑靴的结构如图 3.4-7 所示，柱塞的球头与滑靴内球面接触，并能任意方向转动，滑靴的底面与斜盘接触。这样就大大降低了接触应力。工作时，压力油通过柱塞中心的小孔 f 和滑靴中心的小孔 g 引到 A 腔，使滑靴底面和斜盘表面之间形成油膜，即形成静压轴承。压力油 p 作用在柱塞上，对滑靴产生一个法向压紧力 N，使滑靴压向斜盘表面，而油腔 A 的油压 p' 及滑靴与斜盘间隙的液压力给滑靴一个反推力 F，当反推力 F 与压紧力 N 相等时，滑靴处于平衡状态。

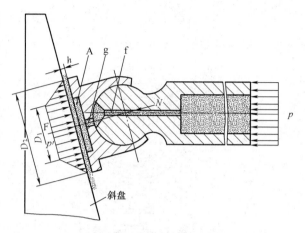

图 3.4-7　滑靴的工作原理图

目前，斜盘泵的滑靴结构形式较多，除上述之外，还有滑靴与球头一体的结构，如图 3.4-8 所示。这种结构，在滑靴底面静平衡槽内附加了两个半月形辅助支承面 C，使滑靴与斜盘的接触面积增加，降低了接触应力，减小了磨损。

图 3.4-9 所示为滑靴与支承盘结构。这种结构是在滑靴与固定的斜盘之间增加了一个可以回转的支承盘，可以减小滑靴表面的磨损。支承盘与回程盘用螺钉固定为一体，支承盘与回程盘一起转动。滑靴与支承盘之间只有小的摆动，而较大的回转运动发生在支承盘与固定斜盘之间。

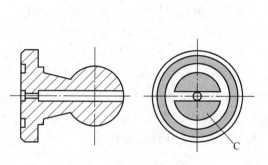

图 3.4-8　滑靴结构图

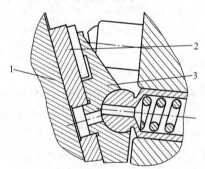

图 3.4-9　滑靴与支承盘结构
1—斜盘；2—支承盘；3—压盘（回程盘）

图 3.4-10 所示为 250CY14-1B 型斜盘泵的带内、外辅助支承的滑靴结构。在图示滑靴新结构上，滑靴底面密封带 3 的内侧有两个环形辅助支承 4，而密封带外侧还有一个外辅助支承 1，在密封带和辅助支承面间开有通油槽 2 和 6，5 为滑靴的通油孔。该结构增加了辅助支承面面积，因而降低了接触比力压。

图 3.4-11 所示为开有阻尼槽的滑靴。这种结构的滑靴底面上有外密封带 1 和内密封带 2，两密封带之间开有通油槽 4，在内密封带 2 上开螺旋形三角断面的阻尼槽 3，可以构成滑靴进口阻尼，这种阻尼槽工艺简单，不易被堵塞。

2) 配流盘。柱塞缸体底部和配流盘接触表面的状况，将影响泵的容积效率、使用寿命和噪声大小。只有在缸体和配流盘接触表面之间形成适当厚度的油膜，才能保证具有良好的密封性并形静压支承，以降低磨损、提高寿命。

配流盘结构如图 3.4-12 所示，配流盘上的腰形窗口 m 为吸油窗，n 为排油窗，两者并分别与吸、排油管路相通。过渡密封区的宽度 a 大于柱塞缸体底部油窗的长度 b。为了消除困油现象，在 m、n 窗口两端切有尖角小三角槽，其间距 $a' = (1.1 \sim 1.2)b$。

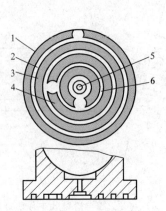

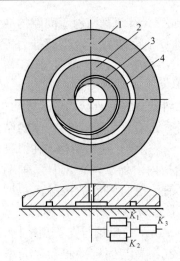

图 3.4-10　带内、外辅助支承的滑靴　　　图 3.4-11　开有阻尼槽的滑靴

1—外辅助支承；2、6—通油槽；3—密封带；

4—内辅助支承；5—通油孔

图 3.4-13 所示为 CY14-1 型轴向柱塞泵配流盘的结构。图中 A 为吸油窗口、B 为排油窗口，两者分别与泵体上的吸、排油口相通。配流盘的过渡密封区内开有通孔 1 和 1′，用于困油卸荷。通孔中间段直径为 d_1，两侧面沉头孔直径为 d_2。而 d_2 随着缸体上窗孔遮盖的程度而改变其节流面积，起可变节流孔的作用。通孔 1 与窗口 B 相通，1′ 与 A 相通。整个过渡密封区的包角为 β_0，吸油窗口 A 到通孔 1 的边界的包角为 β，而缸体底部的窗孔包角为 α_0。$\alpha_0 > \beta$（一般大 $8' \sim 51'$），即所谓负封闭。在安装配流盘时，应使配流盘的对称轴线 N—N 相对斜盘的垂直轴线 M—M 沿缸体旋转方向偏转 α 角（一般为 $5° \sim 6°$），否则，会因配流盘采用通孔 1 和 1′ 的结构，导致在过渡密封区使吸、压油腔相连通。

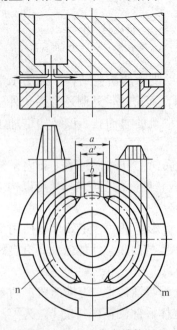

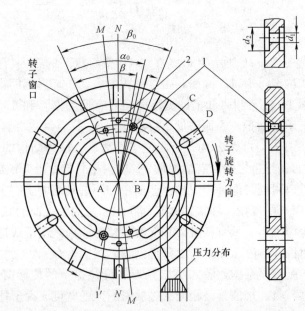

图 3.4-12　配流盘结构图　　　　　　图 3.4-13　CY14-1 型斜盘泵配流盘

由于配流盘偏转 α 角，所以 CY 泵的旋转方向一定，不可逆转，并且该泵不能作为液压马达使用。在配流盘的过渡密封区上还有若干个盲孔，直径 $d_3 = 1.5 \sim 2\text{mm}$，深为 23mm。这些盲孔中储存着油，当缸体完全遮盖它们时，盲孔中的油压高于油膜压力，这样就形成了一个液体垫，起着润滑和缓冲作用。

图 3.4-14(a) 所示为没有采用卸荷结构而配流盘对称布置时，其压力变化情况。图(b) 为采用了卸荷结构而使配流盘偏转 α 角的压力变化情况，看出其压力变化较为平缓。

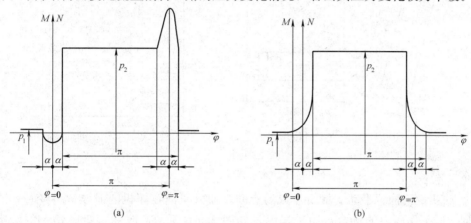

(a)   (b)

图 3.4-14 压力变化比较

3) 回程机构。斜盘泵的滑靴和斜盘间没有直接连接，在压油阶段是靠斜盘强制推动柱塞运动，但在吸油阶段却不能保证柱塞返回。因此，为了使滑靴在柱塞处于吸油行程时也能与斜盘表面可靠接触而不脱离，需设回程机构，常用以下几种回程结构：

① 分散弹簧回程。每个柱塞内都装有返回弹簧，用弹簧的预紧力压紧柱塞，在吸油阶段柱塞由弹簧送回。该结构简单，但弹簧容易疲劳失效，适用于低速泵（图 3.4-15）。

② 集中弹簧回程。如图 3.4-6 所示，依靠集中弹簧 2 通过压紧顶垫压紧球铰，球铰压紧回程盘，在吸油阶段使柱塞返回。此类回程结构泵具有自吸能力，如 ZB 泵和 CY14-1 型泵。

③ 定间隙回程。通过挡盘来限制回程盘的轴向间隙，保持间隙为 $0.01 \sim 0.04\text{mm}$，这种结构使泵具

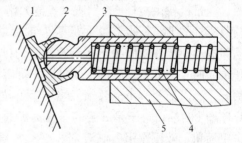

图 3.4-15 每个柱塞加一个返回弹簧
1—斜盘；2—滑靴；3—柱塞；
4—返回弹簧；5—缸体

有自吸能力。如图 3.4-16 所示，安装了一个有恒定间隙的返回盘 3 把滑靴 2 拉靠在斜盘 1 上。

④ 补油泵供油。由补油泵向斜盘泵吸油腔供油，在吸油阶段，柱塞在补油压力的强行作用下向外伸出（图 3.4-17）。

斜盘泵工作时，主要是靠柱塞腔的液体压力使滑靴压向斜盘，使缸体压向配流盘。但在泵起动时，排油腔尚未建立起压力，因此，一般都用弹簧来产生预压紧力，以保证斜盘泵起动时能正常工作。

4) 变量机构。通过改变泵的排量，可以在液压泵的转速不变的情况下实现流量调节，以适应液压系统的要求。采用变量泵调节液压系统流量的液压系统具有节能的效果。对于斜

盘泵来说，其变量是通过改变斜盘倾角来实现的。根据变量机构操纵力的形式分为手动变量、机动变量、电动变量、液动变量和电液动变量，下面分别介绍几种变量机构：

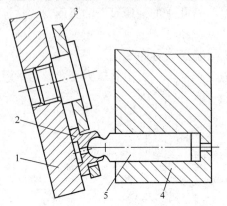

图 3.4-16　利用返回盘把滑靴拉靠在斜盘上
1—斜盘；2—滑靴；3—返回盘；4—缸体；5—柱塞

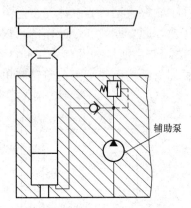

辅助泵

图 3.4-17　用辅助泵的油压
强行将柱塞推出

① 手动变量机构。手动变量由于人力有限，通常只能在停机的时候进行变量，或仅适于小排量、低工作压力的场合。用手操纵，如图 3.4-6 所示，改变斜盘倾角 γ 的大小和方向，从而改变泵的排量大小和流向。用手转动手轮 17，使调节螺杆 16 旋转，带动活塞 15 沿轴向移动，通过轴销 14 使斜盘 13（变量头）绕其耳轴转动，来改变倾角 γ 的大小和方向，从而改变泵的排量大小和方向。

② 手动伺服变量机构。图 3.4-18 为手动伺服变量轴向柱塞泵结构，右上角为其符号图。变量机构由拉杆 6，伺服（控制）滑阀 5，差动液压缸（变量）活塞 2，差动液压缸体 1 及液压缸的上、下端盖等主要零件组成。活塞 2 上的销轴 3 穿在斜盘的尾槽中，活塞上下移动即拨动斜盘改变倾角，从而改变泵的排量。工作原理如下：当高压油通过孔道 a、b、c 打开单向阀 4 进入差动缸的下腔 d，推动活塞 2 上移动。但由于差动缸的上腔 g 此时处于封闭状态，所以活塞 2 不能移动。当用手将拉杆向下推动时，带动伺服滑阀 5 一起向下移动，打开环槽 f 的油口，于是 d 腔的压力油经通道 e 进入上腔 g，由于 g 腔的作用面积大于 d 腔的作用面积，液压作用力使活塞 2 下移，通过销轴 3 带动斜盘绕钢球的中心转动，增大倾角 γ，使排量增大，直至活塞 2 下移到使伺服滑阀 5 又将环槽 f 油口关闭为止。当用手将拉杆向上拉时，带动伺服滑阀 5 向上运动，通道 h 的油口被打开，上腔 g 的油通过 h 流回油箱，活塞 2 在 d 腔压力油的作用下上移，减小斜盘倾角 γ，使排量减小，直至活塞 2 上移动到使伺服滑阀 5 又将通道 h 的油口关闭为止。变量机构应具有自锁性，当没有输入时，通道 e 和 h 的油口被关闭，活塞 5 不能有上、下移动，处于自锁状态；当油泵不供高压油时，单向阀 4 关闭，d、g 油腔被封闭，变量机构仍处于自锁状态。

这种变量机构，是一种随动机构，斜盘的摆角 γ 随伺服滑阀杆的位置变化而变化，操作力很小，控制灵敏。根据供油的来源不同，分为自供油式（内控式）和外供油式（外控式）。图 3.4-21 为内控式，由于不需要外加油源，系统简单，维护方便，但泵运行过程中的压力脉动可能影响变量机构的稳定性。对于双向变量泵，要求其排量从最大值变到零，再由零变到负的最大值，如用内控泵，则泵的排量变为零时，油源失去压力油的供应后无法推动变量

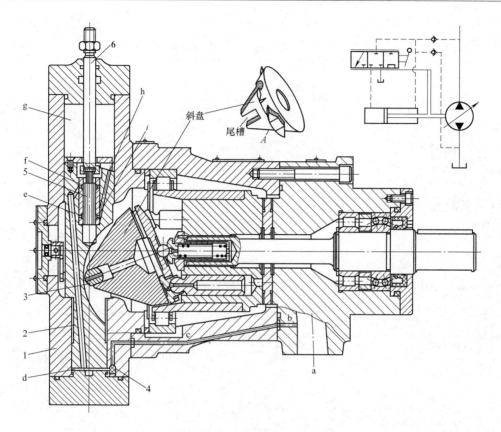

图 3.4-18　手动伺服变量机构

1—差动液压缸体；2—变量活塞；3—销轴；4—单向阀；5—控制滑阀；6—拉杆

机构继续动作实现反向流量，调节机构在零排量处停止，无法实现双向变量。因此，需要设置专用油源提供控制压力油，即外供油式。

　　③ 伺服变量机构。图 3.4-19(a)所示的是一种最常用的伺服变量机构，它是由一个差动活塞缸和一个双边控制阀组成一个伺服系统[图 3.4-19(c)为其图形符号]。活塞移动的能源取自泵本身。变量机构活塞 4 的小端(直径 D_2)A 常通泵出油口(通称常高压)，滑阀 2 连接三个油口：a 通高压，b 通活塞的 B 端(大端)，c 通低压(回油)。如图 3.4-19(b)所示，当 $L_1=L_2$ 时，输入一个位移信号 ΔX 以后，滑阀即打开一个开口，高压油即注入上腔（上腔面积比下腔大、推力大），则活塞下移输出一个 ΔY，使斜盘产生一个倾角增量 $\Delta\alpha$。而当 $\Delta Y=\Delta X$ 以后，开口关闭，上腔无油供应，活塞即停止移动。这一过程叫做反馈，由于阀套 3 和活塞 4 做成一体，通常叫做机械式的刚性反馈。这种反馈使得输出量 $\Delta Y=\Delta X$，所以活塞 4 重复拉杆 1 的动作。当拉杆上移时，大腔通低压，活塞在小腔推力作用下上移(上移规律与下移相同)。

　　这种伺服变量机构的流量变化与系统的压力无关，而只由控制者的指令所决定。这种自动控制系统也叫做"随动系统"。为了与电气自动化系统共同工作，实现遥控伺服变量，把手动操纵杆接一螺旋机构和可逆电机就可以实现。图 3.4-20 就是这样一种控制形式。为了保证操纵杆的稳定，一般应避免有液压力作用其上，取操纵杆的直径 $d_2=d_1$ (伺服阀的直径)。

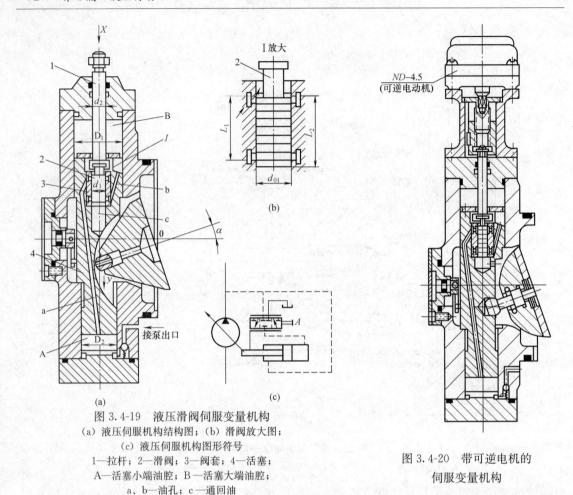

图 3.4-19　液压滑阀伺服变量机构
(a) 液压伺服机构结构图；(b) 滑阀放大图；
(c) 液压伺服机构图形符号
1—拉杆；2—滑阀；3—阀套；4—活塞；
A—活塞小端油腔；B—活塞大端油腔；
a、b—油孔；c—通回油

图 3.4-20　带可逆电机的
伺服变量机构

④ 外压控制伺服变量机构。图 3.4-21 所示的是一种外控式伺服变量机构。伺服阀的输入信号为压力 p_x。它不是泵本身的出口压力，而是液压系统某处的压力（例如通过减压阀控制或回油节流阀控制一个较稳定的压力），通过改变 p_x 可在较远距离随意无级调节泵的流量，而不受负载的影响。输入信号的比较值为阀芯上的小弹簧，只要能克服摩擦力就可以了。图 3.4-21 的控制形式也是用一个双边控制阀操纵一个差动缸，两控制边就是阀芯 1 最上面一段台阶的两个端面和活塞上两沉割槽的上下两个端面组成的 Ⅰ 和 Ⅱ。d、e、f 分别为通低压、大腔和高压（能源）油的三个通道。阀芯和阀套之间仍然是机械式的负反馈。

⑤ 恒功率变量机构。这种变量方式是使流量随着压力的变化而自动作相应的变化，使泵的压力和流量特性曲线近似地按双曲线规律变化，即压力增高时，流量相应地减少，压力降低时，流量相应地增加，使泵的输出功率接近不变。恒功率变量又叫压力补偿变量。恒功率变量泵的特性最适合于工程机械的要求，因为工程机械，譬如起重机、挖掘机等，外负荷变化比较大，而且变化频繁，所以采用恒功率变量系统，可以实现自动调速，当外负荷大时，压力升高，速度降低，当外负荷小时，压力降低，速度升高，这样就可以提高机器的工作效率。

图 3.4-22 为恒功率变量机构及其符号，主要由活塞 1、滑阀 2、芯轴 3、内弹簧 4、外

弹簧 5、弹簧套 6 和 7、调节螺钉 8、单向阀 9 等组成。活塞 1 内装有伺服滑阀 2，滑阀 2 与芯轴 3 相连，芯轴上装有外弹簧 5 和内弹簧 4，弹簧的预紧力使滑阀 2 处于最低位置。活塞 1 的上腔 e 通过油道 f 与环槽 g 相连。

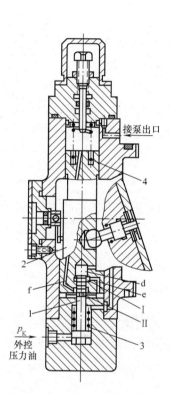

图 3.4-21　外控式伺服变量机构

1—阀芯；2—活塞；3、4—弹簧；

Ⅰ、Ⅱ—控制口；f、e—油孔；

d—接回油

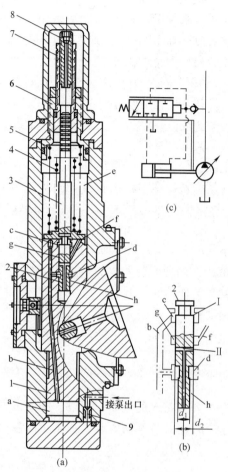

图 3.4-22　自压控制（带伺服放大）变量机构

（a）结构图；（b）伺服滑阀放大图；（c）符号

1—活塞；2—伺服滑阀；3—芯轴；4—内弹簧；

5—外弹簧；6、7—弹簧套；8—调节螺钉；

9—单向阀；a—活塞下腔室；b—通道；

c、g—环槽；d—腔室；e—活塞上腔室；

f—通道；h—滑阀中心孔

工作时泵排油腔的压力油经单向阀 9 进入活塞 1 的下腔室，再经通道 b 进入室 d 和环槽 c，则作用在滑阀 2 上的液压作用力 $P = \dfrac{\pi}{4}(d_2^2 - d_1^2)p$，方向朝上，力平衡方程式为 $\dfrac{\pi}{4}(d_2^2 - d_1^2)p = T_0 + cx$，其中 p 为泵压力，d_2、d_1 分别为滑阀 2 的大、小直径，T_0 为弹簧预紧力，c 为弹簧刚度，x 为弹簧的压缩量。由于 d_2，d_1，T_0，c 均为常数，所以压力 p 与弹簧压缩量 x 呈线性关系。

下面分析一下恒功率控制的特性曲线（压力-排量关系），如图 3.4-23 所示。当滑阀 2 在弹簧预紧力的作用下处于最低位置时，斜盘倾角最大，即 $x=0$ 时，斜盘倾角为最大 γ_{max}（排量为最大 V_{max}），流量为最大；当泵出口压力增加，滑阀上移，弹簧压缩量增加，斜盘倾角减小，则排量 V 减小，流量减小。可见，压力升高，则流量减小，且两者之间呈线性关系。若改变弹簧刚度 c，则直线的斜率也随之改变。

当排油口压力 $p \leqslant p_0$ 时，滑阀 2 仅在外弹簧 5（内弹簧未受压）预紧力作用下处于图示位置，此时环槽 c 打开，压力油经通道 b 注入活塞 1 上腔 e，同时环槽 g 关闭，即活塞 1 上腔 e 与回油断开，此时活塞 1 下腔 a 与上腔 e 压力相等。活塞 1 为差动式，其上腔作用面积大于下腔作用面积，在液压力作用下，活塞被压在下极限位置，斜盘倾角为最大值 γ_{max}，即泵的流量为最大，即为特性曲线（见图 3.4-23）中的 A_0A 段，此时，液压作用力 $P \leqslant T_0$。

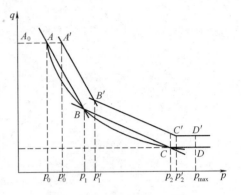

图 3.4-23 恒功率特性曲线

当 $p > p_0$ 时，由于滑阀 2 的直径 $d_2 > d_1$，所以腔 d 中液压作用力 $P > T_0$，方向向上，滑阀 2 将克服外弹簧 5 的作用而上升，关闭环槽 c，同时环槽 g 开启，腔 e 中的油经 f、g 从滑阀 2 的中心孔流回油箱。于是腔 a 中压力油将活塞 1 上推，使其跟踪滑阀 2 向上移动，斜盘倾角 γ 减小，排量减小。此时，力平衡方程式为

$$\frac{\pi}{4}(d_2^2 - d_1^2)p = T_0 + c_1 x$$

式中，c_1 为外弹簧 5 的刚度。所以，压力 p 与流量 q 的关系按直线 AB 变化。

当 $p > p_1$ 时，外弹簧 5 和内弹簧 4 都参与工作，弹簧刚度增大。此时，力平衡方程式为

$$\frac{\pi}{4}(d_2^2 - d_1^2)p = T_0 + c_1 x + c_2(x - x_0)$$

式中：c_2 为内弹簧 4 的刚度；x_0 是内弹簧参加工作前，外弹簧 5 的压缩量，为一常数。所以，流量 q 与压力 p 的关系为直线 BC 段。

当 $p \geqslant p_2$ 时，芯轴 3 被推到上极限位置，被调节螺钉 8 挡住，内、外弹簧不再继续被压缩，斜盘倾角 γ 不能再减小，压力 p 继续上升直至升到最大值 p_{max} 时，排量不再减小，压力 p 与流量 q 的关系为直线 CD 段。由此可见，流量 q 与压力 p 的变化，按图 3.4-23 的折线 $ABCD$ 变化，近似为恒功率特性曲线。

当泵排油口压力降低时，则排量增大，工作过程相同。因此，泵流量随压力升高而减小，随压力降低而增大，并通过改变弹簧的刚度来改变特性线的斜率。

泵最小排量由调节螺钉 8 限定，弹簧套 6 用于调节外弹簧 5 的预压力，弹簧套 7 用于调节内弹簧 4 参加工作的位置。当调整弹簧套 6 使外弹簧 5 的预压力增加，则 A 点移至 A' 点，当调节弹簧套 7 使内弹簧 4 在 $p=p_1'$ 时开始受压，则 B 点移向 B'，将调节螺钉 8 向下调节，减小芯轴 3 向上移动的距离，可以使 C 点向 C' 点移动，D 点向 D' 点移动，这样得到折线 $A'B'C'D'$ 仍近似恒功率曲线。

该变量机构属于自供油式，只能单向变量。泵排油口压力通过调节液压伺服滑阀控制变量机构，该变量机构采用的是双弹簧恒功率变量机构。

⑥ 恒流量变量机构。泵的流量 $q=Vn$，因此，当排量 V 一定时，流量 q 与转速 n 成正比；而当转速 n 一定时，流量 q 与排量 V 成正比。在工程机械上，泵的转速时常变化，但又希望流量不变，如液压转向系统不论车速（或发动机转速）高低，要求流量不变，以维持恒定的转向速度。因此，必须使用恒流量变量机构的变量泵。

恒流量变量机构工作原理如图 3.4-24 所示。泵排油口的油经节流孔 1 流入系统，节流孔 1 前腔与活塞右腔 A 相通，节流孔 1 后腔与活塞左腔 B 相通，A 腔压力为 p_0，B 腔压力为 p，则 $p_0-p=\Delta p$。若流量大于某一设定值，节流孔 1 处的压力降 Δp 增加，使 A、B 两腔的压差增大，活塞杆 2 向左移动，弹簧 3 被压缩，孔口 C 打开，油液从活塞杆 2 内的孔回油，使 D 腔压力下降，在变量力 F（高压柱塞作用在斜盘上的合力）作用下，活塞 4 也跟着左移，斜盘绕轴旋转，则斜盘倾角 γ 减小，即排量减小，此时，孔口 C 逐渐变小，D 腔压力又回升，直至流量减小到设定值为止。反之，若流量小于设定值，节流孔 1 处压力降 Δp 降低，即 A、B 两腔的压差减小，在弹簧 3 的作用下，活塞杆向右移动，孔口 C 关闭，D 腔压力升高，则活塞 4 向右的推力增加，推动斜盘绕轴旋转，即斜盘倾角 γ 增加，排量增加，直至流量增加到设定值为止。可见，恒流量变量机构的基本原理是：当泵的转速升高时，使排量 V 减小，当转速降低时，使排量增加，而排量 V 与转速 n 的乘积即流量 q 保持恒定。恒流量变量泵是用泵自身排油压力来控制，即为自供油式，所以也只能单向变量。

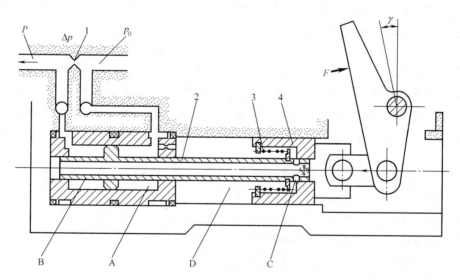

图 3.4-24　恒流量变量机构原理图
1—节流孔；2—活塞杆；3—弹簧；4—活塞

⑦ 恒压变量机构。图 3.4-25 所示为恒压变量机构，该机构由斜盘 2、上控制柱塞 1、下控制柱塞 3 及控制滑阀阀芯 5 等组成。上、下控制柱塞相当于一个差动活塞，控制斜盘倾角。上控制柱塞的工作腔始终与泵压油腔相通。下控制柱塞工作腔的压力取决于控制滑阀。下控制柱塞的面积为上控制柱塞面积的两倍。压力的大小取决于调压弹簧 6 的预压缩量（由

调节螺钉7调节）。

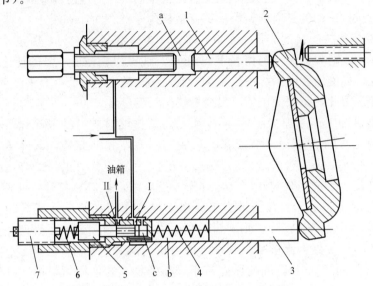

图 3.4-25　恒压变量机构
1—上控制柱塞；2—斜盘；3—下控制柱塞；4—弹簧；
5—控制滑阀阀芯；6—调压弹簧；7—调节螺钉

当泵的输出压力等于给定压力时，控制阀芯处于零位，节流口Ⅰ与节流口Ⅱ的过流面积相等，b 腔的压力是 a 腔的压力（泵输出压力）的 1/2。上、下控制柱塞平衡时，斜盘停在某个倾角位置，泵输出相应的流量。

当泵的输出压力低于给定压力时，c 腔（与泵压油腔相通）压力降低，调压弹簧 6 推动控制阀芯 5 右移，节流口Ⅰ开大，节流口Ⅱ关小，使 b 腔压力升高，这样控制柱塞 3 的推力大于控制柱塞 1 的推力，斜盘倾角增大，泵的输出排量增大，直至输出压力升到等于给定压力为止，控制阀芯又回到零位，上、下控制柱塞又处在新的平衡位置。反之，当泵的输出压力高于给定值时，使斜盘倾角减小，泵的输出排量相应减小，使泵的输出压力又降低到给定值为止。

由此可见，恒压变量泵的工作原理是将泵的输出压力与设定压力值相比较，根据二者的差值来改变排量，从而保持泵的输出压力恒定。

（3）通轴泵。CY14-1 型和 ZB 型轴向柱塞泵的共同缺点是要用大型滚柱轴承，以便承受径向力，但这种轴承高速时寿命不易保证，而且噪声大、成本高。为了克服上述缺点，国内外发展了一种叫做通轴泵的滑靴型轴向柱塞泵，以适应行走机械液压传动的需要。另外，一般来说通轴泵可以作为马达使用。

1）缸体自整位通轴泵。图 3.4-26 所示为缸体自整位通轴泵的结构，它由转子缸体 1、主传动轴 2、十字联轴节 3、内转子 4、外转子 5、后盖 6、泵体 7、弹簧 8、斜盘 9、前盖 10 等组成。该泵的工作原理和其他滑靴型轴向柱塞泵一样，但结构上不同处在于，主传动轴 2 穿过斜盘、两端由轴承支承，转子缸体 1 支承在主传动轴 2 上，取消了 CY 型和 ZB 型泵支承在转子缸体外面的轴承。该泵壳体为三段式，由前盖 10、泵体 7 和后盖 6 组成。支承主传动轴的轴承放置在前泵盖和后泵盖中。在后泵盖中置有补油泵，补油泵为摆线转子泵。主

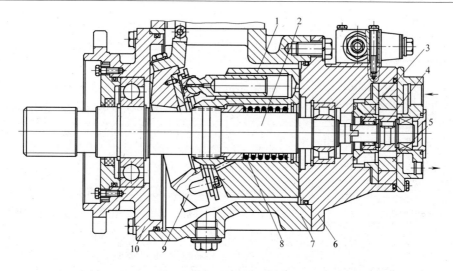

图 3.4-26　通轴泵的结构图

1—转子缸体；2—主传动轴；3—十字联轴节；4—内转子；5—外转子；

6—后盖；7—泵体；8—弹簧；9—斜盘；10—前盖

传动轴 2 经过十字联轴节 3 驱动摆线泵的内转子 4，同时带动外转子 5 旋转。摆线转子泵的排油口，可以通过泵壳上的通道与主泵吸油口相接实施补油；也可以外接，作为系统中的辅助泵使用。

该泵无单独配流盘，而是通过转子缸体与后泵盖直接实现配流，弹簧 8 的作用是将转子缸体压向后泵盖的配油端，以保证泵启动时的压紧力。作用在转子缸体上的径向力通过鼓形花键传给主动轴。如果配流面有磨损，或制造安装有误差，则依靠缸体绕鼓形花键微小摆动而自整位，以维持配流面的密封性能，故称该类泵为缸体自整位式通轴泵。

该泵斜盘 9 通过耳轴与泵体连接，通过变量机构使之绕耳轴转动，改变倾角 γ，变量液压缸平行于主传动轴，柱塞回程机构采用恒定间隙回程盘。

在结构上除了缸体自整位式外，还有缸体浮动式和配流盘浮动式通轴泵。

图 3.4-27 所示为缸体浮动式通轴泵的浮动配流结构示意图，该结构的转子缸体分成两部分，缸底与缸体，二者之间通过销子 11 浮动连接，当缸底与配流盘间由于磨损或制造安装的误差造成间隙增大，缸底可浮动，并靠密封圈 3、4、5 起密封作用，蝶形弹簧 6 将缸底压向配流盘，消除缸底与配流盘之间增大的间隙。

图 3.4-28 所示为配流盘浮动式通轴泵的浮动配流结构示意图。在浮动配流盘 2 上的每个腰形槽上加工两个不穿通的圆孔，两个孔内分别插入套管，并分别与进油腔和回油腔相通，配流盘和套管之间用 O 形密封圈 3 进行密封。如果缸体 1 发生倾斜，则浮动配流盘能自动补偿，保持良好的密封。

2）A4V 系列轴向柱塞通轴泵。A4V 系列轴向柱塞通轴泵由贵州力源液压股份有限公司引进德国

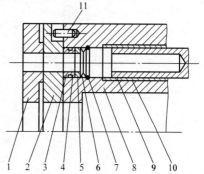

图 3.4-27　缸体浮动配流结构示意图

1—配流盘；2—缸底；3—密封环；4—塑料环；5—密封环；6—蝶形弹簧；7—卡簧；8—缸体；9—铜套；10—柱塞；11—定位销

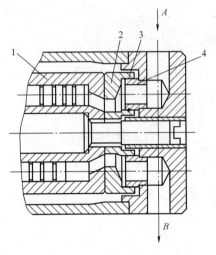

图 3.4-28 配流盘浮动配流
结构示意图

1—缸体；2—配流盘；3—密封圈；
4—套管

Hydromatik 公司技术生产的系列通轴泵，如图 3.4-29 所示。该泵由传动轴 1、滚子轴承 2、斜盘 3、蝶形弹簧 4、滑靴 5、回程盘 6、球铰 7、柱塞 8、缸体 9、配流盘 10、辅助泵 11、变量缸 12 等组成。主泵后端盖装有辅助泵 11，用于操纵变量机构和系统的补油。变量液压缸垂直于传动轴的轴线布置，采用支承在只有半圆圆柱滚子轴承 2 上的托架式斜盘 3，球面配流，利用蝶形弹簧 4 的弹簧力推动球铰回程结构，柱塞缸孔轴线与传动轴轴线存在一倾角。其优点是柱塞组因离心力的作用有一向缸孔外伸的分力，使其靠向斜盘，但加工不方便，该泵用于闭式系统。

（4）双端面进油斜盘轴向柱塞泵。这种泵是一种新型的斜盘轴向柱塞泵，采用双端面进油、单端面排油，能够依靠吸油自冷却。该泵的工作原理如图 3.4-30（a）所示，其结构、工作原理与斜盘式轴向柱塞泵基本相同。不同之处在于其斜盘上对应于配油盘上吸油窗口的位置有一条同样的吸油窗口，每一柱塞与滑靴的中心孔较大。吸油时，柱塞外伸，柱塞底部密封容积增大，油液可同时从配流盘和斜盘上的吸油窗口双向进入容腔，这样，增大了吸油窗口过流面积，降低了吸油流速，减小了吸油阻力，提高了自吸能力；压油时，柱塞部分的油液受到挤压从配油盘的压油窗口排出。图 3.4-30（b）所示为该泵的自冷却原理，吸入的油液进入泵体后，除进入吸油区外，还从各个间隙进入缸体内，形成了全流

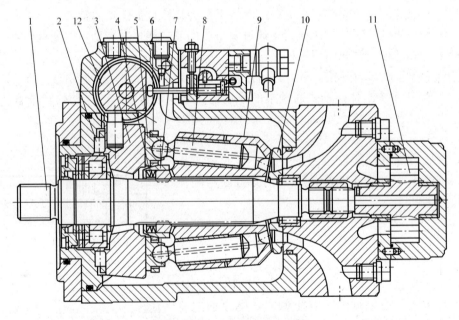

图 3.4-29 A4V 变量泵结构图

1—传动轴；2—滚子轴承；3—斜盘；4—蝶形弹簧；5—滑靴；6—回程盘；7—球铰；
8—柱塞；9—缸体；10—配流盘；11—辅助泵；12—变量缸

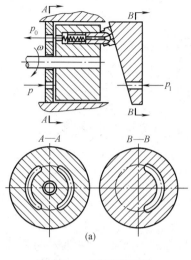

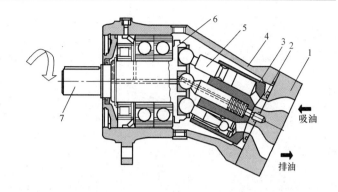

图 3.4-31　斜轴式轴向柱塞泵
1—端盖；2—配流盘；3—缸体；4—泵壳体；5—柱塞；
6—圆盘；7—传动轴

量自循环强制冷却，降低了泵内温度。因采用了双端面进油，省去了泄漏回油管，提高了效率和使用寿命，转速范围也相应提高。但因斜盘结构不对称，因而这种泵不能做成双向变量泵和液压马达。

2. 斜轴式轴向柱塞泵

斜轴式轴向柱塞泵的结构如图 3.4-31 所示。缸体的轴线与传动轴成一定的角度，柱塞均布于缸体圆周上的柱塞孔内，柱塞的球头通过铰接头连接到传动轴上的圆盘上斜轴式轴向柱塞泵的工作原理如图 3.4-32 所示。当传动轴旋转时，通过柱塞连杆带动缸体旋转，同时也强制带动柱塞在缸体孔内作往复运动。当柱塞外伸时，柱塞底部的密闭容腔逐渐增大，形成真空，油液经吸油窗口吸入其内；而当柱塞缩回缸孔时，密闭容腔逐渐减小，油液受挤压，经排油窗口排出。缸体转一周，每个柱塞吸、排油各一次。

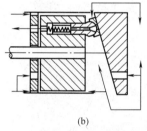

图 3.4-30　双端面配有轴向
柱塞泵工作原理

与斜盘式柱塞泵一样，配流盘固定不动，其上有腰形的吸、排油窗口。所有处于外伸吸油的柱塞均与吸油窗口连通，而处于内缩排油的柱塞均与排油窗口连通。柱塞吸、排油的转换通过配流盘来实现。

对于斜轴式柱塞泵来说，缸体旋转一周柱塞伸缩的行程长度与缸体的倾角大小有关，因此改变缸体倾角大小即可改变泵的排量，其变量原理如图 3.4-33 所示。

设柱塞直径为 d，缸体上柱塞孔的分布圆半径为 R，缸体倾角为 γ，柱塞数为 z，则缸体转一周，泵的排量为

$$V_i = zV_{i1} = \frac{\pi}{4}d^2 h = \frac{\pi}{2}zd^2 R\sin\gamma$$

(3-19)

图 3.4-32　斜轴式轴向柱塞泵的工作原理
1—柱塞逐渐外伸吸油；2—传动轴；3—连杆；4—柱塞连杆；5—柱塞；6—缸体；7—柱塞逐渐缩回排油；8—排油窗口；9—吸油窗口；10—配流盘

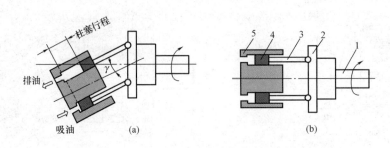

图 3.4-33　斜轴式轴向柱塞泵的变量原理

(a) 缸体最大倾角；(b) 缸体零倾角

1—传动轴；2—圆盘；3—柱塞连杆；4—柱塞；5—缸体

式中，V_{i1} 为液压泵每转一周单个柱塞腔所排出液体的体积。

由式（3-19）可知，改变缸体的倾角 γ，即可改变泵的排量 V_i。图 3.4-34 所示为斜轴式轴向柱塞变量泵及其结构剖视图。与轴向柱塞定量泵相比，增加了一个改变缸体倾角的变量控制机构，缸体的倾角可以在最小和最大值之间调节。

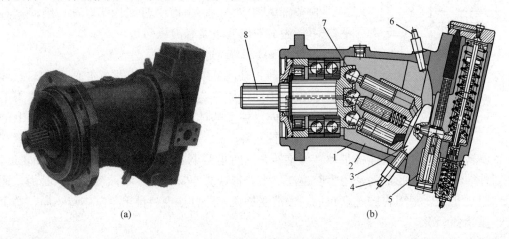

图 3.4-34　斜轴式轴向柱塞泵及其结构剖视图

(a) 实物外形；(b) 结构剖视图

1—缸体；2—连杆；3—配流盘；4—最大倾角限位；5—变量控制活塞；

6—最小倾角限位；7—柱塞球头；8—传动轴

（1）结构原理与特点。斜轴式轴向柱塞泵又称连杆式轴向柱塞泵。如图 3.4-35 所示为 A7VLV 型斜轴式轴向柱塞泵，它由传动轴 1、连杆 2、柱塞 3、缸体 4、配流盘 5 等组成。连杆小端球头与柱塞内球窝铰接，大端球头与传动轴端部沿圆周均布的球窝铰接，因为缸体相对传动轴存在一倾角 α，故称为斜轴泵。当传动轴旋转时，连杆与柱塞内壁接触，通过柱塞带动缸体旋转，同时连杆带动柱塞在缸体孔内往复运动，使柱塞底部的密闭容积发生周期性变化，完成吸油和排油。通过改变主轴与缸体之间的夹角，可以实现变排量。

斜轴泵在结构上具有如下特点：

1）由于连杆轴线与柱塞轴线的夹角较小，使柱塞作用在缸体上的侧向力较斜盘式泵大大减小，从而有效地改善了柱塞与缸体之间的摩擦磨损状况。由于柱塞副受力得到改善，允许斜轴泵具有较大的倾角，一般取 25°，结构改进后的定量泵，将柱塞和连杆做成一体，并在端部安装有球面密封环代替传统的柱塞圆柱面来实现柱塞与缸体孔间的密封，此时倾角可达 $40°$，可实现较大范围内的变量。而斜盘泵倾角一般为 $15°$，最大为 $20°$。

2）承载能力大，结构坚固，耐冲击，寿命长。

3）通过柱塞、连杆传给传动轴的轴向力很大，该力由向心推力轴承来承受。

4）由于连杆球头与传动轴端面连接比较牢固，较斜盘泵有更好的自吸能力。

5）由于转动部件的转动惯量小，因而起动特性好，起动效率高。

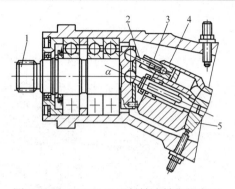

图 3.4-35　A7VLV 型斜轴式轴向柱塞泵
1—传动轴；2—连杆；3—柱塞；
4—缸体；5—配流盘

斜轴泵的缺点是：

1）因为倾角大，当做成双向变量泵时，需要较大的摆动空间，因此双向变量斜轴泵较双向变量斜盘泵体积大。

2）斜轴式柱塞泵不能采用贯通的轴或者两轴相连接，因而较难做成双联泵结构。

3）斜轴泵通常采用球面配流盘配流，对于球面结构的配流副、连杆球头、柱塞球窝、传动轴端面球窝的加工需要专门的设备，且要求较高的加工精度。

（2）斜轴泵的典型结构。斜轴泵的结构形式，按其配流形式分为平面配流式和球面配流式。

1）平面配流式斜轴泵。图 3.4-36 所示为平面配流式斜轴泵结构图。当传动轴旋转时，通过连杆，柱塞带动缸体旋转。当摆角 γ 为零时，由于柱塞与缸体没相对运动，泵不能工作。当调整缸体摆角为某一角度时，随着传动轴的旋转，柱塞在缸体内做往复运动，便实现吸油与排油过程，每旋转一周，7 个柱塞都完成一次吸油与排油过程，并通过配流盘分别与吸、压油管连通。

改变流量是通过改变摆角 γ 来实现的。缸体装在后泵体（也称摇架）内，摇架可以摆动，从而改变 γ 角的大小。摆角的范围为 $0°\sim25°$。对于单向变量泵，摇架只能在一个方向上摆动。对于双向变量泵，摇架可以在两个方向摆动，从而改变流量的大小及方向。

该泵采用平面配流，缸体外有两个径向滚柱轴承，传动轴右端装有推力滚柱轴承和径向滚针轴承，以承受轴向和径向负荷。

2）球面配流式斜轴泵。图 3.4-37 为球面配流式斜轴泵的结构图。

球面配流结构：自动定心，缸体外面没有滚柱轴承，配流盘 2 用锁紧螺帽固定在摇架 12 上。配流面做成球面结构，能够保证缸体底部与配流盘之间由于加工或装配引起误差时而密封性能良好。

为了提高配流盘的工作可靠性，采取了间歇强制润滑结构，如图 3.4-38 所示。配流盘上有许多盲孔 1，通过槽 2 将各孔沟通。同时还有两个小孔 3，其中一个与排油腔相通，另一个与吸油腔相通。在缸体上有七个盲孔 A，它的位置恰好能将孔 1 和孔 3 接通。因此当缸体每转一圈时，孔 1 与排油腔和吸油腔依次各接通 7 次，即每转一圈，高压腔向孔 1 供油 7 次，并向低压腔卸油 7 次。因而组成跳动的油垫，既能减小配流面的磨损，又保证泄漏不致太大。

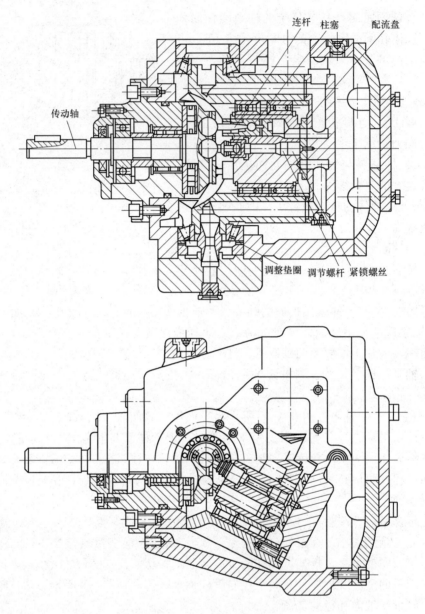

连杆 柱塞 配流盘

传动轴

调整垫圈 调节螺杆 紧锁螺丝

图 3.4-36　平面配流式斜轴

3）A2F 型斜轴式定量泵。该型泵由北京华德液压工业集团有限责任公司从德国 Hydromatik 公司引进技术生产，为定量式，缸体倾角有 20°和 25°两种。采用球面配流盘，缸体可以自动定心，因此减小了泄漏，提高了容积效率。可选择正、反两个旋转方向，可用于闭式回路，也可用于开式回路。

A2F 型斜轴泵具有压力高、体积小、重量轻、转速高、耐冲击、寿命长以及驱动轴能承受径向载荷等特点，适用于工程机械、冶金机械、矿山机械、起重运输机械和船舶机械等的液压系统。A2F 型斜轴泵的技术性能参数见表 3.4-1。

此外，在 A2F 型基础上发展起来的还有 A2F6.1 型锥形柱塞斜轴泵，它将柱塞做成整体锥形，缸体为无铰传动，柱塞与缸体孔之间采用两只密封环，缸体最大摆角可达 40°。国

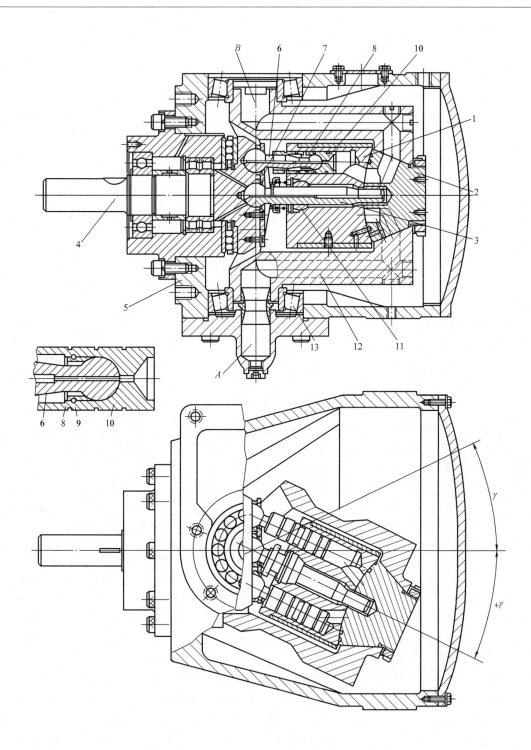

图 3.4-37　球面配流式斜轴泵

1—缸体；2—配流盘；3—中心连杆；4—传动轴；5—端盖；6—连杆；
7—压板；8—嵌块；9—销；10—柱塞；11—球铰；12—摇架；13—轴承

内生产厂家为上海电气液压气动有限公司。

表 3.4-1 　　　　　　　　　　A2F 型斜轴泵的技术性能参数

型　号	排量/(mL/r)	压力/MPa		最高转速/(r/min)		最大功率/kW		额定转矩/(N·m)	驱动功率/kW	质量/kg
		额定	最高	闭式	开式	闭式	开式			
A2F10	9.4			7500	5000	41	27	52.5	8	5.5
A2F12	11.6			6000	4000	41	27	64.5	10	5.5
A2F23	22.7			5600	4000	74	53	126	19	12.5
A2F28	28.1			4750	3000	78	49	156	24	12.5
A2F45	44.3			3750	2500	97	75	247	38	23
A2F55	54.8			3750	2500	120	80	305	46	23
A2F63	63			4000	2700	147	99	350	53	33
A2F80	80			3350	2240	156	105	446	68	33
A2F87	86.5	35	40	3000	2500	151	123	480	73	44
A2F107	107			3000	2000	187	125	594	91	44
A2F125	125			3150	2240	230	163	693	106	63
A2F160	160			2650	1750	247	163	889	135	63
A2F200	200			2500	1800	292	210	1114	169	88
A2F250	250			2500	1500	365	218	1393	211	88
A2F355	355			2240	1320	464	273	1978	300	138
A2F500	500			2000	1200	583	350	2785	283[①]	185

注: 1. 表中最高转速是额定压力时的值。

　　2. 最大功率是额定压力和最高转速时的值。

　　3. 驱动功率是额定压力、转速为 1450r/min 时的值。

① 是转速为 1000r/min 时的值。

4) A7V 型斜轴式变量泵。该型泵由北京华德液压工业集团有限责任公司生产, 可以变量, 变量方式包括恒功率变量、恒压变量、电控比例变量、液控变量和手动变量, 可用于开式或闭式液压系统。适用于冶金、工程、起重、锻压等机械的液压系统。用于开式系统时进油压力应为 0.09~0.15MPa。

5) A8V 型斜轴式变量双泵。A8V 型斜轴式变量双泵在一个壳体内装有两个排量相同的泵, 他们通过中间齿轮带动泵轴上的齿轮使双泵同速转动, 两个泵共用一个吸油口, 压力油分别供给不同的系统。另外, 双泵由同一变量机构无级同步调节双泵缸体的摆角, 而变量机构的控制信号为双泵出口压力之和, 即双泵的出口压力分别作用在先导压力控制阀阀芯的两个端面, 由总的液压力与弹簧力相比较实现恒功率变量控制。这种控制方式可使双泵的总功率保持不变, 即当一个泵需要较小功率 (出口压力较小者) 时, 其余功率可用于另一个泵。在极端情况下, 任何一个泵都可得到最大功率。A8V 型斜轴式变量双泵只能一个方向 (从端面看为顺时针) 旋转, 推荐油液过滤精度为 $10\mu m$。

6) Z※B 型轴向柱塞泵也为斜轴泵。该系列包括五种型号, 7 种控制变量型式及 7 种规格, 具有结构强度高、能承受较大冲击等优点。但外形尺寸较大、重量较大、结构比较复杂。该系列泵的工作压力为 16.0MPa, 最大压力可达 35.0MPa, 排量为 11~865mL/r, 容积效率可达 97%~98%。该系列泵广泛应用于

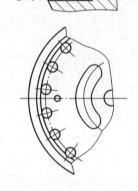

图 3.4-38　间歇强制
润滑结构

1—盲孔; 2—槽; 3—小孔

冶金、矿山、建筑和工程机械。

3. 阀式配流轴向柱塞泵　阀式配流轴向柱塞泵如图 3.4-39 所示，当传动轴1 带动斜盘 2 转动时，柱塞 3 在缸体 4 的缸孔中做往复运动（缸体不旋转），通过进油阀 6 和排油阀 5 分别实现吸油和排油。阀式泵变量困难，不能作为马达用（无可逆性）。由于进、排油单向阀有滞后现象，因此泵的转速一般不超过1500r/min，泵的体积较大。其优点是配流阀具有良好的密封性，因此工作压力可超过 32.0MPa，在超高压场合作为定量泵用。

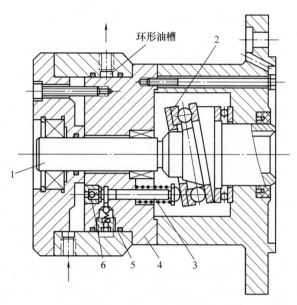

图 3.4-39　阀式配流轴向柱塞泵
1—传动轴；2—斜盘；3—柱塞；4—缸体；
5—压油阀；6—吸油阀

3.4.2　径向柱塞泵

柱塞沿径向均布在缸体上的柱塞孔内，其工作原理如图 3.4-40 所示。配流轴和定子固定不动，当缸体转动时，柱塞随缸体一起旋转，并在离心力和液压力作用下压紧在定子的内环上。由于缸体与定子有一偏心距，柱塞随缸体转动时也在柱塞孔中作往复运动，处于吸油腔的柱塞（图 3.4-40 所示缸体下半圆）逐渐伸出，柱塞底部的密闭工作腔增大，形成真空，油液经配流轴上的吸油窗口吸入其内；处于排油腔的柱塞（图 3.4-40 所示缸体上半圆）逐渐缩回，油液受挤压，经配流轴上的排油窗口排出。

设柱塞的直径为 d，柱塞数为 z。由于径向柱塞泵的定子和转子存在偏心距 e，所以缸体每转一周时，各柱塞吸、排油各一次，完成一个往复行程，其行程长度等于偏心距的 2 倍。因此，泵的排量 V_i 为

$$V_i = \frac{\pi}{2} z e d^2 \tag{3-20}$$

可见，改变定子与转子的偏心距 e，即可改变排量；若改变偏心距方向，即改变油流方向。图 3.4-41 所示为两种不同形式的径向柱塞泵。

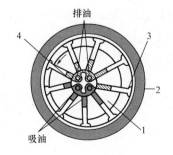

图 3.4-40　径向柱塞泵的工作原理
1—缸体；2—定子环；3—柱塞；4—配流轴

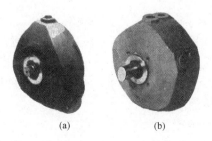

图 3.4-41　两种不同形式的径向柱塞泵
（a）单排柱塞结构；（b）双排柱塞结构

3.4.3 柱塞泵的特点及应用

与齿轮泵和叶片泵相比,柱塞式液压泵具有以下特点:

(1) 容积效率高,可达 92%~98% 以上,因而额定工作压力高,可达 35MPa。

(2) 工作转速高,功率与质量之比是所有液压泵中最大的。

(3) 易于改变排量,可制成各种类型的变量泵。

(4) 流量、压力脉动小,运转平稳。

(5) 零件制造精密,成本高;使用时对油液的清洁度要求高。

由于柱塞式液压泵的综合性能好,因此广泛应用于高压、大流量、大功率的液压系统中,如冶金、工程机械、船舶、航空、武器装备等各个工业部门。

3.5 液压泵的选择与使用

以上介绍了齿轮泵、叶片泵、轴向柱塞泵和径向柱塞泵的结构和工作原理,它们在工程机械上都有应用。在选择时,应根据主机工况、功率大小、元件效率、寿命和可靠性等进行全面分析,合理选择。

3.5.1 液压泵的选择

工程机械为移动式设备,其原动机一般采用柴油机或汽油机,转速变化范围大(600~3000r/min),工作环境差(环境温度变化较大,空气污染严重、环境较脏),空间布置受限制,不宜采用水冷却,噪声要求不超过原动机的噪声(90dB)。此外,为了满足液压设备的工作要求,还应从液压泵的额定压力、额定流量、额定转速、能否变量、价格及可维修性等方面综合考虑。

1. 液压泵额定压力的选择 根据工作性质确定液压泵的压力级别,工程机械液压系统一般为 20~32MPa。在初定液压系统的压力之后,要求所选泵的额定压力高于系统压力 10%~30% 为宜。国产齿轮泵、叶片泵、柱塞泵的性能见表 3.5-1。

表 3.5-1   液压泵技术性能

结构形式	工作压力/MPa	最高转速/(r/min)	容积效率(%)	总效率(%)
齿轮泵	2.5~16.0	1500~4000	85	75
叶片泵	6.0~14.0	950~2000	85	75
轴向柱塞泵	16.0~32.0	1500~2500	98	85
径向柱塞泵	8.0~30.0	400~2000	90	80

2. 液压泵额定流量的确定 首先应满足系统的最大流量需求,为此,可选用单泵或多泵或变量泵,以达到系统效率最高、能耗最低为目标。同时,在设计液压系统方案时,应考虑流量合理匹配,尽量减小系统的最大流量需求。

3. 液压泵额定转速的确定 工程机械一般采用柴油机或汽油机为原动机,应选用转速范围宽的液压泵。

4. 定量泵和变量泵的选用

(1) 若系统采用节流调速回路,或通过改变原动机的转速调节流量,或系统对速度无调节要求,可选用定量泵或手动变量泵。此时手动变量泵不宜在小排量工况下工作,因小排量工况不仅效率低,而工作不稳定。

（2）若系统要求高效节能，应选用变量泵。恒压变量泵适用于要求恒压源的系统，如液压伺服系统；限压式变量泵和恒功率变量泵适用于要求低压大流量、高压小流量的系统。其中，限压式变量泵与调速阀组成容积节流调速系统，可以根据需要调节进入执行元件的流量；恒功率变量泵则因其控制压力直接取自执行元件的负载压力，泵的流量与压力按设定的抛物线规律自动变化，无法人为调节，多用于对速度无严格要求的压力机液压系统。电液比例变量泵适用于多级调速系统，如注塑机液压系统，此时可实现系统的大闭环控制；负载敏感变量泵适用于要求随机调速且功率适应的系统，如行走机械的转向系统；双向手动变量泵或双向手动伺服变量泵多用于闭式回路，如卷扬机，此时泵可起换向和调速双重作用。

目前，在工程机械上广泛使用高压齿轮泵和柱塞泵。齿轮泵均为定量泵，只能应用在定量液压系统中。轴向柱塞泵在起重机械上应用斜盘式（ZB 型）较多，而在挖掘机中应用斜轴式较多。由于轴向柱塞泵易于实现变量，所以在定量泵系统和变量泵系统中均得到广泛应用。斜盘泵和斜轴泵的性能比较见表 3.5-2。

表 3.5-2　　　　　　　　　　　　斜盘泵和斜轴泵比较

泵的种类	斜　盘　式（ZB 型）	斜　轴　式（无铰型）
结构特点	结构较简单，体积和重量较小，转动部件惯性小。柱塞受侧向力较大，同时对缸体产生倾翻力矩，故斜盘倾角一般小于或等于 20°	结构较复杂，体积和重量较大，转动部件惯性大。使用连杆传动，柱塞不受侧向力，对缸体不产生倾翻力矩，故轴斜角可较大，一般为 25°～30°
转　速	1000～3000r/min	1000～1500r/min
工作压力	21.0MPa	可达 30.0MPa
最高工作压力	28.0MPa	35.0MPa
过滤要求	10～15μm	25μm
自吸能力	1500r/min 以下允许自吸，但进油口真空度应小于 125mm 水银柱	定量泵自吸能力较好，变量泵限于结构，自吸能力较差，要求补油泵外供或油箱液面高于泵入口
容积效率	≥0.95	0.97～0.98
变量响应性能	变量响应性较灵敏	变量响应性较差
集成化	通轴泵可在主泵上加辅助泵	主泵加辅助泵结构复杂

齿轮泵的转动部分为对称旋转体，允许高速旋转，最高转速可达 6000r/min。提高压力受到漏损的限制，国产齿轮泵最高压力可达 16.0MPa。齿轮泵的径向力不易平衡，提高压力会使轴承负载过大。齿轮泵具有成本低，制造较简单，对油的过滤要求较低等优点，因而在中小型工程机械上获得广泛应用。工程机械上常用的国产齿轮泵的型号及技术性能见表 3.5-3。

表 3.5-3　　　　　　　　　　　　齿轮泵的型号及技术性能

型　号	排量/ (mL/r)	规格数	压力/MPa		转速/(r/min)		容积效率 η(%) ≥	总效率 η(%) ≥	工作油温 /℃
			额定	最高	额定	最高			
CB 型	10～98	4	10.0	13.5	1300	1625	90	85	10～60
CB-E 型	70～210	5	10.0	14.0	1800	2400	90	85	10～60
CB-C 型	10～32	4	10.0	14.0	1800	2400	90		10～60

型　号	排量/(mL/r)	规格数	压力/MPa		转速/(r/min)		容积效率 η(%)　≥	总效率 η(%)	工作油温 /℃
			额定	最高	额定	最高			
CB-D 型	32～70	4	10.0	14.0	1800	2400	90		10～60
CB-F 型	10～40	5	14.0	17.5	1800	2400	90		10～60
CB-H 型	50～90	5	14.0	17.5	1800	2400	90		10～60
CB-G 型	50～200		16.0	20.0	2000	2200	90	85	
CB-L 型	6～200	5	16.0	20.0	2000	2500	90	85	−20～80
三系列	6～14	3	14.0	17.5	2000	3000	90	85	0～80

　　工程机械液压系统一般多采用高压系统。提高工作压力可以减轻重量、减小外形尺寸，但压力的提高受到密封件和零件强度、刚度的限制。泵的自重与最高压力之间的关系如图 3.5-1 所示，即对材料的重量随着压力升高而降低有一个限度，当超过这个极限值时，零件的强度和刚度需加强，如增加零件的壁厚等。因此，反而增加系统的重量。材料强度越高，则曲线最低点越向右移。

　　液压泵转速的选择，必须根据主机的要求和泵允许的使用转速、寿命、可靠性等进行综合考虑。泵的工作转速不能超过泵最高转速。提高转速会使泵吸油不足，降低寿命，甚至会使泵先期破坏。

3.5.2 液压泵的使用

　　泵在实际应用中，安装、使用、维护过程中应注意以下问题：

　　1. 使用条件不能超过泵所允许的范围

　　(1) 转速、压力不能超过规定值。

　　(2) 若制造商规定了泵的旋向，则不得反向旋转。叶片泵和齿轮泵反向旋转可能会破坏低压密封圈，甚至造成泵本身损坏。

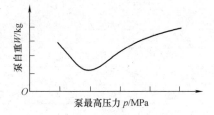

图 3.5-1　泵最高压力与自重的关系曲线

　　(3) 泵的自吸真空度应在规定范围内，否则吸油不足会引起汽蚀、噪声和振动。

　　(4) 若泵入口规定有供油压力，则应充分予以保证。

　　2. 安装时要充分考虑泵的正常工作要求

　　(1) 泵与其他机械连接时要保证其同心度要求，或采用挠性连接。

　　(2) 要了解泵承受径向力的能力，不能承受径向力的泵不得将皮带轮、齿轮等传动件直接装在其传动轴上。

　　(3) 泵的泄漏油管要畅通，一般不接背压，若泄漏油管太长或因某种需要而接背压时，其大小也不得超过低压密封所允许的数值。

　　(4) 停机时间较长的泵，再起动时应待空运转一段时间后再行正常使用。

思　考　与　练　习　3

　　1. 液压泵的工作压力与铭牌上的额定压力和最大压力有什么关系？

　　2. 什么是泵的容积效率？液压泵的排量和流量取决于哪些参数？

　　3. 试从齿轮泵的瞬时流量推导过程，说明齿轮泵的工作原理。

4. 何为齿轮泵的困油现象? 其危害是什么? 如何解决?

5. 齿轮泵可能产生泄漏的部位有哪些? 其中哪项最大?

6. YB 型叶片泵的吸油口和压油口是怎样形成的?

7. 各类变量泵的变量原理如何?

8. 什么是叶片倾角? 单作用叶片泵和双作用叶片泵的叶片倾角有何不同? 为什么?

9. 轴向柱塞泵的工作压力和容积效率为什么比齿轮泵、叶片泵高?

10. 某液压泵的输出压力为 5MPa,排量为 10mL/r,机械效率为 0.95,容积效率为 0.9,当转速为 1200r/min 时,泵的输出功率和驱动泵的电动机的功率各为多少千瓦?

11. 某液压泵的转速为 950r/min,排量为 $V_p = 168$mL/r,在额定压力 29.5MPa 和同样转速下,测得的实际流量为 150L/min,额定工况下的总效率为 0.87,求:

(1) 泵的理论流量 q_t。

(2) 泵的容积效率 η_V 和机械效率 η_m。

(3) 泵在额定工况下所需电动机驱动功率 P_t。

(4) 驱动泵的转矩 T_i。

12. 某变量叶片泵转子外径 $d = 83$mm,定子内径 $D = 89$mm,叶片宽度 $B = 30$mm,试求:

(1) 叶片泵排量为 16mL/r 时的偏心量 e。

(2) 叶片泵最大可能的排量 V_{max}。

13. 一变量轴向柱塞泵,共 9 个柱塞,其柱塞分布圆直径 $D = 125$mm,柱塞直径 $d = 16$mm,若液压泵以 3000r/min 转速旋转,其输出流量为 $q = 50$L/min,则斜盘角度为多少(忽略泄漏的影响)?

14. 一限压式变量叶片泵特性曲线如图 3-1 所示,设 $p_B < p_{max}/2$,试求该泵输出的最大功率和此时的压力。

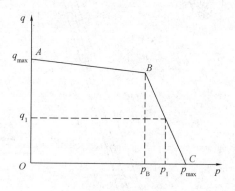

图 3-1 题 14 图

第4章 液压执行元件

液压执行元件是一种依靠压力液体驱动输出轴旋转或往复运动而做功的机械的总称，从能量转换的观点看，液压执行元件与液压泵正好相反，是将流体的压力能转换为机械能。根据输出运动的形式，分为液压缸、液压马达和摆动液压马达三大类。

4.1 液压缸的类型及特点

4.1.1 液压缸的特点

液压缸作为液压系统中的执行元件，以直线往复运动或回转摆动的形式，将液压能转变为机械能输出，其特点是：

(1) 结构简单，制造容易，维修方便，工作可靠。

(2) 重量轻，传力大，寿命长。

(3) 运动惯性小，制动精度高，可频繁换向。

(4) 易于实现远控和自控。

液压缸广泛应用在工程机械、起重运输机械以及矿山机械等多种类型机械中。图4.1-1

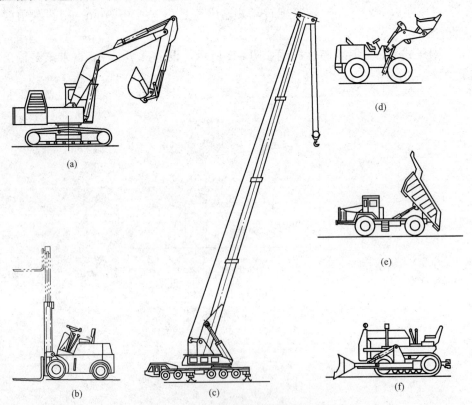

图 4.1-1　液压缸在工程机械上的应用

为液压缸的应用示例,其中挖掘机 [图 4.1-1 (a)] 所采用的液压缸有动臂液压缸、斗杆液压缸和铲斗液压缸,叉车 [图 4.1-1 (b)] 所用的有叉架升举液压缸和倾斜液压缸,汽车式起重机 [图 4.1-1 (c)] 使用的有特长的臂架伸缩液压缸以及变幅液压缸和支腿液压缸,装载机 [图 4.1-1 (d)] 上有动臂液压缸和转斗液压缸,自卸汽车 [图 4.1-1 (e)] 上使用的有单级或多级翻斗液压缸,推土机 [图 4.1-1 (f)] 上则有刀片的提升液压缸和转动液压缸等。

4.1.2　液压缸的分类

液压缸把输入液体的液压能转换成活塞直线移动或叶片回转摆动的机械能予以输出。输入的液压能是指输入液体所具有的流量 Q 和压力 p,输出的机械能对活塞缸来说是指活塞移动时所具有的速度 v 和牵引力 F,对摆动液压缸则是指叶片轴摆动时所具有的角速度 ω 和转矩 M。所有这些参数都是靠工作容积的变化来体现的,所以说液压缸也是一种容积式的执行元件,它具有容积式液压元件的共性。

为了满足不同型式机械的不同用途的需要,液压缸相应地具有多种结构和不同性能的类型,按运动方式来分,有直线移动液压缸和回转摆动液压缸;按液压作用情况来分,有单作用液压缸和双作用液压缸;如按结构形式则又可分为活塞缸、柱塞缸、伸缩套筒缸和摆动缸等,表 4.1-1 为工程机械常用液压缸的分类。

表 4.1-1　　　　　　　　　　　液 压 缸 的 分 类

类别	序号	名　称	图 形 符 号	说　明
单作用液压缸	1	单作用活塞液压缸(无弹簧)		活塞反向内缩运动由外力来完成
	2	单作用活塞液压缸(弹簧回程)		活塞反向运动由弹簧力来完成
	3	单作用伸缩液压缸(单作用多级液压缸)		有多个单向依次外伸运动的活塞(柱塞),各活塞(柱塞)逐次运动时,其运动速度和推力均是变化的,其反向内缩运动由外力来完成
	4	单作用柱塞液压缸	★	柱塞反向内缩运动由外力来完成,其工作行程比单作用活塞液压缸工作行程长
双作用液压缸	5	双作用无缓冲式液压缸		活塞作双向运动,并产生推、拉力。活塞在行程终了时不减速
	6	双作用无缓冲差动液压缸		活塞作双向运动,并产生推、拉力。可加快无杆腔进油的速度,但推力相应减小
	7	不可调单向缓冲式液压缸		活塞作双向运动,并产生推、拉力。活塞在一侧行程终了时减速制动,其减速值不可调;另一侧行程终了时不减速

续表

类别	序号	名　称	图形符号	说　明
双作用液压缸	8	不可调双向缓冲式液压缸		活塞作双向运动，并产生推、拉力。活塞在双侧行程终了时减速制动，其减速值不可调节
	9	可调单向缓冲式液压缸		活塞作双向运动，并产生推、拉力。活塞在一侧行程终了时减速制动，其减速值可调节；另一侧行程终了时不减速
	10	可调双向缓冲式液压缸		活塞作双向运动，并产生推、拉力。活塞在双侧行程终了时均减速制动，其减速值可调节
	11	双活塞杆液压缸		活塞两端杆径相同，活塞作正、反向运动时，其运动速度和推(拉)力均相等
	12	双作用伸缩液压缸（双作用多级液压缸）		有多个双向依次运动的活塞、各活塞逐次运动时，其运动速度和推、拉力均是变化的
组合液压缸	13	串联式液压缸	★	由两个或两个以上的活塞串联在同一轴线上的组合缸。在活塞直径受到限制，而长度不受限制时，用以获得较大的推、拉力
	14	多工位式液压缸	★	同一缸筒内有多个分隔，分别进、排油，每个活塞有单独的活塞杆，能作多工位移动
	15	双向式液压缸	★	两活塞同时向相反方向运动，其运动速度和力相等
	16	增压缸(增压器)	A　B	由低压A室缸驱动，使B室获得高压油源
	17	齿条传动液压缸		活塞的往复运动经装在一起的齿条驱动齿轮获得往复回转运动
摆动液压缸	18	单叶片摆动液压缸		输出轴只能作小于360°的往复摆动
		多叶片摆动液压缸		输出轴只能作小于180°的往复摆动

注：1. 带★单作用柱塞缸、串联式液压缸、多工位式液压缸和双向式液压缸，其图形符号在 GB/T 786.1—1993 中未作规定。

2. 以上列出的是常见液压缸的分类，未包括一些结构或用途特殊的液压缸。

　　活塞式液压缸分为单作用活塞液压缸和双作用活塞液压缸。单作用活塞缸（见表 4.1-1 中 1、2、3、4）为单向液压驱动，回程需借助自重、弹簧或其他外力的作用。这种缸连接管路少，结构较简单，工程机械常用作液压制动器和离合器的执行元件，但大型活塞缸则很少采用单作用的液压缸。

　　双作用活塞缸又有单活塞杆与双活塞杆之分。双作用单杆活塞缸（表 4.1-1 中 5、7、8、9）系工程机械中应用最广泛的一种液压缸，它是双向液压驱动，因此两个方向均可获得较大的牵引力。由于两腔有效作用面积不等，无杆腔进油时牵引力大而速度慢，有杆腔进油时牵引力小而速度快，这一特点与一般机械的作业要求基本相符，即工作行程要求力大速度慢，而回程则要求力小速度快。但从活塞杆的受力来看，无杆腔进油时活塞杆受压，对液压缸结构的稳定性不利，必要时须进行稳定性验算。

　　1. 双作用单活塞杆液压缸　　双作用单活塞杆液压缸由于占有空间范围小（如图 4.1-2 所示，长度范围约为 $2l$），应用比较普遍。它由于一端有活塞杆伸出，两端受力面积不等，因而两向运动速度不同。

　　（1）往复速度 v_1、v_2。如图 4.1-2 所示，两端供油量相等时

$$v_1 = \frac{q\eta_V}{A_1} = \frac{4q\eta_V}{\pi D^2} \quad \text{(m/s)} \qquad (4\text{-}1)$$

$$v_2 = \frac{q\eta_V}{A_2} = \frac{4q\eta_V}{\pi(D^2 - d^2)} \quad \text{(m/s)} \qquad (4\text{-}2)$$

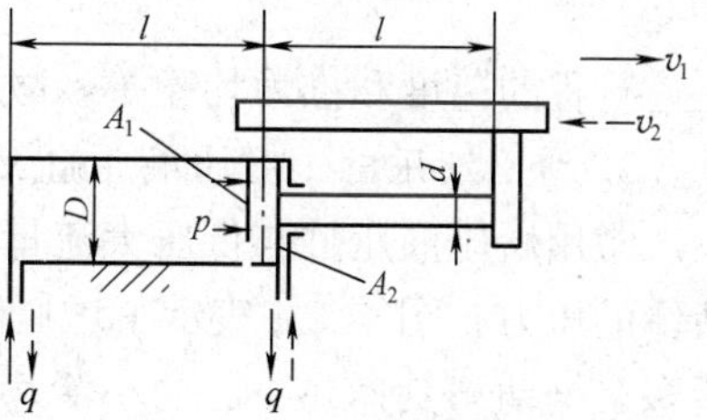

式中：q 为供油量（m³/s）；D 为无杆端活塞直径（m）；d 为活塞杆直径（m）；η_V 为液压缸的容积效率。

图 4.1-2　双作用单活塞杆液压缸

　　（2）往复推力。如两向运动的供油压力相等时，往复运动所能产生的推力分别为

$$F_1 = (A_1 p - A_2 p_0)\eta_m = \frac{\pi}{4}\left[D^2(p - p_0) + d^2 p_0\right]\eta_m \qquad (4\text{-}3)$$

$$F_2 = (A_2 p - A_1 p_0)\eta_m = \frac{\pi}{4}\left[D^2(p - p_0) - d^2 p_0\right]\eta_m \qquad (4\text{-}4)$$

式中：η_m 为液压缸的机械效率；F_1 为无杆端产生的推力（N）；F_2 为有杆端产生的推力（N）；p、p_0 分别为缸的进油压力和回油背压（Pa）。

　　（3）特点。

　　1）长度方向占有的空间大致为活塞杆长的 2 倍（图 4.1-2）。

　　2）可产生不同的往复速度 v_1、v_2，但两向的额定推力不等。

　　3）向 v_1 方向（见图 4.1-2）运动时，活塞杆受压，因此，活塞杆要有足够的刚度。

　　如果将活塞缸的油路通过换向阀（P 型滑阀中位机能）连成差动回路（见表 4.1-1 中 6），使两腔同时接通压力油，由于两腔的作用面积差产生推力差，活塞将朝有杆腔一边移动，这时有杆腔排出的油液也流入无杆腔，加速活塞移动。当活塞杆的面积为整个活塞有效面积之半时，可使差动缸的往返速度相等，但无杆腔进油时的推力在差动情况下将减小一半。

　　2. 双作用双活塞杆液压缸

　　（1）速度和推力。双活塞杆液压缸两向的速度和推力相等。

$$v = \frac{q\eta_V}{A} = \frac{4q\eta_V}{\pi(D^2 - d^2)} \quad (\text{m/s}) \tag{4-5}$$

$$F = \frac{\pi(D^2 - d^2)}{4}(p - p_0)\eta_m \tag{4-6}$$

式中：F 为双向的推力（N）；v 为双向的速度（m/s），其他符号与式（4-2）和式（4-4）相同。

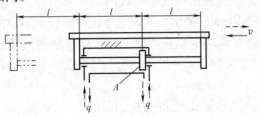

图 4.1-3　双作用双活塞杆液压缸

（2）特点。

1）两向往复速度 v 和驱动力 F 分别相等。

2）如图 4.1-3 所示，当缸体固定时，长度方向所占有的空间，约为活塞杆长 l 的 3 倍。

双作用双活塞杆液压缸无论是活塞杆固定缸体移动，还是缸体固定活塞杆移动，其往返行程的速度和推力均相等，故可串联成同步机构或用于需要往返速度相同的工况。

3. 增压液压缸　增压液压缸又称增压器。在某些短时或局部需要高压液体的液压系统中，常用增压液压缸与低压大流量泵配合使用来节约设备费用。增压器可在增压回路中提高液体的压力。图 4.1-4 表示了增压液压缸的工作原理。低压 p_1 的液体推动增压器大活塞，大活塞又推动与其连在一起的小活塞而获得高压 p_2 的液体。增压器的特性方程为

$$\frac{p_2}{p_1} = \frac{D^2}{d^2}\eta_m = K\eta_m \tag{4-7}$$

$$\frac{q_2}{q_1} = \frac{d^2}{D^2}\eta_V = \frac{1}{K}\eta_V \tag{4-8}$$

式中：p_2 为增压器输出压力（Pa）；p_1 为增压器输入压力（Pa）；K 为增压比，$K = \dfrac{D^2}{d^2}$；η_m 为增压器的机械效率；D 为增压器大活塞直径（m）；d 为增压器小活塞直径（m）；q_2 为增压器输出流量（m³/s）；q_1 为增压器输入流量（m³/s）；η_V 为增压器的容积效率。

4. 伸缩式液压缸　伸缩式液压缸（图 4.1-5）是多级液压缸，行程大而结构紧凑，它具有单作用柱塞式（见表 4.1-1 中 3）和双作用活塞式（见表 4.1-1 中 12）两种结构形式。由于各级套筒的有效作用面积不等，因此当压力油进入套筒缸的下腔时，各级套筒按直径大

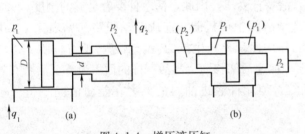

图 4.1-4　增压液压缸

（a）单作用增压器；（b）双作用增压器

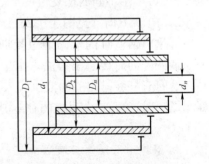

图 4.1-5　伸缩式液压缸

小，先大后小依次伸出；回缩时则相反，小直径先缩，大直径后缩，依次缩回。这种液压缸常用于自卸汽车和汽车式起重机的伸缩臂。

(1) 伸缩式液压缸的特点。

1) 停止工作时长度较短，工作时行程较长。

2) 套筒逐次伸出时，因有效工作面积逐次减少，所以速度逐次加快，负荷恒定时油压力逐级上升。

3) 开始伸出前，活塞面积最大，油压上升至 p_1 时克服负荷 R 第一级先伸出，第一级行至顶端；油压上升至 p_2 又克服 R 使第二级伸出……因此伸出顺序是从大至小逐次伸出；反之缩进时则从小至大逐次缩入。

(2) 伸缩式液压缸的计算公式（忽略背压 p_0）。

1) 伸出时

$$v_i = \frac{4q\eta_{Vi}}{\pi D_i^2} \tag{4-9}$$

$$p_i = \frac{4R\eta_{mi}}{\pi D_i^2} \tag{4-10}$$

式中：D_i 为第 i 级的活塞直径（m）；v_i 为第 i 级的伸出速度（m/s）；p_i 为第 i 级伸出时的压力（Pa）；q 为缸的供油量（m³/s）；η_{Vi} 为第 i 级伸出时的容积效率；η_{mi} 为第 i 级伸出时的机械效率。

2) 缩入时，设活塞和活塞杆的直径从大到小，依次为 D_1、d_1，D_2、d_2，…，如图 4.1-5 所示，则

$$v_i' = \frac{4q\eta'_{Vi}}{\pi(D_i^2 - d_i^2)} \tag{4-11}$$

$$p_i' = \frac{4R'\eta'_{mi}}{\pi(D_i^2 - d_i^2)} \tag{4-12}$$

近似估算时可用下式

$$v_i' \approx \frac{4q\eta'_{Vi}}{\pi(D_i^2 - D_{i+1}^2)} \tag{4-13}$$

$$p_i' \approx \frac{4R'\eta'_{mi}}{\pi(D_i^2 - D_{i+1}^2)} \tag{4-14}$$

式中：v_i'、p_i' 为缩入时第 i 级的速度和压力；η'_{Vi}、η'_{mi} 为第 i 级缩入时的容积效率和机械效率；R' 为缩入时的负荷。

当 $i = n$（n 为最后一级的序号）时，式（4-13）和式（4-14）中的 D_{i+1} 应由 d_n 代替（见图 4.1-5）。

5. 柱塞式液压缸　一般单作用的液压缸大多是柱塞式的（见表 4.1-1 中 4），柱塞缸的结构特点是柱塞较粗，受力较好，而且柱塞在缸体内并不接触缸壁，对缸体内壁的表面粗糙度要求不高，不需作精加工，故制造工艺性好，尤其对长行程液压缸此优点更为突出。柱塞缸由于是单作用的，需借助工作机构的重力作用回位，常用做叉车的升举缸，以及起重机的变幅缸和伸缩缸等，后者必须在臂架处于最大仰角时才能自行缩回。

6. 摆动液压缸　摆动液压缸（表 4.1-1 中 18）或叫摆动液压马达，是指缸上没有任何传动机构，其输出轴直接输出转矩，且其作往复回转运动的转角小于 360°的液压执行元件。

结构上可分为单叶片和多叶片两大类。单叶片摆动缸的最大摆幅可达 300°，转速较高但输出转矩相对较小。多叶片摆动缸的最大转角不超过 $360°/n$（其中 n 为叶片数），转速相对较慢但输出转矩较大，它适用于半回转式机械的回转机构。有些把直线往复运动的液压缸与齿条齿轮、丝杠螺母、曲柄连杆等回转机构组装在一起的组合体，也输出转矩的液压缸叫做摆动液压缸，严格上讲，这是名词概念上的混淆。后者的回转角度可以做成大于 360°，属于组合液压缸的范畴。

7. 组合液压缸　为了充分利用液压缸的优点，工程机械除了采用上述各种液压缸直接驱动工作装置外，还常将液压缸和机械传动部件联合组成液压缸(组合液压缸，表 4.1-1 中 17 等)或机械传动。例如在半回转式的小型挖掘机、装载机和车式起重机等机械上，可采用链条-液压缸[图 4.1-6(a)]或齿条-液压缸[图 4.1-6(b)]把活塞缸的直线往复运动变成工作机构的回转摆动，对铰接式装载机，它实际上就是利用杠杆-液压缸[图 4.1-6(c)]来推动车架转向，起重机的起升机构还可运用钢丝绳滑轮组-液压缸[图 4.1-6(d)]来取代价格昂贵的驱动马达，但液压缸的行程有限，只适用于起升高度不大的场合。

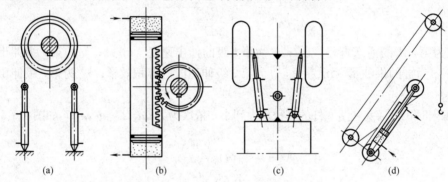

(a)　　　　　(b)　　　　　(c)　　　　　(d)

图 4.1-6　液压缸-机械传动

4.2　液压缸的结构

4.2.1　液压缸典型结构

液压缸的结构形式如前所述，下面选择几个典型实例来介绍各种液压缸的具体结构。

1. 通用式双作用单杆活塞液压缸　图 4.2-1 所示为工程机械通用的一种双作用单活塞杆液压缸，它是由缸底 2、缸筒 11、缸盖 15、导向套 13、活塞 8 和活塞杆 12 等主要零件组成。缸筒一端与缸底焊接，另一端则通过导向套 13 与缸盖 15 采用螺纹连接，以便拆装检修，两端设有油口 A 和 B。活塞 8 与活塞杆 12 利用卡键 5、卡键 4 和弹性挡圈 3 连接在一起，结构紧凑便于拆装。缸筒内壁表面粗糙度要求较高（Ra 值为 $0.16\sim0.32\mu m$），为了避免与活塞直接发生摩擦而造成拉缸事故，活塞上套有耐磨环 9，它是由尼龙（PA）或聚四氟乙烯 PTFE＋玻璃纤维和聚三氟氯乙烯等耐磨材料制成，起定心导向作用，但不起密封作用。缸内两腔之间的密封是靠活塞内孔的 O 形密封圈 10，以及两侧外缘两个背靠背安置的小 Y 形密封圈 6 和挡圈 7 来保证。当工作腔油压升高时，Y 形密封圈的唇边就会张开贴紧活塞和缸壁表面，压力越高贴得越紧，从而防止内漏。活塞杆表面同样具有较高的表面粗糙度（Ra 值为 $0.3\sim0.4\mu m$），为了确保活塞杆的移动不偏离中轴线，以免损伤缸壁和密封件，并改善活塞杆与缸盖孔的摩擦，在缸盖一端设置导向套 13，它是用锡青铜或铸铁等耐磨材料制成。导向套外缘有 O 形密封圈 14，内孔则有防止油液外漏的 Y 形密封圈 16 和挡圈 17。为防止活塞杆外露部分沾附尘土，缸盖孔口处设有防尘圈 19。在缸底 2 和活塞杆顶端的耳环 22 上有供安装用或与工作机构连接用的销轴孔，两销轴孔中心连线应保证与液压缸中心线重合。销轴孔由油嘴 1 供给润滑油。此外，为了减轻活塞在行程终了时对缸底或缸盖的撞击，两端设有缝隙节流缓冲装置，当活塞快速运行临近缸底时（如图 4.2-1 所示位置），活塞杆端部的缓冲柱塞将回口堵住，迫使剩油只能从柱塞周围的缝隙挤出，于是速度迅速减慢实现缓冲，回程时也同样得到缓冲。

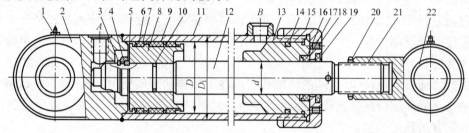

图 4.2-1　双作用单活塞杆液压缸

1—油嘴；2—缸底；3—弹性挡圈；4—卡键帽；5—卡键；6、16—Y 形密封圈；7、17—尼龙挡圈；
8—活塞；9—耐磨环；10、14—O 形密封圈；11—缸筒；12—活塞杆；13—导向套；15—缸盖；
18—防松螺钉；19—防尘圈；20—锁紧螺母；21—耳环连接螺母；22—耳环

2. 叉车用柱塞式升举液压缸　图 4.2-2 所示为叉车上用的升举液压缸，这是一种典型的单作用柱塞缸，它由缸盖 1，V 形密封圈 2、导向环 3、缸筒 4、柱塞 5 和缸底 6 等主要零件组成，结构比较简单。柱塞是用无缝钢管制成，表面镀铬以增强耐磨性和防锈，表面粗糙度 R_a 值为 $0.16\sim0.32\mu m$，外圆表面精加工，比活塞缸内圆表面精加工工艺性好。柱塞插在缸体内并不与缸壁接触，而是靠镶嵌在缸体内的导向环来保证沿中轴线移动，因此缸体内圆表面无须精加工。由于是单作用的，只需在缸口处设置一道 V 形密封圈，这种密封装置性能比较可靠，但摩擦阻力较大。缸体也是由无缝钢管制成，其下端与缸底为法兰连接，上端则与缸盖用螺纹连接。缸盖内孔的防尘圈用来清除柱塞外露表面的污泥。缸底支承在球面支座 7 上，以保证中心受压，并用四组缓冲弹簧 8 来吸收柱塞运动时产生的惯性冲击。举升时，压力油经缸体下端唯一的油口 9 进入缸筒，将柱塞推出；回程时，缸筒内的油液被柱塞推出，仍然由油口 9 排出回油箱，柱塞便在叉架等的重力作用下下降。此外，在缸筒上部位于工作腔最高处设有放气螺钉 10，用以排除缸筒内积存的空气。缸筒内如有空气将导致柱塞爬行、振动和噪声等异常现象。

3. 自卸汽车用伸缩式液压缸　图 4.2-3 所示为翻斗自卸汽车常用的一种三级单作用伸缩式液压缸，它由四节柱塞缸筒组成。当液压油从底端 A 口进入缸筒内，各级柱塞依次伸出，柱塞的有效作用面积相应逐级变化，因此在工作过程中，若油压和流量保持一定，则缸的推力和速度也是逐级变化的。开始起动推力较大，随着行程的逐级增长，推力逐级减小而速度逐级递增。这种力和速度的变化规律，正与车厢倾翻力矩的变化规律相一致。

图 4.2-4 所示为翻斗自卸汽车所用的另一种双作用伸缩式液压缸，它是由一节活塞缸和一节柱塞缸组成的两级油缸。这是因为有些斗箱需要倾翻到接近竖直位置，回程时斗箱自重

对液压缸轴向的分力较小，不足以使柱塞缸缩回，故需先借助内部的活塞缸用液压力将斗箱拉回一定角度，然后再靠斗箱的重力作用将外部的柱塞缸压缩到初始位置。这种缸同样可以获得较大的起动力。

4. 汽车起重机伸缩臂多级液压缸　起重机伸缩臂多级液压缸的特点是，行程特别长，所以缸筒和缸套都应有足够的刚度，防止中间弯曲。图 4.2-5 所示为某种大型汽车式起重机所用的伸缩臂液压缸。起重臂共分四节，底节为基本臂，其余三节为伸缩臂，第一节伸缩臂由缸Ⅰ驱动，第二、三节伸缩臂则由缸Ⅱ驱动。两缸与主臂的连接布置如图 4.2-5（a）所示，分别由两个换向阀 A 和 B 控制顺序动作。其中缸Ⅰ［图 4.2-5（b）］为单级双作用活塞缸，通过活塞杆 11 底端的销轴孔支承在基本臂尾端底梁上，缸筒 10 则通过铰轴与 1 号伸缩臂底梁连接以便驱动伸缩，由于缸Ⅱ需借助缸Ⅰ内腔通油，故缸Ⅰ的缸体做成双层筒壁。缸Ⅱ［图 4.2-5（c）］是由一节双作用活塞缸（第一级缸）和一节柱塞缸（第二级缸）组成的两级套筒缸，通过活塞杆 30 底端的销轴孔支承在 1 号伸缩臂底梁上，活塞杆外面的缸体 29 通过铰轴与 2 号伸缩臂底梁连接以便驱动伸缩，活塞杆内部的柱塞 24 则通过顶端的销轴孔与 3 号伸缩臂的顶梁连接。

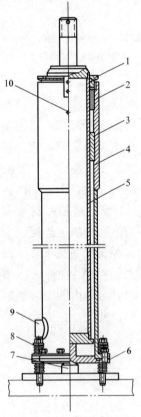

图 4.2-2　柱塞式液压缸

1—缸盖；2—V 形密封圈；3—导向环；4—缸筒；5—柱塞；6—缸底；7—支座；8—缓冲弹簧；9—油口；10—放气螺钉

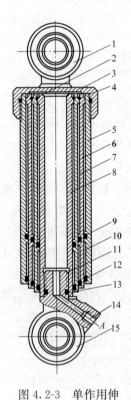

图 4.2-3　单作用伸
缩式液压缸

1、15—耳环；2—钢丝挡圈；3—缸盖；4、9、13—O 形密封圈；5、6、7、8—缸筒；10—导向套；11—柱塞头部；12—防尘圈；14—油口

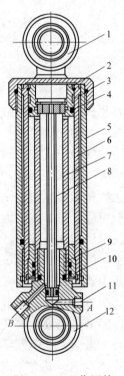

图 4.2-4　双作用伸
缩式液压缸

1、12—安装耳环；2—活塞；3—支承环；4—O 形密封圈；5—柱塞缸筒；6—活塞缸筒；7—活塞杆；8—内油管；9—活塞杆头部；10—导向套；11—油口

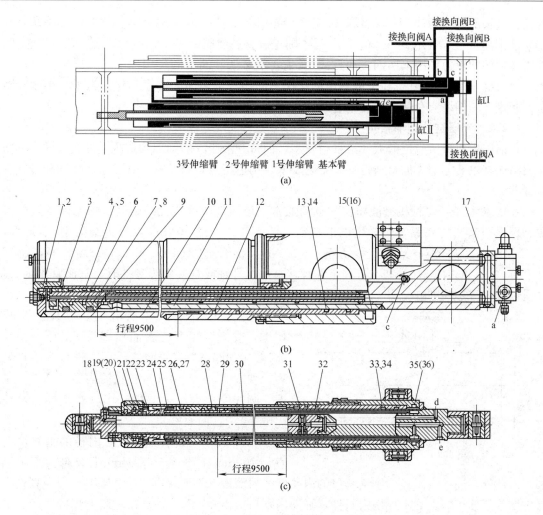

图 4.2-5　汽车式起重机伸缩臂液压缸

（a）伸缩臂液压缸布置图；（b）缸Ⅰ总成；（c）缸Ⅱ总成

1、3、4、6、7、12、13、17、21、22、26、32、33—O形密封圈；2、5、8、14、27、34—挡圈；9—活塞；
10—缸筒；11—活塞杆；15（16）、19（20）、36（35）—防尘圈（防尘毡圈）；18—排气螺钉；23—活动导向
套；24—柱塞（第二级缸）；25—弹簧卡；28—活塞（第一级缸）；29—缸筒；30—活塞杆；31—弹簧销

　　当主臂需要依次全伸时，应先操纵换向阀 A 从缸Ⅰ底部的 a 口进油，压力油经过活塞杆 11 壁内的油道进入缸的无杆腔，于是缸体 10 带着 1 号伸缩臂外伸，行程达 9.5m，而有杆腔的回油则是从活塞杆 11 壁内的另一条油道流出 b 口，再经换向阀 A 回油箱。这时其余两节臂和缸Ⅱ都随同 1 号臂伸出，直到行程终了。然后再操纵换向阀 B 从缸Ⅰ底部的 c 口进油，压力油经过缸Ⅰ中部油道转入缸Ⅱ底部 d 口，从活塞杆 30 内孔进入柱塞 24 内腔，并由柱塞外围缝隙进入缸筒 29 上腔，由于作用面积之差，使缸体先带动 2 号伸缩臂伸出，同时活塞 28 下腔的回油经过活塞杆 30 壁内的油道、e 口、缸Ⅰ的有杆腔、油口 b 和换向阀 B 的回 e 口最终流回油箱。2 号伸缩臂行程也 9.5m，至终点后油压上升，再推动柱塞 24 和 3 号伸缩臂伸出。为了解决柱塞 24 在伸缩过程中的导向问题，缸Ⅱ内设有活动导向套 23，当柱塞 24 随缸筒 29 移动时，活动导向套由弹簧卡 25 钩住不动，直到柱塞 24 伸出活塞杆 30 的

内孔，其头部的弹簧销 31 弹出后，才把活动导向套 23 拉出随其移动并为之导向。柱塞行程 9m，至此起重主臂全长达 41m。回程时，则先操纵换向阀 B 使 c 口接通油箱，于是柱塞 24 首先在臂架的重力作用下回缩，而缸筒 29 主要是靠下腔油压的作用回缩，然后再操纵换向阀 A，使缸 I 的缸体 10 也在下腔油压的作用下回缩，从而完成顺序动作。为了减小摩擦阻力，起重臂的伸缩应在最小幅度下进行。

4.2.2　液压缸的细部结构

目前工程机械所应用的液压缸种类较多，而每种液压缸的细部构造更是形式多样，下面介绍液压缸主要零部件的材料选择，工艺要求，构造特点，以及密封、防尘、缓冲和排气等装置。

1. 缸筒构造　工程机械液压缸的缸筒通常采用热轧或冷拔无缝钢管，根据液压缸的参数、用途和毛坯的来源等，选用以下材料：低合金结构钢 15MnV，合金结构钢 30CrMo，35CrMo，38CrMo AlA 等，不锈钢 Cr18 Ni9，铝合金 ZL105、5A03、5A06 等，铸钢 ZG270-500、ZG310-570。如在缸筒上需焊接缸底、耳轴或管接头等零件时，缸筒宜用 35 钢调质，无焊接零件则缸筒用 45 钢调质。

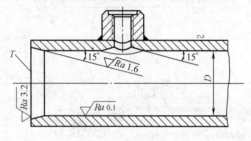

图 4.2-6　缸筒构造

工艺要求如图 4.2-6 所示。缸筒内径一般采用 H7 或 H8 配合，表面粗糙度 R_a 值一般为 $0.16\sim0.32\mu m$，需研磨或滚压；进行调质热处理，硬度 241~285HBW；缸筒内径的圆度、锥度、圆柱度不大于公差的一半（在图样上可注出数字）；缸筒直线度误差在 500mm 长度上不大于 0.03mm；缸筒端面 T 对内径的垂直度在直径 100mm 上不大于 0.04mm；外部表面可不加工。此外，通往进出口、排气阀口的内孔必须倒角，不允许有飞边、毛刺，以免划伤密封件。为了便于装配和不损伤密封件，缸筒内孔口应倒 15°角。需要在缸筒上焊接法兰、进出口、排气阀座时，都必须在半精加工以前进行，以免精加工后焊接而引起内孔变形。

2. 缸底构造　缸底可用 35 钢或 45 钢的锻件、铸件、圆钢或焊接件制成，也可采用球墨铸铁或灰铸铁。缸底的构造主要取决于它与缸筒的连接形式（图 4.2-7）。工程机械通常采用焊接缸底，如图 4.2-7（a）所示，焊接的特点是构造简单，易加工，尺寸小，工作可靠，但容易产生焊接变形，焊后缸内孔不便再加工，因此缸底止口应与缸筒内孔采取过渡配合，以限制缸筒焊后变形。此外，也有采取其他连接形式的，图 4.2-7（b）为螺纹连接，它重量轻、外径小，但构造复杂，工艺性差；图 4.2-7（c）为卡键连接，外卡键由两个半环组成，构造简单紧凑，拆装较方便，缺点是键槽对缸壁强度有所削弱；图 4.2-7（d）和图 4.2-7（e）表示两种法兰连接，前者用于缸筒为钢管，后者用于缸筒为锻件或铸件，它们共同的特点是构造简单，便于加工和拆装，缺点是外形和重量都大；图 4.2-7（f）是用钢丝卡圈连接，其构造简单，拆装方便，外径小，但轴向尺寸大。

缸底密封，除了焊接连接可不考虑外，其他连接形式均需设密封装置，因属固定密封，一般只需采用小截面的 O 形密封圈。

3. 缸盖构造　缸盖材料一般为 35 钢、45 钢锻件或 ZG270-500，ZG310-570 铸件，也可采用球墨铸铁或灰铸铁。缸盖在构造上不仅要解决其与缸筒的连接和密封问题，尚需考虑其

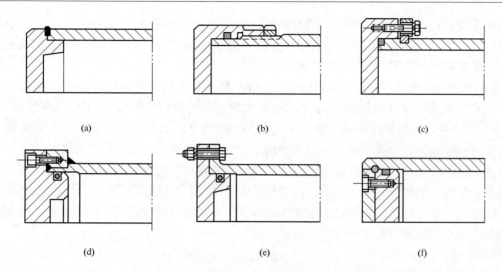

图 4.2-7　缸底结构

（a）焊接缸底；（b）螺纹连接；（c）卡键连接；（d）法兰连接；

（e）法兰连接；（f）钢丝卡圈连接

对活塞杆的导向、密封和防尘等问题，图 4.2-8 表示几种典型的缸盖构造。

　　缸盖与缸筒的连接常用法兰连接 ［图 4.2-8 （a）］、螺纹连接 ［图 4.2-8 （b）］、卡键连接 ［图 4.2-8 （c）］ 和钢丝卡圈连接 ［图 4.2-8 （d）］ 等形式，情况与缸底基本类似，但缸盖一般不与缸筒焊接。

　　缸盖的导向部分即导向套是用铸铁、青铜、黄铜或尼龙等耐磨材料制成，可与缸盖做成整体或另外压入 ［图 4.2-8 （c）］。它是用来保证活塞的运动不偏离轴心线，以免产生"拉缸"，并保证活塞和活塞杆的密封件能正常工作。导向套滑动面的长度通常取为活塞直径的 0.6～1.0 倍。

　　缸盖与活塞杆之间的密封为滑动密封，而且工程机械液压系统的油温（达 80℃）和压力（达 32.0MPa）都很高，因此对密封的材质和结构要求也较高。密封件材料通常采用丁腈耐油橡胶和聚胺脂，后者具有很好的耐磨性、耐油性和机械强度，但耐温性不如前者，其正常

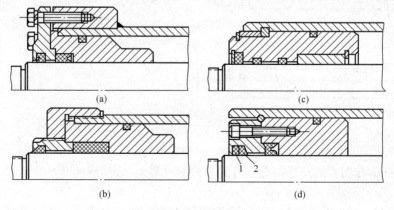

图 4.2-8　缸盖的结构形式

（a）法兰连接；（b）螺纹连接；（c）卡键连接；（d）钢丝卡圈连接

1—橡胶刮尘圈；2—毛毡防尘圈

工作的温度范围为−20℃～80℃。密封圈形式常用的有 O 形、V 形和唇形等，其中 O 形密封圈[图 4.2-8(c)]结构尺寸和摩擦阻力均较小，密封性也较好，但作为滑动密封寿命低，当工作压力超过 10.0MPa 时，须在背面加尼龙挡圈以防被挤入间隙而损坏；V 形密封圈[图 4.2-8(b)]适用于高压(可达 50.0MPa)，工作可靠、寿命长，磨损后还能拧紧螺母予以补偿，缺点是构造尺寸和摩擦阻力都大；唇形密封圈有等唇边[图 4.2-8(d)]和不等唇边[图 4.2-8(a)]两种，唇口朝向高压一侧，靠油压将唇边张开贴紧两边密封面，压力越高贴得越紧，密封性能良好，摩擦阻力小，但如处理不当容易发生咬边。

为了清除活塞杆外露部分沾附的尘土，保证油液清洁，缸盖应有防尘措施，一般可利用 O 形或 J 形橡胶油封[图 4.2-8(a)]，或使用专门的 J 形防尘圈[图 4.2-8(b)]、三角形防尘圈[图 4.2-8(c)]和毛毡防尘圈等，防尘要求较高者可采用组合防尘圈[图 4.2-8(d)]，它是由橡胶刮尘圈 1 和毛毡防尘圈 2 双层组成，效果较好。

4. 活塞杆

(1) 活塞杆构造。活塞杆有实心的和空心的两种，可用 35 钢、45 钢或无缝钢管做成实心杆或空心杆，如图 4.2-9 (a) 和图 4.2-9 (b) 所示。活塞杆强度一般是足够的，主要是考虑细长活塞杆在受压时的稳定性，因此不强调采用高强度合金钢或进行调质处理。必要时可采用空心杆增大断面模数，空心活塞杆须于一端留出焊接和热处理用的通气孔 [图 4.2-9 (b) 中的 d_3]。为了提高耐磨性和防锈蚀，活塞杆表面需镀铬（镀层厚 0.03～0.05mm）并抛光。对于挖掘机、推土机和装载机所用液压缸的活塞杆，由于碰撞机会较多，工作表面宜先经过高频淬火或火焰淬火（淬火深度 0.5～1.0mm，硬度 50～60HRC），然后再镀铬。活塞杆外径与导向套用 f9 配合，端部外径与活塞内孔采用 f9、f8、f7 或 h8 配合。一般卡键连接取较松的配合，螺纹连接则取较紧的配合。

(2) 导向、密封和防尘。在液压缸的前端盖内，有对活塞杆导向的内孔；有对缸筒有杆腔一侧密封的密封件；有活塞杆内缩时刮除附着在其表面的杂质、灰尘和水分的防尘圈。图 4.2-10 所示为活塞杆的导向、密封和防尘的典型结构。

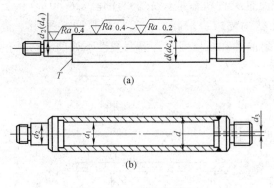

图 4.2-9　活塞杆构造

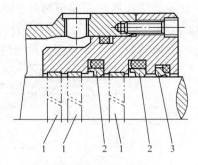

图 4.2-10　活塞杆的导向、密封和防尘
1—导向环；2—组合式密封圈；3—双唇防尘圈

1) 活塞杆的导向。活塞杆的导向有无导向套（环）、金属导向套和非金属导向环等三种结构形式。

①无导向套。前端盖用青铜 QA19-4 球墨铸铁和高强度铸铁等耐磨材料制成，用其内孔对活塞杆导向，如图 4.2-11 所示。其特点为：耐磨金属材料较多，成本高；当内孔磨损后，无法修补。

②金属导向套。前端盖用碳素钢制成，其内孔压入如青铜 QA19-4 等耐磨金属材料制的导向套，对活塞杆导向，如图 4.2-12 所示。其特点为：用耐磨金属材料制导向套。节约了材料，但加工复杂，内孔磨损后，维修较困难。

③非金属导向环。前端盖用碳素钢制成，其内孔安装有用高强度塑料或纤维复合材料等非金属材料制成的导向环，对活塞杆导向，如图 4.2-13 所示。其特点为：活塞杆与前端盖为非金属接触，摩擦阻力低，耐磨，使用寿命长，装导向环沟槽加工简单。当磨损后，导向环更换方便。

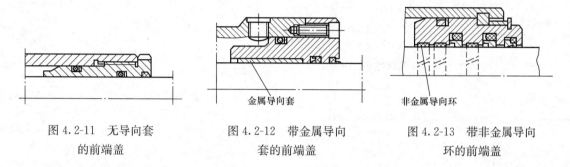

图 4.2-11 无导向套
的前端盖

图 4.2-12 带金属导向
套的前端盖

图 4.2-13 带非金属导向
环的前端盖

2）活塞杆的密封和防尘。

①以往多采用 O 形密封圈和唇形密封圈。这些密封形式由于活塞杆与密封件之间是干摩擦，摩擦阻力大，磨损快。因此，近年来多选用组合式密封圈，如方形圈（格来圈）、阶梯圈（斯特封），如图 4.2-14 所示的组合式密封圈（K 形斯特封）。组合式密封圈具有摩擦阻力小，起动时无爬行，泄漏量极低和耐磨等优点。

②活塞杆的防尘。以往多采用无骨架防尘圈，目前多采用既可以防尘，又可以密封的双唇形防尘圈，如图 4.2-15 所示。外唇起防尘作用，保持活塞杆表面清洁，内唇起密封作用。当活塞杆外伸时，通过主密封圈留在活塞杆表层的油膜，能被防尘圈的内唇刮下，这样，在主密封圈和防尘圈之间保留一层油膜，起润滑作用，提高了密封圈的使用寿命。

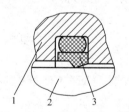

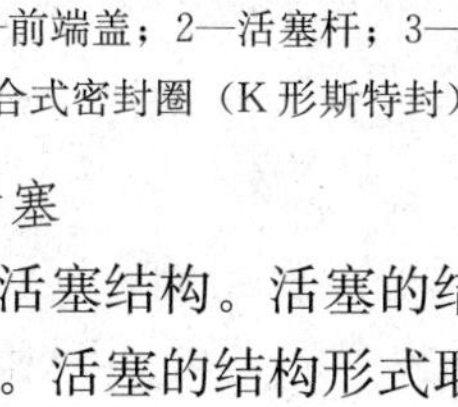

图 4.2-14 组合式密封圈
1—前端盖；2—活塞杆；3—组
合式密封圈（K 形斯特封）

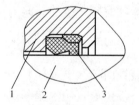

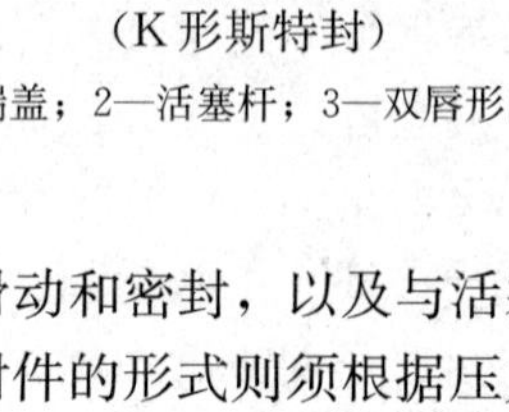

图 4.2-15 组合式密封圈
（K 形斯特封）
1—前端盖；2—活塞杆；3—双唇形防尘圈

5. 活塞

（1）活塞结构。活塞的结构主要考虑与缸筒内壁的滑动和密封，以及与活塞杆之间的连接和密封。活塞的结构形式取决于密封件的形式，而密封件的形式则须根据压力、速度、温度等工作条件而定。常用的活塞结构形式分为整体活塞和分体活塞两类，见表 4.2-1。

（2）活塞材料。无导向环活塞用高强度铸铁 HT200～HT300 或球墨铸铁；有导向环活塞用优质碳素钢 20 钢、35 钢及 45 钢，有的在外径套尼龙（PA）或聚四氟乙烯 PTFE＋玻璃纤维和聚三氟氯乙烯材料制成的支承环。装配式活塞外环可用锡青铜。还有用铝合金作为活塞材料。

表 4.2-1   常用的活塞结构形式

结构形式	结构简图	特　点
整体活塞	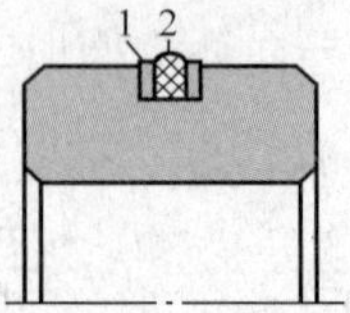	无导向环（支承环）
	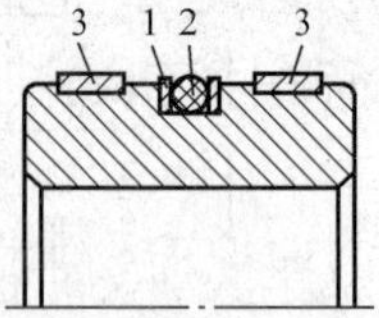	密封件、导向环（支承环）分槽安装
分体活塞	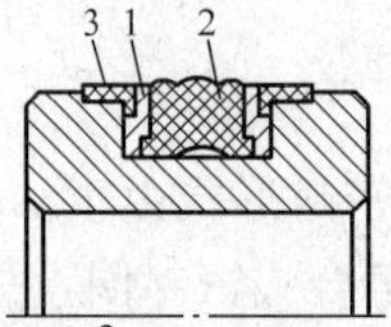	密封件、导向环（支承环）同槽安装
	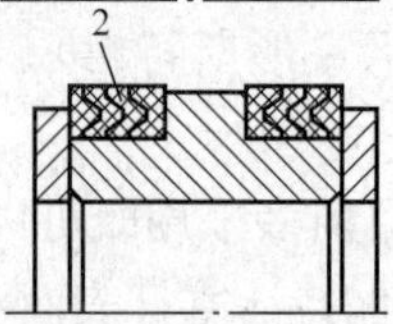	密封件安装的要求较高

注：1—挡圈；2—密封件；3—导向环（支承环）。

（3）导向环（支承环）。安装在活塞外圆的导向环（支承环），具有精确地导向作用，并可吸收活塞运动时所产生的侧向力。

1）导向环（支承环）的形式。活塞的导向环（支承环）有嵌入型、浮动型和组合型等三种形式。

①嵌入型导向环（支承环）在活塞外圆加工燕尾槽，用青铜 QA19-4 或紫铜制的铜带，表面加工成略带拱形，用木槌铆入沟槽内，最后加工导向环（支承环）的外圆，如图4.2-16 所示。

②浮动型导向环（支承环）。用高强度塑料如聚四氟乙烯等制成的导向环（支承环）带状坯料，装在活塞外圆的矩形截面沟槽内，侧向保持间隙，导向环（支承环）可在沟槽内移动，如图 4.2-17 所示。

③组合型导向环。由密封圈、挡圈和导向环组成的组合型活塞的密封圈，安装在同一沟槽内，具有密封、导向双重作用，如图 4.2-18 所示。目前采用较多的是浮动型和组合型导向环。因活塞沟槽加工简单，而导向环可由专业厂供应，易于更换。

2）导向环（支承环）的主要优点：

①带导向环（支承环）的活塞，在缸筒内运动是非金属接触。因此，摩擦系数小，起动

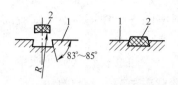

图 4.2-16　嵌入型导向环

1—活塞；2—导向环（支承环）

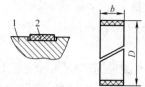

图 4.2-17　浮动型导向环

1—活塞；2—导向环

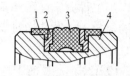

图 4.2-18　组合型导向环

1—导向环；2—挡圈；
3—密封件；4—活塞

时无爬行。②活塞安装了导向环（支承环）后，能改善活塞与缸筒的同轴度，使间隙均匀，故减少了泄漏。③导向环（支承环）采用耐磨材料，使用寿命长，磨损后易于更换。④能刮掉杂质，防止杂质嵌入密封圈。⑤导向环（支承环）用填充聚四氟乙烯或纤维复合材料制成，具有良好的承载能力。

（4）活塞与活塞杆之间的连接。活塞与活塞杆之间也有多种连接方式，如图 4.2-19 所示。其中图 4.2-19（a）为焊接，这种连接加工容易、结构简单，轴向尺寸紧凑，但不易拆换，而且活塞内外径以及活塞杆外径和端部配合面等四个面的同心度要求较高，图 4.2-19（c）和 4.2-19（d）为螺纹连接，活塞可用各种锁紧螺母 11 固紧在活塞杆的连接部位，其优点是连接稳固，活塞与活塞杆之间无轴向公差要求，缺点是螺纹加工和装配较麻烦，图 4.2-19（b）为卡键连接，活塞轴向用卡键 5（两个半环）定位，然后用套环 6 防止卡键松开，再以弹簧挡圈 7 挡住套环，这种形式结构和拆装均简单，活塞借径向间隙可有少量浮动自由度，不易卡滞，但是活塞与活塞杆的装配有轴向公差，这种轴向间隙会造成不必要的窜动。

活塞与活塞杆之间为动配合，配合之间的密封为固定密封，采用 O 形圈密封，密封槽通常开在轴上，这样加工比较方便。

（5）活塞与缸筒内壁之间的配合。活塞与缸筒内壁之间的滑动和密封，目前主要有这样几种方案：第一种方案［图 4.2-19（a）］是靠活塞直接与缸壁接触滑动，密封由 O 形圈 2 来实现，这种方案构造简单摩擦阻力小，但密封寿命低，而且活塞与缸筒配合面工艺要求

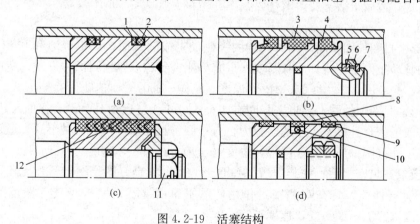

图 4.2-19　活塞结构

（a）焊接；（b）卡键连接；（c）螺纹连接；（d）螺纹连接

1—挡圈；2、10—O 形密封圈；3、9—支承环；4—小 Y 形密封圈；5—卡键（两个半环）；6—套环；7—弹簧卡圈；8—摩擦环；11—螺母；12—V 形密封圈

高；第二种方案［图4.2-19（b）］是采用V形密封圈12，这种密封圈的特点是可以支承一定的径向力，并能通过螺母11调整补偿径向间隙，故可代替活塞的支承作用，使活塞脱离与缸壁的接触，因而降低了配合表面的要求，但活塞运动时摩擦阻力大；第三种方案［图4.2-19（c）］是目前工程机械上用得最普遍的一种，活塞上套一个用耐磨材料（尼龙或聚四氟乙烯）制成的支承环3，用以代替活塞与缸壁的摩擦，可降低摩擦系数和提高液压缸的寿命，它不起密封作用，密封靠一对小Y形密封圈4；第四种方案［图4.2-19（d）］是一种较新的密封形式，它除了两边有对称的支承环9而外，同时在O形密封圈10外面套一个与支承环同样材料的摩擦环8，使O形圈脱离与缸壁的滑动摩擦，基本上成为固定密封，故提高了密封件的寿命。

活塞的密封型式取决于其压力、速度、温度和工作介质等因素。活塞常用的密封形式有间隙密封、活塞环密封、O形密封圈、Y形密封圈、U形密封圈和V形密封圈等橡胶密封件。目前，组合密封件（方形圈、阶梯圈）的应用比较广泛，这种组合密封圈能显著提高密封性能，降低摩擦阻力，无爬行现象，具有良好的动态及静态密封性，耐磨损，使用寿命长，安装沟槽简单、拆装方便。另一个特点是允许活塞外圆与缸筒内壁间有较大的间隙。由于组合式密封的密封圈能防止挤入间隙，这就降低了活塞与缸筒的加工要求。活塞的密封件、导向环安装沟槽尺寸及公差应根据密封件、导向环对沟槽的加工要求来设计。

6. 活塞和活塞杆的密封及防尘圈   液压缸工作中要达到零泄漏、摩擦小和耐磨损的要求。在设计时，正确的选择密封件、导向套（支承环）和防尘圈的结构形式和材料是很重要的。从现代密封技术来分析，液压缸的活塞和活塞杆及其密封、导向和防尘等应作为一个综合的密封系统来考虑，只有具有可靠的密封系统，才能使液压缸有良好的工作状态和理想的使用寿命。

市场上密封件、防尘圈的品种规格很多，生产厂家也很多。这里仅介绍宝色霞板（Busak-Shamban）公司的密封件、防尘圈在液压缸中的应用情况。

（1）活塞和活塞杆的密封，如图4.2-20所示活塞及活塞杆密封圈图谱。

1）O形圈加平面挡圈。O形圈加挡圈，以防O形圈被挤入空隙中，有单侧密封和双侧密封两种形式，适用于活塞及活塞杆，其工作范围：压力≤40MPa，温度（−30～100）℃，速度≤0.5m/s。

2）O形密封圈加圆弧面挡圈。挡圈的一侧加工成圆弧面，以更好地和O形圈相贴合，能在很高的脉动压力下保持其形状不变。也有单侧密封和双侧密封两种形式，适用于活塞及活塞杆，其工作范围：压力≤250MPa，温度（−60～200）℃，速度≤0.5m/s。

3）星形密封圈加挡圈。星形密封圈有四个唇口，往复运动时，不会扭曲，比O形密封圈具有更有效的密封性以及更小的摩擦力，有单侧密封和双侧密封两种形式，适用于活塞及活塞杆，其工作范围：压力≤80MPa，温度（−60～200）℃，速度≤0.5m/s。

4）特康双三角密封圈。安装沟槽与O形圈相同，有良好的摩擦特性，无爬行起动，且有优异的干运行性能，具有双侧密封作用，适用于活塞及活塞杆，其工作范围：压力≤35MPa，温度（−54～200）℃，速度≤15m/s。

5）T形特康格来密封圈。格来圈截面形状改善了泄漏控制，且具有更好的抗挤出性，摩擦力小，无爬行，起动力小以及耐磨性好，具有双侧密封作用，适用于活塞及活塞杆，其工作范围：压力≤80MPa，温度（−54～200）℃，速度≤15m/s。

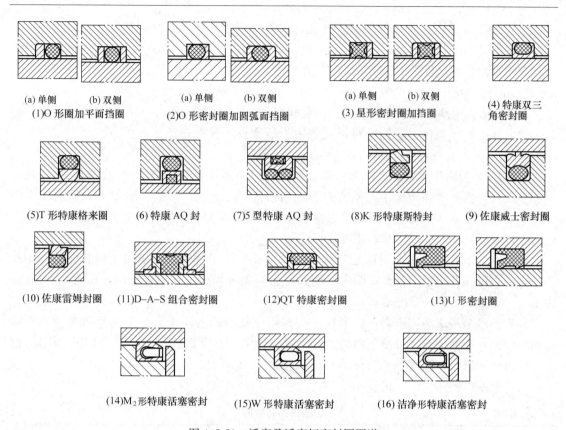

(a) 单侧　(b) 双侧
(1)O 形圈加平面挡圈

(a) 单侧　(b) 双侧
(2)O 形密封圈加圆弧面挡圈

(a) 单侧　(b) 双侧
(3) 星形密封圈加挡圈

(4) 特康双三角密封圈

(5)T 形特康格来圈　　(6) 特康 AQ 封　　(7)5 型特康 AQ 封　　(8)K 形特康斯特封　　(9) 佐康威士密封圈

(10) 佐康雷姆封圈　　(11)D-A-S 组合密封圈　　(12)QT 特康密封圈　　(13)U 形密封圈

(14)M$_2$ 形特康活塞密封　　(15)W 形特康活塞密封　　(16) 洁净形特康活塞密封

图 4.2-20　活塞及活塞杆密封圈图谱

6）特康 AQ 密封圈。由 O 形圈和星形圈，另加一个特康滑块组成。以 O 形圈为弹性元件，用于两种介质间，例如液/气分隔的双作用密封，具有双侧密封作用，仅适用于活塞，其工作范围：压力≤40MPa，温度（-54～200）℃，速度≤2m/s。

7）5 型特康 AQ 密封圈。与特康 AQ 封不同处，用两个 O 形圈作弹性元件，改善了密封性能，具有双侧密封作用，仅适用于活塞。其工作范围：压力≤60MPa，温度（-54～200）℃，速度≤3m/s。

8）K 形特康斯特密封圈。以 O 形密封圈为弹性元件，另加特康斯特封组成单作用密封，摩擦力小，无爬行，启动力小且耐磨性好，单侧密封，适用于活塞及活塞杆，其工作范围：压力≤80MPa，温度（-54～200）℃，速度≤15m/s。

9）佐康威士密封圈。以 O 形圈为弹性元件，另加佐康威士圈组成双作用密封，密封效果好，抗扭裂，耐磨性好，具有双侧密封作用，仅适用于活塞，其工作范围：压力≤25MPa，温度（-35～80）℃，速度≤0.8m/s。

10）佐康雷姆封。它的截面形状使它具有和 K 形特康斯特封极为相似的压力特性，因而具有良好的密封效果，主要与 K 形特康斯特封串联使用，单侧密封，仅适用于活塞杆。其工作范围：压力≤25MPa，温度（-35～100）℃，速度≤5m/s。

11）D-A-S 组合密封圈。由一个弹性齿状密封圈、两个挡圈和两个导向环组成。安装在一个沟槽内，具有双侧密封作用，仅适用于活塞，其工作范围：压力≤35MPa，温度（-35～110）℃，速度≤0.5m/s。

12）CST 特康密封圈。由 T 形弹性元件，特康密封圈和两个挡圈组成。安装在一个沟槽内，它的几何形状使其具有极好的稳定性，高密封性能，摩擦力低，使用寿命长等特点。具有双侧密封作用，仅适用于活塞，其工作范围：压力≤50MPa，温度（−54～120）℃，速度≤1.5m/s。

13）U 形密封圈。有单唇和双唇两种截面形状，材料为聚氨酯。双唇间形成的油膜可降低摩擦力并提高耐磨性。单侧密封，仅适用于活塞杆，其工作范围：压力≤40MPa，温度（−30～+100）℃，速度≤0.5m/s。

14）M_2 型特康活塞密封。U 形特康密封圈内装不锈钢簧片，为单作用密封元件，在低压和零压时，由金属弹簧提供初始密封力，当系统压力升高时，主要密封力由系统压力形成，从而保证由零压到高压时都能使密封可靠，适用于活塞及活塞杆，其工作范围：压力≤45MPa，温度（−70～260）℃，速度≤15m/s。

15）W 形特康活塞密封。U 形特康密封圈内装螺旋形弹簧，为单作用密封元件。用在摩擦力必须保持在很窄的公差范围内，例如压力开关等场合，其工作范围：压力≤20MPa，温度（−70～230）℃，速度≤15m/s。

16）洁净型特康活塞密封。U 形特康密封圈内装不锈钢簧片，在 U 形簧片的空腔用硅充填，以消除细菌生长，且便于清洗，主要用在食品、医药工业，仅适用于活塞，其工作范围：压力≤45MPa，温度（−70～260）℃，速度≤15m/s。

（2）活塞杆的防尘圈（见表 4.2-2）。

表 4. 2-2　　　　　　　　　　　　　活塞杆的防尘圈

截面形状、名称	作用		工作范围			特　　点
			直径/mm	温度/℃	速度/(m/s)	
2 型特康防尘圈（埃洛特）	密封	防尘	6～1000	−54～200	≤15	以 O 形圈为弹性元件和特康的双唇防尘圈组成。O 形圈使防尘唇紧贴在滑动表面起到极好的刮尘作用。如与 K 形特康斯特封和佐康雷姆封串联使用，双唇防尘圈的密封唇起到了辅助密封效果
5 型特康防尘圈（埃洛特）	密封	防尘	20～2500	−54～200	≤15	截面形状与 2 型特康防尘圈稍有不同，其密封和防尘作用与 2 型相同。2 型用于机床或轻型液压缸，而 5 型主要用于行走机械或中型液压缸
DA17 型防尘圈	密封	防尘	10～440	−30～110	≤1	材料为丁腈橡胶。有密封唇和防尘唇的双作用防尘圈，如与 K 形特康斯特封和佐康雷姆封串联使用，除防尘作用以外，又起到了辅助密封作用

续表

截面形状、名称	作用		工作范围			特　　点
			直径/mm	温度/℃	速度/(m/s)	
DA22 型防尘圈	密封	防尘	5～180	−35～110	≤1	材料为聚氨酯，与 DA17 型防尘圈一样，具有密封和防尘双作用的防尘圈
ASW 型防尘圈		防尘	8～125	−35～110	≤1	材料为聚氨酯，有一个防尘唇和一个改善在沟槽中定位的支承边。有良好的耐磨性和抗扯裂性
SA 型防尘圈		防尘	6～270	−30～110	≤1	材料为丁腈橡胶，带金属骨架的防尘圈

7. 耳环与铰轴　液压缸的安装一般是通过两端的耳环或中部的铰轴与工作机构连接，如图 4.2-21 所示。耳环的形式有不带衬套的单耳环、带衬套的单耳环和球铰型单耳环等几种，后者能更好地保证液压缸为轴心受力。活塞杆耳环可做成整体或采用焊接和螺纹连接，缸底耳环通常做成整体或焊接。铰轴可根据主机的要求焊接在缸体的任意中间部位。耳环与铰轴材料可采用 ZG35 或 45 钢。

8. 缓冲装置　液压缸一般都设置缓冲装置，特别是活塞运动速度较高和运动部件质量较大时，为了防止活塞在行程终点与缸盖或缸底发生机械碰撞，引起噪声、冲击，甚至造成液压缸或被驱动件的损坏，则必须设置缓冲装置。

（1）节流缓冲装置。节流缓冲装置是设法在活塞到达终点之前的一定距离内，减少排油腔过流断面面积，使其只能通过节流小孔（或缝隙）排出，从而使被封闭的油液产生适当的缓冲背压，作用在活塞的排油侧面，与活塞的惯性力相抗衡，以达

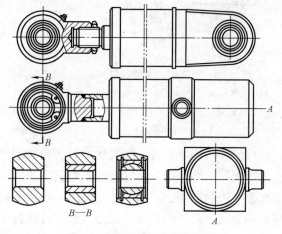

图 4.2-21　液压缸耳环与铰轴

到减速制动的目的。图 4.2-22 所示为节流缓冲的两种形式：缝隙节流［图 4.2-22（a）］和
小孔节流［图 4.2-22（b）］。当活塞移至其端部，缓冲柱塞开始插入缸端的缓冲孔时，活塞
与缸端之间形成封闭空间 A，A 腔中受困挤的剩余油液只能从节流小孔或缓冲柱塞与孔槽之
间的节流环缝中挤出，从而造成背压迫使运动柱塞降速制动，实现缓冲。

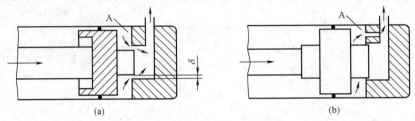

图 4.2-22　节流缓冲装置
(a) 缝隙节流；(b) 小孔节流

图 4.2-23 所示为节流阀式缓冲装置，当缓冲柱塞 2 进入后端盖时，缓冲腔内的油液只
能经通道 3 和节流阀 4 流入后端盖的排油口。

图 4.2-24 所示为缓冲柱塞的几种结构形式，缓冲柱塞在缓冲过程中，节流面积随行程
变化而变化，属变节流型缓冲装置，可使缓冲压力保持均匀或呈一定规律变化，缓冲效果比
较理想。

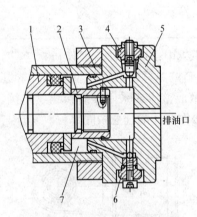

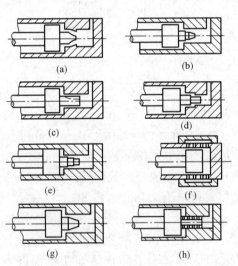

图 4.2-23　节流阀式缓冲装置

1—活塞；2—缓冲柱塞；3—油道；
4—节流阀；5—后端盖；6—单向
阀；7—缓冲腔

图 4.2-24　缓冲柱塞的几种结构形式

(a) 抛物线；(b) 双圆锥形；(c) 铣槽；(d) 两级缓
冲；(e) 梯阶形；(f) 多孔缸筒；(g) 圆锥形；
(h) 多孔缓冲柱塞

（2）卸压缓冲装置。阀式缓冲装置有两种形式，图 4.2-25（a）和（b）为安装在活塞
上的双向卸压缓冲阀。活塞上均布有三个双向卸压缓冲阀，阀杆靠两边压差或弹簧压紧在靠
低压腔一边的阀座上，阀门油路关闭，当活塞行近终点时，阀杆首先触及缸盖（或缸底）而
被推向中间，打开阀口形成通路（或通过阀杆上的径向小孔，使两腔沟通），于是高压腔卸
压，活塞获得缓冲。

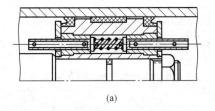
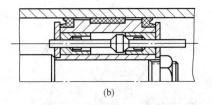

(a)　　　　　　　　　　　　　　　　　(b)

图 4.2-25　双向卸压缓冲阀

9. 排气装置　液压系统在安装过程中或长时间停工之后会渗入空气，油中也会混有空气，由于气体有很大的可压缩性，会使执行元件产生爬行、噪声和发热等一系列不正常现象。因此在设计液压缸时，要保证能及时排除积留在缸内的气体。

一般利用空气比较轻的特点可在液压缸的最高处设置进出油口把气带走；如不能在最高处设置油口时，可在最高处设置图 4.2-26 所示的放气孔［图 4.2-26（a）］或专门的放气阀［图 4.2-26（b）、（c）］等一类放气装置。

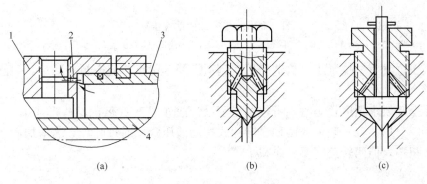

(a)　　　　　　　　　　(b)　　　　　　　　　　(c)

图 4.2-26　放气装置

1—缸盖；2—放气小孔；3—缸筒；4—活塞杆

专用液压缸在材料、加工精度等方面均不同于通用液压缸。如在高温、露天、潮湿、多尘等恶劣环境中工作的液压缸，经受着侵蚀性极强的环境条件，使液压缸外露表面，尤其是活塞杆易受磨损、擦伤和腐蚀，直接影响正常工作，缩短使用寿命。Rexroth（力士乐）集团公司荷兰分公司 Hydrandynl（海德劳达恩）公司开发了一种 Ceramax 陶瓷涂层的活塞杆。它是将一种名为 Ceramax-1000 的陶瓷材料喷涂在活塞杆表面，其强度、抗腐蚀性和抗磨损方面比镀硬铬的活塞杆更好，可在恶劣的、侵蚀性极强的工况下长期使用。

4.2.3　摆动液压缸（摆动液压马达）

1. 摆动液压缸结构　摆动液压缸可以分为单叶片和多叶片两大类。图 4.2-27 所示的是用于某小型半回转式挖掘装载机上的单叶片摆动液压缸，回转幅度 180°，最大输出扭矩 5000N·m，其主体结构是由回转叶片 1、缸体 2、输出轴 3、隔板 4 以及左右端盖 5 和 6 等组成。叶片通过定位销和螺钉与输出轴连成一体，隔板则用定位销和螺钉固定在缸体上，两工作腔之间的密封靠叶片和隔板外缘所嵌的框形密封 7 来保证。当压力油从管接头 8 通过滤油器 9 和右端盖上的油道 a 进入缸体工作腔时，叶片便在油压的推动下带着轴回转，另一工作腔的回油则从右端盖上另一条对称的油道 b 排出。当高压腔过载时，可通过与油道 a 并联的过载阀 10 向低压腔溢流。交换进回油口，可使摆动缸换向反转。

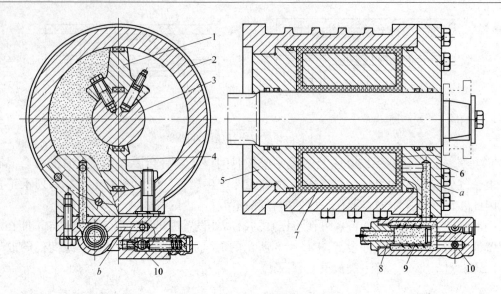

图 4.2-27 单叶片摆动液压缸

1—叶片；2—缸体；3—输出轴；4—隔板；5、6—端盖；7—密封；8—管接头；9—滤油器；10—过载阀

摆动液压缸具有结构紧凑、构造简单、制造方便等优点，但密封较困难，一般只用于中（低）压系统。

当叶片摆动要求角度较小时，可根据需要设计成如图 4.2-28 的结构形式。

图 4.2-29（b）、(c) 表示的两种多叶片式摆动液压缸，通过叶片数的增加，在相同体积下可以加大扭矩，但回转角度要相应减少。

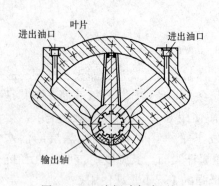

图 4.2-28 小摆动角液压缸

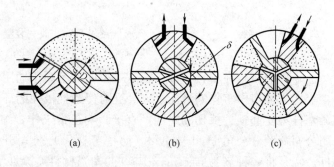

图 4.2-29 不同类型的摆动液压缸

(a) 单叶片；(b) 双叶片；(c) 三叶片

2. 摆动液压缸的设计计算

(1) 摆动液压缸的扭矩和角速度。

1) 扭矩。设摆动液压缸的径向尺寸如图 4.2-29（a）所示，叶片的轴向宽度为 b。则摆动液压缸轴上的输出扭矩为 M，在回油背压为零时

$$M = Z\eta_m p b \frac{D-d}{2} \frac{D+d}{4} = \frac{Zb(D^2-d^2)p}{8}\eta_m \quad (\text{N} \cdot \text{m}) \quad (4\text{-}15)$$

式中：Z 为叶片数；p 为进油口的压力（Pa）；b 为轴向宽度（m）；D 为缸体内径（m）；d 为如图 4.2-29（a）所示，叶片安装轴的直径（m）；η_m 为摆动液压缸的机械效率。

2) 回转角速度。当摆动液压缸的尺寸如上所述，其输入流量为 q 时，其回转角速度 ω

如下

由

$$q\eta_{\mathrm{V}}\mathrm{d}t = \left[\frac{\pi}{4}(D^2 - d^2)\frac{\mathrm{d}\varphi}{2\pi}\right]Zb$$

得

$$\omega = \frac{\mathrm{d}\varphi}{\mathrm{d}t} = \frac{8q\eta_{\mathrm{V}}}{Z(D^2 - d^2)b} \tag{4-16}$$

式中：q 为输入流量（m^3/s）；φ 为输出轴的回转角度（rad）；η_{V} 为摆动液压缸的容积效率。

（2）结构强度计算。

1）缸壁和缸盖的强度可根据具体几何形状参照液压缸缸筒的强度计算进行。

2）叶片的强度计算。当叶片为图 4.2-29 所示的薄板结构，根部厚度为 δ 时 ［图 4.2-29（b）］，叶片根部的最大应力为

$$\sigma = \frac{M}{W} = \frac{\dfrac{pb(D-d)^2}{8}}{\dfrac{b\delta^2}{6}} = \frac{3p(D-d)^2}{4\delta^2} \tag{4-17}$$

应使

$$\sigma \leqslant \frac{\sigma_{\mathrm{s}}}{n} \tag{4-18}$$

式中：M 为叶片根部所受的弯矩（N·m）；W 为叶片根部的断面系数（m^3）；p 为油压力（Pa）；δ 为叶片根部厚度（m）；σ_{s} 为叶片材料的屈服极限（Pa）；n 为安全系数，可取 $n = 3\sim4$；σ 为叶片根部的计算应力（Pa）。

当叶片采用转动块等其他结构形式时，可用弯矩 M 进行相应的强度计算，油压力对叶片根部所作用的弯矩

$$M = \frac{pb(D-d)^2}{8} \quad (\mathrm{N}\cdot\mathrm{m}) \tag{4-19}$$

4.3　液压缸的设计

4.3.1　设计依据和设计步骤

液压缸是液压传动的执行元件，它与主机和主机上的工作机构有着直接的联系，对于不同的机种和机构，液压缸具有不同的用途和工作要求。因此，在设计前应作好调查研究，备齐必要的原始资料和设计依据，其中主要包括：

（1）主机的用途和工作条件。

（2）工作机构的结构特点、负载状况、行程大小和动作要求。

（3）液压系统所选定的工作压力和流量。

（4）有关的国家标准和技术规范等。

工程机械液压缸的公称压力，往复运动速比（缸两腔有效作用面积之比，即在供油流量相等的情况下，活塞两个方向移动速度之比），以及缸体内径、外径、活塞杆直径和进出油口连接尺寸等基本参数的选择，按照 GB/T 2348—1993、GB/T 2878.1—2011、ISO 8136—1986、ISO 8137—1986、ISO 8138—1986 中的规定进行。

液压缸的设计内容和步骤大致如下：

（1）液压缸类型和各部分结构形式的选择。

（2）基本参数的确定——基本参数主要包括液压缸的工作负载、工作速度和速比、工作行程和导向长度、缸筒内径以及活塞杆直径等。

（3）结构计算和验算——其中包括缸筒壁厚、外径和缸底厚度的强度计算，活塞杆强度和稳定性验算以及各部分连接结构的强度计算。

（4）导向、密封、防尘、排气和缓冲等装置的设计。

（5）整理设计计算书，绘制装配图和零件图。

应该指出，对于不同类型或结构的液压缸，其设计内容必然有所不同，而且各参数之间往往具有各种内在的联系，需要综合考虑反复验算才能获得比较满意的结果，所以设计步骤也不是固定不变的。

4.3.2　基本参数的确定

1. 工作负载　液压缸的工作负载 R 是指工作机构在满负荷情况下，以一定加速度起动时对液压缸产生的总阻力，即

$$R = R_1 + R_j + R_g \quad (\text{N}) \tag{4-20}$$

式中：R_1 为工作机构的荷重及自重对液压缸产生的作用力（N）；R_j 为工作机构在满载下起动时的静摩擦力（N）；R_g 为工作机构满载起动时的惯性力（N）。

2. 工作速度和速比　前面已介绍过，液压缸的工作速度与其输入的流量和活塞的有效作用面积有关。

由式（4-1）知，当无杆腔进油时，活塞或缸体的工作速度为

$$v_1 = \frac{4q\eta_V}{\pi D^2} \quad (\text{m/s})$$

由式（4-1）知，当有杆腔端进油时的速度为

$$v_2 = \frac{4q\eta_V}{\pi(D^2 - d^2)} \quad (\text{m/s})$$

如果工作机构对液压缸的工作速度有一定的要求，应根据所需的工作速度和已选定的泵的流量来确定缸径，或根据速度和缸径来选择泵。在对速度没有要求的情况下，则可根据已选定的泵和缸径来确定工作速度。

对于双作用活塞缸，其往返运动的速比 φ 为

$$\varphi = \frac{v_2}{v_1} = \frac{D^2}{D^2 - d^2} \tag{4-21}$$

除有特殊要求的场合外，速比不宜过大，以免无杆腔回油流速过高产生很大的背压。但也不宜过小，以免因活塞杆直径相对于缸径太细，稳定性不好。φ 值可 JB/T 7939—2010 所制定的标准选用，工作压力高的液压缸选用大值，工作压力低的则选小值。

3. 缸筒内径　通常在系统所给定的工作压力下，把保证液压缸具有足够的牵引力来驱动工作负载，作为确定缸筒内径的原则；最高速度的满足，一般在校核后通过泵的合理选择，以及恰当的拟定液压系统予以满足。

（1）对于单杆活塞缸，当活塞杆是以推力驱动工作负载时，压力油输入无杆腔，根据式（4-3），令 $R = F_1$，得缸筒内径 D 为

$$D = \sqrt{\frac{4R}{\pi(p - p_0)\eta_m} - \frac{d^2 p_0}{p - p_0}} \quad (\text{m}) \tag{4-22}$$

式中：R 为液压缸工作负载（N）；F_1 为活塞杆最大推力（N）；η_m 为机械效率，考虑密封件的摩擦阻力损失，橡胶密封通常取 $\eta_m = 0.95$；p 为工作压力，一般情况下可取系统调定压力（Pa）；p_0 为回油背压（Pa）；d 为活塞杆直径（m）。

当活塞杆是以拉力驱动工作负载时，则压力油输入有杆腔，根据式（4-4），令 $R = F_1$ 得缸筒内径 D 为

$$D = \sqrt{\frac{4R}{\pi(p-p_0)\eta_m} + \frac{d^2 p_0}{p-p_0}} \quad (\text{m}) \tag{4-23}$$

（2）对于双作用活塞缸，缸筒内径应按式（4-22）和式（4-23）计算后取较大的一个值。计算出的数据，尚需按 GB/T 2348—1993 中所列的液压缸内径系列圆整为标准内径。

（3）对双活塞杆液压缸，可由式（4-6），令 $R = F$，合理确定 d（一般受拉）后算出。

4. 活塞杆直径　活塞杆直径的确定，通常先从满足速度或速度比的要求来选择，然后再校核其结构强度和稳定性。

从式（4-21）可知，单杆活塞缸往复运动的速比为

$$\varphi = \frac{D^2}{D^2 - d^2}$$

整理后得活塞杆直径 d　　　　　$d = D\sqrt{\dfrac{\varphi - 1}{\varphi}}$ 　　　　　　　　　　(4-24)

式中 φ 值可根据系统需要或按 JB/T 7939—2010 所制定的速比系列，根据不同的工作压力级别来选择。特殊情况可另作考虑，例如起重机的伸缩臂液压缸，当其缸径为 90～125mm 时，推荐速比选用 3。计算出活塞杆直径 d 后，再根据 GB/T 2348—1993 或 JB/T 7939—2010 的 d 值进行调整。

5. 最小导向长度的确定　当活塞杆全部外伸时，从活塞支承面中点到导向套滑动面中点的距离称为最小导向长度 H（见图 4.3-1）。如果导向长度过小，将使液压缸的初始挠度（间隙引起的挠度）增大，影响液压缸的稳定性，因此在设计时必须保证一定的最小导向长度。

对于一般的液压缸，其最小导向长度应满足下式要求

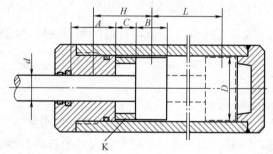

图 4.3-1　导向长度

$$H \geqslant \frac{L}{20} + \frac{D}{2} \quad (\text{m}) \tag{4-25}$$

式中：L 为液压缸最大工作行程（m）；D 为缸筒内径（m）。

一般导向套滑动面的长度 A，在缸内直径 $D < 80$（mm）时，取为缸内直径 D 的 $0.6\sim1.0$ 倍；在缸内直径 $D > 80$（mm）以后，取为活塞杆直径 d 的 $0.6\sim1.0$ 倍。而活塞的宽度 B 取为缸筒内径 D 的 $0.6\sim1.0$ 倍。为了保证最小导向长度，过分地增大导向套长度或活塞宽度都是不适宜的，最好是在导向套和活塞之间装一个中间隔套（图中的 K），隔套宽度 C 由所需最小导向长度决定。采用隔套不仅可以保证最小导向长度，还能改善导向套及活塞的通用性。

4.3.3　结构计算和验算

1. 缸筒外径计算　液压缸内径确定之后，由强度条件来计算缸筒壁厚，然后求出缸筒的计算外径，再按 GB/T 2348—1993 或 JB/T 7939—2010 圆整为标准外径。

（1）缸筒应力分析。根据材料力学厚壁筒的受力分析可以得出缸壁的应力分布如图 4.3-2所示，图中σ_t表示切向拉应力，σ_r表示径向压应力，σ_z表示轴向拉应力，p表示油压力。

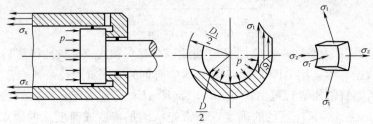

图 4.3-2　厚壁缸筒应力分布情况

在正常工作情况下，缸筒的轴向压应力很小，它只是由于活塞、活塞杆密封圈与缸壁、缸盖之间的摩擦力所引起，一般忽略不计。故只考虑轴向拉应力而不考虑轴向压应力。

（2）缸筒壁厚计算。

1）薄壁缸筒。缸筒壁厚δ与内径D之比小于 1/10 者，称为薄壁缸筒，工程机械液压缸一般都用无缝钢管做缸筒，大多属于薄壁结构，壁厚按薄壁筒公式计算，即当$\delta/D<0.08$时

$$\delta \geqslant \frac{p_{max}D}{2[\sigma]} \quad (\text{m}) \tag{4-26}$$

式中：p_{max}为液压缸最大工作压力（Pa）；D为缸筒内径（m）；$[\sigma]$为缸筒材料许用拉应力，$[\sigma]=\dfrac{\sigma_s}{n}$（Pa）；$\sigma_s$为缸筒材料的屈服强度（Pa）；$n$为安全系数，一般取$n=3.5\sim5$。

2）当$0.08<\delta/D<0.3$时

$$\delta \geqslant \frac{p_{max}D}{2.3[\sigma]-3p_{max}} \quad (\text{m}) \tag{4-27}$$

3）厚壁缸筒。缸筒壁厚与内径之比大于 1/10 时，称为厚壁缸筒，按厚壁筒强度公式计算，一般必须考虑三向应力和应力的非均布性。当$\delta/D>0.3$时，由第二强度理论得出的下式计算

$$\delta \geqslant \frac{D}{2}\left(\sqrt{\frac{[\sigma]+0.4p_{max}}{[\sigma]-1.3p_{max}}}-1\right) \quad (\text{m}) \tag{4-28}$$

（3）缸筒外径的确定

$$D_1 = D + 2\delta \quad (\text{m}) \tag{4-29}$$

式中，D_1为缸筒外径（m）。

缸筒材料如果选用无缝钢管，外径不需加工，则计算出的缸筒外径应圆整为无缝钢管的标准外径。

2. 缸底厚度δ_1的计算　缸底为平底时，可由材料力学中按四周嵌住的圆盘强度公式近似计算。

对图 4.3-3（a）所示的缸底厚度

$$\delta_1 \geqslant 0.433D_2\sqrt{\frac{p}{[\sigma]}} \quad \text{(m)} \tag{4-30}$$

对图 4.3-3（b）所示缸底有孔时

$$\delta_1 \geqslant 0.433D_2\sqrt{\frac{p}{\varphi_d[\sigma]}} \quad \text{(m)} \tag{4-31}$$

式中：D_2 为缸底内径；$[\sigma]$ 为缸底材料的许用应力，$[\sigma] = \dfrac{\sigma_b}{n_1}$（Pa），$\sigma_b$ 为缸底材料的抗拉强度极限（Pa），n_1 为安全系数，$n_1 \geqslant 3$；p 为液压缸的最大工作压力（Pa）；$\varphi_d = (D_2 - d_k)/D_2$，$d_k$ 为缸底开孔直径（m）。

对图 4.3-3（c）所示缸底为球形时

$$\delta_1 \geqslant \frac{D_2 p}{4[\sigma]} \quad \text{(m)} \tag{4-32}$$

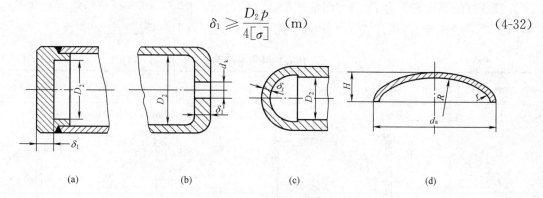

(a)　　　　　　(b)　　　　　　(c)　　　　　　(d)

图 4.3-3　缸底的几种结构

（a）缸底为平底（无孔）；（b）缸底为平底（有孔）；（c）缸底为球形；（d）缸底为拱形

对图 4.3-3（d）所示缸底部为拱形时（$R \geqslant 0.8D_a$，$r \geqslant D_a/8$），D_a 为缸底外径（m）

$$\delta_1 \geqslant \frac{D_a p}{4[\sigma]}\beta \quad \text{(m)} \tag{4-33}$$

当 $H/D_a = 0.2 \sim 0.3$ 时，取 $\beta = 1.6 \sim 2.5$。

3. 液压缸的稳定性和活塞杆强度验算　前面对活塞杆直径仅按速度或速比要求作了初步确定，活塞杆直径还必须同时满足液压缸的稳定性及其本身强度的要求。

一般的短行程液压缸，它在轴向力作用下仍能保持原有直线状态下的平衡，故可视为单纯受压缩或拉伸的直杆。但实际上，液压缸并非单一的直杆，而是缸体、活塞和活塞杆的组合体。由于活塞与缸壁之间以及活塞杆与导向套之间均有配合间隙，此外，缸的自重及负荷偏心等因素，都将使液压缸在轴向压缩工况下产生纵向弯曲，如图 4.3-4 所示。因此，对于长细比 $l/d > 5$ 的液压缸，其受力状况已不再属于单纯受压缩，必须同时考虑纵向弯曲。

理论分析和实验证明，细长受压杆会在轴向载荷所产生的压缩应力远未达到材料的屈服强度极限之前，就会发生纵向弯曲。因此，对于长细比 $l/d > 15$ 的液压缸，应将其整体视作一根细长的柔

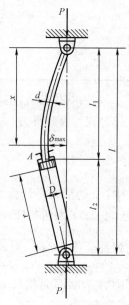

图 4.3-4　液压缸
纵向弯曲示意图

性杆，先按稳定性条件进行验算，即在活塞杆全伸的状态下，验算液压缸承受最大轴向压缩负载时的稳定性，然后再按强度条件计算活塞杆直径。

（1）液压缸稳定性验算。根据材料力学概念：一根受压直杆，在其负载力 P 超过稳定临界力（或称极限力）P_K 时，即已不能维持原有轴线状态下的平衡而丧失稳定。所以，液压缸的稳定性条件为

$$P \leqslant \frac{P_K}{n_K} \tag{4-34}$$

式中：P 为活塞杆最大推力（N）；P_K 为液压缸稳定临界力（N）；n_K 为稳定性安全系数，一般取 $n_K = 2 \sim 4$。

液压缸的稳定临界力 P_K 值与活塞杆和缸体的材料、长度、刚度及其两端支承状况等因素有关。一般在表 4.2-2 中 $l/d > 10$（d 为活塞杆直径）以后就要进行稳定校验。

表 4.3-1 μ 的长度折算系数

序　　号	A	B	C	D
液压缸的安装形式与活塞杆计算长度 l（m）对应图				
μ	1	1	0.7	0.5

1）用欧拉公式计算。当 $\lambda = \mu l/i > \lambda_1$ 时，液压缸的稳定性主要受纵向弯曲控制，可用欧拉公式计算临界力

$$P_K = \frac{\pi^2 EI}{(\mu l)^2} \quad \text{（N）} \tag{4-35}$$

式中：λ 为活塞杆计算柔度（柔性系数）；μ 为长度折算系数，取决于液压缸的支承状况，见表 4.3-1；l 为活塞杆计算长度（即液压缸安装长度，m）见表 4.3-1；E 为活塞杆材料的纵向弹性模数（Pa），对硬钢，$E = 20.59 \times 10^{10}$ Pa；i 为活塞杆横断面回转半径，$i = \sqrt{\dfrac{I}{A}}$（m），其中 A 为断面面积（m²）；I 为断面最小惯性矩（m⁴）。对圆断面，$i = \dfrac{d}{4}$；λ_1 为柔性系数（按表 4.3-2 选取），$\lambda_1 = \pi \sqrt{\dfrac{E}{\sigma_s}}$，$\sigma_s$ 为活塞杆材料的屈服极限（Pa）。

表 4.3-2 λ 的柔性系数

材　　料	a	b	λ_1	λ_2
钢（A3）	3100	11.40	105	61
钢（A5）	4600	36.17	100	60
硅　钢	5890	38.17	100	60
铸　铁	7700	120	80	—

2）雅辛斯基公式。当 $\lambda_1 > \lambda > \lambda_2$ 时，为中柔度杆，应同时考虑纵向弯曲和压缩，按雅辛斯基公式计算临界力

$$P_K = A(a - b\lambda) \quad (N) \tag{4-36}$$

式中：λ 为柔性系数，按表 4.2-3 选取；A 为活塞杆断面面积（m）；a 为与材料有关的系数，见表 4.3-2；b 为与材料有关的系数，见表 4.3-2。

（2）当 $l/d < 10$ 时，活塞杆只会因抗压强度不足（塑性材料超过屈服极限 σ_s；脆性材料超过强度极限 σ_b）而破坏，失稳不是主要问题，故只需进行强度计算。

1）当活塞杆受纯压缩或拉伸时的强度计算

$$\sigma = \frac{4P}{\pi(d^2 - d_1^2)} \leqslant [\sigma] \quad (Pa) \tag{4-37}$$

或

$$d = \sqrt{\frac{4P}{\pi[\sigma]} + d_1^2} \quad (m) \tag{4-38}$$

式中：d 为活塞杆外径（m）；d_1 为空心活塞杆孔径，实心杆 $d_1 = 0$（m）；P 为活塞杆最大推力（N）；$[\sigma]$ 为活塞杆材料的许用应力（Pa），$[\sigma] = \dfrac{\sigma_s}{n}$，$\sigma_s$ 为材料的屈服极限（Pa），取 $n = 1.4 \sim 2$。

2）当弯、压结合时，可用最大复合应力验算。

4. 缓冲装置的设计计算　缓冲装置是用来防止活塞在到达行程终点时，由于工作机构的惯性作用使其对缸体端部产生机械撞击。缓冲装置的具体结构前面已经介绍，其作用原理是将运动部件惯性力所产生的机械能转化为工作液体的缓冲压力能，然后通过节流措施变为热能予以释放。所以，缓冲装置的设计主要是控制最大缓冲压力。下面介绍节流缓冲装置的设计计算。

（1）固定节流孔缓冲装置。图 4.3-5 所表示的是带可调"固定"节流孔的缓冲机构示意图，当节流阀调定以后，就成为一个"固定"节流孔。

设计的任务就是根据活塞的最高速度 v_0 和所驱动的质量 m，合理地确定节流行程 L_0 和最大节流压力 p_{jmax}。为简化计算，通常都把节流器近似地看做薄刃口节流孔。

如果缓冲过程中进油腔继续供油，设其推力为 F，且保持常数，缓冲活塞面积为 A_0，

则有

$$\left.\begin{array}{l} F - p_j A_0 = ma \\ v A_0 = q \\ q = Kf p_j^{1/2} \end{array}\right\} \tag{4-39}$$

式中：q 为缓冲过程从节流口流出的流量（m^3/s）；K 为节流阀系数 $[m^2/(N^{1/2}/s)]$ m 为运动部分的质量（kg）；a 为缓冲过程的加速度（m/s^2）；v 为缓冲过程的速度（m/s）；p_j 为缓冲腔的压力（Pa）；f 为节流孔面积（m^2）。

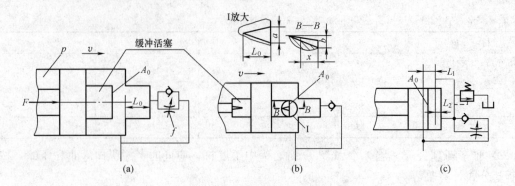

图 4.3-5　节流缓冲机构

(a) 固定节流孔缓冲器；(b) 节流槽缓冲机构；(c) 溢流阀缓冲机构

由式 (4-39) 得

$$\alpha = \frac{1}{m}\left(F - \frac{A_0^3 v^2}{K^2 f^2}\right) = \frac{dv}{dt} = \frac{dv}{dx}\frac{dx}{dt} = \frac{1}{2}\frac{dv^2}{dx} \tag{4-40}$$

所以

$$dx = \frac{m}{2}\frac{dv^2}{F - \frac{A_0^3 v^2}{K^2 f^2}} = \frac{m}{2}\left(-\frac{K^2 f^2}{A_0^3}\right)\frac{d\left(F - \frac{A_0^3 v^2}{K^2 f^2}\right)}{\left(F - \frac{A_0^3 v^2}{K^2 f^2}\right)}$$

积分上式，并考虑到行程 $x = 0$ 时，$v = v_0$，确定积分常数后，计算并整理得

$$v^2 = \frac{K^2 f^2}{A_0^3}F - \left(\frac{K^2 f^2}{A_0^3}F - v_0^2\right)\exp\left(-\frac{2A_0^3}{mK^2 f^2}x\right) \tag{4-41}$$

当 $x \to \infty$ 时

$$v_\infty = \sqrt{\frac{K^2 f^2}{A_0^3}F} \tag{4-42}$$

由式 (4-42) 可知，在缓冲过程中如果不将驱动油压卸荷（如采用缓冲阀），无论采取多大的缓冲长度，最后仍会保留一个残存速度 v_∞。

将式 (4-42) 和式 (4-41) 代入式 (4-40) 得

$$\alpha = -\frac{F}{m}\left(\frac{v_0^2}{v_\infty^2} - 1\right)\exp\left(-\frac{2Fx}{mv_\infty^2}\right) \tag{4-43}$$

当 $x=0$ 时

$$\alpha = a_{max} = -\frac{F}{m}\left(\frac{v_0^2}{v_\infty^2} - 1\right) \tag{4-44}$$

所以

$$\alpha = (\alpha_{max})\exp\left(-\frac{2Fx}{mv_\infty^2}\right) \tag{4-45}$$

将式 (4-44) 代入式 (4-39) 的第一式得 $x=0$ 时的最大缓冲压力

$$p_{jmax} = p_{j0} = \frac{F}{A_0}\frac{v_0^2}{v_\infty^2} = \frac{A_0^2 v^2}{K^2 f^2} \tag{4-46}$$

当 $x \to \infty$ 时，缓冲腔中的压力

$$p_{j\infty} = \frac{F}{A_0} \tag{4-47}$$

一般认为加速度 $a_{min} = (1 \sim 5)\% a_{max}$，即认为缓冲过程已结束，由此借助式（4-45）可导出缓冲长度 L_0，即

$$(0.01 \sim 0.05) = e^{\frac{-2Fx}{mv_\infty}}$$

所以

$$x = L_0 = -\frac{mv_\infty^2}{2F}\ln(0.01 \sim 0.05) = (1.5 \sim 2.3)\frac{mv_\infty^2}{F} \tag{4-48}$$

一般控制缓冲腔的最高压力 $p_{jmax} \leqslant 3p$（p 为油缸的最大驱动压力），将式（4-42）和式（4-46），令 $p_{jmax} \leqslant 3p$ 代入式（4-48）得

$$L_0 \geqslant (1.5 \sim 2.3)\frac{mv_0^2}{3A_0 p} \tag{4-49}$$

由式（4-49）可以看出，增加缓冲活塞 A_0 的面积可以减小缓冲行程 L_0。

缓冲时的压力 p_j、加速度 a 和 v 的变化图如图 4.3-6 所示。

（2）可变节流槽缓冲装置。图 4.3-5（b）表示的可变节流槽缓冲装置，在缓冲过程中节流孔的面积是变化的，通常在缓冲活塞上有图 4.3-7 所示的矩形变截面节流槽，或图 4.3-5（b）所示的三角形节流槽。设节流槽的过流面积（横断面）为 f，节流腔压力为 p_j，则

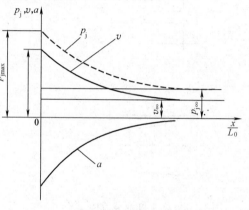

图 4.3-6　缓冲过程的 a、v 和 p_j

$$\left.\begin{array}{l} q = vA_0 \\ q = Kfp_j^{1/2} \end{array}\right\} \tag{4-50}$$

故

$$p_j = \left(\frac{vA_0}{Kf}\right)^2 \tag{4-51}$$

设可变节流孔产生等减速效果，则由 $v_0^2 = -2aL_0$ 得加速度

$$\alpha = \frac{-v_0^2}{2L_0} \tag{4-52}$$

式中：L_0 为缓冲器长度（m）；v_0 为缓冲初始速度（m/s）。

对应行程为 x 的缓冲速度，由 $v^2 = (L_0 - x)(-2a)$ 得

$$v = v_0\sqrt{1 - \frac{x}{L_0}} \tag{4-53}$$

把式（4-52）代入式（4-39）之第一式得

$$p_j = \frac{F - ma}{A_0} = \frac{1}{A_0}\left(F + m\frac{v_0^2}{2L_0}\right) \tag{4-54}$$

可见缓冲压力 p_j 为常数。

由式（4-54）、式（4-51）、式（4-53），令 $x = 0$ 时 $f = f_0$，则

$$f = f_0\left(1 - \frac{x}{L_0}\right)^{1/2} \tag{4-55}$$

当 $f = f_0$ 时 $v = v_0$。由式（4-54）和式（4-51）可得

$$f_0 = \frac{v_0}{K}\left[\frac{A_0^3}{F + \frac{mv_0^2}{2L_0}}\right]^{1/2} \tag{4-56}$$

如采用图 4.3-7 所示的矩形节流槽时，对应 $x=0$ 时，$f_0=ab$，则由 $f=ah$ 代入式（4-55）可得

$$h = b\left(1 - \frac{x}{L_0}\right)^{1/2} \tag{4-57}$$

式中：a 为矩形槽的宽度（m），如图 4.3-7 所示；b 为矩形槽端部高度（m），如图 4.3-7 所示；h 为对应端部距离为 x 的断面高度。

h 的变化曲线如图 4.3-8 所示。

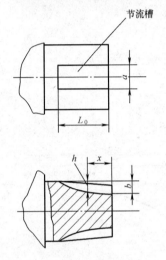

图 4.3-7　矩形断面节流槽

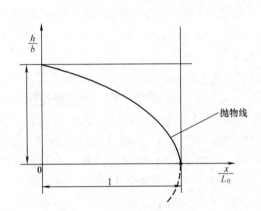

图 4.3-8　矩形断面高度 h 的曲线

若采用图 4.3-5（b）所示的三角形节流槽，当 $x=0$ 时，则节流槽的过流面积为

$$f_0 = \frac{ab}{2} \tag{4-58}$$

式中：a 为 $x=0$ 时的槽宽（m）；b 为 $x=0$ 时的槽高（m）。

则

$$f = f_0\left(1 - \frac{x}{L_0}\right)^2 \tag{4-59}$$

由式（4-59）和式（4-55）所表示的断面 f 的变化曲线都绘在图 4.3-9 上，由图中可以看出，三角形断面的面积随 x 变化过快，故加速度 a 和 p_j 不会是常数，如图 4.3-10 所示。

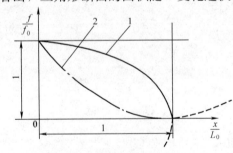

图 4.3-9　矩形等减速断面与三角形断面的变化规律图
1—矩形等减速断面变化曲线；
2—三角形断面变化曲线

（3）采用溢流阀的缓冲装置。图 4.3-5（c）所示的是采用溢流阀的缓冲装置，如果不考虑溢流阀的压力超调值，则该缓冲装置为恒压等减速缓冲装置。优点是随运动部件的质量和初速度 v_0 不同，缓冲压力可以调节。

由理论力学可知，初速度为 v_0 的等减速运动，对应位移 x 的速度为

$$v^2 = v_0{}^2 + 2ax \tag{4-60}$$

式中，a 为速度随时间的变化率（加速度），为负值（m/s²）。

由式（4-39）之第一式得

$$\alpha = \frac{F - p_Y A_0}{m} \qquad (4\text{-}61)$$

式中，p_Y 为溢流阀的调定压力（Pa），通常取 $p_Y = (1.5 \sim 2.5)p$（p 为缸最大供油压力）。

将式（4-61）代入式（4-60），并令 $x = L_1$［L_1 为溢流阀缓冲长度，图 4.3-5（c）］，得残存速度

$$v_1 = \left[v_0^2 + \frac{2(F - p_Y A_0)L_1}{m} \right]^{\frac{1}{2}} \qquad (4\text{-}62)$$

由于溢流阀缓冲阻力不一定能满足缓冲要求，故往往用节流阀来定位［图 4.3-5（c）］。由式（4-44），令 $\alpha = \dfrac{F - p_Y A_0}{m}$ 则有

$$v_\infty = \frac{v_1}{\sqrt{1 - \dfrac{F - p_Y A_0}{F}}} = \frac{v_1}{\sqrt{\dfrac{p_Y A_0}{F}}} \qquad (4\text{-}63)$$

节流阀的缓冲长度 L_2，由式（4-48）可得

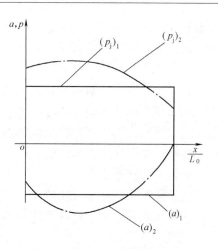

图 4.3-10　三角形断面的加
速度 a 和缓冲力 p_j

$(a)_1$—等减速断面的加速度；$(a)_2$—三角形断面的加速度；$(p_j)_1$—等减速的缓冲压力；$(p_j)_2$—三角形断面的缓冲压力

$$L_2 = (1.5 \sim 2.3)\frac{mv_\infty^2}{F} = (1.5 \sim 2.3)\frac{mv_1^2}{p_Y A_0} \qquad (4\text{-}64)$$

在实际工作中，由于溢流阀的压力超调和压力波动 p_Y，不可能等于常数，故不是严格的恒压缓冲装置。

对其他类型的缓冲装置，如环形缝隙（变长度）等的计算，因篇幅所限，本书不赘述，请参阅有关设计手册。

4.4　液　压　马　达

4.4.1　液压马达概述

液压马达是把液体的压力能转换为机械能的装置。从原理上讲，液压泵可以作液压马达用，液压马达也可作液压泵用。事实上同类型的泵和马达虽然在结构上相似，但由于二者的使用目的不一样，导致了结构上的某些差异。主要差异如下：

（1）液压泵低压腔压力一般为真空，为了改善吸油性能和抗汽蚀的能力，通常把进油口做得比排油口大，而液压马达低压腔的压力稍高于大气压力，所以没有上述要求。

（2）液压马达需要正反转，所以在内部结构上应具有对称性，而液压泵一般是单方向旋转的，所以没有这一要求。

例如：齿轮液压马达必须有单独的泄漏油管，而不能像泵那样将泄漏油管引入低压腔。叶片马达的叶片只能在转子中径向布置，而不能像叶片泵那样倾斜布置，否则反转时有可能折断叶片。轴向柱塞马达的配流盘要采用对称结构（而轴向柱塞泵则不然）等。

（3）对于液压马达，在确定轴承的结构形式及其润滑方式时，应保证在很宽的速度范围内都能正常的工作，当马达速度很低时，若采用动压轴承，就不易形成润滑油膜。在这种情况下，应采用滚动轴承或静压轴承，而液压泵的转速高而且一般变化很小，就没有这一苛刻

要求。

(4) 液压马达的最低稳定转速要低，它表示液压马达可以稳定工作的最低速度。

(5) 要求液压马达有较大的起动扭矩 M_0。所谓起动扭矩，就是液压马达由静止状态起动时，马达轴上所能输出的扭矩。该扭矩通常小于在同一工作压差时处于运行状态下的扭矩，因为将要起动的瞬间，液压马达内部各摩擦副之间尚无相对运动，静摩擦力要比运行状态下的动摩擦力大得多，机械效率很低，所以起动时输出的扭矩也比运行状态下小。另外，起动扭矩还受马达扭矩脉动的影响，如果起动工况下马达的扭矩正处于脉动的最小值时，液压马达轴上的扭矩也小。

为了使起动扭矩尽可能接近工作状态下的扭矩，要求液压马达扭矩的脉动小，内部摩擦小。例如齿轮马达的齿数就不能像齿轮泵那样少，轴向间隙补偿装置的压紧系数也比泵取得小，以减少摩擦。

(6) 液压泵在结构上必须保证具有自吸能力，而液压马达没有这一要求。之所以点接触轴向柱塞式液压马达（其柱塞底部没有弹簧）不能作泵用，就是因为它没有自吸能力。

(7) 叶片泵是靠叶片跟转子一起高速旋转而产生的离心力使叶片贴紧定子起封油作用，形成工作容积。若将其当马达用，则因起动时，没有任何作用力使叶片贴紧定子，起不了封油作用，进、出油腔将会沟通，所以液压马达也无法起动。

由于上述原因，就使得很多同类型的泵和液压马达不能互逆通用。

4.4.2 液压马达的分类

液压马达可分为高速和低速两大类。一般认为，额定转速高于 500r/min 的属于高速液压马达，额定转速低于 500r/min 的属于低速液压马达。

高速液压马达的基本形式有齿轮式、螺杆式、叶片式和轴向柱塞式等。它们的主要特点是转速较高（在 500r/min 以上），转动惯量小，便于起动和制动，调节（调速及换向）灵敏度高。通常高速液压马达输出扭矩不大（仅几十牛米到几百牛米），所以又称为高速小扭矩液压马达。

低速液压马达的基本型式是径向柱塞式，例如单作用曲轴连杆式、静压平衡式和多作用内曲线式等。此外，在轴向柱塞式、叶片式和齿轮式中也有低速的结构型式。低速马达的主要特点是排量大，体积大，转速低（在 500r/min 以下，有的可低到每分钟几转甚至零点几转），因此，可以直接与工作机构连接，不需要减速装置，使传动机构大大简化。通常低速液压马达的输出扭矩较大（可达几千牛米到几万牛米），所以，又称为低速大扭矩液压马达。

4.4.3 液压马达的主要性能参数

1. 液压马达的输入参数　流量 q（m^3/s），进出口压差 Δp（Pa），输入功率 $N_r = \Delta p q$（W）。

2. 液压马达的理论转速

$$n_t = \frac{q}{V} \tag{4-65}$$

式中，V 为液压马达的排量，即在容积效率等于 1 的情况下，液压马达输出轴旋转 1 周所需的工作液体的体积（m^3/r）。

上式表明，液压马达的转速与其排量 V 成反比，与输入的流量 q 成正比。

3. 液压马达输出的理论扭矩　根据能量守恒定律，有

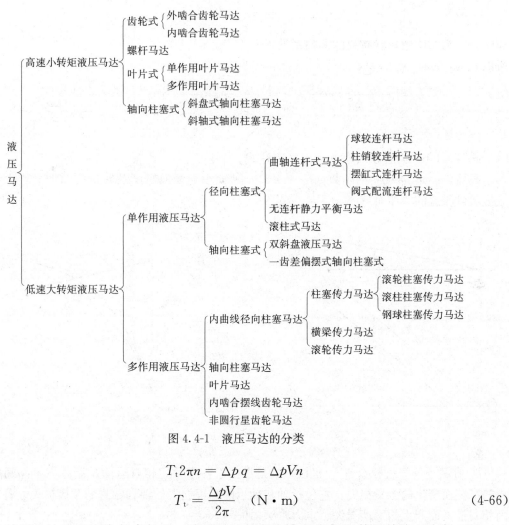

图 4.4-1　液压马达的分类

$$T_t 2\pi n = \Delta p q = \Delta p V n$$

所以
$$T_t = \frac{\Delta p V}{2\pi} \quad (\text{N} \cdot \text{m}) \tag{4-66}$$

4. 液压马达的理论输出功率 P_t　液压马达的理论输出功率 P_t 等于其输入功率，即
$$P_t = P_r = \Delta p q \quad (\text{W}) \tag{4-67}$$

5. 容积损失 Δq 和容积效率 η_V　容积损失是指单位时间液压马达内部各间隙的泄漏所引起的损耗量。由于有容积损失 Δq，所以为了保证马达的转速符合要求，输入马达的实际流量应为（图 4.3-2）
$$q = q_t + \Delta q \tag{4-68}$$
式中，q_t 为在没有容积损失的情况下，使液压马达达到设计转速所需的理论输入流量。

液压马达的理论输入流量 q_t 与实际输入流量 q 之比，称为容积效率
$$\eta_V = \frac{q_t}{q} = \frac{q - \Delta q}{q} \tag{4-69a}$$

式（4-69a）为容积效率的一般表达式。

由水力学可知，间隙漏损量 Δq 与间隙两端的压差成正比，与油液的黏度 μ 成反比，此外还与间隙的形状和尺寸有关，排量大的液压马达的几何尺寸也大。故可近似认为 Δq 与排量 V 也成正比关系，即

$$\Delta q \approx C_1 V \frac{\Delta p}{\mu}$$

式中，C_1 为与间隙形状有关的漏损系数。

所以式（4-69a）又可写成

$$\eta_V = \frac{q_t}{q_t + \Delta q} = \frac{1}{1 + \frac{\Delta q}{q_t}} = \frac{1}{1 + \frac{\Delta q}{Vn}} = \frac{1}{1 + \frac{C_1 V \frac{\Delta p}{\mu}}{Vn}} = \frac{1}{1 + C_1 \frac{\Delta p}{\mu n}} \tag{4-69b}$$

式（4-69b）为容积效率的无因次表达式。

显然，η_V 是 $\mu n / \Delta p$ 的函数（图 4.4-3），其大小随油液黏度及转速的增加而增大，随马达进出口压差的增加而减小。

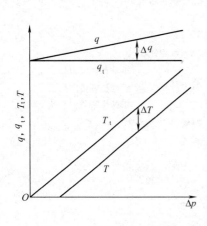

图 4.4-2　液压马达的特性

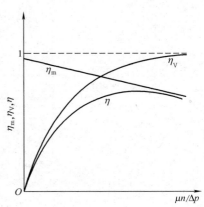

图 4.4-3　液压马达的效率

6. 机械损失与机械效率　机械损失是指由于各零件间相对运动及流体与零件间相对运动的摩擦而产生的能量损失。它包括轴和轴承的摩擦损失、轴和轴封的摩擦损失、各零件间因相对运动而产生的摩擦损失、水力摩擦损失等。

液压马达的机械损失，表现在实际输出扭矩 T 的降低（图 4.4-2），即

$$T = T_t - \Delta T$$

式中，ΔT 为由摩擦而产生的扭矩损失。

机械效率 η_m 等于运行状态的实际输出扭矩 T 与理论扭矩 T_t 的比值，即

$$\eta_m = \frac{T}{T_t} = \frac{T_t - \Delta T}{T_t} \tag{4-70}$$

式（4-70）为机械效率的一般表达式。

参照式（4-66），可将 ΔT 写成以下形式

$$\Delta T = \frac{\Delta p' V}{2\pi} \quad (\text{Pa}) \tag{4-71}$$

式中，$\Delta p'$ 为由全部机械损失所造成的、对外没有做功的当量压差（N/m^2）。

当马达进出口压差 Δp 一定时，$\Delta p'$ 越大，扭矩损失 ΔT 就越大，马达的实际输出扭矩就越小。

当量压差 $\Delta p'$ 可认为主要由两部分组成，一部分是与黏性摩擦力有关的 $\Delta p_1'$，另一部分

是与负载压差 Δp 有关的 $\Delta p'_2$，即

$$\Delta p' = \Delta p'_1 + \Delta p'_2 = C_3 \mu n + C_3 \Delta p \tag{4-72}$$

式中：C_3 为黏性摩擦系数；μ 为油液的动力黏度（N·s/m²）；n 为马达转速（r/s）；C_4 为机械摩擦系数。

将式（4-72）代入式（4-71）得

$$\Delta T = \frac{1}{2\pi} (C_3 \mu n + C_3 \Delta p) V \tag{4-73}$$

将式（4-73）代入式（4-70）得

$$\eta_m = \frac{T_t - \Delta T}{T_t} = 1 - \frac{\Delta T}{T_t} = 1 - \frac{\frac{1}{2\pi}(C_3 \mu n + C_4 \Delta p)V}{\frac{\Delta p V}{2\pi}} = 1 - C_3 \frac{\mu n}{\Delta p} - C_4 \tag{4-74}$$

式（4-74）为马达机械效率的无因次表达式。显然，η_m 是 $\mu n / \Delta p$ 的函数（见图 4.4-3）。其大小随油液黏度和转速的增加而减小，随负载压差的增加而增加。

7. 总效率 η　液压马达的总效率 η 等于输出功率 P 与输入功率 P_r 之比，即

$$\eta = \frac{P}{P_r} \tag{4-75a}$$

又因

$$P = T 2\pi n, P_r = \Delta p q n$$

所以

$$\eta = \frac{T 2\pi n}{\Delta p q P_r} = \frac{T}{T_t} \frac{T_t 2\pi n}{\Delta p q} = \frac{T}{T_t} \frac{\frac{\Delta p V}{2\pi} 2\pi \frac{q_t}{V}}{\Delta p q} = \frac{T}{T_t} \frac{q_t}{q} \tag{4-75b}$$

或

$$\eta = \eta_m \eta_V \tag{4-75c}$$

显然，总效率等于机械效率与容积效率的乘积。

将式（4-69b）和式（4-74）代入式（4-75c）得

$$\eta = \frac{1 - C_3 \frac{\mu n}{\Delta p} - C_4}{1 + C_1 \frac{\Delta p}{\mu n}} \tag{4-75d}$$

由上式可知，总效率也是 $\mu n / \Delta p$ 的函数（图 4.4-3）。

8. 液压马达的实际转速 n

$$n = n_t \eta_V = \frac{q}{V} \eta_V \tag{4-76}$$

9. 液压马达的实际输出扭矩 T

$$T = T_t \eta_m = \frac{\Delta p V}{2\pi} \eta_m \tag{4-77}$$

10. 液压马达的实际输出功率 P

$$P = P_r \eta = \Delta p q \eta \tag{4-78a}$$

或

$$P = Tn \tag{4-78b}$$

11. 起动性能　液压马达的起动性能主要由起动扭矩 T_0 和起动机械效率 η_{m0} 来描述。

起动扭矩就是马达由静止状态起动时，马达轴上所能输出的扭矩。起动扭矩通常小于同一工作压差时处于运行状态下的扭矩。

起动机械效率是指马达由静止状态起动时，马达实际输出的扭矩 T_0 与它在同一工作压差时的理论扭矩 T_t 之比，即

$$\eta_{m0} = \frac{T_0}{T_t} \tag{4-79}$$

起动扭矩和起动机械效率的大小，除了与摩擦力矩有关外，还受扭矩脉动性的影响，当输出轴处于不同位置进行起动时，其起动扭矩的数值稍有差别。

实际工作中都希望起动性能好一些，即希望起动扭矩和起动机械效率尽可能大一些。

现将不同结构形式的液压马达的起动机械效率 η_{m0} 的数值列在表 4.4-1 中。

表 4.4-1　　液压马达的起动机械效率

分　类	液压马达的结构形式	起动机械效率 η_{m0}（%）
齿轮马达	老结构	0.6～0.8
	新结构	0.85～0.88
叶片马达	高速小扭矩型	0.75～0.85
轴向柱塞马达	滑履式	0.80～0.90
	非滑履式	0.82～0.92
曲轴连杆马达	老结构	0.80～0.85
	新结构	0.83～0.90
静压平衡马达	老结构	0.80～0.85
	新结构	0.83～0.90
多作用内曲线马达	由横梁的滑动摩擦副传递切向力	0.90～0.94
	传递切向力的部位具有滚动副	0.95～0.98

由表 4.4-1 可知，多作用内曲线马达的起动性能最好，轴向柱塞马达、曲轴连杆马达和静压平衡马达居中，叶片马达较差，而齿轮马达最差。

12. 最低稳定转速　最低稳定转速是指液压马达在额定负载下，不出现爬行（抖动或时转时停）现象的最低转速。

液压马达在低速时产生爬行的原因如下：

（1）摩擦力的大小不稳定。摩擦力的大小与工作压差，油液的黏度，马达的结构形式，排量大小以及加工装配质量等因素有关。

（2）马达理论扭矩的不均匀性。

（3）泄漏量大小不稳定。泄漏量大小与工作压差、油液黏度、马达的结构形式、排量大小以及加工装配质量等因素有关。事实上马达内部的泄漏量不是每个瞬间都相同。由于低速时进入马达的流量小，泄漏所占的比重就增大，泄漏量的不稳定就会明显地影响到参与马达工作的流量数值，从而造成转速的波动。

液压马达在转速较高时，其转动部分及所带的负载惯性大（转动惯量大），上述影响不太明显，而在低转速时，其转动部分及所带的负载表现出的惯性较小，所以上述影响比较明显，因而出现转动不均匀、抖动或时转时停的现象。

实际工作中，一般都希望最低稳定转速越小越好。这样就可扩大马达的变速范围。不同结构形式的液压马达的最低稳定转速大致为：

多作用内曲线马达可达 $0.1\sim 1r/min$；曲轴连杆式马达约为 $2\sim 3r/min$；静压平衡马达约为 $2\sim 3r/min$；轴向柱塞马达为 $30\sim 50r/min$，有的可低到 $2\sim 5r/min$，个别可低到 $0.5\sim 1.5r/min$；高速叶片马达约为 $50\sim 100r/min$，低速大扭矩叶片马达约为 $5r/min$；齿轮马达的低速性能最差，其最低稳定转速一般在 $200\sim 300r/min$，个别可到 $50\sim 150r/min$。

13. 最高使用转速　液压马达的最高使用转速，主要受以下因素限制：

（1）受使用寿命的限制。转速提高后，各运动副的磨损加剧，使用寿命会降低。

（2）受机械效率的限制。转速高则马达需要输入的流量就大，因此各过流部分的流速相应增大，水力损失也随之增加，使得机械效率下降。

（3）某些液压马达转速的提高，还受背压的限制。例如曲轴连杆式液压马达，若回油腔没有背压，则当转速较高时，连杆时而贴紧曲轴表面，时而脱离曲轴表面，而产生撞击现象。又如多作用内曲线马达，若回油腔没有背压，做回程运动的柱塞和滚轮因惯性力作用将会脱离导轨曲面。

为了防止脱空和撞击现象发生，必须使马达的回油腔具有一定的背压。随着转速的提高，脱空和撞击现象越易产生，则回油腔所需的背压值也应随之提高。过分的提高背压，又会使马达的效率显著下降。为了使马达的效率不致过低，马达的转速不应太高。不同结构形式液压马达的最高使用转速大致为：

齿轮式马达约为 $1500\sim 3000r/min$；叶片式马达约为 $1500\sim 2000r/min$；轴向柱塞马达可达 $1000\sim 2000r/min$；曲轴连杆式马达为 $400\sim 500r/min$；静压平衡马达为 $500\sim 600r/min$；多作用内曲线马达在 $200\sim 300r/min$ 以下。

14. 制动性能　当液压马达用来起吊重物或驱动车轮时，为了防止在停车时重物下落、车轮在斜坡上自行下滑，对制动有一定的要求。

将液压马达进出油口切断后，理论上输出轴应完全不转动，但因负载力（此时为主动力）的作用变为泵工况，泵工况的出油口为高压腔，油从此腔向外泄漏，使得马达缓慢转动（滑转）。

液压马达的密封性越好，则滑转速度越低。对同一马达而言，当负载力矩和油的黏度不同时，滑转值也不同。

通常用额定扭矩下的滑转值来评定液压马达的制动性能。也有人用转速为零时的泄漏量来表示制动性能。

制动性能以柱塞式液压马达为最佳，其中端面配流的轴向柱塞马达比径向配流的柱塞马达好。

液压马达不能完全避免泄漏现象，因此无法保证绝对的制动性。所以当需要长时间制动时，应该另外设置其他制动装置。

15. 工作平稳性及噪声　就马达本身而言，通常用理论扭矩的不均匀系数 δ_M 来评价其工作平稳性。

除多作用内曲线马达、多作用叶片马达和螺杆马达可以设计为使它的理论扭矩完全无脉动外，其他如曲轴连杆式、静压平衡式、轴向柱塞式和齿轮式都无法避免输出扭矩的脉动。

就整个传动装置而言，实际工作的平稳性还取决于具体的工作条件和负载的性质。

不同的使用场合，对传动装置的平稳性要求也不同。实际上，大部分工作机械对扭矩的脉动值并无苛刻要求，但是它会造成压力的脉动、振动和噪声，因此，还应力求降低马达的扭矩脉动值。低速运行的机械，由于扭矩的不均匀性会影响最低稳定转速，所以在设计液压马达时应给以足够的重视。

随着工业技术的发展，噪声问题越来越引起人们的重视。因为长期处在噪声大的环境中很容易使人疲劳，并影响人的健康。

近年来，液压传动装置向高压、高速、大功率的方向发展，噪声问题也越来越突出。在液压传动中，噪声来源很多，而泵和马达是产生噪声的主要根源。

噪声的声压级常以"分贝（dB）"数表示。一般希望泵和马达的噪声声压级小于80dB。

泵和马达的噪声可分为：

（1）机械噪声。由轴承、联轴器或其他运动件的松动、碰撞、偏心等引起的振动和噪声。

（2）液压噪声。由压力、流量的脉动，困油容积的变化，高低压油瞬间接通时的液压冲击，油液流动过程中的摩擦、涡流、汽蚀、空气析出、汽泡溃灭等原因而引起的噪声。

在设计过程中应尽量减小死容积（无效容积）和困油容积，改善困油现象，使高低压油的接通过程尽可能缓和，避免突然的液压冲击，油液的流速不应太高，避免急剧的局部阻力，减小液压马达扭矩的脉动等，来达到降低噪声的目的。

有时将马达泄漏口放在壳体的最上端，使转动部分浸在油中。这样虽然增加了一些搅动损失，但数值很小。相反，由于明显增大了抗振阻尼，可在一定程度上减弱液压马达的振动和噪声。

16. 使用寿命 与泵类似，马达的使用寿命主要取决于轴承（对于内曲线马达是指滚轮的轴承）的使用期限和工作构件的磨损情况。

马达的实际使用寿命一般都比相同规格的泵长。因为泵经常在额定压力和额定转速下运转。所以某些马达的实际寿命比按额定压力和额定转速的设计寿命大得多。

实际使用寿命可大致按下式换算

$$L_M = \left(\frac{p}{p_M}\right)^2 \left(\frac{n}{n_M}\right) L \tag{4-80}$$

式中：p、n 为设计压力和设计转速；p_M、n_M 为折算压力及折算转速；L 为设计寿命。

折算压力 p_M 和折算转速 n_M 可根据工作机械的一个工作循环周期内，不同工况所占的时间来计算

$$p_M = \sqrt[3]{\frac{p_1^3 n_1 t_1 + p_2^3 n_2 t_2 + p_3^3 n_3 t_3 + \cdots}{n_1 t_1 + n_2 t_2 + n_3 t_3 + \cdots}} \tag{4-81}$$

$$n_M = \frac{n_1 t_1 + n_2 t_2 + n_3 t_3 + \cdots}{t_1 + t_2 + t_3 + \cdots} \tag{4-82}$$

式中，p_1、n_1、t_1 和 p_2、n_2、t_2 为某一工况的工作压力、转速和所占的时间。

除了用上述各种技术性能评价液压马达外，选用液压马达时往往还要考虑尺寸和重量指标及其价格。有时还要考虑它的调节性能和结构特点（轴转或壳转，单出轴或双出轴等）。此外，当使用场合有动态性能要求时，对马达的转动惯量、频率特性还有相应的指标要求。

4.4.4 齿轮马达

齿轮马达为高速马达，它有外啮合齿轮马达和内啮合摆线齿轮马达等结构形式。下面对这两种马达分别予以介绍。

1. 外啮合齿轮马达 分为固定间隙的、轴向间隙可自动补偿、轴向间隙和径向间隙都可自动补偿的三种齿轮马达。

工作原理：外啮合齿轮马达的工作原理如图 4.4-4 所示。图中Ⅰ为扭矩输出齿轮，Ⅱ为空转齿轮，啮合点 C 至两齿轮中心的距离分别为 R_{c1} 和 R_{c2}，当高压油（压力为 p_g）输入马达高压腔时，处于高压腔内的所有轮齿均受到压力油的作用，由于 $R_{c1} < R_{e1}$，$R_{c2} < R_{e2}$，所以互相啮合的两个齿面，只有一部分处于高压腔。这样就使每个齿轮上处于高压腔的各个齿面所受到的切向液压力对各齿轮轴的力矩是不平衡的。两个齿轮所受到的两个不平衡的切向液压力形成了力矩 T'_1、T'_2；同理，处于低压腔的各齿面所受到的低压液压力也是不平衡的，对两齿轮轴分别形成了反方向的力矩 T''_1 和 T''_2。此时齿轮Ⅰ上的不平衡力矩 $T_1 = T'_1 - T''_1$，齿轮Ⅱ上的不平衡力矩为 $T_2 = T'_2 - T''_2$，所以在马达输出轴上产生的总扭矩 $T = T_1 + T_2 R_1/R_2$（式中 R_1、R_2 为齿轮Ⅰ和Ⅱ的节圆直径），从而克服负载力矩而按图中箭头所示方向旋转。随着齿轮的旋转，油液被带到低压腔排出。

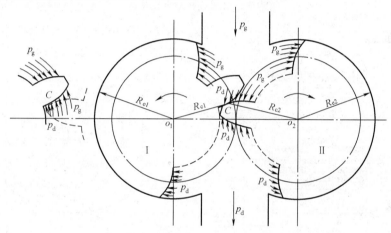

图 4.4-4 外啮合齿轮马达工作原理图

（1）固定间隙的齿轮马达。CM-F 型齿轮马达（图 4.4-5）为固定间隙的齿轮马达。齿轮两侧的侧板是用优质碳素钢 08F 表面烧结 0.5～0.7mm 厚的磷青铜制成。该侧板只起耐磨作用，没有端面间隙的补偿作用。采用固定间隙的优点是可以减小摩擦力矩，改善起动性能，其缺点是容积效率低（一般只有 0.81～0.85）。

CM-F 型齿轮马达有五个规格，排量从 11.27～40mL/r，其额定工作压力为 14.0MPa，最大工作压力为 17.5MPa，额定转速为 1800r/min，最大转速为 2400r/min，最低稳定转速为 120r/min。额定工作压力时的扭矩为 25～86N·m。

（2）轴向间隙可自动补偿的齿轮马达。图 4.4-6 所示为端面间隙可自动补偿的齿轮马达。在轴套 9、10 的外端对称地布置着 4 个密封圈 1、2、3、4，中心密封圈 1 紧紧地包围着两个轴承孔，形成一个中间收缩的 8 字形区域 A_1，因区域 A_1 通过两个轴承与泄漏油孔 14 相通，所以区域 A_1 内的压力与泄漏油腔的压力相等。侧边密封圈 2 和 3 对称地布置在密封圈 1 的两侧（密封圈 2 和 3 各有一段长度直接与密封圈 1 接触），分别形成菱形区域 A_2 和 A_3，A_2 经通道 5 与进油腔 6 相通，A_3 经通道 8 与回油腔 7 相通。外围密封圈 4 也布置成菱形，包围着密封圈 1、2 和 3（密封圈 4 上有两段长度分别与密封圈 2 和 3 直接接触），由于

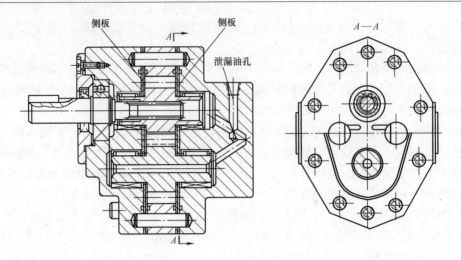

图 4.4-5   CM-F 型齿轮马达

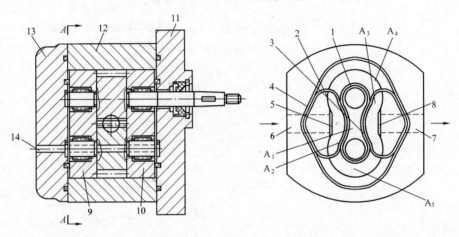

图 4.4-6   端面间隙可自动补偿的齿轮马达

1—中心密封圈；2、3—侧边密封圈；4—外围密封圈；5、8—通道；6—进油腔；7—回油腔；
9、10—轴套；11—前泵盖；12—壳体；13—后泵盖；14—泄油孔；A_1、A_2、A_3、A_4、A_5——
被隔开的密封区域

密封圈 2 和 3 的两侧都分别与密封圈 1 和 4 直接接触，所以在密封圈 4 的包围圈内又形成两个区域 A_4 和 A_5，由于渗漏和串油的原因，所以 A_4 和 A_5 内的压力很接近于高压腔压力。

为了简化加工和装配工艺，密封圈 4 夹在壳体 12 与前盖 11（后盖 13）之间，密封圈 1 夹在轴套和前盖（后盖）之间，而密封圈 2 和 3 与密封圈 4 相接近的部分保持在壳体和前盖（后盖）之间。所有密封圈都嵌在前盖（后盖）的凹槽中。各密封圈之间互相接近的部分，采用直接接触的办法，可以简化工艺、降低成本。

当马达正转时，A_1 内的压力等于泄漏腔压力；A_2 内的压力等于高压腔压力；A_3 内的压力等于低压腔压力；A_4 和 A_5 内的压力是相等的，它们稍低于（很接近于）高压腔压力。

当液压马达反向旋转时，由于高低压腔交换位置，此时，A_2 内的压力就等于低压腔压力，A_3 内的压力等于高压腔的压力，而 A_1 内仍等于泄漏腔压力，A_4 和 A_5 仍然稍低于（很接近于）高压腔压力。所以轴套对齿轮总的压紧力和正转时相同。

这种齿轮马达的特点是：在起动的瞬间，A_4 和 A_5 还未来得及建立起压力，所以此时轴套对齿轮的贴紧力很微弱，摩擦力矩很小，从而获得了较大的起动力矩。而当起动后转入正常运行时，A_4 和 A_5 的油压已经建立起来了，使轴套对齿轮的压紧力增大，从而保证正常工作时有较高的容积效率。

（3）轴向间隙和径向间隙都可自动补偿的齿轮马达。图 4.4-7 所示为轴向间隙和径向间隙都可自动补偿的齿轮马达。该马达的壳体 9 用无缝钢管制成，齿轮 1 及 11 的齿顶与壳体不接触，而直接暴露在高压油中，只在低压区附近一个小范围内（2 个齿）与径向间隙密封块 2 接触，密封块 2 可对径向间隙进行自动补偿，当马达反向旋转时，密封块 2′ 起着相同的作用。马达的浮动轴套 8 和 12（兼作滚针轴承座），可作轴向间隙的压力补偿。O 形密封圈 4′ 的作用是从轴向将低压区限制在一个很小的范围内，同时也限制了轴套背面的受压面，达到轴套的压力平衡。当马达反向旋转时 O 形圈 4 起着相同的作用。

工作原理：马达尚未投入运行时，径向密封块 2 和 2′ 分别在弹簧片 3 和 3′ 作用下紧贴齿轮（图 4.4-7）。当高压油从进油口输入齿轮马达时，密封块 2 在内侧高压油的作用下与齿轮脱离接触，此时起密封作用的就只有低压腔的密封块 2′。除了低压腔及密封块 2′ 与齿轮接触

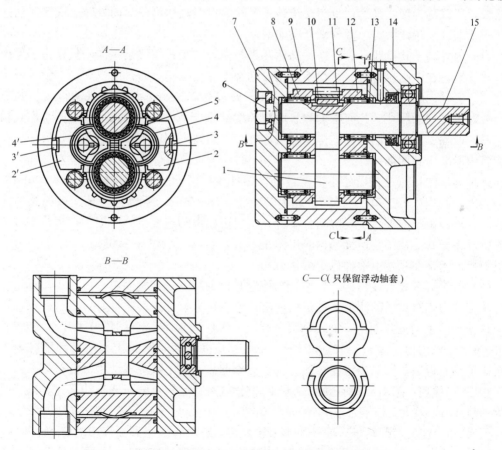

图 4.4-7 轴向间隙和径向间隙都可自动补偿的齿轮马达结构图

1、11—齿轮；2、2′—径向间隙密封块；3、3′—弹簧片；4、4′—O 形密封圈；5—密封圈；6—螺栓；7—后盖；8、12—浮动轴套；9—壳体；10—键；13—滚针轴承；14—前盖；15—输出轴

的过渡区外，齿轮的其余部分以及密封块 2 和 2′ 的外侧，很快都在高压液体作用下。此时密封块 2 的内外侧全在高压液体作用下，所以密封块 2 上作用的液压力实际上是平衡的，虽然外侧有弹簧片 3 的作用，但因弹簧片很弱，对齿轮的贴紧力很小。相反，密封块 2′ 由于外侧高压油的作用，使得压紧力大于反推力（反推力等于过渡区的液压力及低压腔的液压力之和），使密封块 2′ 严密地接触齿轮，并使径向间隙保持最佳值。压差越大，密封块的密封作用更可靠。两个齿轮在进出口压差 Δp 所形成的液压扭矩作用下，拖动负载按图示方向旋转。

当马达反转时，马达左侧为高压腔，右侧为低压腔，密封块 2′ 失去密封作用，而密封块 2 在液压力的作用下，严密接触低压腔附近的轮齿，封住了低压区，并形成过渡区，从而保证了马达反转时的性能和正转时完全相同。

外啮合齿轮马达的应用范围：外啮合齿轮马达输出扭矩的脉动以及旋转角速度的脉动都很大，低速稳定性很差，起动扭矩小，噪声大，因而限制了它的应用范围。但它有结构简单、尺寸小、重量轻和成本低等优点，当转速在 1000r/min 以上时，由于扭矩脉动幅值 ΔM 和它拖动的负载的惯性扭矩相比甚小，所以高速运转时的稳定性很好。根据其性能，当作高速马达使用则是很优越的。因此，被广泛应用于农业机械，工程机械和林业机械上。

2. 摆线内啮合齿轮马达　这是一种内啮合的多点接触的齿轮马达。由于齿轮的形成线是摆线，所以称为摆线马达，也叫摆线转子马达。摆线马达可分为内外转子式摆线马达和行星转子式摆线马达两大类，现分别介绍如下。

（1）内外转子式摆线马达。这种马达几乎与内外转子式摆线泵一样，只是为了保证较高的起动扭矩，在中高压力时，往往不采用浮动补偿侧板结构，而是用提高加工精度减小轴向间隙（一般轴向间隙为 0.012 5mm，有的甚至做到 0.005mm）的办法来获得较高的容积效率。并对各零件的尺寸、几何精度和表面粗糙度都提出了很高的要求。另外，考虑到马达必须正反转，除了使配流侧板的结构完全对称外，一般还采用两个单向泄漏阀，保证正反转时都能将内泄漏引到回油口。

这种马达的特点是：尺寸小，重量轻，零件少，工作压力可达 14.0～21.0MPa；调速范围很大，调速比可达 100，最高转速为 2000～7500r/min，所以这种马达被称为高速摆线马达；此外，由于内外转子同向啮合旋转，所以齿面滑动速度小，磨损小，机械效率和总效率比行星转子式马达高，但该马达输出扭矩不大，目前一般仅在 100N·m 以下，为了提高输出扭矩，通常在马达上附加行星减速机构。

（2）行星转子式摆线马达。行星转子摆线马达的特点是结构简单，体积小，重量轻，转速范围宽，力矩对重量的比值大，价格便宜，使用可靠，低速稳定性好。

这种马达系列的排量为 50～1000mL/r，工作压力为 (7.0～31.5)MPa，转速为 5～1000r/min，输出扭矩为 55～1950N·m，总效率最高可达 85% 以上。按其性能应属于中速中扭矩范围，但因其归类为齿轮马达，为了方便起见，把它放在本节中一起讨论。

1）工作原理：图 4.4-8 所示的 YMC-40 型摆线马达是行星转子式摆线马达。该马达的排量为 300mL/r，最大工作压力为 13.3MPa，转速为 10～200r/min，最大输出扭矩 392N·m。

具有 z_1 个齿的摆线转子（即外齿小齿轮）14，与具有 z_2 个圆弧齿形的定子（即内齿环）13 相啮合，形成 z_2 个密封容积。配流轴（即输出轴）7 上的横槽 A、B 与进出油口相通，在配流轴表面有相间均布的两组纵向油槽共 $2z_1$ 条，一组（z_1 条）与 A 相通，另一组（z_1 条）与 B 相通（图 4.4-9）。在马达的壳体 6 中有 z_2 个孔 C，这些孔经过辅助配流板 10 的相应的

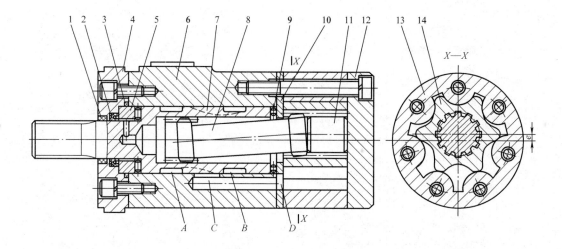

图 4.4-8　YMC-40 型摆线马达

1、2、3—密封；4—前盖；5—止推环；6—壳体；7—配流轴（输出轴）；8—花键联轴节；9—止推轴承；
10—辅助配流板；11—限制块；12—后盖；13—定子；14—摆线转子；A、B—横槽；C、D—孔

z_2 个孔 D 而分别与定子的齿底相通（即分别与 z_2 个密封容积相通）。

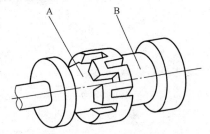

图 4.4-9　配流轴外形

配流轴上的纵向油槽起着配流作用，使上述 z_2 个封闭容积中将近半数与压力油相通，而其余的与低压回油相通。

当压力油经 A 口输入时，5、6、7 腔进入高压油（图 4.4-10），转子（小齿轮）在油压作用下，按使高压腔齿间容积增大的方向自转。由于定子是固定不动的，所以转子在绕自身轴线 o_1 做低速自转的同时，转子中心 o_1 还绕定子中心 o_2 做高速反向公转（当转子公转时，也即转子沿定子滚动时，其吸、压油腔不断地改变，但是始终以连心线 o_1o_2 为界分成两腔，一侧的齿间容积增大即为高压腔，另一侧的齿间容积缩小即为排油腔）。公转一转（此时，每个齿间容积完成一次进、回油循环），自转一个齿，即转子公转 z_1 圈时才自转 1 转。公转与自转的速比为 $i=(-z_1):1$。图 4.4-8 中花键联轴节 8 将转子的自转运动传递给输出轴 7，即可拖动工作机构旋转。由于输出轴本身就是配流轴，配流轴的连续配流，高压腔就随连心线 o_1o_2 的旋转而同步旋转（当转子反时针自转 $1/z_1$ 转，即自转一个齿时，高压腔按公转方向顺时针旋转一周），即高压腔按（5、6、7）→（6、7、1）→（7、1、2）→（1、2、3）→…→（5、6、7）的顺序循环下去（图 4.4-10）。

高压腔的连续旋转，就使得转子和输出轴连续旋转。

如果改变马达进出油方向，则马达输出轴的旋转方向也改变。

顺便指出，由于花键联轴节花键齿数 z 与配流轴表面的配流槽数是相等的，而配流槽分布又是高低压互相间隔，所以只要将配流轴与齿轮联轴节的花键安装位置错过一牙，在马达进出油口不变的情况下，马达输出轴的旋转方向就相反。

2）行星转子式摆线马达的分类。按定子的结构形式分：具有整体式定子的摆线马达，具有装配式定子的摆线马达。按配流方式分：轴配流的摆线马达（又分为配流轴配流和配流

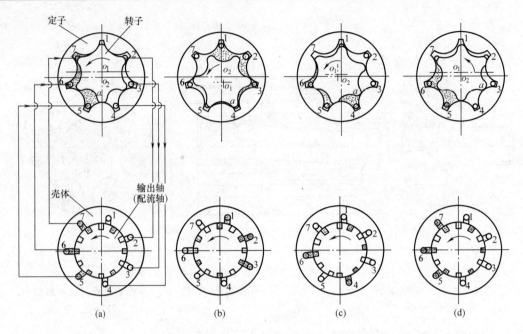

图 4.4-10　行星转子式摆线马达工作原理

(a) 零位；(b) 轴转 1/14r；(c) 轴转 1/7r；(d) 轴转 1/6r

套配流），端面配流的摆线马达（又分为间隙可以补偿的端面配流和固定间隙的端面配流），滑阀配流的摆线马达。

图 4.4-8 所示的摆线马达的定子 13 就是整体式的。整体式定子可采用拉削工艺制造，生产率高，成本低。定子几何尺寸精度取决于拉刀的精度及对热处理变形量的控制。

具有装配式定子的摆线马达的定子是用滚子代替内齿环的圆弧齿形，滚子可在定子中自如的旋转。工作时位于高低压腔交界处的滚子被油液压力压到低压方向，使滚子与定子和转子贴紧，减少了泄漏。并且滚子同转子一起旋转，两齿之间是滚动接触，所以两齿轮的磨损很小。这种摆线马达的效率高，寿命长，工作压力高（可在 14.0MPa 下工作，最高工作压力可达 21.0MPa）。而且定子的工艺并不复杂，几何精度也易于保证。

轴配流的特点是结构简单、外形尺寸小、对油液过滤精度要求不高（$\leqslant 40\mu$）。图 4.4-8 所示的液压马达属配流轴配流的摆线马达。配流轴同时又是扭矩输出轴，结构比较简单。但输出轴在工作中难免要承受径向力，径向力使配流部分与壳体配合面偏心和磨损，将使容积效率下降。同时，传动误差也会影响配流精度。配流套配流其输出轴通过传动销带动配流套旋转。配流套在输出轴上浮动，不受径向力的影响。从而能保证配流套与壳体配合面的同心，故可延长使用寿命。但因传动链加长了，会使配流精度有所下降。

端面配流即配流盘配流，其配流精度容易保证。其中间隙可以补偿的端面配流马达工作一段时间后，补偿盘与配流盘之间、配流盘与辅助配流板之间如果有了磨损，补偿盘会自动向侧面移动进行补偿，从而保持了较高的容积效率。固定间隙的端面配流马达的配流盘磨损后不能自动补偿，但结构简单，轴向尺寸小。这种配流形式适用于压力不太高，输出扭矩不太大的摆线马达中。

滑阀配流的摆线马达其滑阀配流是通过与输出轴同步旋转的偏心轮来操纵滑阀机构进行

连续的配流。滑阀配流的配流精度较高，可大大改善困油现象。采用这种配流方式的马达，机械效率高，噪声低，工作压力高（可达 21.0MPa），但结构复杂，对滤油精度要求较高。

行星转子式摆线马达在农业机械、工程机械、起重运输机械、建筑机械及轻工业机械中得到了广泛应用。行星转子式摆线马达还能安全地逆变为行星转子式摆线泵，这种泵的特点是在低转速下可以获得很大的流量，这种结构形式的泵被广泛地应用在各种车辆的全液压转向器中。

4.4.5　叶片马达

1. 叶片马达工作原理　叶片马达的结构与叶片泵类同，但马达中的叶片径向放置，其顶端对称倒角，以适应液压马达的正反转要求。图 4.4-11 为双作用叶片马达的工作原理示意图，位于高压腔的叶片 3、7 和叶片 1、5 都受高压液压力作用，但因叶片 3、7 的承压面积及合力中心的半径均比叶片 1、5 大，产生如箭头所示方向的合转矩带动外负载旋转。

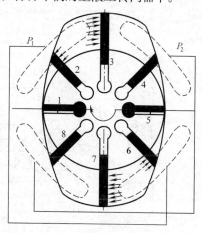

图 4.4-11　双作用叶片
马达工作原理

叶片马达可分为单作用式、双作用式和多作用式几类，后者通常属于低速大转矩液压马达的一种。单作用叶片马达，转子旋转一周有一次进、排油过程，马达的排量可以调节，但因径向力不能平衡，较少应用。双作用叶片马达有两个进油窗口和两个排油窗口，转子旋转一周进、排油各两次。马达的排量不可调节，是定量叶片马达。

双作用叶片马达定子内表面曲线由 4 个工作区段和 4 个过渡区段组成。通常取叶片数为偶数，且在转子中对称布置，工作中转子所承受的径向液压力平衡，因此轴承受力很小，马达寿命较长。

叶片马达主要由定子、转子、叶片、配流盘、轴和壳体等零部件组成。叶片底部装有弹簧，保证马达起动时叶片紧贴定子曲线表面。叶片的结构通常有单叶片式、双叶片式、子母叶片式、弹簧叶片式、柱销叶片式和双级叶片式等多种。叶片马达有结构紧凑，体积小，噪声较低，寿命较长及脉动率小等优点。缺点是抗污染能力较差，对工作介质的清洁度要求较高，且由于工作中叶片与定子间的接触磨损，限制了工作压力和转速的提高。

为了提高叶片马达的工作压力和转速，应当减小叶片和定子间的压紧力，以减小其间的接触磨损。与叶片泵一样，通常采用减薄叶片厚度、双叶片结构、弹簧叶片结构、子母叶片结构及阶梯叶片结构等方法，减小叶片与定子的接触应力，减少磨损，提高马达寿命。

为了防止马达起动时出现高低压腔窜通，造成无法起动，在转子两侧设置环形槽，其间放置燕式弹簧 3（图 4.4-12），使叶片 1 压向定子保持接触，弹簧由销子 2 固定。

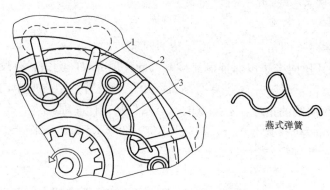

燕式弹簧

图 4.4-12　叶片压向定子的燕式弹簧结构
1—叶片；2—销子；3—燕式弹簧

为保证工作中叶片与定子紧密接触，叶片底部通有高压油。在泵体上设置两个单向阀，可以保证马达正反转时叶片底部总是与压力油接通。

为提高叶片马达的容积效率，采用浮动配流盘，在压力油作用下，配流盘压向转子端面，当端面磨损时，可以自动补偿轴向间隙。

2. 叶片马达的结构特点 图4.4-13所示的马达，其结构特点如下：

(1) 马达叶片用燕式弹簧5将其推出，以防起动时造成高低压串通。弹簧5由销4固定。

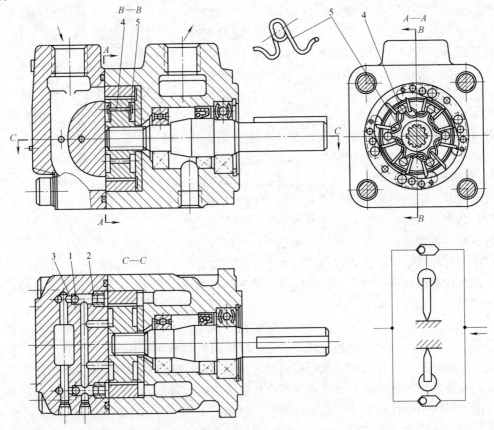

图4.4-13 叶片马达
1—单向阀的钢球；2、3—阀座；4—销；5—燕式弹簧

(2) 叶片安放角 $\theta = 0$；叶片顶端对称倒角，以适应正反转的要求。

(3) 叶片底部通有高压油，将叶片压向定子以保证可靠接触（叶片顶部双向倒角，有反推油压）。为了保证变换进出油口（反转）时叶片底腔常通高压，用了一组特殊结构的单向阀，图4.4-13中2、3是阀座，1是单向阀的钢球，右下方的示意图是其工作原理。

目前我国生产的这种马达，其排量为6～100mL/r，转速为100～2000r/min，工作压力为6.0MPa，扭矩达70N·m。

4.4.6 柱塞马达

柱塞马达分为轴向柱塞马达和径向柱塞马达。其中轴向柱塞马达的结构形式基本上与轴向柱塞泵一样，故其种类与轴向柱塞泵相同，但为适应液压马达的正反转要求，其配流盘的结构和进出油口的流道大小和形状都完全对称。轴向柱塞马达具有结构紧凑，单位功率重量轻，工作压力高，容易实现变量和效率高等优点；缺点是结构比较复杂，对油液污染敏感，过滤精度要求较高，且价格较贵。

轴向柱塞马达按其结构特点分为斜盘式和斜轴式两类。配流方式有端面配流和阀式配流两种，目前绝大多数轴向柱塞马达都采用端面配流。斜盘式轴向柱塞马达缸体中心线与传动轴中心线重合，这也是区别于斜轴式马达的主要特点。斜轴式轴向柱塞马达又称为无铰式轴向柱塞马达。这种马达连杆做成锥形，依靠连杆的锥体与柱塞内壁的接触同缸体一起旋转。连杆轴线与缸孔轴线间的夹角可以设计得很小，大大减小了柱塞和缸体上的侧向力，使柱塞与缸孔间的摩擦损失很小，因而与斜盘式轴向柱塞马达相比，斜轴式马达可以有更大的缸体摆角。斜盘式马达的最大斜盘角度为 20°左右。而斜轴式马达的最大摆角为 25°～28°，新型的锥形柱塞马达最大摆角可达 40°，因此缸孔直径相同的斜轴式马达将有更大的排量。斜轴式马达的效率略高于斜盘式马达，且允许有更高的转速。但斜轴式马达变量靠摆动缸体完成，因此外形体积较大，快速变量时需要克服较大的惯性矩，动态响应慢于斜盘式马达。由于轴向柱塞马达的结构形式基本上与轴向柱塞泵一样，这里就不作更多分析，可参阅轴向柱塞泵的相关内容。而低速液压马达的基本形式是径向柱塞式，它有一些特点，下面就低速大扭矩液压马达进行分析。

1. 曲轴连杆型径向柱塞式液压马达　曲轴连杆型径向柱塞式液压马达是最早出现的一种单作用低速大扭矩液压马达。这种马达的优点是结构简单，制造容易，价格低；其缺点是体积和重量较大，扭矩脉动较大，低速稳定性差。目前这种马达的额定工作压力为 21.0MPa，最高工作压力为 31.5MPa，其最低稳定转速可达 3r/min。

（1）工作原理　图 4.4-14 所示为曲轴连杆型径向马达的结构原理图。在壳体 1 的圆周放射状均匀布置了五个（或七个）缸。缸中的柱塞 2 通过球铰与连杆 3 相连接。连杆端部的圆柱面与曲轴 4 的偏心轮（偏心轮的圆心为 o_1，它与曲轴旋转中心 o 的偏心距 $oo_1 = e$）相接触。曲轴的一端通过十字接头与配流轴 5 相连。配流轴上"隔墙"两侧分别为进油腔和排油腔。

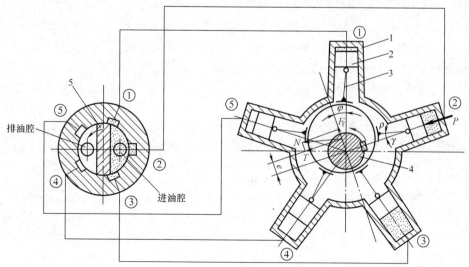

图 4.4-14　曲轴连杆型径向柱塞式马达结构原理图

1—壳体；2—柱塞；3—连杆；4—曲轴；5—配流轴

高压油进入马达进油腔后，经过壳体的槽①、②、③引到相应的柱塞缸①、②、③中去。高压油产生的液压力作用于柱塞顶部，并通过连杆传递到曲轴的偏心轮上。例如柱塞缸②作用在偏心轮上的力为 N，这个力的方向沿着连杆的中心线，指向偏心轮的中心 o_1。作用力 N 可分解为两个力：法向力 F_f（力的作用线与连心线 oo_1 重合）和切向力 T。

切向力 T 对于曲轴的旋转中心 o 产生扭矩，使曲轴绕中心 o 逆时针方向旋转。

柱塞缸①和③也与此相似，只是由于它们相对于主轴的位置不同，所以产生扭矩的大小与缸②不同。使曲轴旋转的总扭矩应等于与高压腔相通的柱塞缸（在图示情况下为①、②和③）所产生的扭矩之和。

曲轴旋转时，缸①、②、③的容积增大，④、⑤的容积变小，油液通过壳体油道④、⑤经配流轴的排油腔排出。

当配流轴随马达转过一个角度后，配流轴"隔墙"封闭了油道③，此时缸③与高、低压腔均不相通，缸①、缸②通高压油，使马达产生扭矩，缸④和缸⑤排油。当曲轴连同配流轴再转过一个角度后，缸⑤、①、②通高压油，使马达产生扭矩，缸③、④排油。由于配流轴随曲轴一起旋转，进油腔和排油腔分别依次地与各柱塞缸接通，从而保证曲轴连续旋转。

将马达的进、排油口对换后，可实现马达的反转。

以上讨论的是壳体固定、曲轴旋转的情况。如果将曲轴固定，进、排油管直接接到配流轴中，就能达到外壳旋转的目的。外壳旋转的马达用来驱动车轮、卷筒十分方便。

（2）配流副。液压马达可以采用轴配流、端面配流和滑阀配流三种形式。图 4.4-14 是轴配流马达，配流轴通过十字联轴节与曲轴同步旋转，对应相位一致实现配流。图 4.4-15 所示为静压平衡式浮动配流轴。在进回油槽两侧开设月牙形平衡油槽，平衡进回油槽的液压径向力。但实际上由于液压径向力方向随配流轴转动不断变化，且存在周期性突跳，平衡槽的液压力实际上不能完全平衡液压径向力。图 4.4-16 给出了理论上任何瞬时液压径向力完全平衡的结构。在配流轴设置平衡油槽处的对应配流壳体上，与各配流窗口中心对应错开 $\beta = \pi/Z$ 处设置 Z 个盲槽，其圆周向包角与配流窗口包角相等，使工作中平衡油槽处压力分布与配流窗口处的压力分布产生完全对称的改变，配流轴任何瞬时都处于液压力完全平衡。图 4.4-17 所示为曲轴连杆液压马达的端面配流结构。曲轴通过方形头带动配流盘与压盘同步旋转，转动中实现配流。启动或空载运转时靠蝶形弹簧使配流盘和压盘贴紧缸体与端盖，设计中保证贴紧力大于配流盘与缸体间的分离力，工作时由液压实现贴紧。但这一结构因分离力与贴紧力不重合而使配流盘存在倾侧力矩。可以采用与全平衡轴配流同样的原理设计，使

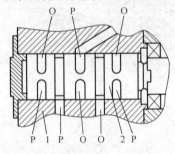

图 4.4-15　静压平衡式浮动配流轴

1—转子体；2—配流轴；

P—通压力油；O—通低压油

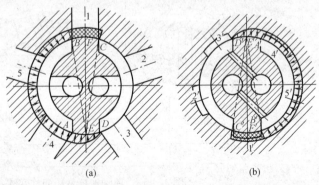

(a)　　　　　　　　　(b)

图 4.4-16　配流轴径向力完全平衡原理

端面配流副实现理论上完全平衡。

（3）连杆副。曲轴连杆液压马达的性能在很大程度上取决于配流副和连杆运动副。如图 4.4-18 所示是连杆球铰副的典型结构。它由连杆球头与柱塞球窝和连杆滑块底部与偏心轮两对摩擦副组成。连杆滑块底部与偏心轮间早期为金属接触，滑块底部浇铸耐磨合金，以减小摩擦力。有的马达偏心轮上装置滚子轴承，用滚动摩擦替代滑块底部与偏心轮间的滑动摩擦。目前多数马达在该处设计成静压平衡或静压支承（图 4.4-19）。滑块底部设置油室，压力油通过连杆中心阻尼器进入底部油室。油腔面积与柱塞面积比取 0.8～0.85 左右，工作中滑块不浮起，油室中液体压力平衡大部分柱塞推力，并使摩擦副得到良好润滑。

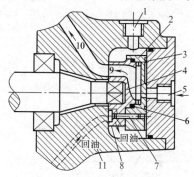

图 4.4-17　端面配流结构

1—回油孔；2—压力盘；3—片弹簧；4—配流盘；5—进油孔；6—O 形密封圈；7—定位销；8—配流盘的缺口；9、10—流道；11—壳体（缸体）

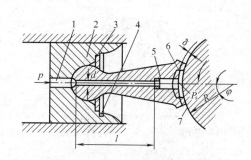

图 4.4-18　连杆球铰副

1—通孔；2—柱塞；3—半圆铜环；4—弹性挡圈；5—阻尼器；6—连杆；7—曲轴

2. 摆缸式液压马达　为了消除柱塞的侧向力，在有些单作用径向柱塞液压马达中采用了摆动缸体的结构。图 4.4-20 是这种马达的原理结构示意图。

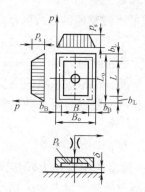

图 4.4-19　连杆滑块静压支承

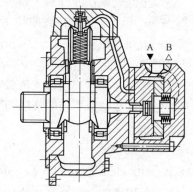

图 4.4-20　套筒伸缩摆缸式液压马达原理结构

该马达采用套筒伸缩摆缸式，柱塞副一端支承在固定球座上，另一端支承在球面偏心轴上，随曲轴转动，柱塞以顶端球座为中心在偏心轮球面上往复摆动，套筒柱塞副的轴线在摆动中始终在球面偏心轮中心与球座中心的连线上，柱塞与缸套间没有侧向力作用，其间几乎没有磨损。马达的各对运动摩擦副均设计成静压平衡，效率性能得以提高，并使低速稳定性得到改善。由于柱塞相对于缸套伸缩摆动，相当于增长了连杆的长度，摆角减小，脉动率小于曲轴连杆马达。

如图 4.4-21 所示为另一种摆缸式液压马达，端面配流，油液从耳轴进入柱塞缸内，工作中缸体绕耳轴摆动。在偏心轮处设置滚了轴承，将柱塞底部与偏心轮间的滑动摩擦转变为滚动摩擦。

3. 静力平衡液压马达 图 4.4-22 是静力平衡液压马达的转动原理图，其主要特点是由五星轮取代了连杆，实际上成为连杆无限长的液压马达。工作中压力油直接作用在偏心轮上，合力通过偏心轮中心 O_1 对曲轴旋转中心 O 形成转矩，柱塞、压力环和五星轮上的液压力接近于静力平衡，它们只起不使压力油泄漏的密封件作用，因此称为静力平衡液压马达。

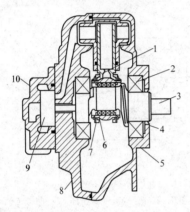

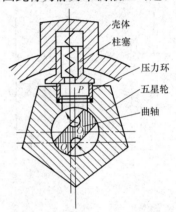

图 4.4-21　摆缸式液压马达结构示意图
1—静压支承；2—轴承；3—曲轴；4—轴封；
5—本体；6—球形柱塞支承；7—柱塞压力环；
8—壳体；9—配流器；10—端盖

图 4.4-22　静力平衡马达转动原理

静力平衡马达以五星轮取代连杆后，瞬时排量和瞬时转矩的脉动率减小为 4.9%。各缸的转矩波形图相差 $2\pi/5$，形成了交流正弦曲线正值部分组成的半波整流的合成脉动曲线。

静力平衡马达的五星轮相当于一个无限长的连杆结构。工作中五星轮作平面平行移动，连杆的偏摆角 θ 始终为零，因此马达的脉动率减小，但柱塞所受的侧向力增大，引起柱塞与缸壁的摩擦力增加。这种情况在马达起动，或负载突变时，由于静、动摩擦系数的突变，对于设计中柱塞与压力环的贴紧系数选取不当的液压马达，将会引起柱塞底面与压力环上表面脱开或压力环啃坏柱塞底面的现象。

静力平衡马达由于曲轴就是配流轴，省掉了配流壳体，结构比较简单。

4. 多作用液压马达 内曲线径向柱塞式液压马达是一种多作用低速大转矩液压马达。在每一转中，每个柱塞副沿曲线导轨往复多次。其多作用的特点，使之具有单位功率重量轻、体积小、液压径向力平衡、效率高、起动特性好、可以设计成理论上无脉动输出、以及可以在较低的转速下平稳运转等优点，因而在工程、建筑、矿山、起重运输、船舶甲板机械和军工机械等得到广泛应用。

工作原理与结构特点。图 4.4-23 是内曲线液压马达工作原理示意图。导轨 1 由完全相同的 X 段（图中 $X=6$）曲线组成，每段曲线都由对称的进油和回油区段组成。缸体 2 中有 Z 个均布的柱塞缸孔，其底部与配流器 4 的配流窗孔相通。配流器有 $2X$ 个配流窗孔，X 个窗孔与高压油接通，对应导轨曲线进油区段，另外 X 个窗孔对应曲线的回油区段并与回油路接通。

在压力油作用下，滚轮 5 压向导轨，力 N 为导轨曲面对滚轮的反作用力，其径向分力 F 与液压力平衡，切向分力 F 通过横梁传递给缸体，形成驱动外负载的转矩。当马达进、出油路换向时，马达反转。

图中所示滚动轮反作用力 N 的切向力 F' 通过横梁传递给缸体，称为横梁传力马达；若切向力通过柱塞传递给缸体，称为柱塞传力马达；若切向力由同一横梁上的另两个滚轮通过导向侧板传递给缸体，称为滚轮传力马达。如果通过柱塞球窝中的钢球与导轨相互作用传力，则称为球塞式内曲线马达，图 4.3-24 是球塞式马达球塞副与曲面导轨的相互作用原理图。球塞式马达有径向式和轴向式两种，这种马达结构简单、紧凑，制造成本低，轴向球塞式马达结构尤为紧凑，但球塞式液压马达工作压力和效率低于上述其他多作用液压马达。

图 4.3-25 是近年来国外研制发展的多作用滚柱式液压马达的结构示意图。该马达用滚柱置于柱塞端部与导轨相互作用来替代滚轮副或钢球，这种变化使马达结构简化紧凑，体积缩小、制造成本降低、转速增加，增强了多作用液压马达的市场竞争力。

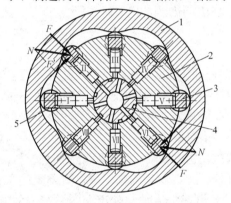 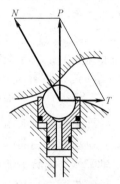 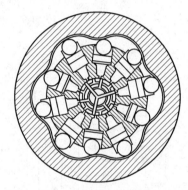

图 4.4-23　内曲线马达工作原理图　　图 4.4-24　球塞副与导　　图 4.4-25　多作用滚柱式液压
1—凸轮环；2—缸体；3—横梁；4—配流　　轨相互作用原理图　　马达结构示意图
器（配流轴）；5—滚轮

图 4.4-26 是可直接驱动车轮的低速大扭矩径向柱塞马达，可在订货时选择行车制动器或停车制动器。

自由轮状态：当油口 A 与 B 无压力连接，同时通过油口"L"向壳体施加 2bar（1bar＝10^5Pa）的压力，柱塞将被迫缩入转子柱塞组件内，滚柱不再位于行程曲线上，轴伸作自由旋转，马达将切换到自由轮状态。

某些型号的径向柱塞马达还可使排量切换到半排量。图 4.4-27 是双速马达切换原理图，假设一个 8 柱塞马达用两个 4 柱塞马达代替。全排量状态：当油口"X"通油箱时，配流套中的二位三通液动换向阀处于下位，油口"A"通压力油，油口"B"通油箱，8 个柱塞（对应左右两个马达）均正常工作，柱塞马达全排量正向旋转；相反，油口"B"通压力油，油口"A"通油箱，8 个柱塞均正常工作，柱塞马达全排量反向旋转。

半排量状态：当油口"X"通压力油时，二位三通液动换向阀处于上位，油口"A"通压力油，油口"B"通油箱，其中 4 个柱塞（对应左马达）正常工作，4 个柱塞（对应右马达）由于力的相互抵消（回油柱塞通压力油）而不工作，柱塞马达半排量正向旋转；相反，油口"B"

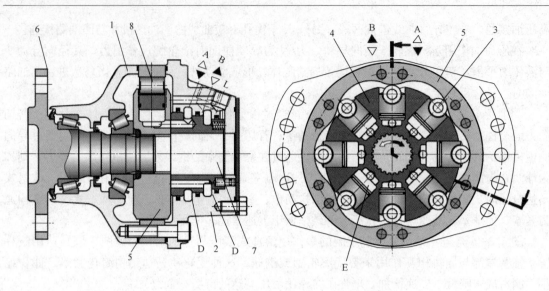

图 4.4-26　Bosch Roxroth MCR 型液压马达

1、2—壳体；3—柱塞；4—转子；5—凸轮；6—输出轴；

7—配流套；8—滚轮

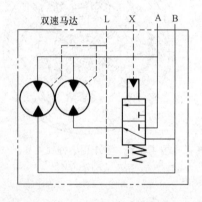

图 4.4-27　双速马达切换原理图

通压力油，油口"A"通油箱，4 个柱塞正常工作（对应左马达），4 个柱塞（对应右马达）由于进油口切断而不工作，柱塞马达半排量反向旋转。在切换状态马达以 2 倍的转速运行但只能输出一半扭矩。

多作用内曲线液压马达有轴配流和端面配流两种结构。轴配流磨损后不能补偿，出现容积效率下降，更重要的是轴配流可靠性较差，易出现配流轴与配流套的黏咬失效。因此近年来国外多作用马达大多改用端面配流，使马达性能提高。

多作用液压马达大多数是内曲线径向柱塞式液压马达。多作用轴向柱塞马达则设计成球塞式，这种马达结构紧凑，价格较低，但由于受自身结构的限制，通常效率低于径向式马达，且可靠性也稍差。

多作用液压马达的脉动性取决于柱塞副的相对运动规律，因此导轨曲线的设计决定了马达的脉动性。柱塞副的运动规律完全取决于导轨曲线，导轨曲线的加速度变化规律，决定了柱塞副的位移、速度、加速度及与导轨曲面的相互作用力。它直接影响液压马达转速和转矩的均匀性等输出特性，影响导轨曲面与柱塞副滚轮间的接触应力大小，因而又在很大程度上决定着液压马达的寿命。

内曲线液压马达因设计中可以做到径向液压力平衡和无脉动输出，一般都有较高的总效率和起动转矩效率，容积效率 η_V 达到 0.96～0.99，最低稳定转速为 0.3～0.5r/min。除球塞式马达外，额定工作压力通常在 25MPa 以上，但其多作用的特点，使工作转速一般低于同排量的单作用马达。

5. 非圆行星齿轮液压马达　如图 4.4-28 所示为非圆行星齿轮液压马达的结构原理示意图。其实质是一种非圆行星齿轮传动机械，它由中心的非圆外齿轮、圆柱行星齿轮和非圆内齿圈组成。中心轮与内齿圈间的空间被行星轮啮合分隔成若干密封容腔，密封腔的数目等于行星轮数。中心轮转动过程中行星轮到中心轮的中心距不断变化，各密闭容腔产生容积由小到大或由大到小的变化，完成液压马达的进油和排油过程。

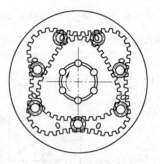

图 4.4-28　非圆行星齿轮
液压马达结构原理示意

4.4.7　液压马达的变量

用变量泵改变马达进口流量或在马达进口流量不变的情况下调节马达的排量或既改变马达进口流量，又改变马达排量的方法，都可以实现对液压马达转速的调节。

变量泵和定量马达组成的调速系统，为达到高速小转矩，变量泵必须在低压大排量工况工作，而对于低速大转矩，泵必须为高压小排量工况，因此泵和液压系统需要按高压大流量设计。若采用变量马达定量泵组成调速系统，马达的小排量工况可以得到高速小转矩，而对于低速大转矩可以用马达的大排量工况达到。这样，泵和液压系统将在高压小流量工况下工作，降低系统成本。

1. 轴向柱塞马达的变量　轴向柱塞高速液压马达的变量与轴向柱塞泵的变量类同，利用改变斜盘倾角或斜轴摆角实现。常采用电液控制的方法，由速度传感器或压力传感器将变化的转速或压力以电量反馈给电液比例阀或伺服阀控制马达变量活塞的移动，实现液压马达的恒速或恒压控制。这种控制容易进行调节过程的动态校正，且可借助微机完成最佳控制。

为使马达在高速小转矩和低速大转矩的变量过程中充分利用原动机的功率，可以采用恒功率变量马达。图 4.4-29 是恒功率马达的工作原理图。当马达负载转矩增加时，压力升高，使阀 5 左移，变量活塞 1 随之左移，马达排量增加转速降低，马达功率基本保持恒定。轴向柱塞马达的其他变量原理参见同类泵的变量方法。

2. 低速大转矩液压马达的变量

（1）单作用径向柱塞马达有级变量。一般通过改变偏心轮的偏心距实现变排量。图 4.4-30 所示是转动偏心套的变量原理图。图中 O 为曲轴旋转中心，O_1 为固定偏心轮中心，O_2 为可以转动的偏心套外圆中心。图示是偏心距最大（e）位置，马达排量最大，为低速大转矩工况。偏心套通过特殊机械转动 180°，O_2 转至 O_2' 位置，偏心距最小，马达排量最小，为高速小转矩工况。

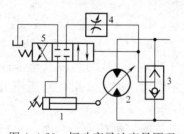

图 4.4-29　恒功率马达变量原理

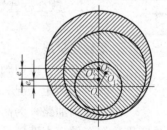

图 4.4-30　转动偏心套变量原理图

图 4.4-31 给出了径向移动偏心套的变量结构。在配流壳体和缸体间增设变量滑环 1，其间用螺钉固结一起。曲轴的偏心轮部分设置大、小活塞腔。控制油液由变量滑环引入，进入小活塞腔，推动小活塞 3 顶着偏心套 5 至最大偏心距位置，此时马达排量最大；当控制油推动大活塞 4 顶着偏心套移动到最小偏心距时，马达排量最小。适当设计大、小活塞的行程，可以得到不同偏心距的有级变量马达。

有级变量的控制油路如图 4.4-32 所示。油路中设置梭阀 3，可以保证马达正反转时变量活塞腔的控制油压始终为高压。图中变量缸 1 是大、小活塞的组合，节流阀 4 用于调整变量过程时间。换向阀 5 既可手动，也可采用液动阀。主机要求自由轮工况运转时，马达可以设计成偏心距为零和最大偏心距的有级变量。

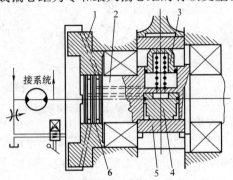
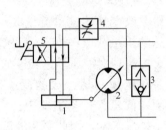

图 4.4-31　径向移动偏心套的变量结构
1—滑环；2—偏心轴；3、4—活塞；
5—偏心套；6—密封环

图 4.4-32　有级变量控制油路
1—变量缸；2—液压马达；3—梭阀；4—节流阀；
5—手动换向阀

（2）作用液压马达的有级变量。多作用液压马达有级变量通常在柱塞直径 d、柱塞行程 h 一定的情况下，通过改变作用数 X、排数 Y 和柱塞数 Z 中任一个量达到。

1）改变作用数 X 的变量。将马达的导轨曲面数分成 2 组或 3 组，相当于将一个马达分成几个马达的并联组合，用变速换向阀和相应的配流轴结构实现变量。

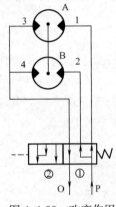

图 4.4-33　改变作用数 X 的变量原理

图 4.4-33 是改变作用数 X 的变量原理图，将马达的作用数分成 X_A、X_B 两台马达，$X = X_A + X_B$，换向阀处于位置①时，A、B 马达同时进压力油，为低速全转矩工况。阀在位置②时，全部压力油进入马达 A，马达 B 进出油口均接回油路，为高速半转矩工况，B 由 A 带动旋转。适当设计 X_A 和 X_B 的分配，马达可以得到不同的变量调节范围。设计中应当考虑变量前后液压径向力的平衡和无脉动输出。

2）改变柱塞数 Z 的变量。将马达的柱塞分成 A、B 两组或数组，与配流器的配流窗口分组对应。图 4.4-34 是 $X = 6$，$Z = 10$ 马达变柱塞数变量展开示意图，左侧为配流器配流窗口的展开图，右侧是缸孔的配流窗口。换向阀处于位置①时，A、B 两组柱塞全部通压力油，为低速全转矩工况。换向阀处于位置②时，B 组柱塞通压力油，A 组柱塞通回油路，为高速半转矩工况。

3）改变柱塞排数的变量。当液压马达设计成双排或三排柱塞结构时，可以变排数改变排量。这一变量方法不需特殊变量设计就能做到变量前后均无脉动。图 4.4-35 所示为两排柱塞串、并联的变量方法，变速换向阀使两排柱塞并联或串联实现变量。图示 A、B 两组柱塞进、排油口分别相连，为低速全转矩工况。A 组的出口与 B 组的入口连接，为高速半转矩工况。

应当指出，上述有级变量方法，反转变量时均将出现效率降低，滚轮与导轨寿命缩短。合理设计变量换向阀可避免这种状况。系统回油背压应根据高速工况选取。

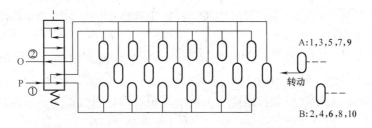

图 4.4-34 变柱塞数变量示意图

4.4.8 液压马达的选择与使用

1. 液压马达的选择 根据主要设备对液压系统工作压力、转矩和转速、变量、效率性能以及对体积、噪声、价格和工作介质等提出的要求，选用相应的液压马达。通常对转速较高、转矩较小的负载，可以选用高速小转矩液压马达。若同时要求噪声较低，则应选用叶片式液压马达，但对于高压液压系统则常选用轴向柱塞式液压马达。对转速较低而转矩较大的负载，常选用低速大转矩液压马达。采用高速小转矩马达配以减速装置同样可以达到低速大转矩输出的目的，这种组合制动力矩小，但噪声较高。采用低速大转矩液压马达通常具有（与高速马达加减速装置相比）体积小，布置灵活，噪声低，转速范围大，起动转矩效率高，加速快，低速稳定性好等优点，但制动转矩大，曲轴连杆式液压马达因其性能好、转速、价格适中，目前在低速大转矩液压马达中应用较多。当主机要求液压马达输出转矩大、转速低、体积小且低速稳定性好时，可以选用多作用内曲线液压马达。选用液压马达中，应根据主机使用参数注意查看相应

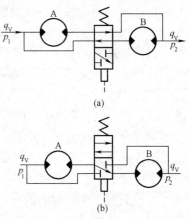

图 4.4-35 两排柱塞串、并联变量示意
(a) 并联低速全转矩；(b) 串联高速半转矩

液压马达的全效率曲线，以使所选用的液压马达经常工作在高效率区域中。

液压马达的额定压力、额定流量的选取同液压泵。

对于液压马达的选择来说，根据负载情况和工作性能要求，应考虑以下因素：

（1）低速稳定性。许多机械要求在较低工作速度下稳定工作，马达的低速稳定性与马达的结构形式有关，多作用液压马达一般比单作用式具有更低的稳定转速，对于同样结构型式的液压马达，低速稳定性与马达内部相对运动副的摩擦特性、密封部分的密封效果有关，也就是说，与液压马达的机械效率和容积效率有关。通常容积效率和机械效率高的液压马达，其低速稳定性也好。

（2）效率。包括总效率、容积效率、机械效率和启动效率。特别是当传动装置的功率较大（10kW 以上）时，选用效率高的马达不仅有利于节能，而且有利于降低液压系统工作介质的温度，提高系统的工作稳定性。

（3）调速范围。由于工作机构通常需要在不同的速度下工作，所以选用液压马达时应考虑马达的最高和最低稳定转速，即转速范围。有时也用液压马达的最高转速与最低转速之比来描述马达的转速范围大小，定义为"速度调节比"。目前性能优良的低速大转矩液压马达的速度调节比已达 1000 以上。

在确定液压马达的规格参数，如额定压力、额定转速、排量时，应根据配套主机的工作要求提供以下技术资料：

（1）液压马达的转速负载特性即液压马达的一个工作循环内其速度、负载转矩变化情况。通常以时间为横轴，转矩和转速为纵轴画出液压马达的负载特性曲线，根据负载特性曲线确定马达工作时的转矩峰值和长期连续工作的转矩数值，以及相关的最高转速和长期工作的转速。

（2）主机上原动机和液压泵的相关参数。当主机上液压系统的油源部分，包括电动机或内燃机、液压泵已确定时，系统所需传递的功率即已确定，供给液压马达的压力、流量等参数将受到油源系统的限制。

有了以上技术资料，应先计算出所需要的液压马达排量。根据排量，在产品性能参数列表中查取相近的规格。然后按转矩峰值和连续工作转矩计算出峰值压力和连续工作压力，如果计算值在该马达的性能参数范围内，则上述选择是合理的。

一般情况下，实际选用的连续工作压力要比样本中推荐的额定压力低 20%～25%，这有利于提高使用寿命和工作可靠性。转矩峰值出现在起动瞬间，马达实际工作的最高压力一般也要比样本中给定的最高压力值低约 20%。

2. 液压马达的安装及使用中须注意的问题   液压马达的使用、安装与故障处理与同类型的液压泵相似，但因为液压马达的工作条件与液压泵不同，故还有一些特殊的使用注意事项。

当液压马达用于起吊或驱动行走机械时，为防止重物失速或车辆等下坡时发生超速，必须设置限速阀。由于液压马达存在泄漏，因此在将液压马达的进出口关闭来进行制动时，马达会存在缓慢的滑移，当需要长时间制动时，需要设置防止马达转动的制动器。若被驱动负载惯性大，而要求在短时间内实现制动或倒、顺车，则应在回油路中设置安全阀（缓冲阀），以避免发生剧烈的液压冲击。由于液压马达内部存在静摩擦，液压马达的起动扭矩较额定扭矩低，因此在需要满负荷起动时应注意所用液压马达的启动扭矩值。液压马达的回油背压高于大气压力，故马达的泄漏油需要通过单独的泄油管引至油箱，不能将泄漏油管与回油管连接。马达的泄油管应单独引回油箱，泄油管应插入油箱液面以下，泄油管的最高水平位置应高于马达的最高水平位置，以防止马达壳体内的油液泄空。安装径向柱塞液压马达的支架必须有足够的刚度，马达输出轴与机械装置的传动轴同轴度允差不大于 0.1mm。应尽可能使马达的输出轴不受或少受径向载荷，以使马达获得较长的寿命。液压马达在工作期间，应定期检查工作介质的污染程度，连接件是否有松动，滤油器是否堵塞等。液压马达在长时间储存时，应向马达壳体内充满液压油，并用螺堵封住所有油口，将输出轴表面涂以防锈油。

具体到某一种具体结构类型的液压马达，尚需要注意与结构相关的问题。

（1）齿轮马达。

1）齿轮马达一般可以正反转、泄漏油采用外泄、泄油背压不得大于 0.05MPa。

2）齿轮马达输出轴与机械装置的连接要求同齿轮泵。

3）工作介质推荐用 N46 液压油或运动黏度为 $25～33mm^2/s$（50℃）的中性矿物油。

（2）叶片马达。叶片马达的安装要求与液压介质的选用方法与对应结构的叶片泵相同，但叶片马达可以正反转，泄漏采用外泄，泄油背压不得大于 0.05MPa。

（3）轴向柱塞液压马达。安装与使用应注意的问题同轴向柱塞液压泵。

（4）径向柱塞式液压马达。

1）马达起动前应向壳体内灌注液压油，以防止运动副产生干摩擦。

2）推荐采用 63 号液压油，工作油温 $30\sim65℃$，油液过滤精度要求为 $25\mu m$。

3）工作时回油背压应不低于 1MPa。

4）若马达轴垂至于水平方向安装，应进行充油，并确保充满。

液压马达通常不允许同时在最大压力和最高转速下工作，但允许分别在最大压力或最高转速下短时间运行。液压马达一般也不允许在爬行转速下工作。对经常在液压马达轴端引起径向力和轴向力的负载，选用时应查考该液压马达在这样负载下的工作寿命。

思 考 与 练 习 4

1. 液压缸是怎样分类的，分哪些类型？

2. 活塞缸、柱塞缸和摆动缸在结构上各有什么特点？各用于何种场合较为合理？

3. 分别采用液压缸缸体和活塞杆固定时，其进油方向和负载方向之间是什么关系？试绘图说明。

4. 液压系统中经常采用哪些密封方式？密封对液压传动有何重要意义？

5. 叶片马达的叶片底部为什么要加装燕式弹簧？

6. 为什么液压泵和液压马达在一般情况下是可逆的？实际应用要注意解决什么问题？

7. 已知某液压马达的排量 $V=250mL/r$，液压马达入口压力为 $p_1=10.5MPa$，出口压力为 $p_2=1.0MPa$，其机械效率 $\eta_m=0.9$，容积效率 $\eta_V=0.92$，当输入流量 $q=22L/min$ 时，试求液压马达的实际转速 n 和液压马达的输出转矩 T。

8. 一个液压泵，当负载压力为 8MPa 时，输出流量为 96L/min，当压力为 10MPa 时，输出流量为 94L/min，用此泵带动一排量为 80mL/r 的液压马达。当负载转矩为 120N·m 时，马达的机械效率为 0.94，转速为 1100r/min。试求此时液压马达的容积效率。

9. 图 4-1 所示，两个结构相同相互串联的液压缸，无杆腔的面积 $A_1=100cm^2$，有杆腔面积 $A_2=80cm^2$，缸 1 输入压力 $p_1=0.9MPa$，输入流量 $q_1=12L/min$，不计损失和泄漏，求：

（1）两缸承受相同负载（$F_1=F_2$）时，该负载的数值及两缸的运动速度。

（2）缸 2 的输入压力是缸 1 的一半（$p_2=p_1/2$）时，两缸各能承受多少负载？

（3）缸 1 不承受负载（$F_1=0$）时，缸 2 能承受多少负载？

10. 某一差动液压缸，要求（1）$v_{快进}=v_{快退}$，（2）$v_{快进}=2v_{快退}$，求活塞面积 A_1 和活塞杆面积 A_2 之比应为多少？

11. 单叶片摆动液压马达的供油压力 $p_1=2MPa$，供油流量 $q=25L/min$，回油压力 $p_2=0.3MPa$，缸体内径 $D=240mm$，叶片安装轴直径 $d=80mm$。设输出轴的周转角速度 $\omega=0.7rad/s$，试求叶片的宽度 b 和输出轴的转矩 T。

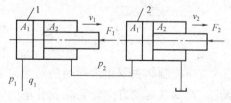

图 4-1　题 9 图

第5章 液压控制阀

5.1 概　　述

工程机械各工作机构工作时，需要经常起动、制动和换向。有的机构运动速度也要在一定的范围内进行调节，同时各工作机构所承受的外负载也是经常变化的。为了适应这些工作特点，一个完整的液压系统，除了前述的液压泵、液压马达和液压缸之外，还要有对机构进行控制和调节的液压元件——控制阀。液压系统中只有正确设置各种控制阀，才能保证工程机械各工作机构具有完善的性能和准确的动作。

所有控制阀的一个共同点，就是它们都是靠改变阀口的通道关系或改变阀口的通道面积来进行控制的。这一章专门介绍各类控制阀的结构、工作原理、性能。

控制阀的种类很多，按其工作特性可分成三大类：

(1) 方向控制阀——用于控制液流方向，有单向阀和换向阀两类。还有的根据不同需要，将换向阀（二联以上）和其他阀组合在一起，即称多路换向阀。

(2) 压力控制阀——控制油液压力高低的液压阀，主要有溢流阀、顺序阀、减压阀和平衡阀等。

(3) 流量控制阀——使液流量维持一定数值，主要有节流阀、调速阀、分流集流阀等。

从阀与管路的连接方式来看，又有螺纹连接、板式连接和法兰连接之分。螺纹连接结构最简单，质量较轻，工程机械上使用较多；板式连接是将阀用螺钉装在一块安装底板上，管子与安装底板相连，优点是阀装拆时，不必动管接头，比较方便，但质量和尺寸都较大，适用于固定设备，工程机械使用较少；法兰连接是管子端部焊接法兰盘，用螺钉和阀体相连，这种连接方式强度高，比较可靠，在较大流量的工程机械液压系统中应用也日趋增多。目前控制阀的系列有：中低压系列，压力 6.3MPa；中高压系列，压力 21MPa；高压系列，压力 32MPa。

5.2　方向控制阀

方向控制阀主要用来通断油路或改变油液流动的方向，从而控制液压执行元件的起动或停止，改变其运动方向。它主要有单向阀和换向阀。

5.2.1　单向阀

1. 普通单向阀　单向阀的主要作用是控制油液的单向流动。液压系统中对单向阀的主要性能要求是：正向流动阻力损失小，反向时密封性能好，动作灵敏。图 5.2-1 为一种管式单向阀的结构。图 5.2-1 (a) 所示，当压力油从阀体左端的通口流入时，克服弹簧 3 作用在阀芯 2 上的力，使阀芯向右移动，打开阀口，并通过阀芯上的径向孔 a、轴向孔 b 从阀体右端的通口流出，实现正向导通；图 5.2-1 (b) 所示，当压力油从阀体右端的通口流入时，

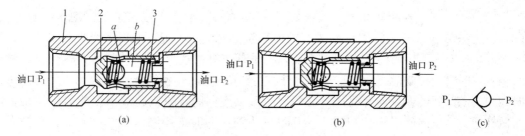

图 5.2-1 单向阀

(a) 正向导通；(b) 反向截止；(c) 图形符号

1—阀套；2—阀芯；3—弹簧

液压力和弹簧力一起使阀芯压紧在阀座上，使阀口关闭，油液无法通过，实现反向截止。其图形符号如图 5.2-1 (c) 所示。

单向阀中的弹簧主要是用来克服阀芯的摩擦阻力和惯性力，使单向阀工作灵敏可靠，所以单向阀的弹簧刚度一般都选得较小，以免油液流动时产生较大的压力降。一般单向阀的开启压力在 $0.035\sim0.05$MPa 左右，当通过其额定流量时的压力损失应不超过 $0.1\sim0.3$MPa，若将单向阀中的弹簧换成较大刚度的弹簧时，可将其置于回油路中作背压阀使用，此时阀的开启压力约为 $0.2\sim0.6$MPa。

2. 梭阀 梭阀可以看成是两个单向阀的复合体。其功能是两个压力信号进行比较后，将较大的压力信号输出，实现压力控制。如图 5.2-2 所示，当 $p_B > p_A$ 时，阀芯左移，将 p_A 口封闭，p_B 的压力油经阀芯圆柱面上铣出的平面缝隙，从 p_C 口流出。

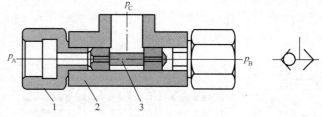

图 5.2-2 梭阀

1—接头；2—阀体；3—阀芯

3. 液控单向阀 图 5.2-3 为一种液控单向阀的结构。图 5.2-3 (a) 所示，当控制口 K 处无压力油通入时，它的工作和单向阀一样，压力油只能从进油口 p_1，流向出油口 P_2，不能反向流动。图 5.2-3 (b) 所示，当控制口 K 处有压力油通入时，控制活塞 1 右侧 a 腔通泄油口 L，在液压力作用下活塞向右移动，推动顶杆 2 顶开阀芯，使油口 P_1 和 P_2 接通，油液就可以从 P_2 口流向 P_1 口。图 5.2-3 (c) 为其图形符号。

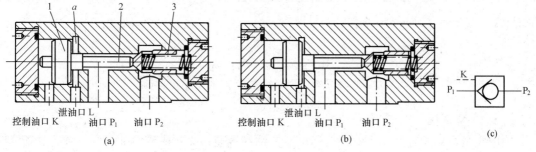

图 5.2-3 液控单向阀

(a) $P_x = 0$；(b) $P_k \neq 0$；(c) 图形符号

1—活塞；2—顶杆；3—阀芯

4. 双向液压锁　在工程机械上常将两个液控单向阀组合成双向液压锁用于支腿油路。QY8型汽车起重机支腿油路中采用的双向液压锁如图 5.2-4 所示,当需要收起支腿时,搬动换向阀,使双向液压锁的 A 口进油时,压力油便打开左边单向阀 1 从 A′口进入支腿液压缸的小腔,同时把控制活塞 3 向右推,打开右边的单向阀 4,使液压缸大腔的压力油通过该单向阀和换向阀回油箱;当需要放下支腿时,搬动换向阀,使双向液压锁的 B 口进油,压力油便打开右边单向阀 4 从 B′口进入液压缸的大腔,同时把控制活塞 3 向左推,打开左边单向阀 1,从而沟通液压缸的回油路。

如果不采用双向液压锁,当起重机放下支腿进行作业时,虽然换向阀放在中间位置,A、B 口都被截断,但由于液压缸支腿油压很高,而换向阀又是靠很小的间隙密封的,故仍会有泄漏,这将造成液压缸活塞杆缓慢缩回,这是不允许的。采用了双向液压锁,液压缸大腔的压力油把锥阀芯压紧在阀座上,油压越高压得越紧,可以使液压油一点都不会漏回油箱,从而避免了液压缸活塞杆自动缩回的现象,另外,当液压缸活塞处发生泄漏时,上腔油液流向下腔会使下腔压力升高,当上腔、下腔压力相等时,活塞处会停止泄漏,真正起到"锁"的作用。

起重机呈作业状态时,垂直支腿的液压缸承受很大的负荷,其大腔有很高的油压,该油压从背后作用在右边单向阀 4 上。收支腿时,双向液压锁的 A 口进油推动控制活塞 3,克服上述右边单向阀背后的油压(即液压缸大腔油压),才能"开锁"。

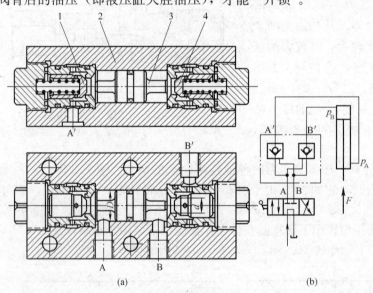

图 5.2-4　双向液压锁
1—左边单向阀;2—阀体;3—控制活塞;4—右边单向阀

5.2.2　换向阀

换向阀是利用阀芯对阀体的相对运动,使油路接通,关断或变换油流的方向,从而实现液压执行元件及其驱动机构的起动、停止或变换运动方向。

液压传动系统对换向阀性能的主要要求是:

(1) 油液流经换向阀时压力损失要小。

（2）互不相通的油口间的泄漏要小。

（3）换向要平稳、迅速且可靠。

换向阀的种类很多，其分类方式也各有不同，一般来说按阀芯相对于阀体的运动方式来分有滑阀和转阀两种；按操作方式来分有手动、机动、电磁动、液动和电液动等多种；按阀芯工作时在阀体中所处的位置有二位和三位等；按换向阀所控制的通路数不同有二通、三通、四通和五通等。

1. 换向阀的工作原理　图 5.2-5 所示为滑阀式换向阀的工作原理图。图 5.2-5（a）所示，当阀芯向右移动一定的距离时，由液压泵输出的压力油从阀的 P 口经 A 口输向液压缸左腔，液压缸右腔的油经 B 口经 T_2 口流回油箱，液压缸活塞向右运动；图 5.2-5（b）所示，当阀芯处于中位时，通口 P、A、B、T_1 和 T_2 均不相通，液压缸活塞不运动；图 5.2-5（c）所示，当阀芯向左移动一定的距离时，由液压泵输出的压力油从阀的 P 口经 B 口输向液压缸右腔，液压缸左腔的油经 A 口经 T_1 流回油箱，液压缸活塞向左运动。

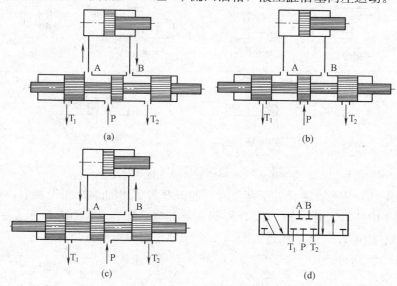

图 5.2-5　换向阀的工作原理

图 5.2-5 中的换向阀可绘制成如图 5.2-5（d）所示的图形符号图，由于该换向阀阀芯相对于阀体有三个工作位置，通常用一个粗实线方框符号代表一个工作位置，因而有三个方框；而该换向阀共有 P、A、B、T_1 和 T_2 五个油口，所以每一个方框中表示油路的通路与方框共有五个交点，在中间位置，由于各油口之间互不相通，用"⊥"或"⊤"来表示，而当阀芯向左移动时，表示该换向阀左位工作，即 P 与 A、B 与 T_2 相通；反之，则 P 与 B、A 与 T_1 相通。因此该换向阀被称之为三位五通换向阀，图 5.2-6 为常用的二位和三位换向阀的位和通路的符号图。

换向阀中阀芯相对于阀体的运动需要有外力操纵来实现，常用的操纵方式有手动、机动（行程）、电磁动、液动和电液动，其符号如图 5.2-7 所示，不同的操纵方式与图 5.2-6 所示的换向阀的位和通路符号组合就可以得到不同的换向阀，如三位四通电磁换向阀、三位五通液动换向阀等。

图 5.2-8 所示为转阀的工作原理图，该阀由阀体 1、阀芯 2 和使阀芯转动的操纵手柄 3

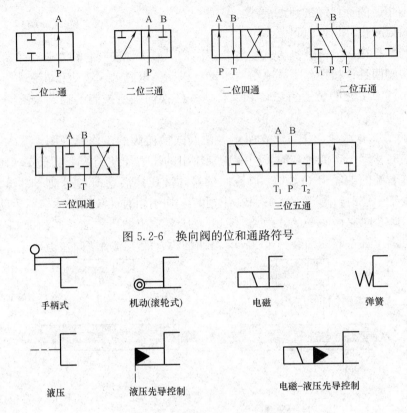

图 5.2-6　换向阀的位和通路符号

图 5.2-7　换向阀操纵方式符号

组成。图 5.2-8（a）所示，手柄处于左位时，通口 P 和 A 相通、B 和 T 相通；图 5.2-8（b）所示，手柄处于中位时，通口 P、A、B 和 T 均不相通；图 5.2-8（c）所示，手柄处于右位时；通口 P 和 B 相通，A 和 T 相通。图 5.2-8（d）为它的图形符号。

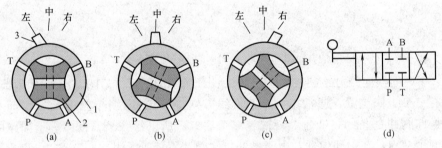

图 5.2-8　转阀工作原理
1—阀体；2—阀芯；3—手柄

2. 换向阀的结构　在液压传动系统中广泛采用的是滑阀式换向阀，在这里主要介绍这种换向阀的几种典型结构。

（1）手动换向阀。手动换向阀是利用手动杠杆来改变阀芯位置实现换向的，图 5.2-9 所示为手动换向阀的结构和图形符号。该阀为自动复位式手动换向阀，放开手柄1，阀芯2在弹簧6的作用下自动回复中位，该阀适用于动作频繁、工作持续时间短的场合，操作比较安全，常用于工程机械的液压传动系统中。

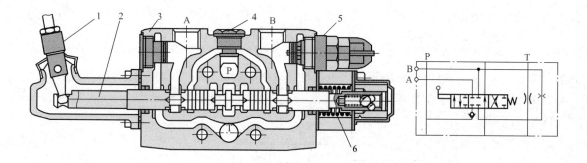

图 5.2-9 手动换向阀

1—手柄；2—阀芯；3—阀体；4—单向阀；5—节流阀；6—弹簧

（2）机动换向阀。机动换向阀又称行程阀，它主要用来控制机械运动部件的行程，它是借助于安装在工作台上的挡铁或凸轮来迫使阀芯移动，从而控制油液的流动方向，机动换向阀通常是二位的，有二通、三通、四通和五通几种，其中二位二通机动阀又分常闭和常开两种。

图 5.2-10 为二位二通常闭式机动换向阀。图 5.2-10（a）所示，阀芯 2 被弹簧 3 压向左端，油腔 P 和 A 不通；图 5.2-10（b）所示，当挡铁或凸轮压住滚轮 1 使阀芯 2 移动到右端时，就使油腔 P 和 A 接通。图 5.2-10（c）为其图形符号。

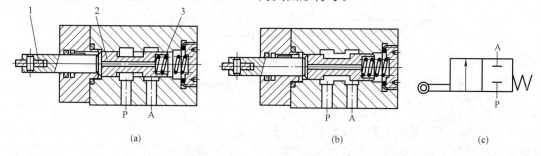

(a)　　　　　　　　　　(b)　　　　　　　　　　(c)

图 5.2-10 机动换向阀

1—滚轮；2—阀芯；3—弹簧

（3）电磁换向阀。电磁换向阀是利用电磁铁的通电吸合与断电释放而直接推动阀芯来控制液流方向的。它是电气系统与液压系统之间的信号转换元件，它的电气信号由液压设备中的按钮开关、限位开关、行程开关等电气元件发出，从而可以使液压系统方便地实现各种操作及自动顺序动作。

电磁铁按使用电源的不同，可分为交流和直流两种。按衔铁工作腔是否有油液又可分为"干式"和"湿式"。交流电磁铁起动力较大，吸合、释放快，动作时间约为 0.01～0.03s，其缺点是若电源电压下降 15％以上，则电磁铁吸力明显减小，若衔铁不动作，干式电磁铁会在 10～15min 后烧坏线圈（湿式电磁铁为 1～1.5h），且冲击及噪声较大，寿命低，因而在实际使用中交流电磁铁允许的切换频率一般为 10 次/min，不得超过 30 次/min。直流电磁铁工作较可靠平稳，吸合、释放动作时间约为 0.05～0.08s，允许使用的切换频率较高，一般可达 120 次/min，最高可达 300 次/min，且冲击小、体积小、寿命长。但衔铁起动力较小，成本较高。此外，还有一种本整形电磁铁，其电磁铁是直流的，但电磁铁本身带有整流器，通入的交流电经整流后再供给直流电磁铁。目前，国外新发展了一种油漫式电磁铁，不但衔铁，而且激磁线圈也都浸在油液中工作，它具有寿命更长，工作更平稳可靠等特点，但由于造价较高，应用面不广。

图 5.2-11 所示为二位三通交流电磁阀结构。图 5.2-11（a）所示，油口 P 和 A 相通，油口 B 断开；图 5.2-11（b）所示，当电磁铁通电吸合时，推杆 1 将阀芯 2 推向右端，这时油口 P 和 A 断开，而与 B 相通。当电磁铁断电释放时，弹簧 3 推动阀芯复位。图 5.2-11（c）为其图形符号。

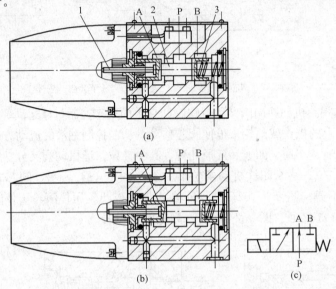

图 5.2-11　二位三通电磁阀
1—推杆；2—阀芯；3—弹簧

如前所述，电磁阀就其工作位置来说，有二位和三位等。二位电磁阀有一个电磁铁，靠弹簧复位；三位电磁阀有两个电磁铁，如图 5.2-12 所示为一种三位五通电磁换向阀的结构和图形符号。

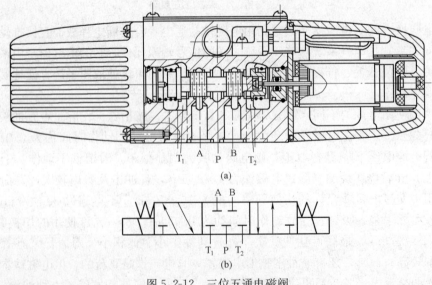

图 5.2-12　三位五通电磁阀

（4）液动换向阀。液动换向阀是利用控制油路的压力油来改变阀芯位置的换向阀，图 5.2-13 为三位四通液动换向阀的结构和图形符号。阀芯是由其两端密封腔中油液的压差来移动的。如图 5.2-13（b）所示，当控制油路的压力油从阀右边的控制油口 K_2 进入滑阀右腔时，K_1 接通回油，阀芯向左移动，使压力油口 P 与 B 相通，A 与 T 相通；如图 5.2-13（c）所示，当 K_1 接通压力油，K_2 接通回油时，阀芯向右移动，使得 P 与 A 相通，B 与 T 相通；如图 5.2-13（a）所示，当 K_1、K_2 都回油时，阀芯在两端弹簧和定位套作用下回到中间位置。

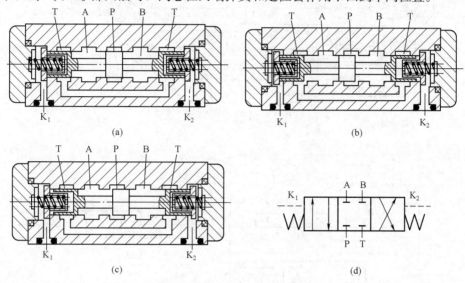

图 5.2-13　三位四通液动阀

（5）电液换向阀。在大中型液压设备中，当通过阀的压力、流量较大时，作用在滑阀上的摩擦力和液动力较大，此时电磁换向阀的电磁铁推力相对地太小，需要用电液换向阀来代替电磁换向阀。电液换向阀是由电磁滑阀和液动滑阀组合而成。电磁滑阀起先导作用，它可以改变控制液流的方向，从而改变液动滑阀阀芯的位置。由于操纵液动滑阀的液压推力可以很大，所以主阀芯的尺寸可以做得很大，允许有较大的油液流量通过。这样用较小的电磁铁就能控制较大的液流。图 5.2-14 所示为弹簧对中型三位四通电液换向阀的结构和图形符号。当先导电磁阀左边的电磁铁通电后使其阀芯向右边位置移动，来自主阀 P 口的压力油经先导电磁阀的 A 口和左单向阀进入主阀左端容腔，并推动主阀阀芯向右移动，这时主阀芯右端容腔中的油液可通过右边的节流阀经先导电磁阀的 B 口和 T 口流回油箱（主阀芯的移动速度可由节流阀调节），使主阀 P 与 A、B 和 T 的油路相通；反之，由电磁阀右边的电磁铁通电，可使 P 与 B、A 与 T 的油路相通；当先导电磁阀的两个电磁铁均不通电时，先导阀阀芯在其对中弹簧作用下回到中位，此时来自主阀 P 口的压力油不再进入主阀芯的左、右两容腔，主阀芯左右两腔的油液通过先导阀中间位置的 A、B 两油口与先导阀 T 口相通回油箱[图 5.2-14(b)]。主阀芯在两端对中弹簧的预压力的推动下回到中位，此时主阀的 P、A、B 和 T 油口均不通。

3. 换向阀的性能和特点

（1）中位机能。对于各种操纵方式的三位四通和五通的换向滑阀，阀芯在中间位置时各油口的连通情况称为换向阀的中位机能。不同的中位机能，可以满足液压系统的不同要求，

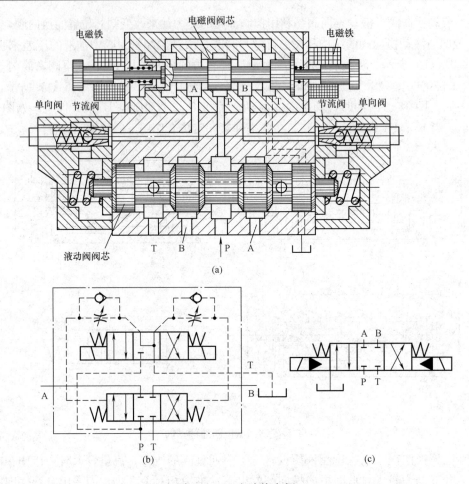

图 5.2-14 电液换向阀

图 5.2-14 为常见的三位四通、五通换向阀的中位机能的型式、滑阀状态和符号，由表 5.2-1 可以看出，不同的中位机能是通过改变阀芯的形状和尺寸得到的。

表 5.2-1   三位换向阀的中位机能

中位机能型式	中间位置时的滑阀状态	中间位置的符号	
		三位四通	三位五通
O			
H			
Y			

中位机能型式	中间位置时的滑阀状态	中间位置的符号	
		三位四通	三位五通
J	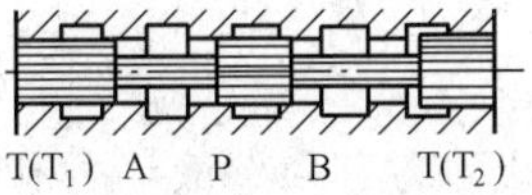 T(T₁) A P B T(T₂)	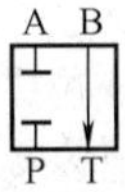 A B / P T	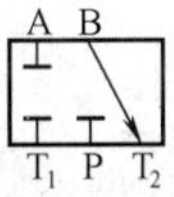 A B / T₁ P T₂
C	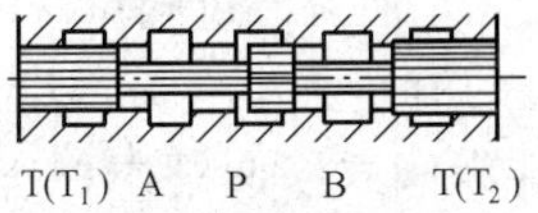 T(T₁) A P B T(T₂)	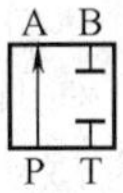 A B / P T	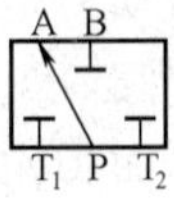 A B / T₁ P T₂
P	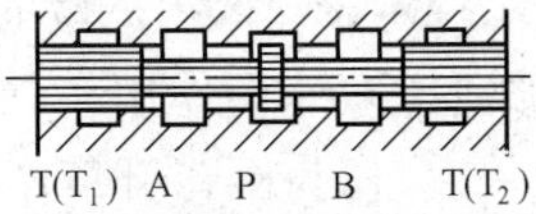 T(T₁) A P B T(T₂)	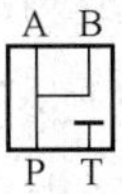 A B / P T	 A B / T₁ P T₂
K	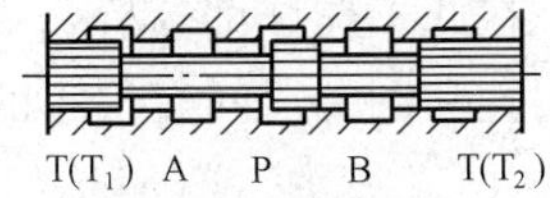 T(T₁) A P B T(T₂)	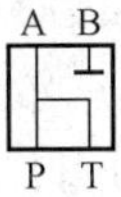 A B / P T	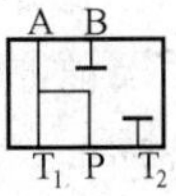 A B / T₁ P T₂
X	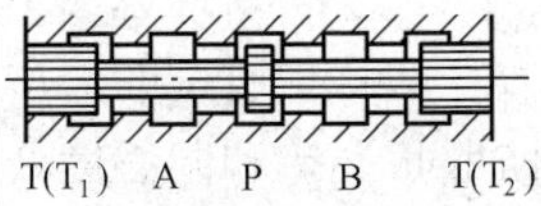 T(T₁) A P B T(T₂)	 A B / P T	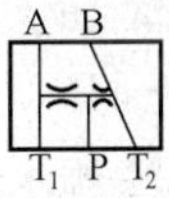 A B / T₁ P T₂
M	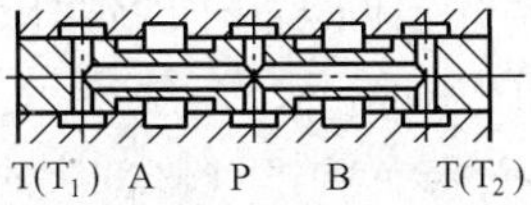 T(T₁) A P B T(T₂)	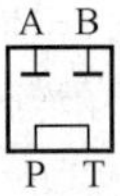 A B / P T	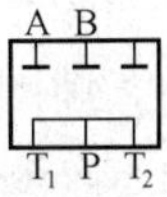 A B / T₁ P T₂
U	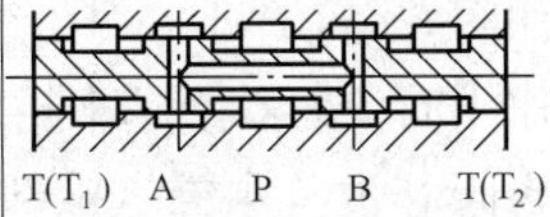 T(T₁) A P B T(T₂)	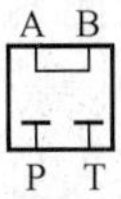 A B / P T	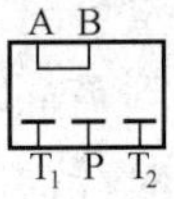 A B / T₁ P T₂

在分析和选择三位换向阀的中位机能时，通常考虑以下几点：

1）系统保压。当 P 口被堵塞时，系统保压，液压泵能用于多缸系统；当 P 口不太通畅地与 T 口相通时（如 x 型），系统能保持一定的压力供控制油路使用。

2）系统卸荷。P 口通畅地与 T 口相通时，系统卸荷。

3）换向平稳性与精度。当液压缸 A、B 两口都堵塞时，换向过程中易产生液压冲击，换向不平稳，但换向精度高；反之，A、B 两口都通 T 口时，换向过程中工作部件不易制动，换向精度低，但液压冲击小。

4）起动平稳性。阀在中位时，液压缸某腔如通油箱，则起动时该腔内因空气的进入，起动不平稳。

5）液压缸"浮动"和在任意位置上的停止。阀在中位时，当 A、B 两油口互通时，液压缸呈"浮动"状态，可利用其他机构移动工作台，调整其位置。当 A、B 两口堵塞时，可使液压缸在任意位置处停下来。

三位换向阀除了在中间位置时有各种滑阀机能外，有时也把阀芯在其一端位置时的油口连通情况设计成特殊的机能，这时分别用两个字母来表示滑阀在中间状态和一端状态的滑阀

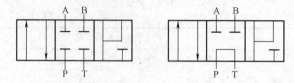

图 5.2-15　OP 型、MP 型中位机能符号

机能，常用的有 OP 型和 MP 型等，它们的符号如图 5.2-15 所示。OP 和 MP 型滑阀机能主要用于差动连接回路，以得到快速行程。

（2）滑阀的液动力。由液流的动量定律可知，油液通过换向阀时作用在阀芯上的液动力有稳态液动力和瞬态液动力两种，滑阀上的稳态液动力是在阀芯移动完毕，开口固定之后，液流流过阀口时因动量变化而作用在阀芯上的有使阀口关小的趋势的力，其值与通过阀的流量大小有关，流量越大，液动力也越大，因而使换向阀切换的操纵力也应越大。由于在滑阀式换向阀中稳态液动力相当于一个回复力，故它对滑阀性能的影响是使滑阀的工作趋于稳定。滑阀上的瞬态液动力是滑阀在移动过程中（即开口大小发生变化时），阀腔液流因加速或减速而作用在阀芯上的力，这个力与阀芯的移动速度有关（即与阀口开度的变化率有关），而与阀口开度本身无关，且瞬态液动力对滑阀工作稳定性的影响要视具体结构而定，在此不作详细分析。

（3）滑阀的液压卡紧现象。一般滑阀的阀孔和阀芯之间有很小的间隙，当缝隙均匀且缝隙中有油液时，移动阀芯所需的力只需克服黏性摩擦力，数值是相当小的。但在实际使用中，特别是在中、高压系统中，当阀芯停止运动一段时间后（一般约 5min 以后），这个阻力可以大到几百牛顿，使阀芯重新移动十分费力，这就是所谓的液压卡紧现象。

引起液压卡紧的主要原因是来自滑阀副几何形状误差和同心度变化所引起的径向不平衡液压力。如图 5.2-16（a）所示，当阀芯和阀体孔之间无几何形状误差且轴心线平行但不重合时，阀芯周围间隙内的压力分布是线性的（图中 A_1 和 A_2 线所示），且各向相等，阀芯上不会出现不平衡的径向力；当阀芯因加工误差而带有倒锥（锥部大端朝向高压腔）且轴心线平行而不重合时，阀芯周围间隙内的压力分布如图 5.2-16（b）中曲线 A_1 和 A_2 所示，这时阀芯将受到径向不平衡力（图中阴影部分）的作用而使偏心距越来越大，直到两者表面接触为止，这时径向不平衡力达到最大值；然而，当阀芯带有顺锥（锥部大端朝向低压腔）时，

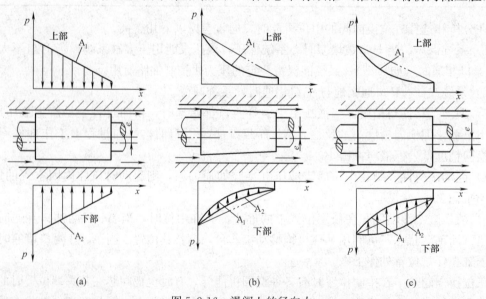

(a)　　　　　　　　　　(b)　　　　　　　　　　(c)

图 5.2-16　滑阀上的径向力

产生的径向不平衡力将使阀芯和阀孔间的偏心距减小；图 5.2-16（c）所示为阀芯表面有局部凸起相当于阀芯碰伤，残留毛刺或缝隙中楔入脏物时，阀芯受到的径向不平衡力将使阀芯的凸起部分推向孔壁。

　　当阀芯受到径向不平衡力作用而和阀孔相接触后，缝隙中存留液体被挤出，阀芯和阀孔间的摩擦变成半干摩擦乃至干摩擦，因而使阀芯重新移动时所需的力增大了许多。

　　滑阀的液压卡紧现象不仅存在换向阀中，其他的液压阀也普遍存在，在高压系统中更为突出，特别是滑阀的停留时间越长，液压卡紧力越大，以致造成移动滑阀的推力（如电磁铁推力）不能克服卡紧阻力，使滑阀不能复位。

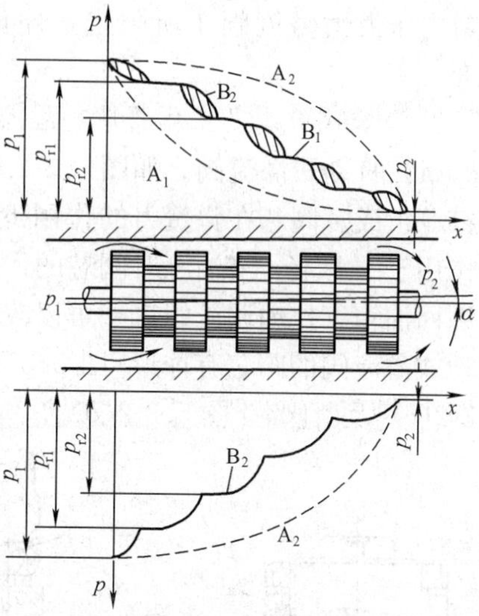

图 5.2-17　滑阀环形槽的作用

　　为了减小径向不平衡力，应严格控制阀芯和阀孔的制造精度，在装配时，尽可能使其成为顺锥形式，另一方面在阀芯上开环形均压槽，也可以大大减小径向不平衡力，如图 5.2-17 所示，一般环形均压槽的尺寸是：宽 0.3～0.5mm，深 0.5～0.8mm，槽距 1～5mm。

5.3　压　力　控　制　阀

　　在液压传动中，液流的压力是最基本的参数之一。控制系统油液压力高低的液压阀，称为压力控制阀。例如，为了防止系统过载或保持系统压力恒定的有溢流阀，为了使同一液压泵能以不同压力供给几个机构的有减压阀等。这类阀的共同点是利用作用在阀芯上的液压力与弹簧力相平衡的原理工作的。

5.3.1　溢流阀

1. 溢流阀的作用

（1）多数液压系统都用溢流阀限制最高压力，来防止系统过载。图 5.3-1 中，液压缸 1 承受外负载，若外负载增加时，泵 3 的出口压力升高，当超过规定值时，泵排出的油从溢流阀 4 回油箱 5，系统压力不会继续升高，从而保护泵和其他元件不致损坏，起到安全作用，故又称安全阀。在正常工作情况下安全阀关闭。

（2）用于维持系统压力恒定，例如在节流调速系统中［图 5.3-1（b）］，液压缸 1 的速度改变，由节流阀 2 来控制，节流阀开得大，流量大，液压缸速度快。反之，开得小则液压缸速度慢。多余的流量从溢流阀 4 溢回油箱。溢流时泵 3

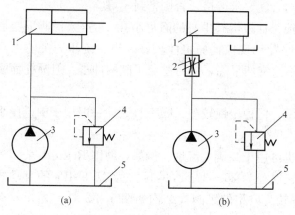

(a)　　　　　　　(b)

图 5.3-1　溢流阀的作用

1—液压缸；2—节流阀；3—液压泵；4—溢流阀；5—油箱

出口的压力由溢流阀 4 所限定，外负载的变化，只会引起溢流量的增减，出口压力几乎不变。

2. 溢流阀分类及工作原理   溢流阀结构形式有直动式和先导式。

（1）直动式溢流阀。如图 5.3-2 所示，直动式溢流阀由阀体 1、阀芯 2、弹簧 3 和调压螺钉等组成。阀芯在弹簧力的作用下压在阀座上，阀呈关闭状态。压力油通过直径为 d 的孔作用于阀芯上，当油压对阀芯的作用力大于弹簧的预压紧力时，阀开启，高压油便通过阀口溢回油箱。拧动调压螺钉，可以改变弹簧的预紧力，从而改变溢流阀的开启压力。常用的直动式溢流阀的阀芯有球形[图 5.3-2(a)]、锥形[图 5.3-2(b)]和带导向部分的锥阀芯[图 5.3-2(c)]及滑阀芯[图 5.3-2(d)]。

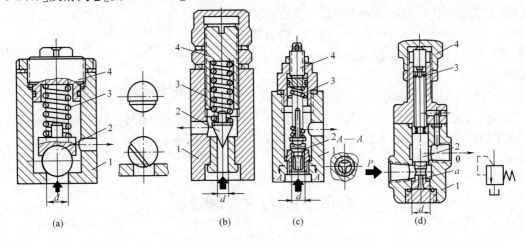

图 5.3-2   直动式溢流阀结构形式
1—阀体；2—阀芯；3—弹簧；4—调压螺钉

球形阀芯的优点是结构简单，制造容易，但这种阀在使用中易发生球与阀座的撞击，球磨损后一旦转动便会影响阀口密封 [图 5.3-2（a）的局部视图]。

锥形阀芯性能较球形阀芯好。无导向部分锥形阀芯结构简单，但其轴线易歪斜，影响密封性能，当通过流量较大时（阀口开度较大），阀芯易脱离阀座而不能复位。有导向部分的锥形阀芯无上述问题，但导向部分和锥面同心度要求严格，否则密封不好。

图 5.3-2 （d）的阀芯是滑阀式的，油流是通过滑阀中心的阻尼小孔 a，进入滑阀下腔后使阀开启的。该阀因 a 孔的阻尼作用，消除脉动现象，稳定性较好，当系统压力突然下降时，由于 a 孔的阻尼作用，滑阀下腔压力不致突然下降，从而避免了阀的冲击。但圆柱面密封性能较差。

直动式溢流阀结构比较简单，动作灵敏，但稳定性较差，噪声较大，一般用于中低压小流量场合。

当然，直动式溢流阀采取适当的措施也可用于高压大流量。例如，德国 Rexroth 公司开发的通径 6～20mm 的压力为 40～63MPa、通径为 25～30mm 的压力为 31.5MPa 的直动式溢流阀，最大流量可达到 330L/min，其中较为典型的锥阀式结构如图 5.3-3 （a）所示，图 5.3-3 （b）为锥阀式结构的局部放大图，在锥阀的下部有一阻尼活塞 3，活塞的侧面铣扁，以便将压力油引到活塞底部，该活塞除了能增加运动阻尼以提高阀的工作稳定性外，还可以使锥阀导向而在开启后不会倾斜。此外，锥阀上部有一个偏流盘 1，盘上的环形槽用来改变液流方向，一方面以补偿锥阀 2 的液动力；另一方面由于液流方向的改变，产生一个与弹簧力相反方向的射流力，当通过溢流阀的流量增加时，虽然因锥阀阀口增大引起弹簧力增加，但由于与弹簧力方向相反的射流力同时增加，结果抵消了弹簧力的增量，有利于提高阀的通流量和工作压力。

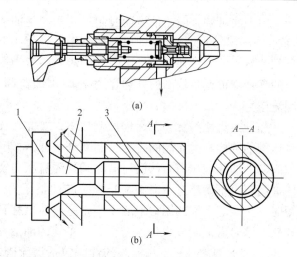

图 5.3-3　Rexroth 直动式溢流阀
1—偏流盘；2—锥阀；3—活塞

（2）先导式溢流阀。图 5.3-4 所示为先导式溢流阀的结构示意图，在图中压力油从 p 口进入，通过阻尼孔 f 后作用在导阀阀芯 4 上，当进油口压力较低，导阀上的液压作用力不足以克服导阀左边的调压弹簧 3 的作用力时，导阀关闭，没有油液流过阻尼孔，所以主阀芯 7 两端压力相等，在较软的主阀弹簧 8 作用下主阀芯 7 处于最下端位置，溢流阀阀口 p 和 O 隔断，没有溢流。

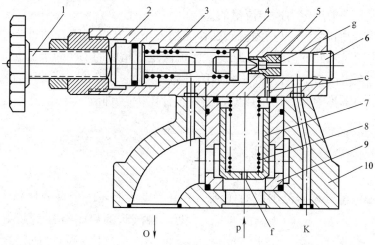

图 5.3-4　先导式溢流阀
1—调压螺钉；2—导阀阀体；3—调压弹簧；4—导阀阀芯；5—阀座；6—螺堵；7—主阀芯；8—主阀弹簧；9—阀套；10—主阀阀体

当进油口压力升高到作用在导阀上的液压力大于导阀弹簧作用力时，导阀打开，压力油就可通过阻尼 f，经导阀流回油箱，由于阻尼孔 f 的作用，使主阀芯上端的液压力 p_2 小于下端压力 p_1，当这个压力差作用在面积为 A_R 的主阀芯上的力等于或超过主阀弹簧力 F_s、轴向稳态液动力 F_{bs}、摩擦力 F_t 和主阀芯自重 G 时，主阀芯开启，油液从 p 口流入，经主阀阀口由 O 流回油箱，实现溢流，即有

$$\Delta p = p_1 - p_2 \geqslant \frac{F_s + F_{bs} + G + F_t}{A_R} \tag{5-1}$$

由上式可知，由于油液通过阻尼孔而产生的 p_1 与 p_2 之间的压差值不太大，所以主阀芯只需一个小刚度的软弹簧即可；而作用在导阀 4 上的压力 p_2 与其导阀阀芯面积的乘积即为导阀弹簧 3 的调压弹簧力，由于导阀阀芯一般为锥阀，受压面积较小，所以用一个刚度不太大的弹簧即可调整较高的开启压力 p_2，用螺钉调节导阀弹簧的预紧力，就可调节溢流阀的溢流压力。

先导式溢流阀有一个远程控制口 K，如果将 K 口用油管接到另一个远程调压阀（远程调压阀的结构和溢流阀的先导控制部分一样），调节远程调压阀的弹簧力，即可调节溢流阀主阀芯上端的液压力，从而对溢流阀的溢流压力实现远程调压。但是，远程调压阀所能调节的最高压力不得超过溢流阀本身导阀的调整压力。当远程控制口 K 通过二位二通阀接通油箱时，主阀芯上端的压力接近于零，主阀芯上移到最高位置，阀口开得很大。由于主阀弹簧较软，这时溢流阀 p 口处压力很低，系统的油液在低压下通过溢流阀流回油箱，实现卸荷。

3. 溢流阀的性能　溢流阀的性能包括溢流阀的静态性能和动态性能，在此作一简单的介绍。

(1) 静态性能。

1) 压力调节范围。压力调节范围是指调压弹簧在规定的范围内调节时，系统压力能平稳地上升或下降，且压力无突跳及迟滞现象时的最大和最小调定压力。溢流阀的最大允许流量为其额定流量，在额定流量下工作时溢流阀应无噪声，溢流阀的最小稳定流量取决于它的压力平稳性要求，一般规定为额定流量的 15%。

2) 启闭特性。启闭特性是指溢流阀在稳态情况下从开启到闭合的过程中，被控压力与通过溢流阀的溢流量之间的关系。它是衡量溢流阀定压精度的一个重要指标，一般用溢流阀处于额定流量、调定压力 p_s 时，开始溢流的开启压力 p_k 及停止溢流的闭合压力 p_B 与 p_s 的百分比来衡量，前者称为开启比 $\overline{p}_k$，后者称为闭合比 $\overline{p}_B$，即

$$\overline{p}_k = \frac{p_k}{p_s} \times 100\% \tag{5-2}$$

$$\overline{p}_B = \frac{p_B}{p_s} \times 100\% \tag{5-3}$$

式中，p_s 可以是溢流阀调压范围内的任何一个值，显然上述两个百分比越大，则二者越接近，溢流阀的启闭特性就越好，一般应使 $\overline{p}_B \geqslant 90\%$，$\overline{p}_B \geqslant 85\%$，直动式和先导式溢流阀的启闭特性曲线如图 5.3-5 所示。

3) 卸荷压力。当溢流阀的远程控制 K 与油箱相连时，额定流量下的压力损失称为卸荷压力。

(2) 动态性能。当溢流阀在溢流量发生由零至额定流量的阶跃变化时，它的进口压力，也就是它所控制的系统压力，将如图 5.3-6 所示的那样迅速升高并超过额定压力的调定值，然后逐步衰减到最终稳定压力，从而完成其动态过渡过程。

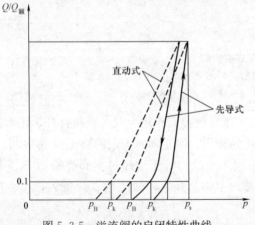

图 5.3-5　溢流阀的启闭特性曲线

p_k—开启压力；p_B—闭合压力

定义最高瞬时压力峰值与额定压力调定值 p_s 的差值为压力超调量 Δp，则压力超调率 $\overline{\Delta p}$ 为

$$\overline{\Delta p} = \frac{\Delta p}{p_s} \times 100\% \qquad (5\text{-}4)$$

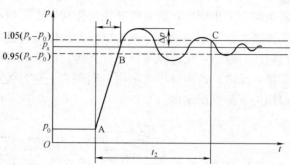

它是衡量溢流阀动态定压误差的一个性能指标，一个性能良好的溢流阀 $\overline{\Delta p} \leqslant 10\% \sim 30\%$。

图 5.3-6 所示的 t_1 称之为响应时间，t_2 称之为过渡过程时间。显然，t_1 越小，溢流阀的响应越快；t_2 越小，溢流阀的动态过渡过程时间越短。

图 5.3-6　流量阶跃变化时溢流阀的进口压力响应特性曲线

4. 溢流阀故障原因及排除方法见表 5.3-1。

表 5.3-1　　　　　　　　　　溢流阀故障原因及排除方法

故障现象	产　生　原　因	排　除　方　法
压力调不高或调不低	1. 弹簧断裂或漏装 2. 阻尼孔堵塞，造成主阀关不死 3. 先导阀阀口密封不好，造成主阀始终开启 4. 锥阀漏装 5. 进出油口装反 6. 主阀芯因毛刺或油污卡死	1. 更换或补装弹簧 2. 疏通阻尼孔，检查油的清洁 3. 配研阀芯与阀座或更换零件 4. 检查补装 5. 检查油流方向并纠正 6. 拆出，检查，修整
压力不稳定，常伴有噪声和振动	1. 阻尼孔太大，或主阀芯与阀体配合间隙过大阻尼作用减小 2. 阀芯与阀座接触不良 3. 主阀动作不良 4. 弹簧弯曲或太软 5. 油不清洁，阻尼孔堵塞 6. 与液压泵发生共振 7. 与其他阀产生共振 8. 出口油路中有空气 9. 流量超过允许值	1. 更换零件，或堵小阻尼孔 2. 配研阀芯与阀座或更换零件 3. 检查主阀与壳体是否同心，是否被油污卡住 4. 更换弹簧 5. 更换油液疏通阻尼孔 6. 改变管路连接形状和长短 7. 略为改变阀的调定压力，各阀使用压力越接近越易共振，应使各阀调定压力相差 10% 以上 8. 排除空气 9. 更换流量大的阀

5.3.2　减压阀

减压阀是使出口压力（二次压力）低于进口压力（一次压力）的一种压力控制阀。其作用是用来减低液压系统中某一回路的油液压力，使用一个油源能同时提供两个或几个不同压力的输出。减压阀在各种液压设备的夹紧系统、润滑系统、制动离合系统和控制系统中应用较多。此外，当油液压力不稳定时，在回路中串入一减压阀可得到一个稳定的较低的压力。根据减压阀所控制的压力不同，它可分为定值输出减压阀、定差减压阀和定比减压阀。

1. 定值输出减压阀

（1）工作原理。图 5.3-7（a）所示为直动式减压阀的结构示意图和图形符号。p_1 口是

进油口，p_2 口是出油口，阀不工作时，阀芯在弹簧作用下处于最下端位置，阀的进、出油口是相通的，也即阀是常开的。若出口压力增大，使作用在阀芯下端的压力大于弹簧力时，阀芯上移，关小阀口，这时阀处于工作状态。若忽略其他阻力，仅考虑作用在阀芯上的液压力和弹簧力相平衡的条件，则可以认为出口压力基本上维持在某一定值——调定值上。这时如出口压力减小，阀芯就下移，开大阀口，阀口处阻力减小，压降减小，使出口压力回升到调定值；反之，若出口压力增大，则阀芯上移，关小阀口，阀口处阻力加大，压降增大，使出口压力下降到调定值。

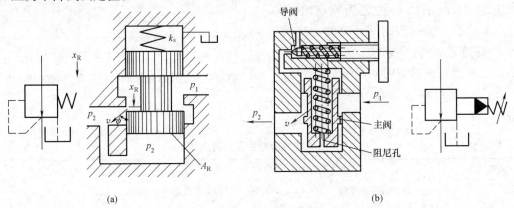

图 5.3-7　减压阀
p_1—进油口压力；p_2—出油口压力；k_s—弹簧刚度；A_R—阀芯截面积；v—流速

图 5.3-7（b）为先导式减压阀的工作原理图和图形符号，可仿前述先导式溢流阀来推演，这里不再赘述。将先导式减压阀和先导式溢流阀进行比较，它们之间有如下几点不同之处：

1）减压阀保持出口压力基本不变，而溢流阀保持进口处压力基本不变。

2）在不工作时，减压阀进、出油口互通，而溢流阀进出油口不通。

3）为保证减压阀出口压力调定值恒定，它的导阀弹簧腔需通过泄油口单独外接油箱；而溢流阀的出油口是通油箱的，所以它的导阀的弹簧腔和泄漏油可通过阀体上的通道和出油口相通，不必单独外接油箱。

（2）工作特性。理想的减压阀在进口压力、流量发生变化或出口负载增加时，其出口压力 p_2 总是恒定不变。但实际上 p_2 是随 p_1、q 的变化，或负载的增大而有所变化。由图 5.3-7（a）可知，当忽略阀芯的自重和摩擦力，稳态液动力为 F_{bs} 时，阀芯上的力平衡方程为

$$p_2 A_R + F_{bs} = k_s (x_c + x_R) \tag{5-5}$$

式中，x_c 为当阀芯开口 $x_R = 0$ 时弹簧的预压缩量，其余符号见图 5.3-7，即

$$p_2 = \frac{k_s (x_c + x_R) - F_{bs}}{A_R} \tag{5-6}$$

若忽略液动力 F_{bs}，且 $x_R \ll x_c$ 时，则有

$$p_2 \approx \frac{k_s}{A_R} x_c = 常数 \tag{5-7}$$

这就是减压阀出口压力可基本上保持定值的原因。

减压阀的 p_2-q 特性曲线如图 5.3-8 所示，当减压阀进油口压力 p_1 基本恒定时，若通过的流量 q 增加，则阀口缝隙 x_R 加大，出口压力 p_2 略微下降。在如图 5.3-7（b）中的先导式

减压阀中，出油口压力的压力调整值越低，它受流量变化的影响就越大。

当减压阀的出油口不输出油液时，它的出口压力基本上仍能保持恒定，此时有少量的油液通过减压阀阀口经先导阀和泄油管流回油箱，保持该阀处于工作状态，如图 5.3-7 (b) 所示。

2. 定差减压阀　定差减压阀是使进、出油口之间的压力差不变或近似于不变的减压阀，其工作原理如图 5.3-9 (a) 所示。高压油 p_1 经节流口 x_R 减压后以低压 p_2 流出，同时，低压油经阀芯中心孔将压力传至阀芯上腔，则其进、出油液压力在阀芯有效作用面积上的压力差与弹簧力相平衡

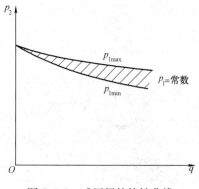

图 5.3-8　减压阀的特性曲线

$$\Delta p = p_1 - p_2 = \frac{k_s (x_c + x_R)}{\frac{\pi}{4} (D^2 - d^2)} \tag{5-8}$$

式中，x_c 为当阀芯开口 $x_R = 0$ 时弹簧（其弹簧刚度为 k_s）的预压缩量，其余符号如图 5.3-9 (b) 所示。由上式可知，只要尽量减小阀口开度 x_R 的变化量，就可使压力差近似地保持为定值。

3. 定比减压阀　定比减压阀能使进、出油口压力的比值维持恒定。图 5.3-10 (a) 为其工作原理图，阀芯在稳态时忽略稳态液动力、阀芯的自重和摩擦力，可得到力平衡方程为

$$p_1 A_1 + k_s (x_c + x_R) = p_2 A_2$$

式中，k_s 为阀芯下端弹簧刚度；x_c 是阀口开度为 $x_R = 0$ 时的弹簧的预压缩量；其他符号如图 5.3-10 (b) 所示。若忽略弹簧力（刚度较小），则有（减压比）

$$\frac{p_2}{p_1} = \frac{A_1}{A_2}$$

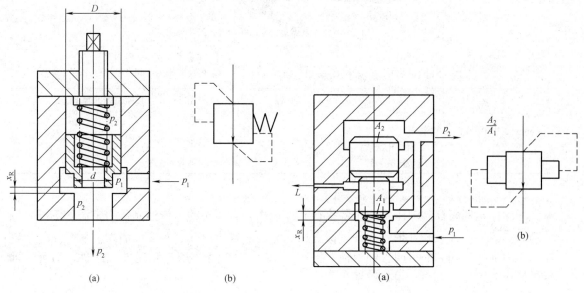

图 5.3-9　定差减压阀　　　　　　　　　　　图 5.3-10　定比减压阀

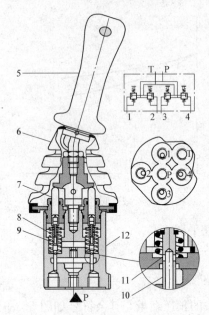

图 5.3-11　4TH5 型手动先导式减压阀

由上式可见，选择阀芯的作用面积 A_1 和 A_2，便可得到所要求的压力比，且比值近似恒定。

4. 手动先导式减压阀　如图 5.3-11 所示为 REXROTH 生产的 4TII5 型手动先导式减压阀，常用于小型挖掘机等工程机械复杂运动的先导控制。

该阀由控制手柄、4 个减压阀和阀体等组成，每个减压阀由控制阀芯、调压弹簧、复位弹簧和柱塞等组成。当控制手柄处于自由状态时，4 个复位弹簧使控制手柄保持中位。当扳动控制手柄时，柱塞被压下，推动复位弹簧、调压弹簧、控制阀芯向下运动，同时相应油口 11 与回油口 T 的连接关闭，油口 11 与压力油口 P 相通，控制阀芯底部的液压力与调压弹簧的弹簧力相平衡，减压阀工作。由于控制手柄的摆角与调压弹簧的压缩量成正比，导致控制手柄的摆角与相应口输出压力成正比，实现比例控制。橡胶防尘罩可保护壳体内的零件不受污染。

5. 减压阀故障产生原因及排除方法　减压阀故障产生原因及排除方法见表 5.3-2。

表 5.3-2　　　　　　　　　　减压阀故障产生原因及排除方法

故障现象	产生原因	排除方法
压力不稳定，有波动	1. 油液中混入空气 2. 阻尼孔有时堵塞 3. 滑阀与阀体内孔不圆度超过规定，使滑阀卡住 4. 弹簧变形或在滑阀中卡住，使滑阀移动困难或弹簧太软 5. 锥阀与阀座配合不好或锥阀安装不正确	1. 排除油中空气 2. 疏通阻尼孔及换油 3. 修研阀孔，修配滑阀 4. 更换弹簧 5. 拆开锥阀调整
输出压力低，升不高	1. 顶盖处泄漏 2. 锥阀与阀座密合不良	1. 拧紧螺钉或更换密封圈 2. 更换或研配锥阀
不起减压作用	1. 回油孔的油塞未拧出，使油闷住 2. 顶盖方向装错，使输出油孔与回油孔沟通 3. 阻尼孔被堵住 4. 滑阀被卡死	1. 将油塞拧出，并接上回油管 2. 检查顶盖上孔的位置是否装错 3. 用直径为 1mm 的针清理小孔并换油 4. 清理和研配滑阀

5.3.3　顺序阀

顺序阀是用来控制液压系统中各执行元件动作先后顺序的。依控制压力来源的不同，顺序阀又可分为内控式和外控式两种。前者用阀的进油口压力控制阀芯的启闭，后者用外来的控制压力油控制阀芯的启闭（即液控顺序阀）。顺序阀也有直动式和先导式两种，前者一般用于低压系统，后者用于中高压系统。

图 5.3-12 所示为直动式顺序阀的工作原理图和图形符号。当进油口压力 p_1 较低时，阀芯在弹簧作用下处于下端位置，进油口和出油口不相通。当作用在阀芯下端的油液的液压力

大于弹簧的预紧力时，阀芯向上移动，阀口打开，油液便经阀口从出油口流出，从而操纵另一执行元件或其他元件动作。由图可见，顺序阀和溢流阀的结构基本相似，不同的只是顺序阀的出油口通向系统的另一压力油路，而溢流阀的出油口通油箱，此外，由于顺序阀的进、出油口均为压力油。所以它的泄油口 L 必须单独外接油箱。

　　直动式外控顺序阀的工作原理图和图形符号如图 5.3-13 所示，和上述顺序阀的差别仅仅在于其下部有一控制油口 K，阀芯的启闭是利用通入控制油口 K 的外部控制油来控制的。

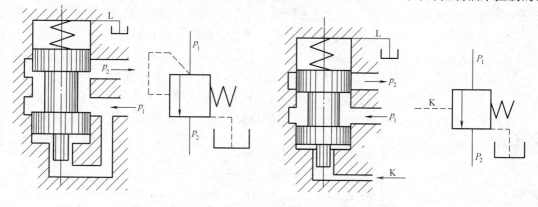

图 5.3-12　直动式顺序阀　　　　　　　　　图 5.3-13　直动式外控顺序阀

　　图 5.3-14 所示为先导式顺序阀的工作原理图和图形符号，其工作原理可仿前述先导式溢流阀推演，在此不再重复。

5.3.4　平衡阀（限速阀）

　　平衡阀是工程机械使用较多的一种阀，它对改善工程机械某些机构的使用性能起着不可忽视的作用。例如液压起重机的起升机构、变幅机构以及伸缩机构，带负载下降时，若无平衡阀，机构就会在负载的作用下产生超速下降，这是很危险的现象。为了防止危险，实现下降的微动和平稳，就需在下降的回路中安装一个限制负载下降速度的阀——平衡阀。同样，在全液压行走系统中，在下坡中也会产生超速下滑的现象，因此也可使用平衡阀防止超速下滑。

　　1. 工作原理　将外控顺序阀接入图 5.3-15 中，就可起到限制负载下降速度的作用，其工

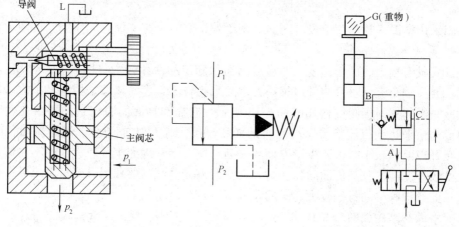

图 5.3-14　先导式顺序阀　　　　　　　　　图 5.3-15　平衡阀的应用

作原理：停止时平衡阀闭锁，液压缸不能回油，重物被支持住。若下降，泵来的油进入油缸上腔和平衡阀C腔，当压力升高到调定值时，C腔的控制阀芯使主阀打开，使液压缸下腔得以回油，重物下降。若重物下降速度过快以至泵供油来不及时，C腔压力下降，主阀芯趋于关闭方向，增大回油节流效果，减慢重物下降速度。重物下降速度受平衡阀和泵流量限制，以防止重物超速下降。

上述顺序阀作平衡阀使用时，有两个缺点：一是采用圆柱面间隙密封，因有泄漏不能保证重物长时间停留在某一位置上，二是无阻尼和节流口流量特性不佳，会造成振动。因而，实际上工程机械上并不把一般顺序阀作为平衡阀使用，而设计有专门的平衡阀，要求本身密封可靠，工作平稳无振动。

2. 结构和分类　目前工程机械使用的平衡阀，从结构上分有锥阀式、滑阀式和组合式三种。从油的流动方向来分又有倒流式（图5.3-19）和顺流式（图5.3-20）两种。

锥阀式平衡阀结构如图5.3-16所示，它是靠锥面密封，并靠锥面达到节流效果的，具有如下特点：

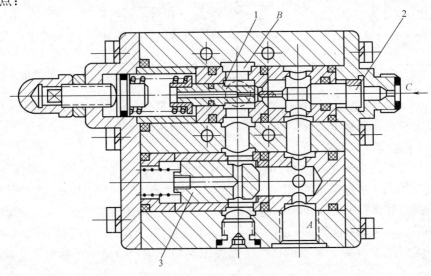

图 5.3-16　锥阀式平衡阀

1—锥阀；2—导控活塞；3—单向阀

（1）因采用锥面密封，几乎没有内漏，密封效果好，具有"锁"的作用，可使重物较长时间停留在某一位置上。

（2）锥阀具有较大的面积梯度，即通流面面积随位移变化较大（图5.3-17），且位移较小，因此，通过较小流量时，阀开口很小，水力半径较小，容易堵塞。控制最小流量能力较滑阀式为差。滑阀式平衡阀结构如图5.3-18所示，它靠圆柱面间隙密封，可在圆柱面开矩形和三角形沟槽来达到节流效果，因而它的面积梯度可做得比锥阀小，使通流面积变化缓慢。例如在开口面积较小时可开少量方槽或三角形槽，使其水力半径较大，即不易堵塞，低速微动性就较好。但其靠圆柱面间隙密封，因泄漏而无"锁"的作用，停车时容易造成重物自动下降。而且滑阀移动行程较大，阀的超调量也较大。

组合式平衡阀结构如图5.3-19和图5.3-20所示。它是锥阀式和滑阀式的组合。密封靠锥面，保证"锁"的作用。节流靠圆柱面开槽，保证低速稳定性。因而在起重机上多使用组

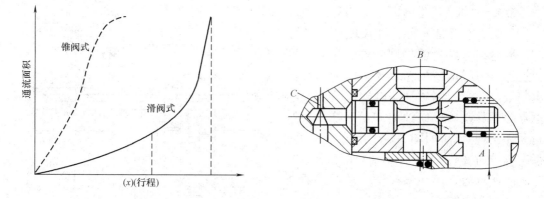

图 5.3-17　两种结构平衡阀通流面面积变化比较　　　　图 5.3-18　滑阀式平衡阀

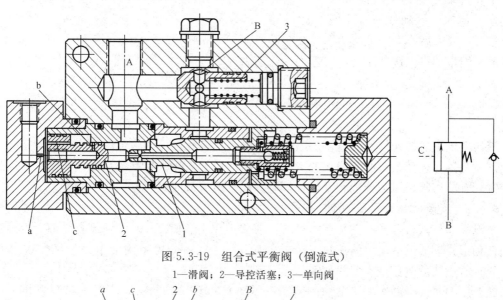

图 5.3-19　组合式平衡阀（倒流式）

1—滑阀；2—导控活塞；3—单向阀

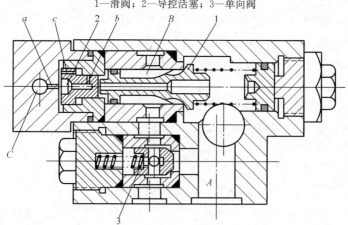

图 5.3-20　组合式平衡阀（顺流式）

1—滑阀；2—导控活塞；3—单向阀

合式平衡阀。在运行机构中，因无"锁"的要求，可使用滑阀式平衡阀。平衡阀使重物平稳下降是，靠回油产生节流阻力来达到的，因而发热较大。

5.3.5　压力继电器

压力继电器是一种将油液的压力信号转换成电信号的电液控制元件。当油液压力达到压力继电器的调定压力时，即发出电信号，以控制电磁铁、电磁离合器、继电器等元件动作，使油路卸压、换向、执行元件实现顺序动作，或关闭电动机，使系统停止工作，起安全保护作用等。图5.3-21所示为常用柱塞式压力继电器的结构示意图和图形符号。如图所示，当从压力继电器下端进油口通入的油液压力达到调定压力值时，推动柱塞1上移，此位移通过杠杆2放大后推动开关4动作，改变弹簧3的压缩量即可以调节压力继电器的动作压力。

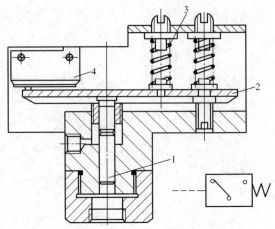

图 5.3-21　压力继电器
1—柱塞；2—杠杆；3—弹簧；4—开关

5.4　流 量 控 制 阀

液压系统中执行元件运动速度的大小，由输入执行元件的油液流量的大小来确定。流量控制阀就是依靠改变阀口通流面积的大小或通流通道的长短来控制流量的液压阀。常用的流量控制阀有节流阀、压力补偿和温度补偿调速阀、溢流节流阀和分流集流阀等。

5.4.1　流量控制原理及节流口形式

节流阀的节流口通常有三种基本形式：薄壁小孔、细长小孔和节流阀孔，但无论节流口采用何种形式，通过节流口的流量 q 及其前后压力差 Δp 的关系均可用式 $q = KA\Delta p^m$ 来表示，三种节流口的流量特性曲线如图5.4-1所示，由图可知：

（1）压差对流量的影响。节流阀两端压差卸变化时，通过它的流量要发生变化，三种结构形式的节流口中，通过薄壁小孔的流量受到压差改变的影响最小。

（2）温度对流量的影响油。温影响到油液黏度，对于细长小孔，油温变化时，流量也会随之改变，对于薄壁小孔，黏度对流量几乎没有影响，故油温变化时，流量基本不变。

（3）节流口的堵塞。节流阀的节流口可能因油液中的杂质或由于油液氧化后析出的胶质、沥青等而局部堵塞，这就改变了原来节流口通流面积的大

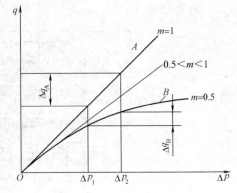

图 5.4-1　节流阀特性曲线

小，使流量发生变化，尤其是当开口较小时，这一影响更为突出，严重时会完全堵塞而出现断流现象。因此节流口的抗堵塞性能也是影响流量稳定性的重要因素，尤其会影响流量阀的最小稳定流量。一般节流口通流面积越大、节流通道越短和水力直径越大，越不容易堵塞，当然油液的清洁度也对堵塞产生影响。一般流量控制阀的最小稳定流量为 0.05L/min。

综上所述，为保证流量稳定，节流口的形式以薄壁小孔较为理想。图 5.4-2 为几种常用的节流口形式。图 5.4-2（a）为针阀式节流口，它通道长，湿周大，易堵塞，流量受油温影响较大。一般用于对性能要求不高的场合；图 5.4-2（b）为偏心槽式节流口，其性能与针阀式节流口相同，但容易制造，其缺点是阀芯上的径向力不平衡，旋转阀芯时较费力，一般用于压力较低、流量较大和流量稳定性要求不高的场合；图 5.4-2（c）为轴向三角槽式节流口，其结构简单，水力直径中等，可得到较小的稳定流量，且调节范围较大，但节流通道有一定的长度，油温变化对流量有一定的影响，目前被广泛应用；图 5.4-2（d）为周向缝隙式节流口，沿阀芯周向开有一条宽度不等的狭槽，转动阀芯就可改变开口大小。阀口做成薄刃形，通道短，水力直径大，不易堵塞，油温变化对流量影响小，因此其性能接近于薄壁小孔，适用于低压小流量场合；图 5.4-2（e）为轴向缝隙式节流口，在阀孔的衬套上加工出图示薄壁阀口，阀芯做轴向移动即可改变开口大小，其性能与图 5.4-2（d）所示节流口相似。

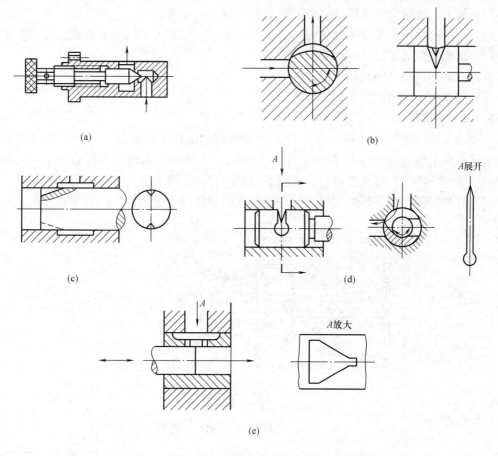

图 5.4-2　典型节流口的形状

在液压传动系统中节流元件与溢流阀并联于液压泵的出口，构成恒压油源，使泵出口的压力恒定。如图 5.4-3（a）所示，此时节流阀和溢流阀相当于两个并联的液阻，液压泵输出流量 q_p 不变，流经节流阀进入液压缸的流量 q_1 和流经溢流阀的流量 Δq 的大小，由节流阀和溢流阀液阻的相对大小来决定。若节流阀的液阻大于溢流阀的液阻，则 $q_1 < \Delta q$；反之则 $q_1 > \Delta q$。节流阀是一种可以在较大范围内以改变液阻来调节流量的元件。因此可以通过调

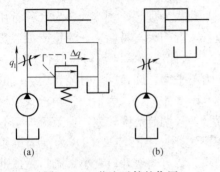

图 5.4-3　节流元件的作用

节节流阀的液阻，来改变进入液压缸的流量，从而调节液压缸的运动速度；但若在回路中仅有节流阀而没有与之并联的溢流阀，如图 5.4-3（b）所示，则节流阀就起不到调节流量的作用。液压泵输出的液压油全部经节流阀进入液压缸。改变节流阀节流口的大小，只是改变液流流经节流阀的压力降。节流口小，流速快；节流口大，流速慢，而总的流量是不变的，因此液压缸的运动速度不变。所以，节流元件用来调节流量是有条件的，即要求有一个接受节流元件压力信号的环节（与之并联的溢流阀或恒压变量泵）。通过这一环节来补偿节流元件的流量变化。

液压传动系统对流量控制阀的主要要求有：

（1）较大的流量调节范围，且流量调节要均匀。

（2）当阀前后压力差发生变化时，通过阀的流量变化要小，以保证负载运动的稳定。

（3）油温变化对通过阀的流量影响要小。

（4）液流通过全开阀时的压力损失要小。

（5）当阀口关闭时阀的泄漏量要小。

5.4.2　节流阀

1. 工作原理　图 5.4-4 所示为一种常用节流阀的结构和图形符号，其节流通道呈轴向三角槽式。压力油从进油口 P_1 流入孔道 a 和阀芯 1 左端的三角槽进入孔道 b，再从出油口 P_2 流出。调节手柄 3，可通过推杆 2 使阀芯做轴向移动，改变节流口的通流截面积来调节流量。阀芯在弹簧的作用下始终紧贴在推杆上，这种节流阀的进出油口一般不宜互换。

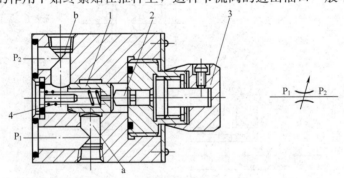

图 5.4-4　节流阀
1—阀芯；2—推杆；3—手柄；4—弹簧

2. 节流阀的刚性　节流阀的刚性表示它抵抗负载变化的干扰，保持流量稳定的能力，即当节流阀开口量不变时，由于阀前后压力差的变化，引起通过节流阀的流量发生变化的情况。流量变化越小，节流阀的刚性越大；反之，其刚性则小。如果以 T 表示节流阀的刚度，则有

$$\frac{1}{T} = \frac{\mathrm{d}q}{\mathrm{d}\Delta p} \tag{5-9}$$

将 $q = KA\Delta p^m$ 代入，可得

$$T = \frac{\Delta p^{1-m}}{KAm} \tag{5-10}$$

从节流阀特性曲线图 5.4-5 可以发现，节流阀的刚度 T 相当于流量曲线上某点的切线和横坐标夹角 β 的余切，即

$$T = \cot\beta \tag{5-11}$$

由图 5.4-5 和式 (5-11) 可以得出如下结论：

(1) 同一节流阀，阀前后压力差 Δp 相同，节流开口小时，刚度大。

(2) 同一节流阀，在节流开口一定时，阀前后压力差够卸越小，刚度越低。为了保证节流阀具有足够的刚度，节流阀只能在某一最低压力差 Δp 的条件下，才能正常工作，但提高 Δp 将引起压力损失的增加。

(3) 取小的指数 m 可以提高节流阀的刚度，因此在实际使用中多希望采用薄壁小孔式节流口，即 $m = 0.5$ 的节流口。

3. REXROTH 节流阀　图 5.4-6 所示为 REXROTH MG 型节流阀。主要由调节外套和阀芯组成。转动调节外套可调节节流口的大小。此阀节流口为环行缝隙，不易堵塞。

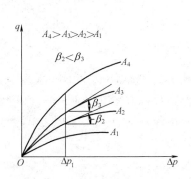

图 5.4-5　不同开口时节流阀的
流量特性曲线

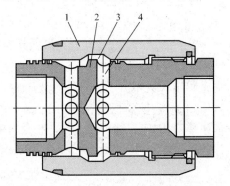

图 5.4-6　REXROTH MG 型节流阀

1—调节外套；2—阀芯；3—节流口；4—径向孔

5.4.3　节流阀的压力和温度补偿

节流阀由于刚性差，在节流开口一定的条件下，通过它的工作流量受工作负载（也即其出口压力）变化的影响，不能保持执行元件运动速度的稳定，因此只适用于工作负载变化不大和速度稳定性要求不高的场合，由于工作负载的变化很难避免，为了改善调速系统的性能，通常是对节流阀进行压力补偿，即采取措施使节流阀前后压力差在负载变化时始终保持不变。由 $q = KA\Delta p^m$ 可知，当 Δp 基本保持不变时，通过节流阀的流量只由其开口大小来决定。节流阀的压力补偿有两种方式：一种是将定差减压阀与节流阀串联起来，组合而成调速阀；另一种是将稳压溢流阀与节流阀并联起来，组合成溢流节流阀。这两种压力补偿方式是利用流量变动引起油路压力的变化，通过阀芯的负反馈动作，来自动调节节流部分的压力差，使其基本保持不变。

油温的变化也必然会引起油液黏度的变化，从而导致通过节流阀的流量发生相应的改变，为此出现了温度补偿调速阀。

1. 调速阀　调速阀是在节流阀 2 前面串接一个定差减压阀 1 组合而成，图 5.4-7 为其工作原理图。液压泵的出口（即调速阀的进口）压力 p_1，由溢流阀调定，基本上保持恒

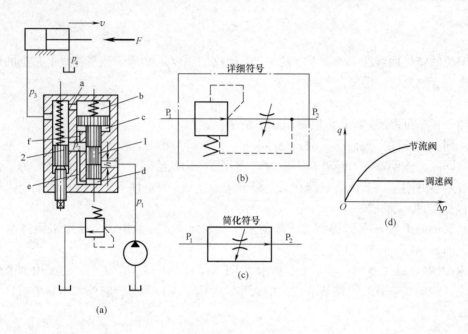

图 5.4-7　调速阀

1—减压阀；2—节流阀

定。调速阀出口处的压力 p_3 ，由液压缸负载 F 决定。油液先经减压阀产生一次压力降，将压力降到 p_2 ，节流阀的出口压力 p_3 又经反馈通道口作用到减压阀的上腔 b，当减压阀的阀芯在弹簧力 F_s、油液压力 p_2 和 p_3 作用下处于某一平衡位置时（忽略摩擦力和液动力等），则有

$$p_2 A_1 + p_2 A_2 = p_3 A + F_s \tag{5-12}$$

式中，A、A_1 和 A_2 分别为 b 腔、c 腔和 d 腔内的压力油作用于阀芯的有效面积，且 $A = A_1 + A_2$ ，故

$$p_2 - p_3 = \Delta p_3 = \frac{F_s}{A} \tag{5-13}$$

　　因为弹簧刚度较低，且工作过程中减压阀阀芯位移很小，可以认为 F_s 基本保持不变，故节流阀两端压力差（$p_2 - p_3$）也基本保持不变，这就保证了通过节流阀的流量稳定。

　　当调速阀的进出口压力差 $\Delta p = p_1 - p_3$ 由于某种原因发生变化时，节流阀两端的压差（$p_2 - p_3$）是如何保持不变呢？当调速阀的出口处的油液压力 p_3 由于负载增加而增加时，作用在减压阀芯上端的液压力也随之增加，阀芯失去平衡而向下移动，于是开口 h 增大，液阻减小（即减压阀的减压作用减小），使 p_2 也增加，直到阀芯在新的位置上达到平衡为止。故当 p_3 增加时，p_2 也增加，其差值基本保持不变；当负载减小时，情况相似。当调速阀进口压力 p_1 增大时，由于一开始减压阀芯来不及运动，减压阀的液阻没有变化，故 p_2 在这一瞬时也增加，阀芯 1 因失去平衡而向上移动，使开口 h 减小，液阻增加，又使 p_2 减小，故（$\Delta p = p_2 - p_3$）仍保持不变。总之无论调速阀的进口油液压力 p_1、出口油液压力 p_3 发生变化时，由于定差减压阀的自动调节作用，节流阀前后压差总能保持不变，从而保持流量稳定，由图 5.4-7（d）可以看出，节流阀的流量随压力差变化较大，而调速阀在压力差大于一定数值后，流量基本上保持恒定。当压力差很小时，由于减压阀阀芯被弹簧推至最下端，

减压阀阀口全开，不起稳定节流阀前后压力差的作用，故这时调速阀的性能与节流阀相同，所以调速阀正常工作时，要求至少有 $0.4 \sim 0.5 \mathrm{MPa}$ 以上的压力差，图 5.4-7（b）、（c）为其图形符号。

2. 温度补偿调速阀　　调速阀的流量虽然已能基本上不受外部负载变化的影响，但是当流量较小时，节流口的通流面积较小，这时节流口的长度与通流截面水力直径的比值相对地增大，因而油液的黏度变化对流量的影响也增大，所以当油温升高后油的黏度变小时，流量仍会增大，为了减小温度对流量的影响，可以采用温度补偿调速阀。

温度补偿调速阀的压力补偿原理部分与调速阀相同，由 $q = KA\Delta p^m$ 可知，当 Δp 不变时，由于黏度下降，K 值（$m \neq 0.5$ 的孔口）上升，此时只有适当减小节流阀的开口面积，方能保证 q 不变，图 5.4-8 为温度补偿原理图，在节流阀

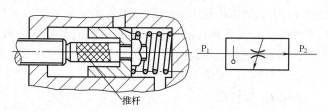

图 5.4-8　温度补偿原理

阀芯和调节螺钉之间放置一个温度膨胀系数较大的聚氯乙烯推杆，当油温升高时，流量增加，这时温度补偿杆伸长使节流口变小，从而补偿了油温对流量的影响，在 $20 \sim 60^{\circ}\mathrm{C}$ 的温度范围内流量的变化率不超过 10%，最小稳定流量可达 $20\mathrm{mL/min}$。

3. 溢流节流阀　　溢流节流阀也是一种压力补偿型节流阀，图 5.4-9 为其工作原理图及图形符号，从液压泵输出的油液，一部分经节流阀 4 进入液压缸左腔推动活塞向右运动，另一部分经溢流阀 3 的溢流口流回油箱，溢流阀 3 阀芯的上端的 a 腔同节流阀 4 后的油液相通，其压力为 p_2。腔 b 和下端腔 c 同溢流阀阀芯 3 前的油液相通，其压力即为泵的压力 p_1，当液压缸活塞上的负载力 F 增大时，压力 p_2 升高，a 腔的压力也升高，使阀芯 3 下移，

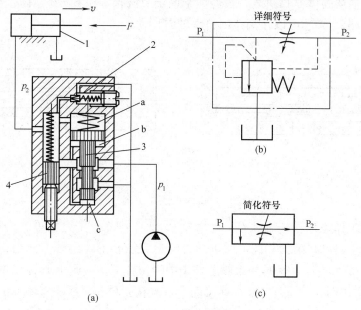

图 5.4-9　溢流节流阀

1—液压缸；2—安全阀；3—溢流阀；4—节流阀

关小溢流口，这样就使液压泵的供油压力 p_1 增加，从而使节流阀4的前后压力差（p_1 — p_2）基本保持不变。同理，当负载力减小时，压力 p_2 下降，由于溢流阀3的阀芯相应动作，也可使（p_1 — p_2）基本保持不变，这种溢流节流阀一般附带一个安全阀2，以避免系统过载，图5.4-9（b）、（c）为该阀的图形符号。

溢流节流阀是通过 p_1 随 p_2 的变化来使流量基本上保持恒定的，它与调速阀虽都具有压力补偿的作用，但其组成调速系统时是有区别的，调速阀无论装在执行元件的进油路上或回油路上，执行元件上负载变化时，液压泵出口处压力都由溢流阀保持不变，而溢流节流阀是通过 p_1 随 p_2（负载的压力）的变化来使流量基本上保持恒定的。因而使用溢流节流阀具有功率损耗低，发热量小的优点。但是，溢流节流阀中流过的流量比调速阀大（一般是系统的全部流量），阀芯运动时的阻力较大，弹簧较硬，其结果使节流阀前后压差 Δp 加大（须达 0.3～0.5MPa），因此它的稳定性稍差。

5.4.4   同步阀

同步阀实质上也是对流量实行控制，故属流量阀的一种。它能使两个并联液压缸和马达，在承受不同负载时仍能获得相等或成一定比例的流量，从而实现同步或速度保持一定比例。

同步阀根据用途不同分为分流阀、集流阀和分流集流阀等种类。分流阀可将从泵来的压力油按一定流量比例分配给两个并联液压缸和马达而不管它们的负载如何变化，集流阀则相反，它可以将压力不同的两个分支油路的流量按一定的比例汇集起来，分流集流阀兼有分流阀和集流阀的作用。同步阀根据流量比例的不同又可分为等量式和比例式两种。

下面介绍分流集流阀的结构原理：

（1）分流集流阀的分流状态如图5.4-10（a）所示，两个阀芯在 e 腔、f 腔的压力作用下处于释放状态。油从阀体 P 口进入，流经两个固定节流孔 a 和 b，经过两个可变节流口 c 和 d，从 A、B 口流出。阀芯可以在阀体内自由轴向移动。

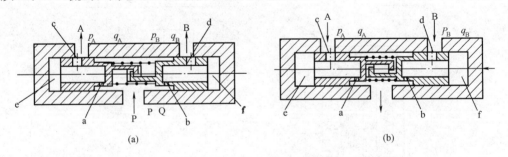

图 5.4-10   分流集流阀

下面从阀的工作原理看分流过程：当出口 A 和 B 的负载压力相等时，阀芯处于中间位置，两边油路完全对称，阻力相同，所以两边流量完全相等。实际上出口 A 和 B 负载压力往往不等，例如 $p_A > p_B$，这时如果阀芯处于中间位置不动，则 B 口流出的流量 q_B 就要比 A 口的流量 q_A 多，即 $q_B > q_A$，这样通过固定节流孔 a 和 b 所造成压差（$p - p_f$）>（$p - p_e$），致使 $p_e > p_f$，阀芯两端受力不平衡，阀芯右移，将可变节流口 d 关小，使右边油路阻力增加，直到增加到 $p_e = p_f$，阀芯受力平衡为止。这样压差（$p - p_f$）=（$p - p_e$），

则 $q_B = q_A$，即维持出口 A 和 B 流量相等。

如果 B 口负载压力较 A 口为大，即 $p_B > p_A$，则产生相反的工作过程，使两边出口流量仍维持相等。

一般分流阀的分流精度为 2%～5%，其值大小与进口流量 q 及两出口的压力差有关，也与阀的安装方向有关，因而使用分流阀时应注意，油要清洁，以免阀芯卡住，分流阀的安装方向，应使阀芯轴线水平。在结构上，固定节流孔的压差越大，分流精度越稳定。但压差大，压力损失就大。按最小分流量设计时，此压力降取为 0.2～0.3MPa，推荐可变节流孔的面积为固定节流孔面积的 2 倍以上。此外，缩短阀芯的行程，可提高分流阀的灵敏性与分流精度。

（2）分流集流阀的集流状态如图 5.4-10（b）所示，两个阀芯在 e 腔、f 腔的压力作用下处于收缩状态。油从阀体 A、B 口进入，经过两个可变节流口 c 和 d，流经两个固定节流孔 a 和 b，从 p 口流出。阀芯可以在阀体内自由轴向移动。

下面从阀的工作原理看集流过程：当入口 A 和 B 的负载压力相等时，阀芯处于中间位置，两边油路完全对称，阻力相同，所以两边流量完全相等。实际上入口 A 和 B 负载压力往往不等，例如 $p_A > p_B$，这时如果阀芯处于中间位置不动，则 A 口流入的流量 q_A 就要比 B 口的流量 q_B 多，即 $q_A > q_B$，这样通过固定节流孔 a 和 b 所造成压差 $(p_e - p) > (p_f - p)$，致使 $p_e > p_f$，阀芯两端受力不平衡，阀芯右移，将可变节流口 c 关小，使左边油路阻力增加，直到增加到 $p_e = p_f$ 阀芯受力平衡为止。这样压差 $(p - p_e) = (p - p_f)$，则 $q_A = q_B$，即维持出口 A 和 B 流量相等。

如果 B 口负载压力较 A 口为大，即 $p_B > p_A$，则产生相反的工作过程，使两边出口流量仍维持相等。

REXROTH 分流集流阀结构如图 5.4-11 所示。

采用分流集流阀的同步系统，具有结构简单、成本低、同步精度较高的优点，但外负载相差太大时，节流发热较大。

5.4.5　单路稳定分流阀

单泵单路稳定分流阀是流量阀的一种，常用于内燃叉车液压系统。它可以分别为工作系统和转向系统供油，使上述两系统互不干扰，并能保证优先为转向系统稳定供油。

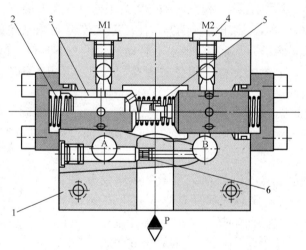

图 5.4-11　REXROTH 分流集流阀

1—阀体；2—对中弹簧；3—阀芯；4—测压口；
5—分流集流切换弹簧；6—节流口

1. 工作原理　单支稳流阀结构原理简图如图 5.4-12 所示，它实质上是由一个定差减压阀 1 和固定节流孔 d_0 组成。高压油从 p 口进入阀后分成两路：一路从 A 口进入工作系统（不要求稳流），另一路经节流孔 d_0 从 B 口进入转向系统。其单路稳流原理如下：

p 腔通过阻尼小孔 d_1 和 a 腔相通，阀芯在平衡状态时，两腔压力相等，即 $p_a = p$。避过节流孔 d_0 的流量（即为进入 B 口流量）q_B 为

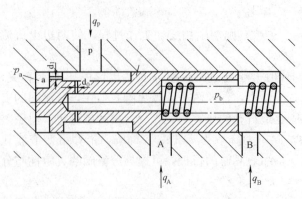

图 5.4-12 单路稳定分流阀原理简图

$$q_B = C_d A \sqrt{\frac{2}{\rho}(p - p_b)} \quad (5\text{-}14)$$

式中：A 为节流孔 d_0 的面积；p 为 p 口压力，一般为泵的压力；p_b 为 b 腔压力。

若忽略液动力和摩擦力的影响，阀芯平衡方程式为

$$pS - p_b S = K(x_0 + x)$$
$$p - p_b = \frac{K(x_0 + x)}{S} \quad (5\text{-}15)$$

式中：S 为阀芯轴向投影面积；K 为弹簧刚度；x_0 为弹簧预压缩量；x 为阀芯位移。

式（5-15）中，一般弹簧很软（K 较小），位移 x 也较小。因而节流孔 d_0 前后压差（$p - p_b$）就几乎是一个常数。从节流孔 d_0 的流量公式可知，通过节流口压差不变，固定节流孔 d_0 流量 q_B 也就是一个常数，与外负载无关。多余流量经 A 口流走。

从阀的工作原理也可直观看出：若阀芯平衡在某一工作位置。B 口负载减小时，则 b 腔压力 p_b 也减小，造成瞬时压差（$p - p_b$）增大，使 q_B 增大。但此时阀芯失去平衡，而在 a 腔压力作用下右移，开大 A 口，使 A 口节流效果减弱，压力 p 即下降，压差（$p - p_b$）又恢复原来差值，q_B 又下降原来值。若 B 口负载增大，p_b 也增大，压差（$p - p_b$）减小，使流量 q_B 瞬时减少。但此时阀芯失去平衡，而在 b 腔压力作用下左移，关小 A 口，使 A 口节流放果增强，则压力 p 上升，使压差又恢复到原来差值，流量又上升到原来值。或者，若 A 口负载压力变化时，阀芯会自动开大或关小 B 口，保证压差恒定，使流量稳定。

上述单支稳流阀是靠圆孔（A 孔、B 孔）和阀肩遮盖节流，结构简单，但分流精度较低。

2. 典型结构　图 5.4-13 是某单路稳定分流阀结构。它的特点是将溢流阀 5 和单路稳定分流阀装在一起，便于使用时调压。固定节流孔 d_0 不是在阀芯 2 上钻孔，而是采用独立的节流片 3，这样更换不同孔径的节流片，便可获得不同的稳定流量。该阀设有调节杆 4，在阀芯位移没有使节流孔 d_0 被调节杆堵塞之前，起正常单支稳流作用。一旦 A 口压力 p_A 比 p_B 大时，节流口被堵塞，不起分流作用，全部流量进入 A 口，B 口压力仍维持不变；若 A 口负载压力下降，节流口又被打开，此时又起分流作用。这样可提高液压泵的利用率。调节杆 4 可根据需要调节。该阀在结构上采取了消除液动力影响结构，所以阀的稳流精度较高，可达3％～10％。

单路稳定分流阀靠节流使流量稳定，

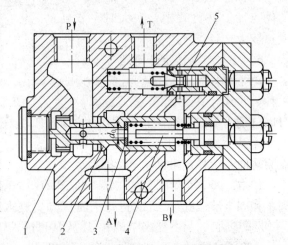

图 5.4-13 单路稳定分流阀典型结构

1—阀体；2—阀芯；3—节流片；4—调节杆；5—溢流阀

尤其在 A、B 两口负载压力相差很大时，节流效果很大，发热也就较大，因而只适用小功率场合。

5.4.6　下降限速阀

下降限速阀常用于叉车液压系统，用于限制升降液压缸下降速度，其结构如图 5.4-14 所示，工作原理是利用弹簧和阀芯的压力差相平衡，控制阀芯上阀口的开口量，从而限制下降时的回油量，进而限制升降液压缸下降速度。当控制货叉起升时，油液从油箱→滤油器→高压齿轮泵→单路稳定分流阀→单向阀→升降操纵阀左位→下降限速阀（此时阀芯上腔压力＞下腔压力，阀芯处于最下端，开口量最大）→升降液压缸下腔，实现门架起升。当控制货叉下降时，油液从升降液压缸下腔→下降限速阀（此时阀芯下腔压力＞上腔压力，阀芯在压差作用下克服弹簧力上移，开口量减小，实现限速。且货物越重，下降速度越慢）→升降操纵阀右位→油箱，实现门架下落。

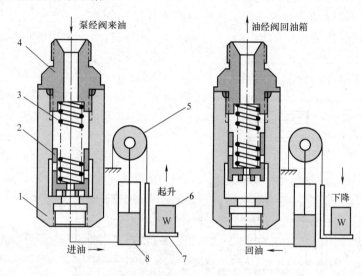

图 5.4-14　下降限速阀

1—阀体；2—阀芯；3—弹簧；4—接头；5—动滑轮；6—货物；7—货叉；8—升降液压缸

5.5　其　他　控　制　阀

电液比例阀、二通插装阀、数字式控制阀、球式逻辑阀、全液压转向器和多路换向阀等大多是近二十多年来出现的，且日益广泛应用的新型液压控制元件。

5.5.1　电液比例阀

随着工业自动化水平的提高，许多液压系统要求油流的压力和流量能连续地或按比例地跟随控制信号而变化，但对控制精度和动特性却要求不高。若仅用普通的控制阀很难实现这种控制，若用电液伺服阀组成伺服系统当然能实现这种控制，但伺服系统的控制精度和动态性能大大超过了这些液压系统的要求，使得系统复杂、成本高、稳定性差、故障率高、制造和维护困难。为了满足生产中这类液压系统的要求，近二十几年来发展了比例控制阀，由它组成开环比例控制或闭环比例控制系统。

电液比例阀的结构特点是由比例电磁铁与液压控制阀两部分组成。相当于在普通液压控制阀上装上比例电磁铁以代替原有的手调控制部分。电磁铁接收输入的电信号，连续地或按比例地转换成力或位移。液压控制阀受电磁铁输出的力或位移控制，连续地或按比例地控制油流的压力和流量。

由于电液比例阀实现了用电信号控制液压系统的压力和流量，因此它兼有液压机械传递功率大，反应快，电气设备易操纵控制，电信号易放大、传递和检测的优点，适用于遥控、自动化和程序控制。

根据被控制的参数不同，电液比例阀可分为比例压力阀、比例流量阀、比例方向阀。下面对这几种阀作简单介绍。

1. 电液比例压力阀

(1) 直动式电液比例溢流阀。直动式电液比例溢流阀是用输入的电信号控制系统的压力，图 5.5-1 是其结构图。它由溢流阀与比例电磁铁 1 两部分组成。当比例电磁铁线圈中通入电流时，推杆往外移动，通过弹簧 2 把电磁推力传给锥阀芯 3，推力的大小与输入的电流成比例。当进口油压压力产生的推力大于电磁力时，锥阀打开，由出油口排油，从而使开启锥阀的进口油压压力受输入电磁铁的电流大小的控制。阀座 4 孔径越小，控制压力越高，流量小。调零螺塞 5 可在一定范围内调节溢流阀的工作零位。

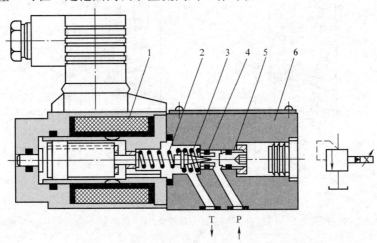

图 5.5-1　直动式电液比例溢流阀

1—比例电磁铁；2—传力弹簧；3—锥阀芯；4—阀座；5—调零螺塞；6—阀体

这种直动式电液比例溢流阀只适合小流量场合下作调压元件，更多作为先导式溢流阀、先导式减压阀等各式电液比例压力阀的先导级。

(2) 先导式比例溢流阀。先导式比例溢流阀的结构如图 5.5-2 所示。

在图 5.5-2 中，上部为行程控制型直动式比例溢流阀，下部为主阀级。当比例电磁铁 2 输入指令信号电流时，它产生一个相应的电磁力来压缩弹簧 4 作用在锥阀芯 5 上。压力油经 A 口流入主阀，并经主阀芯 7 的节流螺塞 8 到达主阀弹簧 9 腔，从通路 a、b 到达先导阀阀座 6，并作用在先导锥阀芯 5 上。若 A 口压力不能使锥阀芯 5 打开，主阀芯 7 的左右腔压力保持相等，在主阀弹簧 9 的作用下，主阀芯 7 保持关闭；当系统压力超过比例电磁铁 2 的设定值，锥阀芯 5 开启，先导油经 c 通路从 B 口流回油箱。主阀芯右腔（弹簧腔）的压力由于节流螺塞 8 的作用下降，导致主阀芯 7 开启，则 A 口与 B 口接通回油箱，实现溢流。

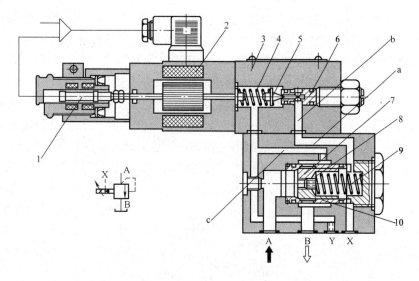

图 5.5-2　先导式比例溢流阀

1—位移传感器；2—行程控制型比例电磁铁；3—阀体；4—弹簧；5—锥阀芯；

6—阀座；7—主阀芯；8—节流螺塞；9—主阀弹簧；10—主阀套

　　主阀芯 7 是锥阀，它小而轻，行程也小，响应快。主阀套 10 上有均布的径向孔，阀开启时油液分散流走，减小噪声。X 口为远程控制口，可接手调直动式安全阀，防止系统过载。先导油也可经 Y 口泄回油箱，以免回油背压引起阀误动作。

　　（3）先导式比例减压阀。先导式比例减压阀与先导式比例溢流阀的工作原理基本相同。它们的先导级完全一样，不同的只是主阀级。溢流阀采用常闭式锥阀，减压阀采用常开式滑阀，如图 5.5-3 所示。

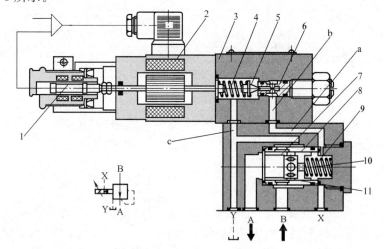

图 5.5-3　先导式比例减压阀

1—位移传感器；2—行程控制型比例电磁铁；3—阀体；4—弹簧；5—先导锥阀芯；

6—先导阀座；7—主阀芯；8—阀套；9—主阀弹簧；10—节流螺塞；11—减压阀节流口

　　比例电磁铁接受指令电信号后，输出相应电磁力，通过弹簧 4 将先导锥阀芯 5 压在阀座 6 上。由 B 进入主阀的一次压力油，经减压节流口 11 后的二次压力油，再经主阀芯 7 的径向孔 A 口输出，二次压力油同时经主阀芯 7 上的节流螺塞 10 至主阀芯弹簧腔（右腔）、然后经通路 a、先导阀座 6 作用在先导阀芯 5 上。若二次压力不能使先导阀 5 开启，则主阀芯左、右两腔压力相等。这时，在主阀弹簧 9 的作用下，减压阀节流口 11 为全开状态，B→A 流向不受限制。当二次压力超过比例电磁铁设定值时，先导锥阀芯 5 开启，液流经 c、Y 口泄回油箱。由于节流螺塞 10 的作用，主阀芯弹簧腔的压力下降，主阀芯左、右两腔的压差使主阀芯克服主阀弹簧 9 的作用，关小减压节流口 11，使二次压力降至设定值。为防止二次压力过高，可在 X 口接手动直动式溢流阀起保护作用。

（4）应用。电液比例压力阀主要用于注射成型机、轧板机、液压机、工程机械等系统的多级压力控制中。如某注塑机工作时要求如图 5.5-4（a）所示的压力变化。如用普通控制阀则需要 5 个溢流阀和两个换向阀组合起来，如图 5.5-4（c）所示，用换向阀切换与主溢流阀接通的远程调压阀，实现分级改变压力。若采用比例控制，则只需要一个比例溢流阀便可达到要求。如图 5.5-4（b）所示，用电子线路上产生不同的电压 V_1、V_2、V_3、V_4，通过电液比例溢流阀配备的放大器转换成不同的电流 I_1、I_2、I_3、I_4 加在比例电磁铁上，也就分级改变了压力。

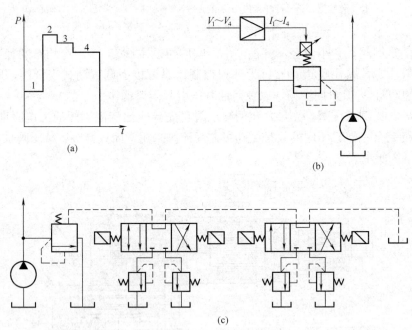

图 5.5-4   压力控制回路

2. 电液比例流量阀   电液比例流量阀是输入相应的电信号去调节系统的流量。它是由比例电磁铁与流量阀组合而成。根据流量阀结构的不同，电液比例流量阀又可分为比例节流阀、比例调速阀和比例单向调速阀。图 5.5-5 为电液比例调速阀的结构图，其液压阀部分的工作情况与一般调速阀完全相同，只是节流阀口的开度由输入电磁铁线圈中的电流信号来控制。当无电信号输入时，节流阀在弹簧作用下关闭，输出流量为零。当输入一电流信号时，电磁铁产生与电流大小成比例的电磁力，通过推杆 4 推动节流阀芯 3 左移，直到电磁力与弹簧力平衡阀芯才停止左移，节流阀达到成比例的开口度，得到与信号电流成比例的流量。若输入信号电流是连续地或按一定程序变化，比例调速阀控制的流量也连续地或按同样程序变化。

3. 比例方向控制阀　比例方向控制阀实际上是一种具有方向控制功能和流量控制功能的两参数控制复合阀，它在外观上与普通方向控制阀很相似。为了能对进、出口同时进行准确节流，比例方向阀的滑阀阀芯台肩圆柱面上开有轴向的节流槽。其几何形状有三角形、矩形、圆形或它们的组合形状。节流槽在台肩圆周上均布、左右对称分布或成某一比例分布。节流槽轴向长度大于

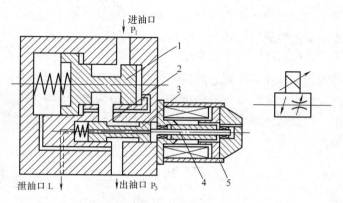

图 5.5-5　电液比例调速阀
1—定差减压阀阀芯；2—节流口；3—节流阀芯；
4—推杆；5—比例电磁铁

阀芯行程，当阀芯朝一个方向移动时，节流槽始终不完全脱离窗口，因而总有节流功能。节流槽与阀套不同的配合形式可以得到 O 型、P 型、Y 型等不同的阀机能。

根据比例方向阀的控制性能，可以分为比例方向节流型和比例方向流量型两种。前者具有类似比例节流阀的功能，与输入电信号成比例的输出量是阀口开度的大小，因此通过阀的流量受阀口压差的影响，实际应用中也常以两位四通比例方向阀作比例节流阀用；后者则具有比例调速阀的功能，与输入电信号成比例的输出量是阀的流量，其大小基本不受供油压力或负载压力波动的影响。根据阀的控制级数来分，比例方向控制阀也有直动式和先导式两类。直动式比例方向控制阀因受比例电磁铁电磁力的限制，只用在较小流量（63 L/min 以下）场合，通过流量在 63 L/min 以上时，需要采用先导控制方式。

（1）直动式比例方向控制阀。直动式比例方向阀是由比例电磁铁直接推动阀芯左右运动来工作的。图 5.5-6 是带电反馈的直动式比例方向阀。

在图 5.5-6 中，阀体左、右两端各有比例电磁铁，当两电磁铁均不通电时，控制阀芯 4 在两边复位弹簧 2、5 作用下保持中位，对 O 型中位机能阀来说，油口 P、A、B、T 互不相

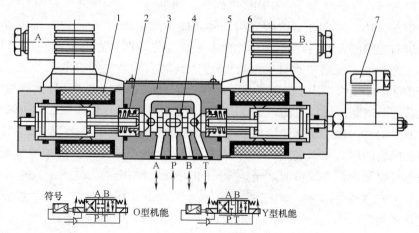

图 5.5-6　带电反馈的直动式比例方向阀
1、6—比例电磁铁；2、5—对中、复位弹簧；3—阀体；4—阀芯；7—差动变压器

通。如果比例电磁铁 A 通电，则控制阀芯 4 向右移动，P 与 B、A 与 T 口分别连通。来自控制器的控制信号越大，控制阀芯向右的位移也越大，即阀口的通流面积和流过的流量也越大。也就是说，阀芯的行程与输入电信号成比例。图中右边的电磁铁配有差动变压器式位移传感器，可检测出阀芯的实际位移，并把与阀芯行程成比例的电压信号反馈至电放大器。在放大器中，实际值与设定值相比较，按两者之差向电磁铁发出纠偏信号，对实际值进行修正，使阀芯达到准确的位置，构成位置反馈闭环。因此其控制精度比无位置控制的比例方向阀高。

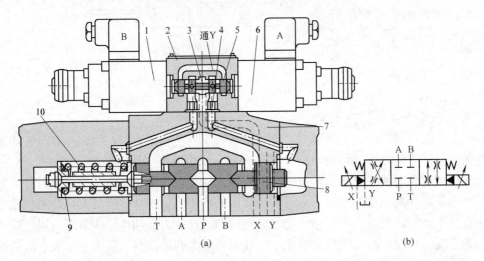

图 5.5-7　先导式比例方向节流阀

(a) 结构图；(b) 职能符号

1、6—比例电磁铁；2—先导阀体；3—先导阀心；4—固定节流孔；5—反馈活塞；

7—主阀体；8—主阀芯；9—弹簧座；10—主阀对中弹簧

(2) 先导式比例方向控制阀。图 5.5-7 为先导式开环控制的比例方向节流阀的结构图与职能符号，其先导阀和主阀皆为滑阀形式。该阀的先导阀是一个双向控制的直动式比例减压阀，外供油口为 X，泄油口为 Y。在比例电磁铁没通电时，先导阀芯 3 在左右两对中弹簧的作用下处于中位，P、A、B、T 四阀口均关闭。如比例电磁铁 A 通电，则先导阀芯左移，使其两个台肩右边的阀口开启，先导压力油从 X 口经先导阀芯左凸肩和左固定节流孔 4 作用在主阀芯 8 左端面，压缩主阀对中弹簧 10 使主阀芯右移，主阀口 P-B 及 A-T 油路接通，主阀芯的右端面的油则经右固定节流孔和先导阀芯右凸肩的阀口进入先导阀泄油口 Y；同时进入先导阀芯左凸肩阀口的压力油，又经阀芯右边的径向圆孔作用于阀芯左边轴向孔的底面和左反馈活塞 5 的右端面，左反馈活塞的左端面圆盘由比例电磁铁 B 限位，而作用在先导阀芯左轴向孔底面的压力油形成减压阀的控制输出压力的反馈闭环。若忽视先导阀液动力、摩擦力、阀芯自重和弹簧力的影响，先导减压阀的控制力与电磁力成正比。若不考虑主阀液动力、阀芯自重和摩擦等影响，则该控制压力又与主阀芯位移成正比。同理也可分析比例电磁铁 B 通电时的情况。由上分析可知，通过改变输入比例电磁铁的电流，便可控制主阀芯的位移和开度。图中两固定节流孔 4 仅起动态阻尼作用，目的是提高比例方向阀的换向平稳性。

4. REROTH 电液比例换向阀 REROTH 电液比例换向阀如图 5.5-8 所示。它在进行比例控制的同时，还有负荷传感的功能。

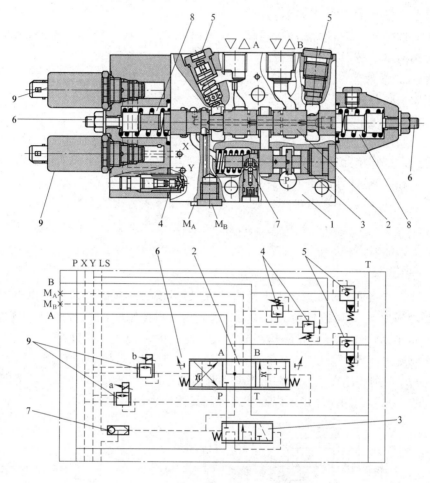

图 5.5-8 REROTH 电液比例换向阀

1—阀体；2—主阀芯；3—压力补偿阀；4—LS 溢流阀；5—二次压力阀/补油阀；6—行程限
制螺钉；7—LS 梭阀；8—弹簧腔；9—先导式减压阀；P—进油口；A、B—执行元件油口；
T—回油口；X—控制油进油口；Y—控制油出油口；LS—负荷传感油路

　　主阀芯 2 决定流向执行元件油口 A 或 B 的流量大小和流动方向。减压阀 9 控制主阀芯的位置。减压阀上电流的大小决定弹簧腔 8 中控制压力的高低，从而决定主阀芯的行程。通过压力补偿阀 3 保持主阀芯 2 上的压差及流向执行元件的流量不变。最大流量可分别通过行程限制螺钉进行机械限定。经内部的 LS 溢流阀或外部 M_A、M_B 油口的 LS 压力确定每联的负载压力。带补油功能的大通径溢流阀 5 确保每联阀的 A 口或 B 口不过载。经 LS 管路及内置梭阀 7 将最大负载压力传到液压泵 LS_p 口。

5.5.2 二通插装阀

　　插装式锥阀又称插装式二位二通阀，在高压大流量的液压系统中应用很广，由于插装式元件已标准化，将几个插装式元件组合一下便可组成复合阀，它和普通液压阀相比较，具有下述优点：

（1）通流能力大，特别适用于大流量的场合，它的最大通径可达200～250mm，通过的最大流量可达10 000L/min。

（2）阀芯动作灵敏、抗堵塞能力强。

（3）密封性好，泄漏小，油液流经阀口压力损失小。

（4）结构简单，易于实现标准化。

1. 插装式锥阀的工作原理及基本组成 图5.5-9所示为插装式锥阀基本单元和结构原理图，它主要由阀芯4、阀套2和弹簧3等组成，1为控制盖板，有控制口C与锥阀单元的上腔相通。将此锥阀单元插入有两个通道A、B（主油路）的阀体5中，控制盖板对锥阀单元的启闭起控制作用。锥阀单元上配置不同的盖板就可以实现各种不同的工作机能。若干个不同工作机能的锥阀单元组装在一个阀体内，实现集成化，就可组成所需的液压回路和系统，设油口A、B、C的油液压力和有效面积分别为p_a、p_b、p_c和A_a、A_b、A_c，其面积关系为$A_c = A_a + A_b$，若不考虑锥阀的质量、液动力和摩擦力等的影响，当

$$p_a A_a + p_b A_b < p_c A_c + F_s \qquad (5\text{-}16)$$

时，阀口关闭，油口A、B不通，当

$$p_a A_a + p_b A_b > p_c A_c + F_s \qquad (5\text{-}17)$$

时，阀口打开，油路A、B接通，以上两式中F_s为弹簧力。从以上两式可以看出，改变控制口C的油液压力p_c，可以控制A、B油口的通断。当控制油口C接油箱，阀芯下部的液压力超过上部弹簧力时，阀芯被顶开，至于液流的方向，视A、B口的压力大小而定，当$p_a > p_b$时，液流由A至B；当$p_a < p_b$时，液流由B至A。当控制口C接通压力油，且$p_c \geq p_a$、$p_c \geq p_b$，则阀芯在上、下端压力差和弹簧的作用下关闭油口A和B，这样，阀就起到逻辑元件的"非"门的作用，所以插装式锥阀又被称为逻辑阀。

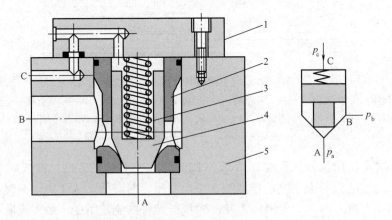

图5.5-9 插装式锥阀

1—控制盖板；2—阀套；3—弹簧；4—阀芯；5—阀体

插装式锥阀通过不同的盖板和各种先导阀组合，便可构成方向控制阀、压力控制阀和流量控制阀。

2. 插装式锥阀用作方向控制阀

（1）作单向阀。将C腔与A或B连通，即成为单向阀，连接方法不同其导通方式也不同，如图5.5-10（a）所示。在控制盖板上接一个二位三通液动阀来变换C腔的压力，即成

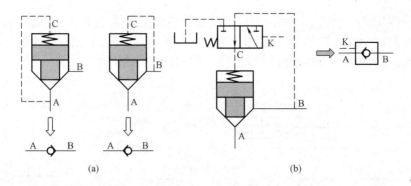

图 5.5-10　插装式锥阀用作单向阀

为液控单向阀，如图 5.5-10 (b) 所示。

(2) 作二位二通阀。用一个二位三通电磁阀来转换 C 腔压力，就成为一个二位二通阀。如图 5.5-11 (a) 所示，电磁阀断电时，液流 B 不能流向 A，如果要使两个方向都起切断作用，可在控制油路加一个梭阀，如图 5.5-11 (b) 所示，梭阀的作用相当于两个单向阀，只要图中的二位三通电磁阀不通电，不管油口 A、B 哪个压力高，锥阀始终可靠地关闭。

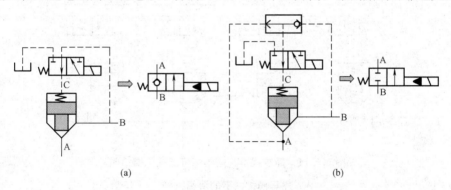

图 5.5-11　插装式锥阀用作二位二通阀

(3) 作三通阀。将两个锥阀单元再加上一个电磁先导阀就组成一个三通阀，图 5.5-12 所示用一个二位四通阀来转换两个锥阀的控制腔中的压力，在图示电磁阀断电状态，左面的锥阀打开，右面的锥阀关闭，即 A 通 T，P 与 A 不通；电磁阀通电时，P 通 A，A 与 T 不通。

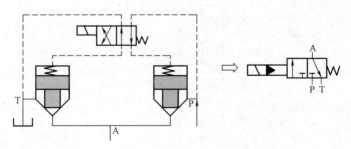

图 5.5-12　插装式锥阀用作二位三通阀

(4) 作四通阀。用 4 个锥阀单元及相应的先导阀就组成一个四通阀，图 5.5-13 中用一个二位四通电磁先导阀来对四个锥阀进行控制，就成为一个相应于二位四通的电液换向阀，

图 5.5-14 所示则用四个先导阀分别对四个锥阀进行控制，理论上有 16 种通路状态，但其中有五种状态是相同的，故可得 12 种状态，见表 5.5-1。由此可以看出，通过先导阀控制可以得到除 M 型以外的各种滑阀机能，它相当于一个多位多机能的四通阀（表中"1"表示通电，"0"表示失电）。

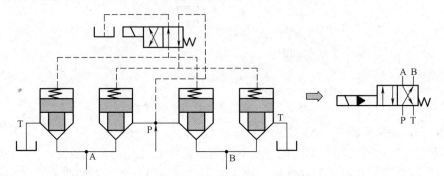

图 5.5-13 插装式锥阀用作二位四通阀

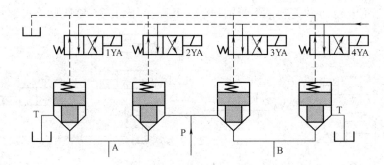

图 5.5-14 插装式锥阀用作多机能三位四通阀

表 5.5-1　　　　　　　先导阀控制下的滑阀机能

1YA	2YA	3YA	4YA	中位机能	1YA	2YA	3YA	4YA	中位机能
1	1	1	1		1	0	1	0	
1	1	1	0		1	0	0	1	
1	1	0	1		0	1	1	1	
1	1	0	0		0	1	1	0	
0	1	0	1		1	0	1	0	
0	0	1	1		0	0	1	0	
1	0	0	0		0	0	0	1	
0	1	1	0		0	0	0	0	

3. 插装式锥阀用作压力控制阀　图 5.5-15（a）为插装式锥阀用作压力阀的原理图。A 腔压力油经阻尼小孔进入控制腔 C，并与先导压力阀进口相通，B 腔接油箱，这样锥阀的开启压力可由先导压力阀来调节。其工作原理与先导式溢流阀完全相同，当 B 腔不接油箱而接负载时，就成为一个顺序阀了；在 C 腔再接一个二位二通电磁阀就成为电磁溢流阀［图 5.5-15（b）］。图 5.5-15（c）所示为减压阀原理图。减压阀的阀芯采用常开的滑阀式阀芯，B 为进油口，A 为出油口。A 口的压力油经阻尼小孔后与控制腔 C 相通，并与先导压力阀进口相通，其工作原理和普通先导式减压阀相同。

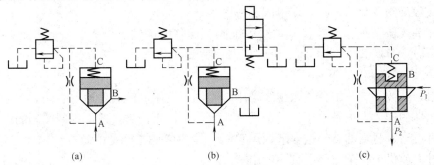

图 5.5-15　插装式锥阀用作压力阀
(a) 先导式溢流阀；(b) 电磁溢流阀；(c) 先导式减压阀

4. 插装式锥阀用作流量控制阀　若用机械或电气的方式限制锥阀阀芯的行程，以改变阀口的通流面积的大小，则锥阀可起流量控制阀的作用。图 5.5-16（a）表示插装式锥阀用作流量控制的节流阀，图 5.5-16（b）为在节流阀前串接一减压阀，减压阀阀芯两端分别与节流阀进出油口相通，利用减压阀的压力补偿功能来保证节流阀两端的压差

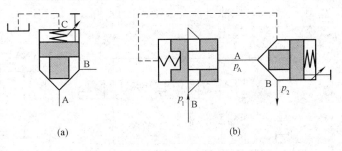

图 5.5-16　插装式锥阀用作流量控制阀

不随负载的变化而变化，这样就成为一个调速阀。

5.5.3　电液数字阀

用数字信号直接控制的液压阀，称为电液数字控制液压阀，简称电液数字阀。国外 20 世纪 70 年代后期开始研制，80 年代初日本推出系列产品，随即在机床、成形机械、试验机、工程机械、汽车、冶金机械等工业控制中得到广泛应用。此后德国、美国、瑞典等国也相继有产品问世。在 80 年代中、后期，国内也相继开展了电液数字阀的研究，并有研制产品应用于生产实际。但目前国内尚未形成系列产品，应用还局限于很小范围。与其他模拟控制的液压阀相比，数字阀具有如下特点：

1）不需要 D/A 转换，直接与计算机接口，实现灵活、可靠的程序控制。

2）输出量能准确、可靠的由脉冲频率或宽度调节控制，开环控制精度高。

3）重复精度高，线性好，滞环小。

4）抗干扰能力强，工作稳定可靠。

5）结构简单，价格低廉，工艺性好，功耗小。

其主要不足在于目前的数字元件频响较低，一般不高于 30 Hz。

由于计算机技术的飞速发展和日益广泛应用，作为联系数字计算机与液压系统的桥梁的电液数字阀，在计算机实时控制的电液系统中，部分取代了模拟元件的工作，为计算机在液压领域的应用开拓了一个新的方向，会不断发展而形成液压技术的一个新分支。

1. 电液数字阀的分类　现有的电液数字阀主要有组合式数字阀、步进式数字阀、高速开关阀三种类型。这三类阀的工作原理，性能特点，控制方法均有较大的不同。

组合式数字阀主要有组合式压力阀、流量阀等。

步进式数字阀分为压力阀、流量阀和方向流量阀。

高速开关式数字阀分为螺管电磁铁＋锥阀、螺管电磁铁＋锥阀（滑阀、球阀、提动式阀）、力矩马达＋球阀、压电晶体＋滑阀等多种类型。

2. 电液数字阀的工作原理

(1) 组合式数字阀。组合式数字阀采用脉码调节控制成组的普通电磁阀和压力阀或流量阀，这类元件的构成方法是采用若干个基本单元，其输出控制量按二进制编码的形式进行组合，使用时再通过适当的脉码信号来调用它们。其特点是能接受由微机编码的二进制信号，但其体积过大或机构复杂妨碍了它的应用。

从控制角度看，脉码控制是最简单和最容易实现的，只要产生一定字长的二进制码，经放大后可直接用于控制开关阀，二进制码的位数和开关阀的个数相同，受开关阀数目限制，脉码控制是有极控制。

图 5.5-17 为几种组合式数字阀的原理图。设它们有 n 级，每级都按二进制数编码，则可以得到 n^2 级的输出。

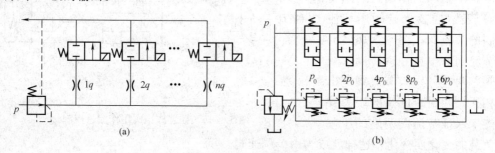

图 5.5-17　组合式数字阀的原理图
(a) 流量阀；(b) 溢流阀

(2) 步进式数字阀。步进式数字阀就是由步进电机驱动的液压阀。步进电机得到放大的计算机输出每一个脉冲序列信号，便沿着控制信号给定的方向转动一个固定的步距角。步进电机的转角通过凸轮或螺纹等机构，转变成直线位移，步进电机转角步数与输入脉冲数成比例，带动液压阀阀芯（或挡板）移动一定距离，阀口形成一定开度，从而得到与输入脉冲数成比例的压力、流量值。

步进电机是一种 D/A 转换型电/机转换器，根据脉数控制方式工作，接受电脉冲信号，输出脉冲型机械转角。在脉冲数字信号的基础上，使每个采样周期的步数在前一采样周期的步数上，增加或减少一些步数，而达到需要的幅值，如图 5.5-18 所示。

步进式数字阀的液压阀部分工作原理与电液伺服阀和比例阀类似，根据被控液压参量，分为数字压力阀、流量阀和方向流量阀。

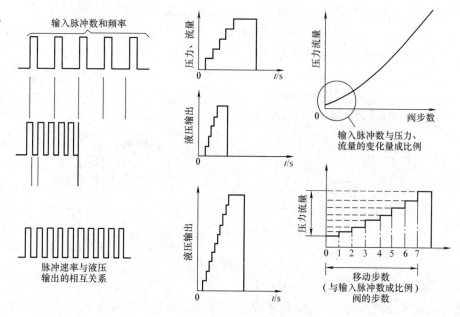

图 5.5-18　增量式数字控制

（3）高速开关式数字阀。高速开关式数字阀以其数字化特征在计算机控制的液压系统受到重视，它与脉宽调节控制结合后，只要控制脉冲频率或脉冲宽度，此阀就能像其他数字流量阀对流量或压力进行连续的控制。高速开关式数字阀由电磁式驱动器和液压阀组成。它驱动部件仍以电磁式电/机转换器为主，主要是力矩马达和各种电磁铁。控制液压阀的信号是一系列幅值相等，而在每一周期内宽度不同的脉冲信号，是一个快速切换的开关，只有全开、全闭两种工作状态，因此，它的液压阀结构也与其他阀不同，以开启时间的长短来控制流量或压力。

高速开关式数字阀又称脉宽调制式数字阀。其数字信号控制方式为脉宽调制式，如图 5.5-19 所示，脉宽调制信号是频率不变，开闭时间比率不同的脉冲信号。开启时间称为脉宽时间 t_p，t_p 对采样周期 T 的比值 t_p/T 称为脉宽占空比，用它来表征该采样周期的幅值。图 5.5-19（a）所示的连续信号可用脉宽调制方法调制成图 5.5-19（b）所示的脉宽信号。若调制量为流量，则每个采样周期的平均流量为 $q = q_n t_p/T$，与连续信号相对应时刻的流量相当。

5.5.4　球式逻辑阀

球式逻辑阀是 20 世纪 70 年代初出现的一种新型座阀式方向控制元件。它是为提高液压系统换向性能而发展起来的。因为现有滑阀式换向阀虽有结构简单、阀芯上静压平衡及操纵力小等优点，但由于滑阀阀芯在阀孔中相对运动时，必须保持一定间隙，故存在以下的缺点：

（1）存在液压卡紧现象，引起动作的可靠性或动作速度降低。

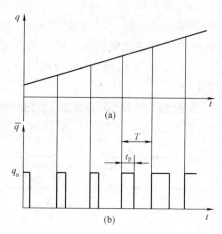

图 5.5-19　脉宽调制式
（a）连续信号；（b）脉宽调制信号

（2）为减少泄漏，必须提高加工精度，成本相应增加。

（3）对油液污染敏感，降低了动作的可靠性。

而球式流体元件基本上可以克服以上缺点，其结构如图 5.5-20 所示。

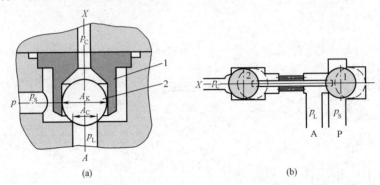

图 5.5-20　球式逻辑元件

1—阀座；2—钢球

它是利用控制油路压力 p_C 的变化来改变球阀芯的位置，从而实现对油路通断的控制。当控制油口通入控制压力 p_C 时，球阀芯下落并关闭负载油口 A，使压力油口 P 与负载油口 A 的通路被切断；当控制油口无压力时，压力油口 P 与负载油口 A 彼此相通。它的功能相当于一个常开式的二位二通换向阀。图 5.5-20（b）的球式流体元件的动作正好与上相反，相当一个常闭式的二位二通换向阀，以这两种基本元件为基础，可以组成各种功能的多工位多通路的方向控制阀和较复杂的方向控制回路。

球式流体元件代替滑阀式换向阀，对液压系统进行换向和顺序动作控制具有下列优点：

（1）由于消除了液压卡紧现象，故动作可靠性大大提高，换向时间大大缩短，可达 0.5～10ms。

（2）由于阀芯与阀孔为线接触，故密封性好，在各种压力下工作时，均可保证终端位置不泄漏。

（3）配合公差可比滑阀大 10 倍，对油的污染要求不敏感。

（4）由于在切换过程中，不对称的液流作用在球面上的摩擦力使球旋转，使它不断改变与阀座间接触位置，因而磨损均匀，大大提高元件的使用寿命。试验证明，这种阀在动作数百万次后，才会使球面原始抛光的光泽有所消减。

（5）作为基本件的球阀芯可以直接从轴承厂获得，价格便宜，精度较高，因而很有发展前途。

为适应以水或乳化液为介质的液压系统的需要，出现的这种新型球式换向阀，包括二位二通（PK 型与 NK 型）和二位三通（UK 型与 CK 型）两种，其图形符号如图 5.5-21 所示。

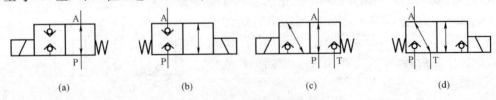

图 5.5-21　球式换向阀

(a) PK 型；(b) NK 型；(c) UK 型；(d) CK 型

图 5.5-22 所示为 REXROTH 电磁球式换向阀实例。

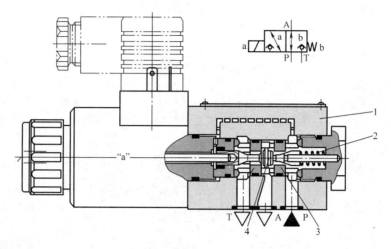

图 5.5-22　REXROTH 电磁球式换向阀
1—阀体；2—复位弹簧；3—阀座；4—阀芯

5.5.5　全液压转向器

全液压转向器的结构如图 5.5-23 所示。

全液压转向器的工作原理如图 5.5-24 所示。

1. **助力转向原理**　当方向盘不动时，油箱油液→滤油器→高压齿轮泵→转阀中位→油箱，油液压力为零，转向液压缸与摆线计量马达油口均处于封闭状态，车轮不动［图 5.5-24（c）］；当方向盘右转时，油箱油液→滤油器→高压齿轮泵→转阀右位→摆线计量马达→转向液压缸大腔。同时，转向液压缸小腔→转阀右位→油箱，车轮向左摆，叉车向右转。其位置伺服控制过程：方向盘右转一定的角度→摆线计量马达也转过相同的角度（转动过程中转阀处于右位）→流过一定的油液体积→转向液压缸伸出一定的距离→车轮左转一定角度→实现方向盘右转角度与车轮左转角度成比例。当方向盘停转后→摆线计量马达通过拨叉使转阀回到中位→车轮停转→实现位置控制［图 5.5-24（b）］。

2. **手动转向原理**　当方向盘右转时，油箱油液→滤油器→单向阀→转阀右位→摆线泵→转向液压缸大腔，同时，转向液压缸小腔油液→转阀右位→油箱，车轮向左摆，叉车向右转［图 5.5-24（a）］。

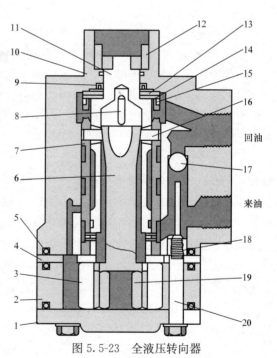

回油

来油

图 5.5-23　全液压转向器

1—端盖；2—定子；3—转子；4—配油盘；5—密封圈；6—传动杆；7—阀套；8—定位弹簧；9—密封圈；10—阀体；11—阀芯；12—连接块；13—挡圈；14—滑环；15—挡环；16—传动销；17—钢球；18—螺套；19—支撑套；20—限位螺栓

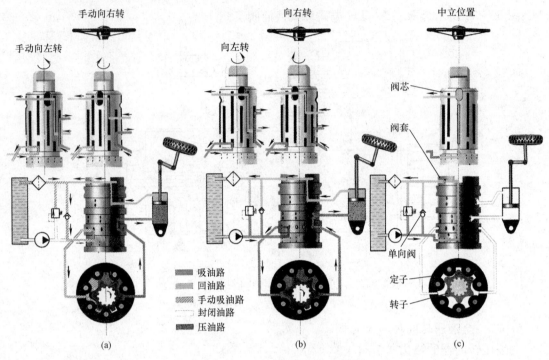

图 5.5-24　全液压转向器工作原理

5.5.6　多路换向阀

多路换向阀广泛应用于各类工程机械。

1. 多路阀的分类　由于各种工程机械的特点不同，因此对液压操纵装置——多路换向阀也就提出了各种各样的要求，因而出现了多种不同形式的多路阀。

（1）按阀的外形不同，分为整体式和分片式。一组多路阀总要由几个换向阀组成，每一个换向阀叫做一联，可以将每联换向阀做成一片再用螺栓连接起来，也可将所有各换向阀做成一体。

整体式多路阀结构紧凑、重量轻、压力损失也较小。缺点是：通用性差；加工过程中只要有一个阀孔不符合要求即全体报废；阀体的铸造工艺也比单片的复杂。当多路阀的联数较少时（如推土机、装载机等所用的多路阀）和大批量生产时宜采用整体式结构。

分片式的多路阀可以用很少几种单元阀组合成多种不同功用的多路阀，这就大大扩展了它的使用范围；加工中报废一片也不影响其他阀片，用坏的单元也易于更换或修理。在对多路阀组织专门化大批量生产的情况下，采用分片式的结构是合理的。这类阀的缺点是：加大了体积和重量；各片之间要有密封，旋紧连接螺栓时会使阀体孔道变形，影响其几何精度，甚至使阀杆被卡住，为此，有时不得不增大阀杆与阀体孔的配合间隙，从而增加了泄漏量；有的是将整个多路阀组装好后再进行阀杆与阀体孔的配研，以解决上述阀体变形的问题，但配研后的阀体在使用中需要修理或更换时，经过又一次拆装后必须再次配研，从而增大了配合间隙，否则阀杆仍有被卡住的危险。

（2）各联换向阀均处于中立位置时，液压泵卸荷的方式有图 5.5-25 和图 5.5-27 所示三种。

图 5.5-25（a）所示的多路阀入口压力油经一条专用的直通油道回油，通常把这条油道

叫多路阀的中立位置回油道。该回油道由每联换向阀的两个腔组成，当各联阀均在中立位置时，每联换向阀的这两个腔都是连通的，从而使整个中立位置回油道畅通，液压泵来的压力油经此油道直接回油箱而卸荷。当多路阀任何一联换向阀换向时都会把此油道切断，液压泵来的油就从这联阀的已接通的工作油口进入所控制的执行元件。因为在换向阀阀杆的移动过程中，中立位置回油道是逐渐减小最后被切断的，所以从此阀口回油箱的流量是逐渐减小的，并一直减小到零，进入执行元件的流量则从零逐渐增加并一直增大到泵的供油量。因而执行元件启动平稳无冲击，而且有一定的调速性能。这种回油方式的缺点是中立位置的压力损失较大，而且换向阀的联数越多，压力损失也越大。

图中 5.5-25（b）所示的多路阀入口压力油是经卸荷阀 A 卸荷的。当所有换向阀均处于中立位置时，卸荷阀的控制通路 B 与回油路接通，压力油流经卸荷阀上的阻尼孔 C 时产生压力降，使卸荷阀弹簧腔的油压低于阀的进口油压，卸荷阀便在此两腔压力差的作用下克服不大的弹簧力开启，大部分油便从油道 O 回油。这种回油方式的卸荷压力在换向阀的联数增加时变化不大，始终能保持为较小的数值。因为卸荷阀的控制通道 B 被切断的瞬时，卸荷阀是突然关闭的，所以会产生液压冲击。

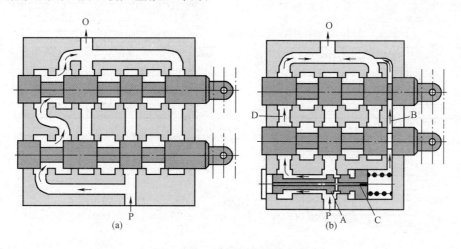

图 5.5-25　液压泵的卸荷方式

图中 5.5-27 所示的多路阀入口压力油是经先导式溢流阀 8 卸荷的。当所有换向阀均处于中立位置时，溢流阀的远程控制通路与回油路接通，主阀下腔压力为零，入口压力油流经主阀上的阻尼孔时产生压力降，主阀便以很低的压力作用下克服不大的弹簧力开启，大部分油便从油道回油。这种回油方式的卸荷压力在换向阀的联数增加时变化不大，始终能保持为较小的数值。因为溢流阀的远程控制通道被切断的瞬时，溢流阀主阀关闭并不快，所以不会产生液压冲击。

目前部分新型小吨位叉车多路阀采用中立位置回油道使液压泵卸荷的方案，其着眼点是采用这种方式可以通过控制阀杆的移动距离实现调速而阀的结构又不太复杂。

（3）各联换向阀之间的油路连接方式有串联、并联、串并联等几种，如图 5.5-26 所示。

图 5.5-26（a）的两联换向阀为并联连接。从进油口来的油可直接通到各联换向阀的进油腔，各阀的回油腔又都直接通到多路阀的总回油口。若采用这种油路连接方式，当同时操作各换向阀时，压力油总是首先进入油压较低的执行元件，所以只有各执行元件进油腔的油

压相等时,它们才能同时动作。此外,按并联油路设计的多路阀一般压力损失较小。

图 5.5-26(b)的两联换向阀为串联连接。每一联换向阀的进油腔都和该阀之前的阀的中立位置回油道相通,其回油腔又都和该阀之后的阀的中立位置回油道相通,所以,当某一联阀处于换向位置时,其进油是从前一联阀的中立位置回油道而来,而其回油又都经中立位置回油道进到后一联的进油腔,如果后一联也处在换向位置,则前一联的回油经中立位置回油道到后一联的进油腔给它所控制的执行元件供油。采用这种油路的多路阀也可使各联阀所控制的执行元件同时工作,条件是液压泵所能提供的油压要大于所有正在工作的执行元件两腔压差之和。按串联油路设计的多路阀的阻力一般总要大些。

图 5.5-26(c)的两联换向阀为串并联连接,每一联的进油腔均与该阀之前的中立位置回油道相通,而各联阀的回油腔又都直接与总回油口连接,即各阀的进油是串联的,回油是

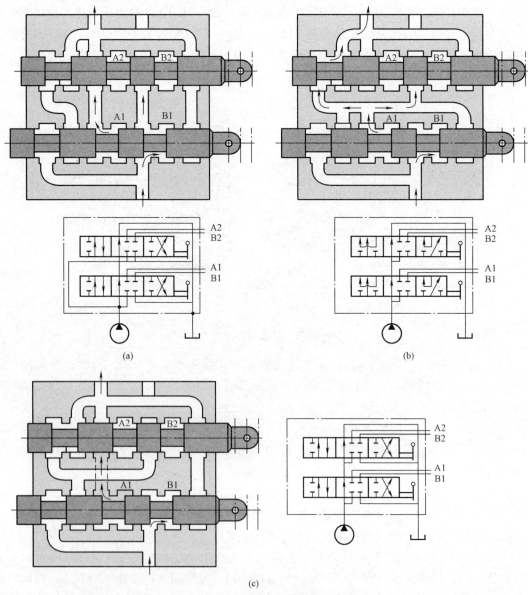

图 5.5-26 多路阀的油路连接方式

并联的，故称串并联油路。若采用这种连接方式，当某一联换向时，其后各联换向阀的进油道即被切断，因而一组多路阀的各换向阀不可能有任何两联同时工作，故这种油路也称互锁油路，又由于同时搬动任意两联换向阀，总是前面一联工作，要想使后一联工作，必须把前一联回到中间位置，故又称优先回路，意指排在前面的阀总可优先工作，也有的把这种油路称作"顺序单动油路"。

实际上，当多路阀的联数较多时，还常常采用上述几种油路连接形式的组合，即所谓复合油路。

（4）换向阀阀体内的油道有铸成的和机械加工而成的。对于采用铸造通道的阀体，设计时各油道容易布置，油液在其中流动所受的阻力小，但因一般高压阀阀体要求采用高强度铸铁，还由于阀体结构复杂，故阀体铸造工艺复杂，生产中易出废品。另外，铸造阀体清砂困难，往往由于清砂不彻底，对液压系统的工作危害很大。机械加工的油道在使用中压力损失大，但其毛坯制造容易，阀体可锻造，故机械强度高。由于铸造油道的阀体的突出优点，因而越来越多地被采用。在生产实践中已摸索出了一套阀体铸造与加工的先进工艺，如采用树脂型砂、金属铸型等，产品质量在不断提高。

（5）换向阀的操纵有手动式和先导控制式两类。在工程机械液压传动中不断出现高压大流量的情况下，换向阀的行程增大了，操纵换向阀所需要的力也增大了，单靠手动式杠杆控制感到相当困难，甚至不可能，于是出现了先导控制。

采用手动方式，必须把多路阀布置在操作方便的地方，这就给整机的布管带来困难，使管路复杂，从而增加了液压系统总的压力损失。采用先导控制，把先导阀布置在操作方便的地方，多路阀可布置到任何适当的地方以减少管路，提高系统的总效率。此外，采用先导控制还有可能大大改善系统的调速性能。由于先导控制的上述优点，因而目前在工程机械上越来越多地被采用。

2. 典型结构 某型叉车液压系统的多路换向阀如图 5.5-27 所示，它将换向阀、单向阀、安全阀等"集成"到一块，使管路简化、结构紧凑、容易布置。本多路阀采用并联油路，它由进油联、换向联和回油联组成，换向阀的联数可根据需要增减。进油阀上装有先导式溢流阀 8 和单向阀 1，换向联上装有换向阀阀芯。其中的 P 口接齿轮泵的出口，A1 口接升降液压缸的入口，A2、B2 接倾斜液压缸的两腔，O 口接油箱。安全阀采用先导式溢流阀，作用有二：一是当换向阀换向时，换

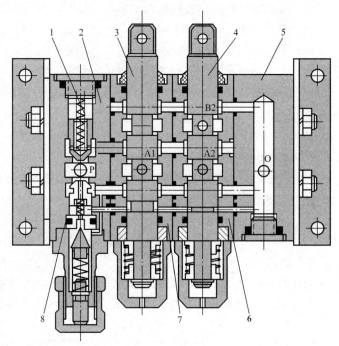

图 5.5-27 多路换向阀

1—单向阀；2—进油阀体；3—升降液压缸控制阀芯；
4—倾斜液压缸控制阀芯；5—回油阀体；6、7—滑阀阀体；8—安全阀

向阀芯切断其远控口时起安全作用，限制系统的最高压力；二是当各换向阀均处于中立位置，换向阀芯不切断其远控口时起卸荷作用，使系统空载运行。单向阀的作用是防止系统中的油液倒流回齿轮泵，使空气进入系统。换向阀弹簧的作用是当松开换向阀操纵手柄时，使阀芯回到中位。单向阀的作用是防止系统油液通过齿轮泵倒流回油箱。

思 考 与 练 习 5

1. 控制阀是怎样分类的？

2. 单向阀有何用途？作背压阀时开启压力大约为多少？应如何改装？

3. 换向阀是怎样分类的？何谓换向阀的"位"和"通"？以滑阀式换向阀为例加以分析说明。

4. 说明二位三通电磁阀的应用和表达方式。

5. 什么是三位四通阀的中位机能？O、H、Y、M型中位机能各有什么特点？

6. 说明液压锁在油路的作用。

7. 为什么中、高压溢流阀都有先导阀？P型溢流阀为什么只适合低压场合？

8. Y型溢流阀的节流小孔 b 有什么作用？把节流小孔增大或堵死会出现什么现象？

9. 把 Y 型溢流阀的远控口 K 直接接油箱会出现什么现象？为什么？

10. 溢流阀有何应用？画出液压原理图加以说明。

11. 说明减压阀是怎样保证稳定输出压力的。

12. 把 J 型减压阀进出口反接行不行？这样接会出现什么现象？

13. 哪些阀可以在液压系统中当背压阀用？

14. 选用压力阀时应考虑哪些问题？

15. 导出流体流经薄壁小孔的流量公式。

16. 流量阀的节流口为什么采用薄壁小孔？

17. 节流阀最小稳定流量有何意义？影响节流阀最小稳定流量主要因素是什么？

18. 分析调速阀的工作原理？为什么调速阀比节流阀的调速性能好？两种阀各用在什么场合比较合理？为什么调速阀当 $\Delta p > 0.4 \sim 0.5 MPa$ 时才起作用？

19. 溢流阀、减压阀、顺序阀在原理、结构和职能符号上有何异同？

20. 说明进口节流调速的调速原理。

21. 调速阀与溢流节流阀在结构原理上和使用性能上有何异同？

22. 选用流量阀应考虑哪些问题？

23. 分流阀是如何保持两个分支油路的执行元件同步的？

24. 为什么一般电磁换向阀允许通过流量在 63L/min 以下？若在 63L/min 以上如何办？

25. 如图 5-1 所示的液压缸，$A_1 = 30 cm^2$，$A_2 = 12 cm^2$，$F = 30 kN$，液控单向阀用作闭锁以防止液压缸下滑，阀内控制活塞面积 A_k 是阀芯承压面积 A 的三倍，若摩擦力，弹簧力均忽略不计，试计算需要多大的控制压力才能开启液控单向阀？开启前液压缸中最高压力为多少？

26. 弹簧对中型三位四通电液换向阀，其先导阀的中位机能能否任意选定？

27. 先导式溢流阀主阀芯上的阻尼孔直径 $d_0 = 1.2 mm$，长度 $l = 12 mm$，通过小孔的流量 $q = 0.5 L/min$，油液的运动黏度为 $\nu = 20 cSt$，试求小孔两端的压差（$\rho = 900 kg/m^3$）。

28. 图 5-2 所示回路中，溢流阀的调整压力为 5.0MPa，减压阀的调整压力为 2.5MPa，试分析下列各情况，并说明减压阀阀口处于什么状态？

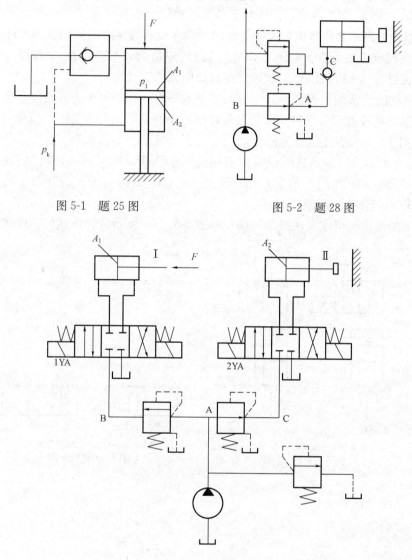

图 5-1　题 25 图　　　　　　　　　　图 5-2　题 28 图

图 5-3　题 29 图

（1）夹紧缸在夹紧工件前作空载运动时，A、B、C 三点的压力各为多少？

（2）当泵压力等于溢流阀调定压力时，夹紧缸使工件夹紧后，A、C 点的压力各为多少？

（3）当泵压力由于工作缸快进、压力降到 1.5MPa 时（工件原先处于夹紧状态）A、C 点的压力为多少？

29. 如图 5-3 所示的液压系统，两液压缸有效面积为 $A_1 = A_2 = 100\text{cm}^2$，缸 I 的负载 $F = 35\text{kN}$，缸 II 运动时负载为零，不计摩擦阻力、惯性力和管路损失。溢流阀、顺序阀和减压阀的调整压力分别为 4.0MPa、3.0MPa、2.0MPa。求下列三种情况下 A、B 和 C 点的压力。

（1）液压泵起动后，两换向阀处于中位。

（2）1YA通电，液压缸Ⅰ活塞移动时及活塞运动到终点时。

（3）1YA断电，2YA通电，液压缸Ⅱ活塞运动时及活塞杆碰到固定挡铁时。

30. 从结构原理图和符号图，说明溢流阀、顺序阀和减压阀的异同点和各自的特点。

31 节流阀前后压力差 $\Delta p=0.3\text{MPa}$。通过的流量为 $q=25\text{L/min}$，假设节流孔为薄壁小孔，油液密度为 $\rho=900\text{kg/m}^3$，试求通流截面面积 A。

32. 液压缸的活塞面积为 $A=100\text{cm}^2$，负载在 $500\sim40\,000\text{N}$ 的范围内变化，为使负载变化时活塞运动速度稳定，在液压缸进口处使用一个调速阀，若将泵的工作压力调到泵的额定压力 6.3MPa，问是否适宜？为什么？

33. 图 5-4 所示为插装式锥阀组成方向阀的两个例子，如果阀关闭时 A、B 有压力差，试判断电磁铁得电和断电时，图 5-4（a）和图 5-4（b）的压力油能否开启锥阀而流动，并分析各自是作为何种换向阀使用的。

34. 试用插装式阀组成实现图 5-5（a）和图 5-5（b）所示两种形式的三位换向阀。

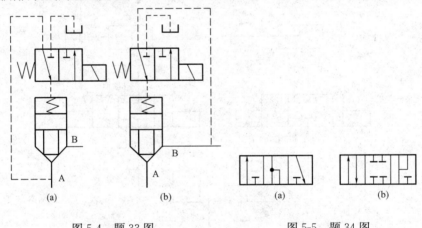

图 5-4 题 33 图 　　　　　图 5-5 题 34 图

第6章 液压辅助元件

液压系统中的辅助元件，是指除液压动力元件，执行元件和控制元件以外的其他各类组成元件，如管件、油箱、滤油器、密封装置、压力表、蓄能器、冷却器和常用仪表等，它们虽被称之为辅助装置，但却是液压系统中不可缺少的组成部分，它们对保证液压系统有效地传递力和运动，提高液压系统的工作性能起着重要的作用。如果辅助元件能够始终保持正常工作，那么液压系统的故障就很难发生。

6.1 管路和管接头

6.1.1 管路

在液压传动系统中，吸油管路和回油管路一般用低压的水煤气有缝钢管，也可使用橡胶和塑料软管，控制油路中流量小，多用小直径铜管（超高压时应改用无缝钢管）。考虑配管和工艺的方便，在中、低压油路中也常常使用铜管，高压油路一般使用冷拔无缝钢管，必要时也采用价格较贵的高压软管。高压软管是由橡胶管中间加一层或几层钢丝编织网（层数越多耐压越高）制成。目前，国内已经生产可以承受 40MPa 的高压软管，高压软管比硬管安装方便，可以吸收振动，尤其是通过挠性软管可以向在移动或摆动的液压执行元件输送动力，实现机械传动完成不了的动作。

管路内径的选择是以降低流动造成的压力损失为前提的，液压管路中液体的流动多为层流，压力损失正比于液体在管道中的平均流速，因此根据流速确定管径是常用的简便方法。对于高压管路，通常流速在 3～4m/s 左右，对于吸油管路，考虑泵的吸入和防止气穴应降低流速，通常为 0.6～1.5m/s 左右。由于流速相同条件下层流流动阻力和管路直径的平方成反比，所以小直径管路要采用低一些的流速。高压管路钢管的壁厚根据工作压力选定。

在装配液压系统时，油管的弯曲半径不能太小，一般应为管道半径的 3～6 倍。应尽量避免小于 90°的弯管，弯曲处的内侧不应有明显的皱纹、扭伤，其椭圆度不应超过管径的 10%，平行或交叉的油管之间应有适当的间隔，并用管夹固定，以防振动和碰撞。

6.1.2 管接头

液压系统中油液的泄漏多发生在管路的连接处，所以管接头的重要性不容忽视，管接头必须在强度足够的条件下，能在振动、压力冲击下保持管路的密封性。在高压处不能向外泄漏，在有负压的吸油管路上不允许空气向内渗入。常用的管接头有以下几种：

（1）焊接管接头。如图 6.1-1 所示为高压管路应用较多的一种管接头，它工作可靠，制造简单。管接头的接管 1 焊接在管子的一端，用螺母 2 将接管 1 和接头体 4 连接在一起。在接触面上，图 6.1-1（a）中的球面依靠球面和锥面的环形接触线实现密封，图 6.1-1（b）中的平面接头用 O 形密封圈 3 来实现密封。接头体 4 和本体 6（泵、马达、阀及其他元件）是用螺纹连接的，如果是采用圆柱螺纹，其本身密封性能不好，常常用组合密封圈 6 或其他密封圈加以密封；若采用锥螺纹连接，在螺纹表面包一层聚四氟乙烯的密封带（或涂厌氧密封胶）旋入，在锥螺纹连接面上就可以形成牢固的密封层。

（2）卡套管接头。如图6.1-2所示的卡套管接头是由接头体1、卡套4和螺母3组成的。卡套是带有尖锐内刃的金属环，当螺母3旋转时刃口嵌入管路2的表面，形成密封。与此同时，卡套受压而中部略凸，在a处和接头体1的内锥面接触，形成密封。这种管接头不用焊接，不用另外的密封件，尺寸小、装拆方便，在高压系统中被广泛采用。但卡套式管接头要求管道表面有较高的尺寸精度，适用于冷拔无缝钢管，而不适用于热轧管。

（3）扩口管接头。如图6.1-3所示的扩口管接头由接头体1、管套2和接头螺母3组成，它只适用于薄壁铜管，工作压力不大于8MPa的场合。拧紧接头螺母，通过管套就使带有扩口的管子压紧密封。

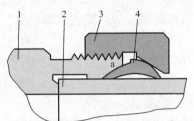

图6.1-2　卡套管接头

1—接头体；2—管路；3—螺母；4—卡套

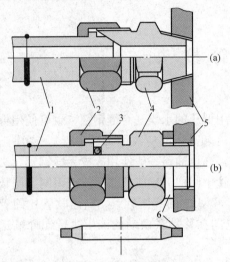

图6.1-1　焊接管接头

1—接管；2—螺母；3—O形密封圈；4—接头体；

5—本体；6—组合密封圈

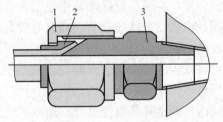

图6.1-3　扩口管接头

1—接头体；2—管套；3—接头螺母

以上介绍的均为硬管直通管接头，此外还有二通、三通、四通、铰接等多种形式，使用中可查阅有关手册。

（4）胶管接头。胶管接头有可拆式和扣压式两种，各有A、B、C三种形式。可用于工作压力在6～40MPa的液压系统中，图6.1-4为扣压式胶管接头，这种管接头的连接和密封部分与普通的管接头是相同的，只是要把接管加长，成为芯管1，并和接头外套2一起将软管夹住（需在专用设备上扣压而成），使管接头和胶管连成一体。

（5）快速接头。快速接头全称快速装拆管接头，无需装拆工具，适用于经常装拆处。图6.1-5所示为油路接通的工作位置，需要断开油路时，可把外套4向左推，再拉出接头体5，

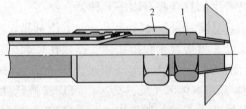

图6.1-4　扣压式胶管接头

1—芯管；2—接头外套

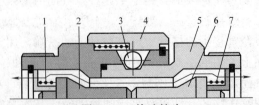

图6.1-5　快速接头

1、7—弹簧；2、6—阀芯；3—钢球；4—外套；5—接头体

钢球 3（有 6～12 颗）即从接头体槽中退出，与此同时，单向阀的锥形阀芯 2 和 6 分别在弹簧 1 和 7 的作用下将两个阀口关闭，油路即断开。这种管接头结构复杂，压力损失大，低压易泄漏。

（6）中心回转接头。有些工程机械，如全液压挖掘机和汽车起重机等，由于上车与下车要能保证 360°回转，因此，需要把上车、下车之间的液压管道、气压管道以及电缆等连接起来，这时就要采用中心回转接头。中心回转接头实际上是一种多通路的活动铰接管接头。

图 6.1-6 所示为中心回转接头结构示意图。套筒 4 等与回转平台固连，跟随回转平台回转，支座 1、固定体 2 与底盘连接，相对于回转平台为固定不动。上部油管安装在旋转套筒 4 上的接口上，这些孔口经过固定体 2 上的径向环槽与轴线方向的内孔相通，进而与固定体 2 上油管相连。为了使旋转套筒 4 在回转时，其上的油孔仍能保持与固定体 2 上的相应油孔相通，在固定体 2 的外圆柱面上与径向小孔相对应处，各开有环形油槽，这些油槽保证了套筒 4 与固定体 2 上的对应油孔始终相通。电刷和导电环总成可保证上车与下车相对回转时上车、下车之间的电缆连接。主中心回转接头 17 可保证上车与下车相对回转时上车、下车之间的气压管道连接。

为了防止各条油路之间的泄漏和外漏，在各环形油槽之间还开有环形密封槽装以密封件，密封件可以采用方形橡胶圈和尼龙环，也可用 O 形密封圈（当压力较低时）或其他的密封件。

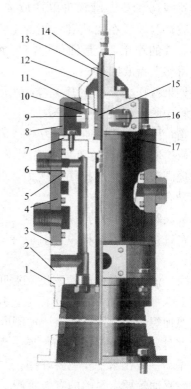

图 6.1-6　中心回转接头

1—支座；2—固定体；3—垫环；4—套筒；5—O 形密封圈；6—挡圈；7—壳体；8—盖罩；9—滑环；10—绝缘垫；11—钢球；12—盖；13—上拨板；14—中心轴；15—小回转接头；16—电刷和导电环总成；17—主中心回转接头

6.2　油　　箱

6.2.1　功用和结构

油箱的功能主要是储存油液，此外还起着散发油液中的热量，逸出混在油液中的气体，沉淀油液内污物等作用。液压系统中的油箱有总体式和分离式两种。总体式是利用机器设备机身内腔作为油箱（例如压铸机、注塑机等），结构紧凑，各处漏油易于回收，但维修不便，散热条件不好。分离式是设置一个单独油箱，与主机分开，减少了油箱发热和液压源振动对工作精度的影响。因此，得到了普遍的应用，特别是在工程机械、组合机床、自动线和精密机械设备上大多采用分离式油箱。

油箱通常用钢板焊接而成。采用不锈钢板为最好，但成本高，大多数情况下采用镀锌钢板或普通钢板内涂防锈的耐油涂料。图 6.2-1 所示是一个油箱的简图，图中 1 为吸油管，4 为回油管，中间有两个隔板 7 和 9，隔板 7 用作阻挡沉淀杂物进入吸油管，隔板 9 用作阻挡泡沫进入吸油管，脏物可以从放油塞8放出，空气滤清器3设在回油管一侧的上部，兼有加油和通气的作用，6是油位计，当彻底清洗油箱时可将上盖6卸开。

如果将压力不高的压缩空气引入油箱中，使油箱中的压力大于外部压力，这就是所谓压力油箱，压力油箱中通气压力一般为0.05MPa左右，这时外部空气和灰尘绝无渗入的可能，这对提高液压系统的抗污染能力，改善吸入条件都是有益的。

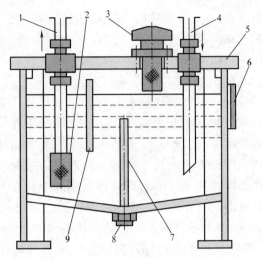

图 6.2-1 油箱简图

1—吸油管；2—滤油器；3—空气滤清器；4—回油管；
5—上盖；6—油位计；7、9—隔板；8—放油塞

6.2.2 设计时的注意事项

在进行油箱的结构设计时应注意以下几个问题：

（1）油箱应有足够的刚度和强度。油箱一般用2.5～4mm的钢板焊接而成，尺寸高大的油箱要加焊角板、加强肋以增加刚度。油箱上盖板若安装电动机传动装置、液压泵和其他液压元件时，盖板不仅要适当加厚，而且还要采取措施局部加强。液压泵和电动机直立安装时，振动一般比水平安装要好些，但散热较差。

（2）油箱要有足够的有效容积。油箱的有效容积（油面高度为油箱高度80％时的容积）应根据液压系统发热、散热平衡的原则来计算，但这只是在系统负载较大、长期连续工作时才有必要进行，一般只需按液压泵的额定流量 q_p 估计即可，一般低压系统油箱的有效容积为液压泵额定流量的2～4倍即可，中压系统为5～7倍，高压系统为10～12倍。

（3）吸油管和回油管应尽量相距远些。吸油管和回油管之间要用隔板隔开，以增加油液循环距离，使油液有足够的时间分离气泡，沉淀杂质。隔板高度最好为箱内油面高度的3/4。吸油管入口处要装粗滤油器，滤油器和回油管管端在油面最低时应没入油中，防止吸油时吸入空气和回油时回油冲入油箱时搅动油面，混入气泡。吸油管和回油管管端宜斜切45°，以增大通流面积，降低流速，回油管斜切口应面向箱壁。管端与箱底、箱壁间距离均应大于管径的3倍，滤油器距箱底应不小于20mm，泄油管管端亦可斜切、面壁，但不可没入油中。

（4）防止油液污染。为了防止油液污染，油箱上各盖板、管口处都要妥善密封。防止油箱出现负压而设置的通气孔上需装空气滤清器。

（5）易于散热和维护保养。箱底离地应有一定距离且适当倾斜，以增大散热面积；在最低部位处设置放油塞，以利于排放污油；箱体侧壁应设置油位计；滤油器的安装位置应便于装拆；箱内各处应便于清洗。

（6）油箱要进行油温控制。油箱正常工作的温度应在15～65℃之间，在环境温度变化较大的场合要安装热交换器，但必须考虑它的安放位置以及测温、控制等措施。

（7）油箱内壁要加工。新油箱经喷丸、酸洗和表面清洗后，内壁可涂一层与工作液相容的塑料薄膜或耐油清漆。

6.3　滤　油　器

6.3.1　滤油器的功用和基本要求

液压系统中 75% 以上的故障是和液压油的污染有关。油液中的污染能加速液压元件的磨损，卡死阀芯，堵塞工作间隙和小孔，使元件失效。导致液压系统不能正常工作，因而必须对油液进行过滤。滤油器的功用在于过滤混在液压油中的杂质，使进入到液压系统中去的油液的污染度降低，保证系统正常地工作。一般对滤油器的基本要求是：

（1）有足够的过滤精度。过滤精度是指滤油器滤芯滤去杂质的粒度大小，以其直径 d 的公称尺寸（μm）表示。粒度越小，精度越高。精度分粗（$d \geqslant 100 \mu m$）、普通（$d \geqslant 10 \sim 100 \mu m$）、精（$d \geqslant 5 \sim 10 \mu m$）和特精（$d \geqslant 1 \sim 5 \mu m$）四个等级。

（2）有足够的过滤能力。过滤能力是指一定压力降下允许通过滤油器的最大流量，一般用滤油器的有效过滤面积（滤芯上能通过油液的总面积）来表示。对滤油器过滤能力的要求，应结合滤油器在液压系统中的安装位置来考虑，如滤油器安装在吸油管路上时，其过滤能力应为液压泵额定流量的 2 倍以上。

（3）滤油器应有一定的机械强度，不因液压力的作用而破坏。

（4）滤芯耐腐蚀性能好，并能在规定的温度下持久地工作。

（5）滤芯要利于清洗和更换，便于拆装和维护。

6.3.2　滤油器的型式

滤油器按过滤精度可分为粗滤油器和精滤油器两大类；按滤芯的结构可分为网式、线隙式、磁性、烧结式和纸质等；按过滤的方式可分为表面型、深度型和中间型滤油器。

1. 表面型滤油器　表面型滤油器的滤芯表面与液压介质接触，这种过滤材料像筛网一样把杂质颗粒阻留在其表面上，最常见的是金属网制成的网式滤油器，如图 6.3-1（a）所示。这是一种粗滤油器，过滤精度低，约为 $80 \sim 180 \mu m$，但是阻力小，其压力损失不超过 0.01MPa，可以放在液压泵的进口。保护液压泵不受大粒度机械杂质的损坏，又不影响泵的吸入。另外一种常见的表面型滤油器是如图 6.3-1（b）所示的线隙式滤油器，它是由细金属丝（$d = 0.4mm$）绕成的圆筒，依靠金属丝螺旋线间的间隙阻留油液中的杂质，它也属粗滤油器；当其安装在液压泵的进油口时，阻力损失约为 0.02MPa，过滤精度约为

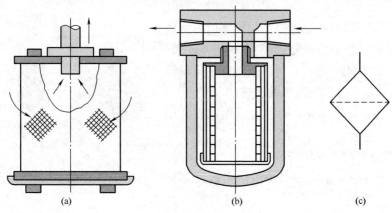

（a）　　　　　　　　　　（b）　　　　　　　　　（c）

图 6.3-1　表面型滤油器

80～100μm；装在回油低压管路上的线隙式滤油器阻力损失稍大于前者，约为0.07～0.35MPa，过滤精度也较好，约为30～50μm，在实际选用过程中要注意它的适用位置。这两种滤油器的优点是可以限定被清除杂质的颗粒度，滤芯可以清洗后重新使用，所以它们被广泛用于液压系统的进油和回油粗过滤中，图6.3-1（c）为滤油器的图形符号。

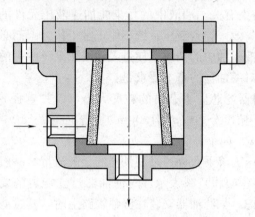

图6.3-2 深度型滤油器

2. 深度型滤油器 在深度型滤油器中，油液要流经有复杂缝隙的路程达到过滤的目的。这种滤油器的滤芯材料可以是毛毡、人造丝纤维、不锈钢纤维、粉末冶金等，图6.3-2所示为深度型滤油器，这种滤油器油液从左侧油孔进入，经滤芯过滤后，从下部的油孔流出，这种滤油器的优点是过滤精度高，可达10～60μm，但阻力损失较大，一般为0.03～0.2MPa，容易堵塞，所以不能直接安放在液压泵的进油口，多安装在排油或回油路上。

3. 中间型滤油器 中间型滤油器的过滤方式介于上述两者之间，如采用有一定厚度（0.35～0.75mm）的微孔滤纸制成的滤芯（图6.3-3）的纸质滤油器，它的过滤精度比较高，一般约为10～20μm，高精度的可达1μm左右。这种滤油器的过滤精度适用于一般的高压液压系统，它是当前在中高压液压系统中使用最为普遍的精滤油器，为了扩大过滤面积，

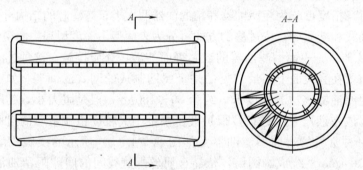

图6.3-3 纸质滤芯

纸滤芯做成W形，但当纸滤芯被杂质堵塞后不能清洗，要更换滤芯。由于这种滤油器阻力损失较大，一般在0.08～0.35MPa之间，所以只能安在排油管路和回油管路上，不能放在液压泵的进油口。

4. 滤油器产品 图6.3-4所示为工程机械常用的滤油器产品。

6.3.3 滤油器的选用和安装

根据所设计的液压系统的技术要求，按滤油精度、通油能力（流量）、工作压力、油液的黏度和工作温度等来选用不同类型的滤油器及其型号。滤

图6.3-4 滤油器产品

油器在液压系统中的安装位置，通常有下列几种：

1. 安装在液压泵的吸油口　液压泵的吸油路上一般都安装表面型滤油器，目的是滤去较大的杂质微粒以保护液压泵，为不影响泵的吸油性能，防止气穴现象，滤油器的过滤能力应为液压泵额定流量的 2 倍以上，压力损失不得超过 0.02MPa。必要时，泵的吸入口应置于油箱液面以下，如图 6.3-5 中 1 所示。

2. 安装在液压泵的出口油路上　滤油器安装在液压泵的出口油路上，其目的是用来滤除可能侵入阀类等元件的污染物。一般采用 $10\sim15\mu m$ 过滤精度的滤油器，它应能承受油路上的工作压力和冲击压力，其压力降应小于 0.35MPa，并应有安全阀和堵塞状态发信装置，以防液压泵过载和滤芯损坏，如图 6.3-5 中 2 所示。

3. 安装在系统的回油路上　这种安装方式只能间接地过滤。由于回油路压力低，可采用强度低的滤油器，其压力降对系统也影响不大。一般都与滤油器并联一单向阀，起旁通作用，当滤油器堵塞达到一定压力损失时，单向阀打开如图 6.3-5 中 3 所示。

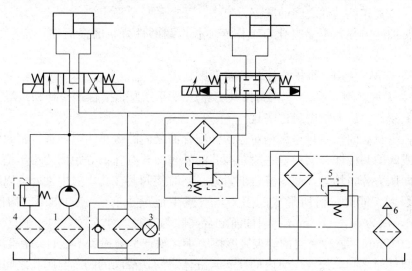

图 6.3-5　滤油器在液压系统中的安装位置

4. 安装在系统的分支油路上　当液压泵的流量较大时，若采用上述各种方式过滤，滤油器结构可能很大。为此，可在只有液压泵额定流量 20%～30% 的支路上安装一小规格滤油器，对油液起滤清作用，如图 6.3-5 中 4 所示。

5. 单独过滤系统　大型液压系统可专设一液压泵和滤油器组成独立的过滤回路，专门用来清除系统中的杂质，还可与加热器、冷却器、排气器等配合使用。滤油车即为单独过滤系统，如图 6.3-5 中 5 所示。

另一方面，安装滤油器还应注意，一般滤油器只能单向使用，即进出油口不可反用，以利于滤芯清洗和安全。因此，滤油器不要安装在液流方向可能变换的油路上。必要时油路中要增设单向阀和滤油器，以保证双向过滤。作为滤油器的新进展，目前双向滤油器也已问世。

6.4 密 封 装 置

密封是解决液压系统泄漏问题最重要、最有效的手段。液压系统如果密封不良，可能出现不允许的外泄漏，外漏的油液将会污染环境；可能使空气进入吸油腔，影响液压泵的工作性能和液压执行元件运动的平稳性（爬行），泄漏严重时，系统容积效率过低，甚至工作压力达不到要求值；若密封过度，虽可防止泄漏，但会造成密封部分的剧烈磨损，缩短密封件的使用寿命，增大液压元件内的运动摩擦阻力，降低系统的机械效率。因此，合理地选用和设计密封装置在液压系统的设计中是很重要的。

1. 对密封装置的要求

（1）在工作压力和一定的温度范围内，应具有良好的密封性能，并随着压力的增加能自动提高密封性能。

（2）密封装置和运动件之间的摩擦力要小，摩擦系数要稳定。

（3）抗腐蚀能力强，不易老化，工作寿命长，耐磨性好，磨损后在一定程度上能自动补偿。

（4）结构简单，使用、维护方便，价格低廉。

2. 密封装置的类型和特点　　密封按其工作原理可分为非接触式密封和接触式密封。前者主要指间隙密封，后者指密封件密封。

（1）间隙密封。间隙密封是靠相对运动件配合面之间的微小间隙来进行密封的，常用于柱塞、活塞或阀的圆柱配合副中，一般在阀芯的外表面开有几条等距离的均压槽，它的主要作用是使径向压力分布均匀，减少液压卡紧力，同时使阀芯在孔中对中性好，以减小间隙的方法来减少泄漏。同时，槽所形成的阻力，对减少泄漏也有一定的作用。均压槽一般宽 $0.3\sim0.5\text{mm}$，深为 $0.5\sim1.0\text{mm}$。圆柱面配合间隙与直径大小有关，对于阀芯与阀孔一般取 $0.005\sim0.017\text{mm}$。这种密封的优点是摩擦力小，缺点是磨损后不能自动补偿，主要用于直径较小的圆柱面之间，如液压泵内的柱塞与缸体之间，滑阀的阀芯与阀孔之间的配合。

（2）O 形密封圈。O 形密封圈一般用耐油橡胶制成，其横截面呈圆形，它具有良好的密封性能，内外侧和端面都能起密封作用，结构紧凑，运动件的摩擦阻力小，制造容易，装拆方便，成本低，在液压系统中得到广泛的应用。

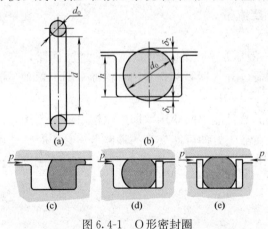

图 6.4-1 所示为 O 形密封圈的结构和工作情况，图 6.4-1 (a) 为其外形图，图6.4-1 (b) 为装入密封沟槽的情况。δ_1、δ_2 为 O 形圈装配后的预压缩量，通常用压缩率 W 表示，即 $W=\left[(d_0-h)/d_0\right]\times100\%$，对于固定密封、往复运动密封和回转运动密封，压缩率应分别达到 $15\%\sim20\%$、$10\%\sim20\%$ 和 $5\%\sim10\%$，才能取得满意的密封效果。当油液工作压力超过 10MPa 时，O 形圈在往复运动中容易被油液压力挤入间隙而提早损坏 [图 6.4-1 (c)]，为此，要在它的侧面

图 6.4-1　O 形密封圈

安放 1.2～1.5mm 厚的聚四氟乙烯挡圈，单向受力时在受力侧的对面安放一个挡圈［图 6.4-1（d）］，双向受力时则在两侧各放一个［图 6.4-1（e）］。

　　O 形密封圈的安装沟槽，除矩形外，也有 V 形、燕尾形、半圆形、三角形等，实际应用中可查阅有关手册及国家标准。

　　（3）唇形密封圈。唇形密封圈根据截面的形状可分为 Y 形、V 形、U 形、L 形等。如图 6.4-2 所示，液压力将密封圈的两唇边和 h_1 压向形成间隙的两个零件的表面。这种密封作用的特点是能随着工作压力的变化自动调整密封性能，压力越高则唇边被压得越紧，密封性越好；当压力降低时唇边压紧程度也随之降低，从而减少了摩擦阻力和功率消耗，除此之外，还能自动补偿唇边的磨损，保持密封性能不降低。

　　目前，液压缸中普遍使用如图 6.4-3 所示的所谓小 Y 形密封圈作为活塞和活塞杆的密封。其中图 6.4-3（a）为轴用密封圈，图 6.4-3（b）所示为孔用密封圈。这种小 Y 形密封圈的特点是断面宽度和高度的比值大，增加了底部支承宽度。可以避免摩擦力造成的密封圈的翻转和扭曲。

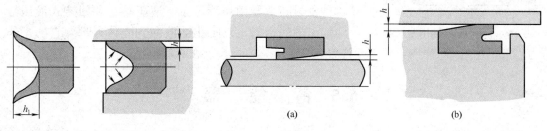

图 6.4-2　唇形密封圈　　　　　　　　图 6.4-3　小 Y 形密封圈

　　在高压和超高压情况下（压力大于 25MPa）V 形密封圈也有应用，V 形密封圈的形状如图 6.4-4 所示，它由多层涂胶织物压制而成，通常由压环、密封环和支承环三个圈叠在一起使用，此时已能保证良好的密封性，当压力更高时，可以增加中间密封环的数量，这种密封圈在安装时要预压紧，所以摩擦阻力较大。唇形密封圈安装时应使其唇边开口面对压力油，使两唇张开，分别贴紧在机件的表面上。

　　（4）组合式密封装置。随着液压技术的应用日益广泛，系统对密封的要求越来越高，普通的密封圈单独使用已不能很好地满足密封性能，特别是使用寿命和可靠性方面的要求，因此，研究和开发了由包括密封圈在内的两个以上元件组成的组合式密封装置。

　　图 6.4-5（a）所示的为 O 形密封圈与截面为矩形的聚四氟乙烯塑料滑环组成的组合密封装置。其中，滑环 2 紧贴密封面，O 形圈 1 为滑环提供弹性预压力，在介质压力等于零时构成密封，由于密封间隙靠滑环，而不是 O 形圈，因

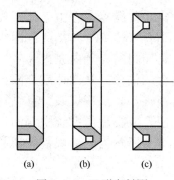

图 6.4-4　V 形密封圈

（a）支承环；（b）密封环；（c）压环

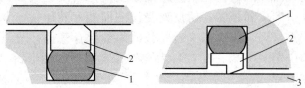

图 6.4-5　组合式密封装置

1—O 形圈；2—滑环；3—被密封件

此摩擦阻力小而且稳定，可以用于 40MPa 的高压；往复运动密封时，速度可达 15m/s；往复摆动与螺旋运动密封时，速度可达 5m/s。矩形滑环组合密封的缺点是抗侧倾能力稍差，在高低压交变的场合下工作容易漏油。图 6.4-5（b）为由支持环 2 和 O 形圈 1 组成的轴用组合密封，由于支持环与被密封件 3 之间为线密封，其工作原理类似唇边密封。支持环采用一种经特别处理的化合物，具有极佳的耐磨性、低摩擦和保形性，不存在橡胶密封低速时易产生的"爬行"现象。工作压力可达 80MPa。

组合式密封装置由于充分发挥了橡胶密封圈和滑环（支持环）的长处，因此不仅工作可靠，摩擦力低而稳定，而且使用寿命比普通橡胶密封提高近百倍，在工程上的应用日益广泛。

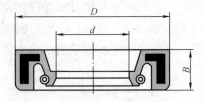

图 6.4-6　回转轴用密封圈

（5）回转轴的密封装置。回转轴的密封装置形式很多，图 6.4-6 所示是一种耐油橡胶制成的回转轴用密封圈，它的内部有直角形圆环铁骨架支撑着，密封圈的内边围着两条螺旋弹簧，把内边收紧在轴上来进行密封。这种密封圈主要用作液压泵、液压马达和回转式液压缸的伸出轴的密封，以防止油液漏到壳体外部，它的工作压力一般不超过 0.1MPa，最大允许线速度为 4～8m/s，须在有润滑情况下工作。

6.5　蓄　能　器

蓄能器是液压系统中的储能元件，它储存压力油液，并在需要时释放出来供给系统。

6.5.1　蓄能器的类型与结构

蓄能器有重力式、弹簧式和充气式三类，常用的是充气式，它又可分为活塞式、气囊式和隔膜式三种。在此主要介绍活塞式及气囊式两种蓄能器。

1. 活塞式蓄能器　图 6.5-1（a）所示为活塞式蓄能器，它是利用在缸筒 2 中浮动的活塞 1 把缸中液压油和气体隔开。这种蓄能器的活塞上装有密封圈，活塞的凹部面向气体，以增加气体室的容积。这种蓄能器结构简单，易安装，维修方便，但活塞的密封问题不能完全解决，有压气体容易漏入液压系统中，而且由于活塞的惯性和密封件的摩擦力，使活塞动作不够灵敏。这种蓄能器一般最高工作压力为 17MPa，容量范围为 1～39L，温度适用范围为 −4℃～+80℃。

2. 气囊式蓄能器　图 6.5-1（b）所示为 NXQ 型皮囊折合式蓄能器，它由壳体、皮囊、充气阀、限位阀等组成。这种蓄能器一般工作压力为 3.5～35MPa，容量范围为 0.6～200L，温度适用范围为 −10℃～+65℃。工作前，从充气阀向皮囊内充进一定压力的气体，然后将充气阀关闭，使气体封闭在皮囊内，要储存的油液，从壳体底部限位阀处引到皮囊外腔，使皮囊受压缩而储存液压能。其优点是惯性小，反应灵敏，且结构小、重量轻，一次充气后能长时间的保存气体，充气也较方便，故在液压系统中得到广泛的应用。图 6.5-1（c）为充气式蓄能器的图形符号。图 6.5-2 所示为气囊式蓄能器的工作过程。

6.5.2　蓄能器的功用

1. 作辅助动力源　当液压系统工作循环中所需的流量变化较大时，可采用一个蓄能器

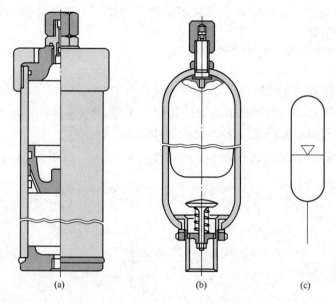

图 6.5-1　充气式蓄能器

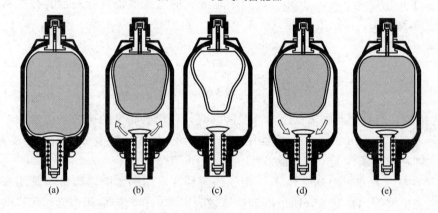

图 6.5-2　气囊式蓄能器的工作过程

（a）使用前；（b）充液中；（c）充液完毕；（d）向外补油；（e）补油完毕

与一个较小流量（整个工作循环的平均流量）的泵，在短期大流量时，由蓄能器与泵同时供油，所需流量较小时，泵将多余的油液向蓄能器充油，这样，可节省能源，降低温升。另一方面，在有些特殊的场合为防止停电或驱动液压泵的原动力发生故障时，蓄能器可作应急能源短期使用。

2. 保压和补充泄漏　当液压系统要求较长时间内保压时，可采用蓄能器，补充其泄漏，使系统压力保持在一定范围内。

3. 缓和冲击、吸收压力脉动　当阀门突然关闭或换向时，系统中产生的冲击压力，可由安装在产生冲击处的蓄能器来吸收，使液压冲击的峰值降低，若将蓄能器安装在液压泵的出口处，可降低液压泵压力脉动。

6.5.3　蓄能器容量计算

蓄能器容量的大小和它的用途有关，现以气囊式为例加以说明。

1. 作辅助动力源时的容量计算　蓄能器储存和释放压力油容量和气囊中气体体积的变化量相等，由气体定律有

$$p_0 V_0^n = p_1 V_1^n = p_2 V_2^n \tag{6-1}$$

式中：p_0 为气囊工作前的充气压力；V_0 为气囊工作前的充气体积（蓄能器的容量）；p_1 为蓄能器储油结束时的压力；V_1 为气囊被压缩后相应于 p_1 时的气体体积；p_2 为蓄能器向系统供油时的压力；V_2 为气囊膨胀后相应于 p_2 时的气体体积。

体积差 $\Delta V = V_2 - V_1$ 为供给系统的油液，代入式（6-1），可得到

$$V = \left(\frac{p_2}{p_0}\right)^{\frac{1}{n}} V_2 = \left(\frac{p_2}{p_0}\right)^{\frac{1}{n}} (V_1 + \Delta V) = \left(\frac{p_2}{p_0}\right)^{\frac{1}{n}} \left[\left(\frac{p_0}{p_1}\right)^{\frac{1}{n}} V_0 + \Delta V\right]$$

即

$$V_0 = \frac{\Delta V \left(\frac{p_2}{p_0}\right)^{\frac{1}{n}}}{1 - \left(\frac{p_2}{p_1}\right)^{\frac{1}{n}}} \tag{6-2}$$

充气压力 p_0 在理论上可与 p_2 相等，为保证在 p_2 时蓄能器仍具有一定的补偿系统泄漏的能力，应使户 $p_0 < p_2$，一般取 $p_0 = (0.8 \sim 0.85) p_2$ 或 $0.9 p_2 > p_0 > 0.25 p_1$，若 V_0 已知，则蓄能器的供油体积为

$$\Delta V = p_0^{\frac{1}{n}} V_0 \left[\left(\frac{1}{p_2}\right)^{\frac{1}{n}} - \left(\frac{1}{p_1}\right)^{\frac{1}{n}}\right] \tag{6-3}$$

式中：n 为指数，当蓄能器用来保压，补偿泄漏时，它释放能量的速度是缓慢的，可以认为气体在等温下工作，取 $n=1$；当蓄能器用来作辅助动力源时，它释放能量的速度是迅速的，可以认为气体在绝热条件下工作，取 $n=1.4$。

2. 作缓和液压冲击时的容量计算　由于作缓和冲击用的蓄能器容量与管路布置、流动状态、阻尼和泄漏等因素有关，所以准确计算较为困难，在实际应用中常使用经验计算公式计算蓄能器的最小容量，即

$$V_0 = \frac{0.004 q p_1 (0.016\,4L - t)}{p_1 - p_2} \tag{6-4}$$

式中：V_0 为蓄能器的容量（L）；q 为阀口关闭前管内流量（L/min）；p_2 为阀口关闭前管内压力（MPa）；L 为冲击管长（m）；p_1 为允许的最大冲击压力（MPa）；t 为阀口关闭时间（$t < 0.016\,4L$）（s）。

3. 吸收液压泵脉动压力时容量计算　一般采用以下经验公式进行计算，即

$$V_0 = \frac{Vi}{0.6K} \tag{6-5}$$

式中：V 为液压泵的排量（L/r）；i 为排量的变化率 $\Delta V/V$；ΔV 为超过平均排量的排出量（L）；K 为液压泵的压力脉动率 $\Delta p/p_p$；Δp 为压力脉动单侧振幅。

在使用时，蓄能器充气压力 $p_0 = 0.6 p_p$。

6.5.4　蓄能器的安装

蓄能器在液压系统中的安装位置随其功用而定，主要应注意以下几点：

（1）气囊式蓄能器应垂直安装，油口向下。

（2）用于吸收液压冲击和压力脉动的蓄能器应尽可能安装在振源附近。

（3）装在管路上的蓄能器须用支板或支架固定。

（4）蓄能器与液压泵之间应安装单向阀，防止液压泵停止时，蓄能器储存的压力油倒流而使泵反转。蓄能器与管路之间也应安装截止阀，供充气和检修之用。

6.6　冷　却　器

6.6.1　冷却器的作用及应用

对于一般工程机械来说，其液压系统多采用闭式回路，油箱比较小，经过一段时间的连续运转后，系统的发热和散热不易达到平衡，特别是当环境温度高，工作强度大时，发热大于散热，油温可能持续上升，导致工程机械无法继续工作。为了保证系统有良好工作性能，使油温保持在某范围之内或实现自动控制油温，单凭油箱散热是不够的。为此，需要设置冷却器。冷却器是降低或控制油温的专门装置。它的功用是，控制油温，减小油箱体积，保证液压系统的正常工作，延长液压系统的使用寿命。因此，常常把冷却器也看成是液压系统中重要装置之一。

图 6.6-1 是某工程机械闭式回路中使用冷却器进行强制冷却的例子。在该系统中，补油液压泵 1 除了补偿系统泄漏外，主要作用就是补充被强制换掉的热油。补油液压泵的低压溢流阀 2 的调整压力高于溢流阀 6 的压力（约高 0.1～0.2MPa），使补油液压泵输出的冷油全部进入主油路，而主油路中的热油则经液控三位三通冲洗阀 7、溢流阀 6、液压马达 5 的内腔和冷却器 3 流回油箱。这样，该系统的平衡温度一般为 60～80℃。

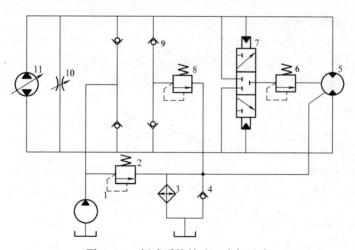

图 6.6-1　闭式系统补油、冷却回路

1—补油液压泵；2、6—溢流阀；3—冷却器；4—单向阀；5—液压马达；

7—三位三通冲洗阀；8—安全阀；9—单向阀；10—节流阀；11—主液压泵

6.6.2 冷却器的要求及种类

1. 冷却器的要求   对冷却器的基本要求是在保证散热面积足够大、散热效率高和压力损失小等前提下，要求结构紧凑坚固、体积小、重量轻。最好有自动控制油温装置，以保证油温控制的正确性。

2. 冷却器的种类   冷却器的种类一般按冷却介质的不同分为水冷和风冷两种。

（1）水冷式冷却器。水冷式又分蛇形管式、管式和板式冷却器多种。由于水冷式冷却器需要使用循环水，故工程机械上应用不多。

（2）风冷式冷却器。风冷式冷却器一般采用风扇强制吹风或强制吸风来冷却。风冷式冷却器也分管式、板式、翅管式和板翅式等种类。

下面重点介绍风冷板翅式冷却器。图6.6-2所示的是强制风冷板翅式冷却器结构图。其特点是每两层通油板之间设有波浪形的翅片板，这样通风散热效能就大大提高，常用在挖掘机上。它的优点是铝制、散热效率高，传热系数最高可达300kcal/$(m^2 \cdot h \cdot ℃)$，而且结构紧凑、体积小，强度大。缺点是易堵塞、清洗困难。

图6.6-2 强制风冷板翅式冷却器

6.6.3 冷却器的安装回路

由于液压系统对冷却油的要求不同，冷却器在系统中的安装回路，也有多种。现将工程机械上常用的几种介绍如下。

1. 回油路冷却回路   冷却器通常安装在回油路上。在某些情况下，油温的升高是由于大量高压油从溢流阀中溢出引起的，此时，冷却器应放在溢流阀的泄油管路上。图6.6-3所示，即为冷却器在回油路中安装的位置。

液压泵1输出的压力油直接进入液压系统，已经发热的回油及由溢流阀2溢出的热油一起可通过冷却器3进行冷却。并联的单向阀4是保护冷却器的。当不需冷却时，可将截止阀5打开，使油直接经截止阀流回油箱。安装冷却器后，压力损失一般为0.01~0.1MPa。

2. 独立式冷却回路   有些工程机械，为了避免回油总管中压力脉冲对冷却器的破坏，或为了提高液压功率的利用率以及为了改善散热性能等，采用了如图6.6-4所示的独立式冷却回路。它专设一台仅供冷却回路用的液压泵为冷却器提供热油。

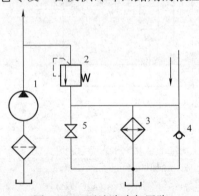

图6.6-3 回油路冷却回路

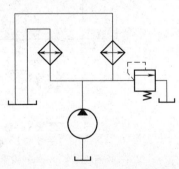

图6.6-4 独立式冷却回路

3. 短路冷却回路 在有些工程机械上，冷却油路是所谓短路冷却回路。其工作过程类似水冷发动机的水动节温器。工作过程中维持适当的油温。当油温过高时进行冷却，而低温开始工作时则进行暖机运转，使油温上升到必要的温度。为了减少暖机时间，常采用这种短路冷却回路，如图 6.6-5 所示。这种回路的基本原理，是利用工作油黏度的变化来自动调节的。高温油的黏度小，阻力也小，液压泵 1 的回油按箭头 b 流经冷却器 3，使油温下降，从而使全部工作油得到冷却，而在低温开始工作时，由于油的黏度大，阻力也大，短路回路中的溢流阀 2 在阻力的作用下被打开，大多数油按箭头 c 和 a 所示直接吸入液压油泵。溢流阀 2 兼作散热器的安全阀。这样，在低温开始工作时，只有少量的油按箭头 b 进行循环。因而在寒冷地区工作时，大大缩短了暖机时间。

4. 自动调节油温冷却回路 图 6.6-6 所示为某中小型单斗挖掘机系统中的冷却回路。回油路总管中装有风冷式液压油冷却器 5，风扇 4 由专门的齿轮马达 3 带动，它由装在油箱中的温度传感器及油路中的二位三通电磁阀 2 控制，由小流量齿轮泵 1 供油，组成自控调节油温冷却回路。当温度超过一定值时，油箱中的温度传感器使电磁阀接通齿轮马达，带动风扇旋转，液压油被强制冷却。反之，则风扇停转，使液压油保持在适当温度范围内。这样可节省风扇功率，并能缩短冬季预热起动时间。

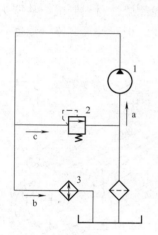

图 6.6-5 短路冷却回路

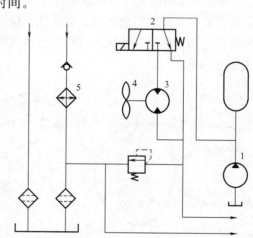

图 6.6-6 自动调节油温冷却回路

6.7 常 用 仪 表

液压系统中常备的仪表主要是压力表和温度计，偶尔会用到流量计。进行系统工况监测与故障诊断时主要也是使用这些仪表。进行液压元件性能试验时，如果试验对象是液压阀，也是使用这三类仪表。如果进行液压泵的试验，因为要测定泵的效率，还要用到转速和扭矩的测量仪表。电液伺服系统中要用到位移、速度、力等的传感器。进行油液污染分析时要作显微镜、天平、铁谱仪、颗粒计数器之类。

6.7.1 压力表

弹簧管式压力表如图 6.7-1 所示。C 字形弹簧管一端固定，另一端在压力下产生的位移经齿轮机构放大后，用指针在刻度盘上指示出来。压力表有不同的外壳直径、安装方式、准确度等级和量程。

液压系统中宜选用表盘腔充满甘油的压力表。压力表的量程应在系统最高工作压力的 150%～200% 之间选用。不能仅靠一根细管子固定压力表，而应把它固定在面板上。压力表应安装在调整系统压力时能直接看到的部位。常设的压力表应设压力表开关或限压器加以保护。

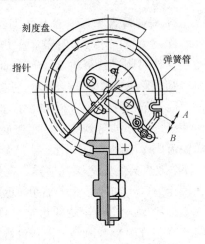

图 6.7-1   弹簧管式压力表

6.7.2   流量计

图 6.7-2 表示椭圆齿轮流量计的工作原理。这种流量计其实是液量计，它相当于一个液压马达。流过的液体体积与轴旋转的圈数成比例。计数一段时间转过的圈数并除以这段时间即可得到这段时间的平均流量。也有不同的量程可以选用。使用时流量计的上游要设置过滤保护，并设旁通管路以便不用时使流动绕过它旁通。椭圆齿轮流量计只能卧式安装。

图 6.7-3 所示的涡轮流量计利用流动的动压使轴流涡轮（其旋转轴与流动方向相同，故称轴流）旋转，涡轮的转速与油液流速成比例。旋转的涡轮用磁性材料制成，从探头测得电脉冲，根据脉冲数测量流速、流量。这种流量计结构很紧凑，但对油液黏度（温度）比较敏感，增加了校准的难度。

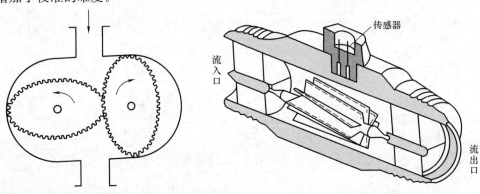

图 6.7-2   椭圆齿轮流量计   图 6.7-3   涡轮流量计

试验中测量泄漏量时，因为泄漏量可能很小（mL/min 级），又因为不能使用造成背压而使数据不真实的流量计，所以一般用量杯配合秒表的办法来进行测量。国家液压元件质量监督检测中心用电子秤配合计算机解决了泄漏量之类微小流量的测量问题，并开发了相应的测量仪器。有时候并不需要知道系统中某部位（比如说润滑系统）流量的具体数值，但必须知道是否有流量通过。这时要用到液流检测器。机械部北京机械工业自动化研究所液压技术研究开发中心有这种产品，用在精密油压机上。

6.7.3   温度计

液压系统中，不同部位的温度是不一样的。电磁铁、气囊式蓄能器的上部、溢流阀的出口、泄油管等处的温度都可能比较高，而冷却器出口的温度自然应该低一些。一般规定的油液工作温度，是指液压泵进口的温度，所以温度计要装在油箱里。油箱上设置带温度计的液位指示计是比较常见的做法。

　　为了控制液压系统的温度，往往用带有温度感应塞的接点温度计发出信号，去控制电加热器的开关或冷却水电磁阀。在液压元件试验台上，可以用铠装热电偶来测量油液温度，主要是被试元件进口的温度。这时要选用热容量小的传感器，保证传感器与所测油液之间充分的热接触，并估计热传递的影响，才能进行及时而准确的测量。

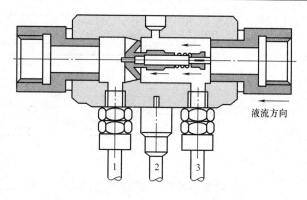

图 6.7-4　UCC 在线传感器
1、3—压力传感器；2—温度传感器

　　图 6.7-4 中所示的 UCC 在线传感器在系统设计时已经设置在系统中的关键部位。进行工况监测或故障诊断时，通过有三个接头的管线缆接到专用的监测器上，可同时测出流量、压力和油液温度。

6.7.4　其他仪表

　　图 6.7-5 所示为电磁式转速测量装置。每转过一个齿，可从探头测到一个脉冲信号。探头接到频率计上，就可以测量齿轮轴的转速。

　　图 6.7-6 所示的扭矩传感器里，产生与扭矩成比例的扭转变形的扭力轴两端，各有一组如图 6.7-5 那样的齿轮与探头，所得到的两组脉冲信号的相位差与扭矩成比例，从而可用鉴相器测出扭矩的大小。当然可以同时测出轴的转速。当转速很低时，可以起动电动机带动壳体旋转，以便得到足够多的脉冲信号。

图 6.7-5　电磁式转速测量装置

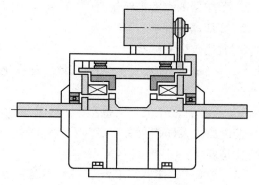

图 6.7-6　相位差式扭矩传感器

　　图 6.7-7 表示差动变压器的工作原理。差动变压器由一个一次线圈和两个二次线圈构成，令交流电流流过一次线圈，把经中央铁心感应出来的二次线圈的输出，通过差动连接取出信号。当铁心在中间位置时，左右二次线圈的感应电压相等，输出为零。铁心位置离开中央时，左右二次线圈的感应电压不等，输出与它们之差成比例的交流电压。差动变压器的测量范围从几微米至几十毫米。

　　直流差动变压器中把与差动变压器配套使用的调制解调器制成集成电路芯片装在一起，只要外接直流电源，即可输出与位移成比例的直流信号，使用起来很方便。但是因其载波信号的振荡频率有限，是否适用于高频运动的系统尚需核对。

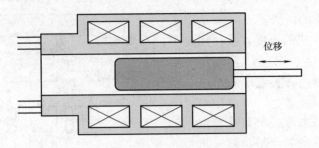

图 6.7-7　差动变压器

　　如果在差动变压器的一次线圈上施加由交流载波电流和直流电流叠加而成的电流，同时对一次线圈进行电流反馈使一次电流不受铁心位置及线圈阻抗变化的影响，就可以对二次线圈的差接输出进行同步整流而取出位移电压，用低通滤波器滤掉任一侧二次线圈输出中的载波分量即可得到速度电压。这样得到的位移信号可用作位置控制电液伺服系统的位置反馈，同时得到的速度信号可用作反馈补偿以改善系统性能。

思 考 与 练 习 6

　　1. 为什么说辅助元件在液压系统中起着举足轻重的作用？

　　2. 在进行油箱的结构设计时应注意哪几个问题？

　　3. 滤油器的功用和基本要求是什么？

　　4. 滤油器的选用和安装应注意哪些问题？

　　5. 密封装置的类型和特点有哪些？

　　6. 蓄能器的类型与结构有哪些？

　　7. 冷却器的种类有哪些？

　　8. 常用仪表有哪些？

　　9. 某一液压系统，液压泵的压力为 6.3MPa，流量为 $q=40\text{L/min}$。试选进出油管的尺寸。

　　10. 一单杆液压缸，活塞直径 $D=100\text{mm}$，活塞杆直径 $d=56\text{mm}$，行程 $l=500\text{mm}$，现有杆腔进油，无杆腔回油，则由于活塞的移动而使有效面积 $A=200\text{cm}^2$ 的油箱内液面高度的变化是多少？

　　11. 皮囊式蓄能器容量为 2.5L，气体的充气压力为 2.5MPa，当工作压力从 $p_1=7\text{MPa}$ 变化到 $p_2=4\text{MPa}$ 时，蓄能器能输出的油液体积为多少？

第7章 液压传动基本回路

随着液压技术的迅速发展，采用液压传动的工程机械与日俱增。这些机械所用的液压系统各不相同，有的甚至很复杂，但无论何种工程机械的液压系统，都是由一些液压基本回路组成的。所谓基本回路就是能够完成某种特定控制功能的液压回路，例如限压、变速或换向等，亦有兼双重作用的，例如限速锁紧或缓冲补油等。按其作用的不同，液压传动基本回路可归纳为压力控制回路、速度控制回路和方向控制回路等。

学习和掌握液压传动基本回路的组成、原理及其特点，是为了能在实际工作中，灵活运用这些基本回路的知识去分析、了解和设计具体的液压系统。液压基本回路的原理图通常是用简化示意的方法来表示。

7.1 压力控制回路

压力控制回路主要是借助各种压力控制元件来控制液压系统中各条油路的工作压力，以求达到能够满足各执行机构所需的力或力矩，能合理使用功率以及保证系统工作安全等目的。

7.1.1 调压回路

液压系统中各回路的实际工作压力取决于负载的大小，负载主要是执行机构所承受的工作负载，此外尚包括执行机构由于自重和机械摩擦所产生的运动阻力，以及油液在管路中流动的沿程阻力和局部阻力等。负载越大，油压相应越高。调压回路的作用就是限定液压系统的最高工作压力，使系统压力不超过压力控制阀的调定值。

液压系统一般是利用溢流阀来调定系统的最大工作压力，如图 7.1-1 所示，由于系统压力在泵出口处相对为最高，故溢流阀通常设在泵出口附近的旁通油路上。当负载 R 迫使主油路的压力 p 上升至调定压力时，泵输出的液压油全部从旁路溢流阀流回油箱，于是主油路的压力便被限制在调定压力值不再继续上升，对整个液压系统起到了安全保护作用，发动机也不致因过载而熄火或损坏。

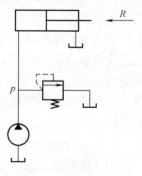

但是应该看到，溢流阀的溢流实质上是一种能量损失，损失的压力能大部分转化为热能，导致油温升高。

图 7.1-1 单级调压回路

具有两级不同调定压力的调压回路，可用于执行机构进程和回程所需工作压力相差悬殊的工况。如图 7.1-2 所示，自升塔式起重机的顶升液压缸，当塔架爬升时，需要高压油进入液压缸的上腔，这时系统工作压力由高压 A 控制；当爬升完毕，需要回收活塞杆以便引入塔身的中间节时，只需低压油进入液压缸下腔，可操纵二位电磁阀使溢流阀远控口接通低压先导阀，于是系统压力改由阀 B 控制，当压力上升到阀 B 的调定值（低压）时，阀 A 主阀即溢流。由于在活塞杆的提升过程中为低压溢流，溢流损失相对较小，故可节约部分动力，

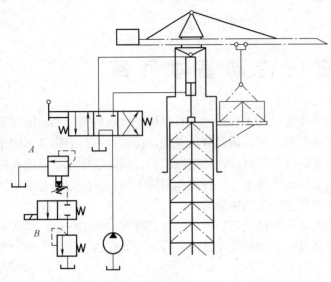

图 7.1-2　两级调压回路

减少油液发热。

7.1.2　减压回路

为了使结构紧凑和自重减轻，工程机械的液压传动大多选取高压系统。但在系统中，往往有部分油路如控制油路、润滑油路、夹紧油路、离合器油路和制动器油路等一些辅助油路，却要求使用低压。这时，可考虑采用减压回路来满足要求。减压回路的作用就是利用减压阀从系统的高压主油路引出一条并联的稳定的低压油路。

图 7.1-3 即为液压起重机起升

机构离合器所采用的减压回路。离合器为常开的内涨式离合器，由弹簧液压缸 A 操纵，它靠液压接合而用弹簧脱开，由于摩擦片能承受的比压较小，不能直接取用主油路中的高压油，须从减压阀引出低压油（压力一般为 2～3MPa）。卷筒外缘有常闭的外抱式制动器，由弹簧液压缸 B 操纵，它靠弹簧抱紧而用液压松闸，故可直接取用主油路的高压油。回路的工作过程是：如图示位置，液压泵卸荷，缸 A 脱开，卷筒由缸 B 制动；操纵三位阀换向，液压马达空转，卷筒仍处于制动状态，再操纵二位阀换向，主油路的油压 p_1 松开缸 B 启闸，而减压油路的油压 p_2 则压紧缸 A，离合器使卷筒与液压马达的驱动轴相接合，于是卷筒开始卷扬。这时，主油路的压力 p_1 取决于卷筒负载，并由溢流阀调定其最大工作压力，减压油路的压力 p_2 则由减压阀调定。减压阀的二次压力 p_2，基本上不受一次压力变化的影响，故离合器能以所需的稳定压力进行工作。回路中的液控单向阀起锁紧保压作用，使离合器在卷扬过程中不致因油路的意外降压而丧失接合力。

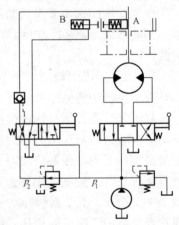

图 7.1-3　用减压阀减压回路

7.1.3　增压回路

增压回路是实现压力放大的回路，它能使系统的局部油路或某个执行元件获得压力比液压泵工作压力高若干倍（可达 2～7 倍）的高压油，或用于气—液传动，利用压缩空气（压力一般为 0.6～0.8MPa）来获得较高的压力油，避免另置价格较贵的高压泵，使系统简单经济。凡具有负载大、行程小和作业时间短等工作特点的执行机构，如制动器、离合器等，均可考虑采用增压回路。此回路中实现压力放大的主要元件是增压缸。

图 7.1-4 为起重机抛钩装置采用单作用增压缸的增压回路。单作用增压缸是由串接在一起的大小两个液压缸组成，利用大小活塞的作用面积差来产生压力差，当向大缸输入低压油（或压缩空气）时，即能从小缸获得高压油。从图中可以看到，当换向阀接左位时，压缩空

气进入增压缸大缸左腔，推活塞右移，增压缸小缸右腔便输出高压油，供给常闭式制动器液压缸，压缩弹簧松闸，于是卷筒浮动，吊钩借自重快速下降。若压缩空气的压力为 p_1，增压缸大缸左腔的活塞作用面积为 A_1，小缸右腔的活塞作用面积为 A_2，制动器液压缸得到的液压为 p_2，从力的平衡关系可知

$$p_1 A_1 = p_2 A_2$$

$$p_2 = \frac{A_1}{A_2} p_1 = K p_1$$

式中，增压比 K 即压力放大的倍数，它等于增压缸大小活塞作用面积之比。当换向阀移至右位时，压缩空气进入增压缸的活塞杆腔，两边活塞作用面积不等形成差动，活塞左移，制动器液压缸在弹簧力作用下恢复制动工况，油箱中的油液通过单向阀向增压缸小缸右腔补偿泄漏。这种采用单作用增压缸的增压回路，由于是循环间歇压油，因此不能得到连续的高压油。

图 7.1-5 所示为一种采用双作用增压缸来获得连续高压油的增压回路。双作用增压缸是由一个大缸和两个小缸组成，在活塞往返移动过程中，两边小缸交替输出高压油。在图示位置时，液压泵输出的低压油通过电磁换向阀进入增压缸大缸右腔，又经单向阀上进入右边小缸一齐推活塞左移，于是增压缸左边小缸输出的高压油经单向阀进入系统的高压油路。当活塞移至最左端时，行程开关操纵电磁阀换向，使活塞右行，增压缸右边小缸紧接着输出高压油，直至活塞移至最右端时，行程开关操纵电磁阀复位，开始第二循环，如此往复循环，即可获得连续的高压油。

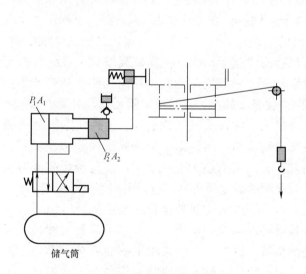

储气筒

图 7.1-4 间歇增压回路

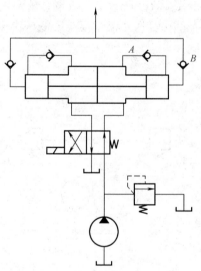

图 7.1-5 连续增压回路

7.1.4 卸荷回路

卸荷回路的作用即在发动机不熄火的情况下，使液压泵卸荷。所谓卸荷是指液压泵以最小输出功率运转，也就是液压泵输出的油液以最低压力（克服管路阻力所需之压力）流回油箱，或以最小流量（补偿系统泄漏所需之流量）输出压力油。这样可以节省动力，减少发热。利用滑阀机能卸荷是工程机械最常用的卸荷方法，此法简单可靠。图 7.1-6 所示即为利

用三位四通换向阀中位机能卸荷的回路,中位机能必须是 M、H 或 K 型。利用多路阀的卸荷回路如图 7.1-7 所示,当滑阀均处于中间位置时,液压泵输出的油液通过换向阀的流道直接流回油箱,实现液压泵卸荷。利用电磁溢流阀的卸荷回路如图 7.1-8 所示,它是由常闭式二位电磁滑阀和先导式溢流阀组成的复合阀,可遥控。需卸荷时,可按电钮使电磁滑阀换向,溢流阀遥控口与油箱接通,立即完全打开溢流口使液压泵卸荷。溢流阀遥控口的流量很小,故只需选用小通径的电磁滑阀。

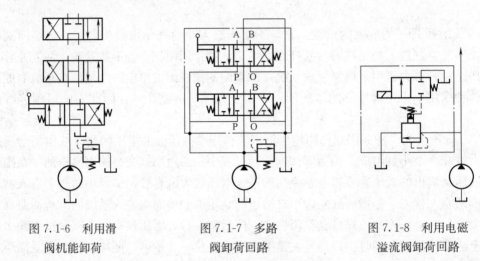

图 7.1-6 利用滑　　　　图 7.1-7 多路　　　　图 7.1-8 利用电磁
阀机能卸荷　　　　　　阀卸荷回路　　　　　溢流阀卸荷回路

图 7.1-9 所示,为双泵系统利用卸荷阀,使其中低压泵在进入高压工况时自动卸荷的回路。图中高压小流量泵 1 和低压大流量泵 2 是由同一台发动机驱动,系统最大工作压力由溢流阀 3 调定。当工作负载较小时,泵 2 输出的油经单向阀 5 与泵 1 合流,共同向系统供油,实现轻载快速运动。当工作负载增大,系统压力超过卸荷阀 4 的调定压力时,控制油路自动打开卸荷阀 4,使泵 2 卸荷,这时单向阀关闭,由泵 1 单独向系统供油,实现重载低速运动。这种回路能随负载变化自动换档,因而无论是重载或轻载都能较充分地发挥发动机的最大有效功率,但是当负载压力接近卸荷阀的调定压力时,容易出现速度不稳定。

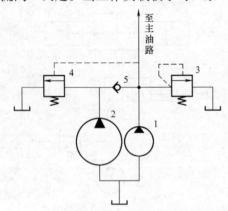

图 7.1-9 利用卸荷阀的卸荷回路
1—高压小流量泵;2—低压大流量泵;
3—溢流阀;4—卸荷阀;5—单向阀

有些工作机构如离合器,当它接合后仍要求在较长时间内保持一定压力,却并不需要继续进油或进油甚微。这时,液压泵输出的油势必全部或大部从溢流阀流回油箱,造成能量损失和系统发热。利用 M 型滑阀机虽可使泵卸荷并切断执行元件的进回油路保持压力,但不可避免会有泄漏,压力不能持久。在这种情况下,可采用蓄能器保压,如图

7.1-10所示,液压泵输出的油液在进入系统同时充入蓄能器,当压力达到所需工作压力值时,压力继电器接电,使二位电磁阀换向,于是液压泵打开溢流阀卸荷。这时,单向阀将上下油路隔断,系统压力及其所需的微小流量均由蓄能器保证。当蓄能器压力随油的逐渐输出

而降低至一定程度时，继电器断电，溢流阀关闭，液压泵就恢复供油。

对于采用限压式变量泵的系统来说，这种泵能在保持系统压力的情况下实现卸荷。例如在液压钻机的下压回路（图 7.1-11）中，限压式变量泵可按实际工况的需要，调定最大供油压力，使钻机在正常运转中保持一定的下压力，同时，由于钻进阻力较大，进程缓慢，下压回路所需的流量极微，因此泵虽然是在高压下工作，但由于压力反馈的作用，输出流量很小，故基本上是处于卸荷状态。

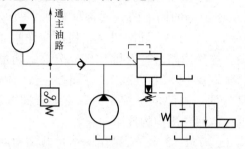 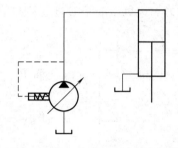

图 7.1-10　利用蓄能器保压的卸荷回路　　　图 7.1-11　利用限压式变量泵保压卸荷回路

7.1.5　缓冲补油回路

工程机械在作业过程中经常会遇到一些预计不到的冲击载荷，此外，执行机构在骤然制动或换向时，运动部件和油流的惯性作用也会给系统带来很大的液压冲击。这种冲击促使系统的局部油路压力剧升，有可能超出系统正常工作压力的若干倍，导致系统中的元件和管路发生噪声、振动或破坏，严重危害系统工作的平稳和安全。在这种情况下，系统必须考虑缓冲措施。

另一方面，在液压马达进回油路均被封闭的情况下，如果某一边油路由于液压冲击，而过载溢流时，或由于负载压力不可避免地导致泄漏之后，则在另一边低压油路中势必造成某种程度的真空。系统在负压下容易吸入空气或从油液中析出空气，空气的产生又会引起噪声、振动和爬行等一系列反常现象。因此，系统在这种情况下，又须考虑补油措施。工程机械常把缓冲和补油同时来考虑，并有专门的液压元件——缓冲补油阀。

目前，工程机械采用缓冲补油阀的回路大致有三种形式，如图 7.1-12 所示。

第一种形式［图 7.1-12（a）］是用一对过载阀，以相反方向连接液压马达两边的油路。

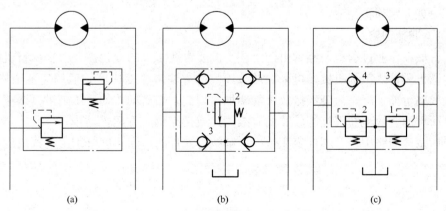

(a)　　　　　　　　(b)　　　　　　　　(c)

图 7.1-12　采用缓冲补油阀的回路

当一边油路过载而另一边油路产生负压时，相应的过载阀立即打开形成短路，使液压马达的进油和回油自行循环，从而过载油路获得缓冲，而负压油路又同时得到补油。这种回路结构简单，反应敏捷，适用于液压马达进回油流量相等的系统，但由于液压马达的外泄漏使补油不够充分。

第二种形式［图7.1-12（b）］是用四个单向阀和一个过载阀，将液压马达两边油路和油箱或系统的回油路连接。假如右边油路过载，部分高压油通过单向阀1打开过载阀2溢回油箱，而另一边负压油路则通过补油单向阀3从通油箱的回油路（通常具有0.2～0.5MPa

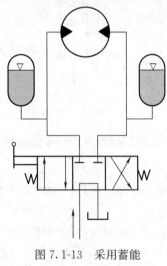

图7.1-13 采用蓄能器缓冲补油回路

背压）中获取补油。若是左边油路过载，根据同样原理，也能获得缓冲补油。这种回路缓冲补油比较充分，结构也比较简单，由于两边油路共用一个过载阀，只能调定一种压力，故适用于液压马达两边油路的过载压力调定值相同的场合，例如起重机和挖掘机回转机构的液压回路等。

第三种形式［图7.1-12（c）］是用两个过载阀和两个补油单向阀分别为液压马达两边油路缓冲补油，右边油路由过载阀1和单向阀3保证缓冲补油，左边则由阀2和阀4保证。这种回路能根据马达两边油路各自的负载情况分别调定过载压力值，适应性较好，应用比较普遍。

图7.1-13所示，为采用蓄能器实现缓冲补油的回路，在易受液压冲击或产生真空的油路上，靠近液压马达设置蓄能器，当油路压力剧升时，可由蓄能器收容部分高压油，以限制油压上升实现缓冲，当油路压力突降时，又可从蓄能器获得补油，避免产生负压，此外，蓄能器还可用来吸收泵的脉动，使执行元件工作更为平稳。但是，这种回路使系统的结构不紧凑。

7.2 速度控制回路

液压传动系统除了必须满足主机对力或力矩的要求之外，还需通过速度控制回路来满足其对运动速度的各项要求，例如换挡、调速、限速、制动、快速下降以及多个执行元件的同步运动等。现分别列举如下：

7.2.1 调速回路

工程机械在作业过程中，经常由于工艺上的要求或工况的变化需要改变执行机构的运动速度，内燃机驱动的工程机械，可采取调节油门的方法来改变速度，但调速范围毕竟有限，且内燃机效率可能下降，污染物排放可能增加，因此，需借助传动系统来进行调速。采用液压传动可简单而有效地获得范围较宽的有级调速或无级调速方案。

在液压调速回路中，若不计容积效率，则执行元件的运动速度分别由下式决定：

对液压缸

$$v = \frac{q}{A}$$

对液压马达

$$n_2 = \frac{q}{V_2} = \frac{V_1}{V_2} n_1$$

式中：v 为液压缸的移动速度（m/s）；q 为输入执行元件工作腔的实际流量（m³/s）；A 为液压缸活塞的有效作用面积（m²）；n_1、n_2 为液压泵及液压马达的转速（r/s）；V_1、V_2 为液压泵及液压马达的排量（m³/r）。

由此可知，在液压泵转速不变的情况下，改变输入执行元件工作腔的流量，以及改变液压泵或液压马达的排量均可实现调速。

1. 有级调速回路　在多泵和多执行元件的定量系统中，可以采用分流与合流交替或并联与串联交替等方法，也就是通过改变油流的循环方式来实现有级调速。此外，对于有级变量系统，例如内曲线低速大扭矩变量马达，则可采用变换柱塞数或作用数的方法，也就是通过改变马达排量的方法来达到有级调速。

图 7.2-1 是靠合流阀来改变泵组连接的有级调速系统。合流阀 3 处于左位时，泵 1 和泵 2 单独向各自分管的执行元件供油，此时为低速状态，若有一执行元件不工作，则可将合流阀 3 移至右位工作，使泵 1、泵 2 共同向一个执行元件供油，此时为高速状态。调速范围视两泵的流量而定。

图 7.2-2 是某挖掘机行走机构的调速回路（图上仅表示单侧）。回路中，两个相同的液压马达彼此机械地连在一起（或为一个双排柱塞的径向马达），共同驱动某一侧的行走机构，由二位电磁换向阀操纵换挡。电磁阀在图示位置时，两马达处于并联状态，输出的最大扭矩和转速分别为

$$T_{并} = 2\Delta p V$$

$$n_{并} = \frac{q}{2V}$$

式中：Δp 为并联马达的进出口压差（Pa）；V 为每个马达的排量（m³）；q 为泵供给的流量（m³/s）。

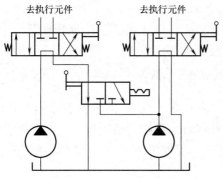

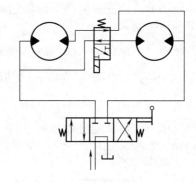

图 7.2-1　定量泵组调速回路　　　　　图 7.2-2　定量马达组调速回路

电磁阀换向后，两马达转入串联状态，这时输出的最大扭矩和转速分别为

$$T_{串} = \Delta p_1 V + \Delta p_2 V = (\Delta p_1 + \Delta p_2)V = \Delta p V$$

$$n_{串} = \frac{q}{V}$$

式中，Δp_1、Δp_2 分别为两个串联马达的进出口压差，$\Delta p_1 + \Delta p_2 = \Delta p$。

显然，两马达并联时为低速挡，输出扭矩可较大，换成串联后速度增加 1 倍，转为高速挡，但最大输出扭矩则相应减小一半，两挡速度的调速比 $i=2$。

图 7.2-3 为某起重机起升机构的调速回路，它是通过改变径向柱塞马达的柱塞数来实现

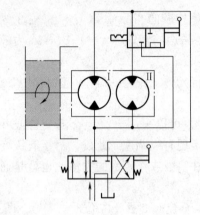

图 7.2-3　有级变量马达调速回路

有级调速的。马达的柱塞分成Ⅰ、Ⅱ两组，各通各的油路，并由二位换向阀控制油流的循环方式。重载时，二位阀接图示位置，两组柱塞构成并联油路共同驱动卷筒旋转，输出扭矩大而转速慢，故为重载低速工况。轻载时，可操纵二位阀换向，使Ⅱ组柱塞的进出油路自成循环而退出工作，由Ⅰ组柱塞单独工作，这时泵来的油全部供给Ⅰ组柱塞，马达转速相应增快，转入轻载高速工况。因此，这种回路也有两挡速度，其调速范围取决于两组柱塞的排量之和（V_1+V_2）与Ⅰ组柱塞的排量（V_1）之比，即调速比 $i=\dfrac{V_1+V_2}{V_1}$。

2. 无级调速回路　液压传动的特点之一就是易于实现无级调速。只要调节进入执行元件的流量，或调节泵和马达的工作容积，即能实现无级调速，因此具体应用的方法大致可归纳为两类：节流调速和容积调速。

（1）节流调速回路。这种调速方法适用于由定量泵和定量执行元件所组成的液压系统。它是利用节流方法来调整主油路（接执行元件）和旁油路（通油箱）两条并联油路的相对流阻，使一部分压力油从旁油路流回油箱，从而改变进入执行元件的流量，实现无级调速。节流调速回路结构简单，操作方便，并能获得较低的运动速度，广泛应用于各种类型工程机械的液压系统。但压力油通过节流口和从旁路流回油箱均有能量损失，导致系统发热和效率降低，故只宜用于功率较小的以及非经常性调速的液压系统。

1）节流阀调速。按回路中节流阀位置的不同，节流阀调速具有三种基本形式：进油节流调速、回油节流调速和旁路节流调速。

①进油节流调速。如图 7.2-4（a）所示，将节流阀设置在液压缸的进油路上，泵输出的油沿主油路通过节流阀进入液压缸。活塞作用面积 A_1 为固定值，进油压力 p_1 主要取决于负载 R，即 $p_1=\dfrac{R}{A}$，若 R 不变则 p_1 为恒值。根据节流阀的流量特性方程 $q=Kf\Delta p^m$ 可知，如果调小节流口面积 f，将使泵的出口压力 p_0 值升高，当 p_0 值超过溢流阀的开启压力 p_s 时，一部分压力油便从溢流阀排回油箱，这就意味着液压缸进油减少，速度减慢。节流口面积 f 调得越小，主油路流阻越大，p_0 值相应越高，促使溢流阀开口增大，旁路流阻相反减

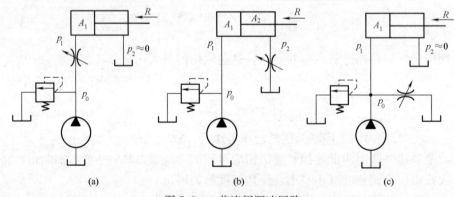

图 7.2-4　节流阀调速回路

小，于是溢流阀排油更多，而通过节流口进入液压缸的油则更少，结果液压缸的速度越慢。直到节流口全闭时，p_0 达到调定压力 p_T 值，压力油全部从溢流阀排回油箱，液压缸停止运动。由此证明，在相应于泵出口压力为 $p_s < p_0 < p_T$ 的范围内调整节流口面积 f 的大小，能使液压缸从全速到接近零速之间实现无级调速（最低可调速度取决于节流口的最小稳定流量）。这种形式调速范围较宽，调速比可达 100 以上。存在的主要问题是：在调速阶段泵的出口压力过高（$p_s < p_0 < p_T$），节流和溢流所损失的能量较多，尤其在轻载低速工况下更为明显，造成系统发热和效率降低；节流后的热油直接进入执行元件使内漏增加，外负载的变化影响主油路和旁油路流阻的相对平衡，故速度调节的稳定性差，液压缸回油无背压，不能承受负值载荷，易产生前冲和爬行现象，工作不够平稳，一般需加背压阀。

②回油节流调速。如图 7.2-4（b）所示，节流阀设置在执行元件的回油路上，泵输出的油沿主油路直接供入液压缸，缸的回油则通过节流阀流回油箱。调整节流口的通流面积 f，即能改变回油背压 p_2 值和泵的出口压力 p_0 值（$p_1 \approx p_2$）。当 p_0 超过溢流阀的 p_s 值时，一部分压力油便从旁路溢流，使缸减速，待节流阀全闭时，缸即被制动，泵输出的压力油全部从溢流阀排回油箱。这种形式调速范围与进油节流调速基本相同，它的特点在于节流阻尼所产生的回油背压可使液压缸的工作比较平稳，并可在负值载荷的作用下进行调速，此外节流产生的热油回至油箱及时获得冷却，可减少对系统泄漏的影响。存在的主要问题是调速时泵的出口压力也很高，能量损失同样较大，而且系统高压区的范围扩大，泄漏量增加，尤其在承受负值载荷的情况下，由于活塞作用面积 $A_1 > A_2$，背压 p_2 有可能大于 p_1 值甚至超过系统调定压力，这就需要提高背压区的结构强度和密封性能，此外，速度调节的稳定性也受外负载变化的影响，波动较大。

③旁路节流调速。如图 7.2-4（c）所示，节流阀位置在回路的旁油路上，泵输出的油分成两路，一路沿主油路进入液压缸，而另一路则从旁油路经节流阀排回油箱，回路中的溢流阀只作过载保护用。在调速过程中，泵的出口压力基本上等于负载压力，即 $p_0 = p_1 = \dfrac{R}{A_1}$。节流阀全闭时，旁路无油流，液压缸获得泵的全部流量全速移动。节流阀打开后，部分压力油从旁路流回油箱，缸的速度减慢。节流口调得越大，旁路流阻就越小而流量越大，于是缸的速度相应越慢。待节流口调到旁路流量刚好等于泵的全流量时，缸停止运动。若继续扩大节流口，则根据流量方程可知，将导致 p_0 值下降，泵趋向卸荷。这种形式的特点是，泵的出口压力随着负载的减小而降低，故轻载调速时的旁路节流损失相对较低，能量利用较合理。存在的问题主要是节流口的流量受负载变化的影响大，速度稳定性相对最差，此外回油无背压，同样不能承受负值载荷，工作平稳性也差。

2）换向阀调速。工程机械很少使用专门的节流阀来调速，而是靠控制手动换向阀的阀口开度来实现节流调速。按控制方式的不同，换向阀调速可分为手动控制、先导控制和伺服控制三种。

手动式换向阀是直接用操纵杆来推动滑阀移动，因此劳动强度较大，速度微调性能较差，但结构简单，常用于中小型工程机械。图 7.2-5（a）所示的例子，是由手动 M 型三位换向阀控制的进油节流兼回油节流调速回路。按图示方向，阀芯正向右移，泵的卸荷通道已被切断，同时打开阀口 f_1 和 f_2，将泵供给的压力油从阀口 f_1 引入缸的左腔，而将缸右腔

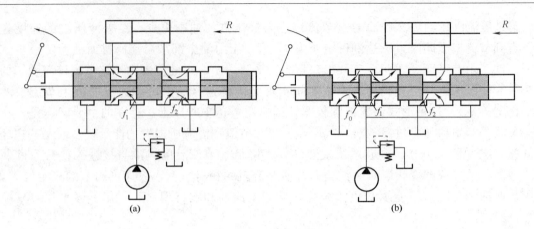

图 7.2-5　使用手动换向阀调速回路

的油从阀口 f_2 引回油箱。调节阀口的通流面积 f_1 和 f_2，实质上就是借助节流阻尼来改变主油路和旁油路流阻的相对大小，重新分配油流，从而实现无级调速。这种调速回路具有进油节流和回油节流两种基本形式的综合调速特性。

图 7.2-5（b）所示的例子，则是由 M 型三位换向阀控制的旁路节流兼回油节流调速回路。须注意，这里的换向阀与前例虽属同一机能，但轴向结构尺寸不同。按图示方向，阀芯向左移，泵输出的油进入阀内分成两路，一部分通过阀口 f_0 从旁路流回油箱，另一部分通过阀口 f_1 入沿主油路进入液压缸左腔，主油路的油压是随着旁路节流阀口 f_0 的关小而升高，直到推动活塞工作，这时缸右腔的回油则通过阀口 f_2 排回油箱。随着阀芯左移，阀口 f_0 逐渐关小而阀口 f_1 和 f_2 则逐渐扩大，使旁路流阻增大而主油路流阻减小，于是旁路流量减少而缸获得增速，待阀口 f_0 全闭时，缸全速运动，从而实现旁路节流无级调速。如果液压缸承受的是负值载荷（$-R$），这时就要利用节流阀口 f_2 来实现回油节流调速。因此，这种调速回路在不同负载情况下，具有旁路节流或回油节流的调速特性，常用于功率较大而对速度稳定性要求不高的机械。

目前在大型工程机械中，已越来越广泛地应用节流式先导控制或减压阀式先导控制的多路换向阀来进行换向和调速。图 7.2-6 所示即为采用先导式换向阀的调速回路，图中的先导阀接低压控制油路，它是一个旁路节流的 Y 型手动三位滑阀，主阀则是 M 型的液动三位滑阀，接高压工作油路。当操纵先导阀换接左右工位时，控制油路便推动主阀芯向左或右移动。由于先导阀系旁路节流，控制油路中的油压是随阀内旁路节流口的关小而逐渐升高。同时在主阀内，通过控制油路的油压与两边复位弹簧作用力的平衡，来控制主阀芯的位移量，即阀口的开度。因此，操纵先导阀的手柄即能控制主阀的移动方向和阀口开度，从而达到换向和调速的目的。当先导阀回至中位时，由于阀的机能是 Y 型，故 A、B、O 相通，主阀两端控制油压基本为零，阀芯靠弹簧力对中，于是执行元件被制动，而工作油路卸荷。这种回路是以操纵小阀来控制大阀动作，因此具有力的放大作用，操作省力。

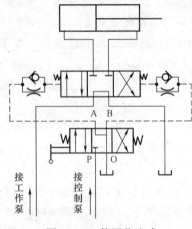

图 7.2-6　使用节流式
先导换向阀调速回路

图 7.2-7 所示，为液压挖掘机中常用的一种采用减压阀式先导控制的换向阀的调速回路。图中的先导阀 1 和阀 2 实际上是同一阀体，用一个手柄操纵，手柄可前后及左右摆动。当将手柄向前推压时，先导阀 1 的右侧阀芯下移接通控制油泵，而左侧阀芯不动接通油箱，使主阀芯 3 向右做出相应的位移，于是打开主油路驱动油马达旋转。这时，控制油路建立的为克服主阀芯复位弹簧所造成位移阻力的二次压力与减压阀式先导阀手柄行程成比例，即先导阀手柄行程大控制油路的二次压力就大，相应的主

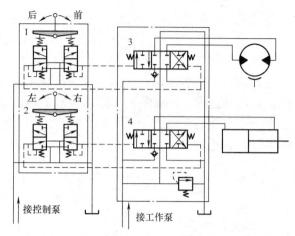

图 7.2-7　使用减压阀式先导换向阀调速回路

阀芯位移也大，也就是先导阀手柄行程与主阀芯位移成正比。先导阀手柄在某一位置，就有一个相应的二次压力与该阀芯上端弹簧相平衡使先导阀阀芯停留在一平衡位置，主阀芯 3 也停留在相应的位置上，马达即按相应的调节速度运转。如果继续推压手柄，则又接通控制油路，二次压力升高，主阀芯进一步右移，主油路阀口扩大，马达加速运转，二次压力又很快使阀芯处于平衡位置，主阀芯静止，于是马达按新调节的速度运转。需要换向时，可将手柄往后拉，使左侧阀芯接通控制油泵，右侧阀芯接通油箱，于是主阀芯左移，马达反向运转。依同理，当操纵手柄左右摆动时，减压阀 2 接通控制泵，使主阀芯 4 相应地左右移位，从而驱动液压缸伸出或回缩。由此可见，主阀芯是随手柄而动，主阀芯位移的大小和方向均可由手柄来操纵。此外，通过主阀和减压阀大小阀芯的面积差可实现力的放大，使司机的劳动强度大为减轻，通过对弹簧刚度的选择又可实现行程放大，使调速回路的微调性能得到改善。

（2）容积调速回路。容积调速回路是靠改变液压泵或液压马达的排量来实现无级调速的，它不需要节流和溢流，所以能量利用比较合理，效率高而发热少，在大功率工程机械的液压系统中获得越来越多的应用。

根据其组成的不同，容积调速回路亦有三种基本形式，即：变量泵-定量马达（或缸）容积调速回路；定量泵-变量马达容积调速回路；变量泵-变量马达容积调速回路。

1）变量泵-定量马达（或缸）容积调速回路。这是靠改变泵的排量来实现无级调速的回路。如图 7.2-8 所示，执行元件可以是定量马达或液压缸。

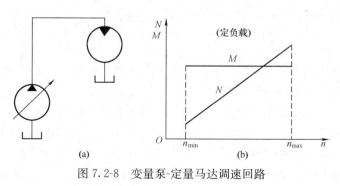

(a)　(b)

图 7.2-8　变量泵-定量马达调速回路

我们先从速度公式 $n_2 = \dfrac{q}{V_2} = \dfrac{V_1}{V_2} n_1$ 来分析，在泵的转速 n_1 不变的情况下，由于马达的排量 V_2 也是不变的，所以调节泵的排量 V_1，即能改变马达的转速 n_1，马达的最大转速取决于泵的最大流量，最小转速取决于泵的最小稳定流

量，变量泵一般都能在很小的流量下工作，所以这种回路调速范围较宽。

在调速过程中，若负载不变（p 不变），则马达输出的扭矩 T（$T = pV/2\pi$）为恒值，它仅取决于负载的大小，而与转速 n 的变化无关，所以这种回路称恒扭矩（对缸称恒推力）调速回路。再从功率公式 $P = T\omega = 2\pi Tn$ 来看，由于马达扭矩 T 为恒值，所以 P 与 n 呈线性关系，即马达输出的功率 P 是随其转速 n 的加快而直线上升。图 7.2-8（b）所示的调速特性曲线，定性地反映了该回路在负载不变的工况下，马达输出的功率 P 和扭矩 T 随转速 n 调节的变化规律。

以上都是针对执行元件为马达而言，如果为液压缸，其情况类同。

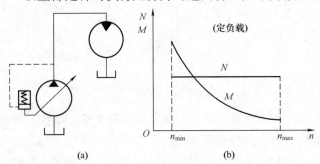

图 7.2-9　恒功率变量泵-定量马达调速回路

某些工程机械由于负载情况多变，要求机构能随负载的变化自动调节速度，以保证最大限度地利用发动机功率。为此采用了由恒功率变量泵和定量马达（或缸）组成的调速回路，如图 7.2-9（a）所示。恒功率变量泵的工作特点在于它的排量能随负载压力的变化自动调节，以保证输入功率接近为恒值。此时若不计损失，则马达输出的功率 P 基本上等于泵输入的功率，也为恒值。所以，在变负载工况下，利用恒功率变量泵自动调速的回路称恒功率调速回路。再由马达的功率公式 $P = T\omega = 2\pi Tn$ 可知，P 恒定时，T 与 n 呈双曲线关系，即在恒功率变量泵的控制作用下，随着负载的变化，马达输出的扭矩 T 与转速 n 之间按双曲线关系自动调节，其调速特性曲线如图 7.2-9（b）所示。这种恒功率调速回路在挖掘机液压系统中应用较广。

2）定量泵-变量马达容积调速回路。在这种回路中，泵的流量为定值，靠改变马达排量来进行无级调速，变量马达可采用恒压式的，如图 7.2-10（a）所示。恒压变量马达的工作特点是它的排量可随负载的变化自动调节，负载增大排量增大，负载减小排量减小，而压力则保持恒定。对定量泵来说，输出的流量和压力都保持恒定的话，其

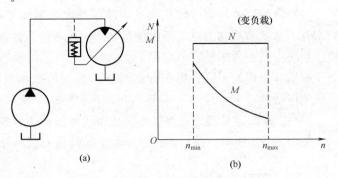

图 7.2-10　定量泵-恒压变量马达调速回路

输入功率也恒定。若不计损失，马达输出的功率 P 就等于泵输入的功率，也应为定值。由此证明，恒压变量马达可与定量泵组成恒功率调速回路。

根据功率公式 $P = T\omega = 2\pi Tn$ 可知，在变负载的工况下，如果马达的功率 P 为定值，则其输出的扭矩 T 与转速 n 之间是按双曲线关系自动调节。图 7.2-10（b）所示即表示该回路在变负载工况下的调速特性。由于变量马达的排量不可能无限大，也就难以调成很低的转速，同时排量又不能太小，否则转速剧增，影响机械的正常工作，故调速比 i 一般不超过

3~4。此外，变量马达不能在运转中通过零点换向，需加设换向阀。

3）变量泵-变量马达调速回路。这种容积调速回路可以看成上述两种容积调速回路的组合，它主要是靠变量泵来调速和换向，并以恒压变量马达作辅助调速，如图 7.2-11（a）所示。调速过程一般分作两个阶段进行：

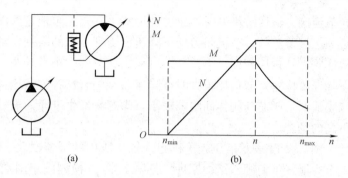

图 7.2-11　变量泵-恒压变量马达调速回路

在第一阶段，先将马达排量固定为最大值 V_{2max}，靠改变泵的排量来调节马达转速，这时，随着泵的排量从 V_{1min} 调到 V_{1max}，马达转速相应从 n_{min} 逐渐提高到与泵最大排量相应的转速 n 为止，这阶段负载不变则马达输出扭矩也不变，故为恒扭矩调速阶段，调速比 $i_1 = n/n_{min}$，至第二阶段继续调速时，应使泵保持最大排量 V_{1max}，然后改变马达排量来调节转速，随着马达排量从 V_{2max} 调到某限定值 V_{2min}，转速相应从 n 继续提高到马达所能容许的最大转速 n_{max} 为止，这阶段相当于定量泵和恒压马达调速，转速随负载变化自动调节，保持马达输出功率恒定，故为恒功率调速阶段，调速比 $i_2 = n_{max}/n$。这种调速回路具有较大的调速范围，总的调速比 $i = i_1 \times i_2 = n_{max}/n_{min}$。

图 7.2-11（b）所示的调速特性曲线，也就是前两种调速特性的组合曲线。图中前一阶段表示在定负载下的恒扭矩调速特性，所以适合低速大扭矩工况的需要；后一阶段表示变负载下的恒功率调速特性，用来满足高速工况的需要。

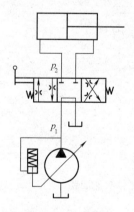

图 7.2-12　容积节流调速回路

（3）容积节流调速回路。综上所述，节流调速结构简单，调速方便且有较好的微调性能，但节流和溢流的能量损失大，使油温升高。采用恒功率泵的容积调速，在其调速范围内，流量与压力按双曲线关系自动变化，基本上不存在节流和溢流损失，对发动机功率的利用比较合理，但其最小流量不可能很小，也就是调低速有困难。所谓容积节流调速，就是综合应用了这两种调速回路的特点。如图 7.2-12 所示，在其负载不变的情况下，可利用换向阀节流调速，如将阀口关小，这时压力 p_2 不变，p_1 升高，恒功率泵在压力 p_1 的作用下自动调小流量实现恒推力（或扭矩）调速。当其负载发生变化时，压力 p_1 随 p_2 波动，恒功率泵相应自动调节流量实现恒功率调速。这种回路具有上述两种调速回路的特点，很适合挖掘机等在负载多变的工况下进行调速。

7.2.2　限速回路

有些工程机械上的执行元件，如挖掘机的动臂缸、叉车举升液压缸和起重机的卷扬马达等，在其下降动作中，由于载荷及自重作用往往会造成超速现象，即下降速度越来越快，超过了控制速度的极限。这种现象容易导致翻车、摔坏货物等危险的后果发生，因而在这类回路中，应考虑限速措施。

图 7.2-13 表示叉车举升液压缸采用的限速回路，它在液压缸下腔油路上，加设一个单

向节流阀。液压缸举升时，压力油可从单向阀无阻地进入液压缸下腔。下降时，下腔的回油必须经过节流阀，节流阻力使下降速度受到一定的限制。实践表明，此限速回路采用的下降限速阀（结构原理详见第5章）可根据载荷的大小自动调节节流口的大小，使载荷比较小时下降速度快些，载荷比较大时下降速度慢些。这种方法比较简单，但因其结构为滑阀式，为减小泄漏，阀芯与阀体间间隙较小，阀芯易发生卡滞而失效，因此只宜用于功率较小和要求不高的场合。

图7.2-14表示液压起重机起升机构所用的限速回路，在其吊钩下降的回油路上，装了一个内泄式平衡阀（结构原理详见第5章）。换向阀于图示位置时，吊钩下降的回油路在负载作用下具有相当高的压力，这时限速液压锁起锁紧作用，以防止由于管路中的泄漏使重物产生下沉。当换向阀接左边下降位置时，压力油从左侧油路进入液压马达，同时，左侧油路的油压超过平衡阀的开锁压力（约为2~3MPa），然后通过控制油路打开平衡阀，使回油形成通路，马达才能驱动卷筒使重物下降。若马达在重物的重力作用下发生超速运转，即转速超过系统的极限速度时，左侧油路将由于泵供油不足而使压力下降，平衡阀便在弹簧力作用下关小阀口，增加回油液阻，消除超速现象，使重物按控制速度下降。这种回路下降速度相对比较稳定，它不受载荷大小的影响，故在起重机的起升、变幅和伸缩臂等机构中获得普遍应用。但重物由高向低降落时的势能变化，将全部通过阀口的节流作用转化为热能，成为起重机油温升高的主要热源。

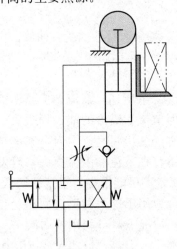

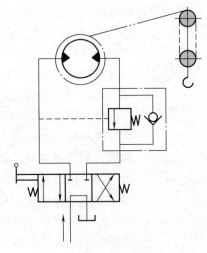

图7.2-13　单向节流阀限速回路　　　图7.2-14　采用限速液压锁限速回路

7.2.3　制动回路

为使运动着的工作机构在任意需要的位置上停止下来，并防止其在停止后因外界影响而发生漂移或窜动，可采用制动回路。最简单的方法是利用换向阀进行制动，例如滑阀机能为M型或O型的换向阀，在它回复中位时，可切断执行元件的进回油路，使执行元件迅速停止运动。工程机械一般都采用手动换向阀，手控制动的停位精度较差，所以大型工程机械的工作机构，如起重机吊钩和装载机动臂等常装有自动限位器。

图7.2-15为装载机动臂液压缸采用限位器制动的回路，动臂在将铲斗升举到最高位置和下降至最低放平位置时，能自行限位制动。图中的四位换向阀是靠钢珠定位，当铲斗移至

限位点时碰触开关，二位电磁阀换向接入压缩空气，将定位钢珠压回槽内，四位换向阀便在弹簧作用下回复中位，切断动臂油缸的进回油路，于是动臂连同铲斗一起被限位制动。

有些运动机构需要采用专门的液压制动器，液压制动器有常开式的和常闭式的两种。图7.2-16 所示为装载机行走机构采用的常开式气顶油盘式制动回路。图示位置，制动器正处于常开状态。需要制动时，可操纵二位阀换向，储气筒中的压缩空气便被引入增压缸大腔，顶推活塞使小腔排出压力油，压力油进入夹钳中的两对柱塞缸，通过柱塞夹住轮毂上的制动圆盘，于是车轮被制动。这种回路简单可靠，应用较多。

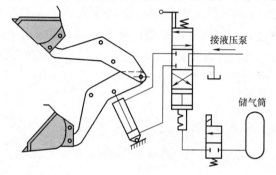

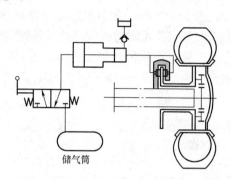

图 7.2-15　自动限位回路　　　　　　　图 7.2-16　常开式制动回路

图 7.2-17 则是起重机起升机构所采用的常闭式液压制动回路。起升卷筒在不工作时，是靠制动器弹簧的顶推力来制动，液压力仅是用来压缩弹簧松闸，故可直接引用主油路中的高压油。卷筒需要回转工作时，可操纵换向阀换向，这时由泵来的油进入马达建立压力，压力油同时通过控制油路进入制动器的弹簧液压缸，压缩弹簧松闸，于是马达驱动卷筒旋转。当换向阀回至中位时，主油路卸荷，制动器在弹簧力的作用下又恢复制动工况。这种回路由于是靠弹簧力制动，制动力稳定，而且制动精度不受油路泄漏的影响，安全可靠。

7.2.4　同步回路

同步回路的作用是实现多缸或多马达的同步运动，即不论外负载如何，保持相同的位移（位移同步）或相同的速度（速度同步）。目前，由于回路中的泄漏，负载变化，制造误差以及误差积累等因素之影响，尚难以达到完全同步，只能是基本同步。

图7.2-18所示的双缸同步回路，是利用刚性梁或其他刚性构件，将两液压缸用机械方

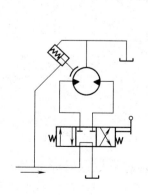

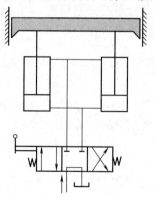

图 7.2-17　常闭式制动回路　　　　　图 7.2-18　用机械连接同步回路

法连接在一起，靠连接刚度强行实现位移同步。这种方法结构简单，但由于制造和安装有误差，两缸受力不匀，可能产生卡死现象。这种同步方法常用于起重机的变幅液压缸，以及装载机的动臂液压缸和转斗液压缸等机构中。

图7.2-19为某履带式挖掘机行走机构采用的双泵供油同步回路。为了防止履带在两边行驶阻力不等的情况下发生跑偏，回路中采用两个同轴等速旋转的等排量泵，分别向两侧排量相等的马达供油，从而保证履带在直行路上速度同步。这种方法同步精度受元件泄漏的影响，但无节流损失。

图7.2-20为使用分流马达保持起重机伸缩臂同步伸缩的回路。所谓分流马达，实质上就是两只完全相同的液压马达，彼此的轴机械连接同速旋转，起等量分流作用。泵输出的压力油经换向阀并联地进入分流马达1和2，再分别供入伸缩缸3和4，由于排量相同和转速一致，两马达输油的流量也就相等，因此两缸保持速度同步。

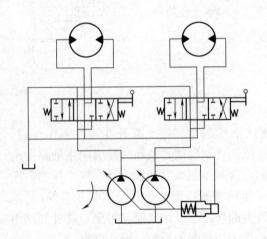

图 7.2-19 用双泵供油同步回路

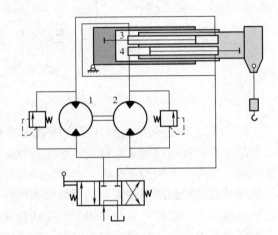

图 7.2-20 用分流马达同步回路

现在简单分析一下两分流马达的工作情况，若不计功率损失，则泵输出的功率为

$$P = p_泵 q_泵 = p_1 q_1 + p_2 q_2$$

式中：$p_泵$、p_1 和 p_2 为分别为泵的供油压力以及分流马达1利2的出口压力；$q_泵$、q_1 和 q_2 分别为泵的流量以及通过分流马达1和2的流量。

由于两马达的流量相等，即

$$q_1 = q_2 = \frac{1}{2} q_泵$$

所以

$$p_1 + p_2 = 2 p_泵$$

由此可知，当两缸负载相等时

$$p_1 = p_2 = p_泵$$

两分流马达进出口油压一致，基本上处于空转状态，仅起计量作用，保证两缸同步。如果两缸负载不等，例如 $p_1 < p_2$，则 $p_1 < p_泵 < p_2$，这时，马达1不仅为缸3计量供油，尚通过输出轴向马达2输出扭矩，强使马达2同速旋转并作为泵的工况向缸4

增压计量供油。若是缸 3 的负载为零，则缸 4 所得到的压力将为泵工作压力的 2 倍，但其流量仅为泵流量的一半。这种回路对于两个方向的运动，都能很好地同步工作，同步精度取决于两边油路由于制造和压差所引起不同渗漏的差值。

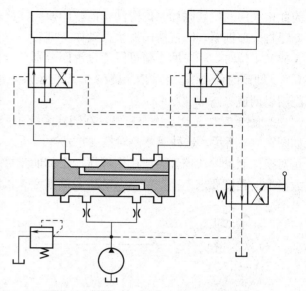

图 7.2-21 是一种采用分流阀的同步回路。泵输出的油液进入同步阀分成两路，两路油量因分流阀的自动调节作用，始终保持相等，不因载荷变化而变化。这样两缸速度始终保持同步（分流阀工作原理见第 5 章第 4 节）。采用分流阀的同步回路比较简单，同步精度高（约 2%～5%），但有节流损失。

图 7.2-21 用分流阀的同步回路

7.3 方向控制回路

方向控制回路是用来控制液压系统各条油路中油流的接通、切断或改变流向，从而使各执行元件按照需要相应做出起动、停止或换向等一系列动作。这一类控制回路在工程机械中常用的有换向回路、顺序回路、锁紧回路和浮动回路等。

7.3.1 换向回路

换向回路的作用主要是变换执行机构的运动方向。工程机械对执行机构的换向，要求具有良好的平稳性和灵敏性。在换向过程中，运动部件的速度变化有三个阶段（图 7.3-1）：制动阶段——从某种工作速度减至零速，停滞阶段——短暂的过渡停顿，起动阶段——又从零速反向加速至所需的工作速度。其中制动阶段和起动阶段所产生的液压冲击对换向平稳性具有决定的影响，停滞阶段主要是阀内封油区和运动惯性所造成的滞后现象，封油长度不足则泄漏较多，但太长则对换向灵敏性有影响。

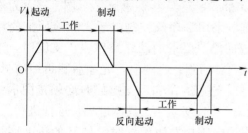

图 7.3-1 换向速度变化曲线

1. 用换向阀换向回路 在开式液压系统中，执行元件的换向主要是借助各种换向阀来实现，换向阀有滑阀和转阀两种类型，工程机械采用的换向滑阀大多为手动操纵的多路换向阀，简称多路阀，这种阀结构紧凑，操作方便，还可兼作起动、制动和调速等用。手动换向阀又可分为手动式和先导式两种控制方式，如图 7.2-5、图 7.2-6 所示，前面已有分析不再赘述。

图 7.3-2 所示为汽车式起重机液压支腿所采用的换向回路。起重机在起升重物时必须放下支腿作支撑，而在运行途中又需收起支腿，为使动作迅速，4 个支腿应能同时伸缩，而在机架调水平时，每个支腿又需能单独伸缩，再加上全制动工况，换向阀至少要有 11 个工位。

为此，采用六位转阀和三位滑阀相串联的换向回路。当转阀接Ⅰ工位（图示位置）时，4个支腿缸全部锁紧，即使滑阀发生误动作支腿也不动弹，起安全锁紧作用。当转阀接Ⅱ、Ⅲ、Ⅳ或Ⅴ工位时，相应的支腿可以通过滑阀分别进行单调。当转阀接Ⅵ工位时，可通过滑阀使4个支腿同时伸或缩。转阀工位较多，结构紧凑，但泄漏较多，且在高压下旋转费力，故不能用以调速。

　　2. 利用双向变量泵换向回路　在闭式系统中，可利用双向变量泵来操纵执行元件换向，如图7.3-3所示。这种回路换向精度差，冲出量大，但换向平稳，换向时能量损耗少，特别是对换向制动阶段惯性力所产生液压冲击的能量可通过双向泵实现回收，故适用于运动惯性大而换向精度要求不高的液压系统中，例如起重机和挖掘机的回转机构等。

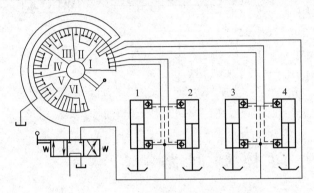

图 7.3-2　用滑阀和转阀的换向回路

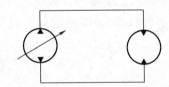

图 7.3-3　用双向变量泵换向回路

7.3.2　顺序回路

　　在多液压缸的系统中，有时需要规定某些液压缸必须按指定的顺序动作，通常是采用压力控制或行程控制的方法来控制油液流动方向的先后顺序，从而实现多缸顺序动作，这样的回路即称为顺序回路。下面举两个实际应用的例子。

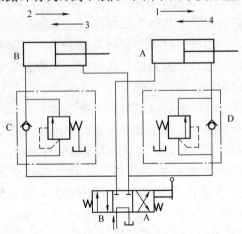

图 7.3-4　用顺序阀顺序动作回路

　　1. 用顺序阀实现顺序动作　图 7.3-4 为液压挖掘机采用顺序阀控制前后支腿液压缸先后动作的回路。要求的动作顺序是：支腿时，先伸前腿再伸后腿；收腿时，先缩后腿再缩前腿。也就是前支腿缸 A 和后支腿缸 B 必须按图示的 1、2、3、4 顺序动作。具体过程是这样进行的：当操纵换向阀接左边位置时，缸 B 的进油路被单向顺序阀 C 阻挡，油液只能先流向缸 A 的左腔，驱动前支腿外伸，待其行程终了时，油压上升到超过顺序阀的调定压力，于是打开阀 C 流向缸 B，驱动后支腿外伸；当换向阀改接右边位置时，后支腿先缩回，而前支腿后缩回，动作符合要求。由分析可知，顺序阀的调定压力必须大于前一行程所需之压力，否则就会产生误动作。这是一种属于压力控制的顺序回路，油流在通过顺序阀时有节流损失。

2. 用换向阀实现顺序动作　图 7.3-5 是液压起重机多节式伸缩臂利用电液换向阀实现顺序动作的回路。起重臂共分四节，要求自下而上逐节伸出和自上而下逐节缩回。最下面一节是基本臂，它铰接在回转台的支座上，第二、三、四节为伸缩臂，由两套液压缸驱动。缸 1 的活塞杆头部连接在第一节臂的底端，其缸体则连接在第二节臂的底端靠液压伸缩。缸 2 内套有一根大活塞杆和一根小柱塞，大活塞杆头部也连接在第二节臂的底端，缸体则与第三节臂的顶端相连接并用液压伸缩，内心小柱塞的头部连接在第四节臂的顶端用液压顶伸，而回缩则靠自重和吊具的重量。

各节臂的伸缩过程是这样进行的：当换向阀 3 接位置 A 时，压力油通过缸 1 活塞杆内腔的油道之后分成两路，一路经梭阀 4 沿控制油路进入电磁阀 5，这时阀 5 正接在位置 C，于是控制油使液动阀接图示的位置 F，另一路压力油便通过阀 6 和平衡阀 7 进入缸 1 大腔，使缸体驱动第二节臂伸出（缸 2 亦随同移动）。第二节臂伸毕时，阀 5 通电换向接位置 D，控制油便推阀 6 换向接位置

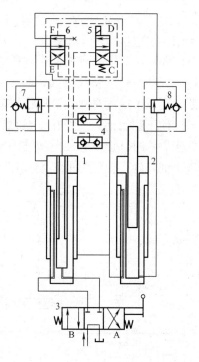

图 7.3-5　用电液换向阀顺序动作回路

E，这时缸 1 被阀 7 锁住，压力油经阀 6 和平衡阀 8 进入缸 2 大活塞杆的内腔，并通过大活塞杆内表面与小柱塞外表面之间的流道进入缸 2 的大腔，由于大腔的作用面积比小柱塞的作用面积大得多，因此第三节臂先随缸体伸出，最后才是第四臂随小柱塞伸出，当换向阀 3 回到中位时，借助平衡阀 7 和 8 可将两缸锁紧在任意外伸长度进行工作，如需将外伸臂缩回，可操纵阀 3 换接位置 B，这时控制油路虽已将平衡阀 7 和 8 打开，但阀 5 仍处在位置 D 而阀 6 处在位置 E，所以缸 1 由于大腔不能回油暂不动，缸 2 大活塞杆内腔的油则可通过平衡阀 8、阀 6、缸 1 和阀 3 中的油道流回油箱，于是小柱塞在自重作用下首先缩回，接着缸体在自重和油压的作用下相继缩回，电磁阀 5 失电换接位置 C，而使阀 6 改接位置 F，于是缸 1 大腔接通油箱，其缸体最终缩回。

7.3.3　锁紧回路

执行机构往往需要在某个中间位置停留一段时间保持不动，例如起重机将重物举在半空

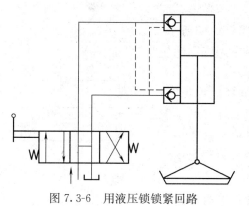

图 7.3-6　用液压锁锁紧回路

等待就位，这时必须将执行元件的进回油路闭锁，防止其漂移或沉降。现介绍几种常用的锁紧方案。

1. 用换向阀锁紧　最现成的方法就是利用 O 型或 M 型换向阀的机能将执行元件进出油路锁紧，这样的回路在前面的例子中已有很多应用，它的锁紧效果取决于回路中的泄漏程度，一般来说，液压缸或柱塞式马达的泄漏比较有限，但换向阀的环缝泄漏则较大。难以保证长时间闭锁，故只适用于锁紧要求不高或短时停留的场合，例如挖掘机和叉车等。

2.用液压锁锁紧 采用液压锁可以很好地使执行元件在任意位置停留并锁紧。图7.3-6所示为工程机械液压支腿所用的锁紧回路，回路中的液压锁是由液控单向阀组成，一个液控单向阀称单向液压锁，两个则称双向液压锁。图中的支腿液压缸在支撑期间，必须将上腔油路锁紧防止"软腿"缩回，当主机提起支腿在行驶途中，又须将下腔油路锁紧以免自行沉落，所以采用的是双向液压锁。伸腿时，压力油进入缸的上腔并通过控制油路打开下腔的单向阀使下腔回油。同样在缩腿时，压力油进入下腔并打开上腔单向阀使上腔回油。当换向阀处于中位时，上下腔油路均被锁紧，缸不动。这种回路结构简单，而且一般都直接装在缸的进出油口处，使泄漏的影响局限于最小范围，故锁紧效果较好，常用于承载竖向负荷的液压缸。

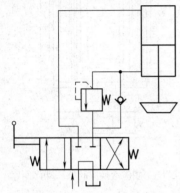

图 7.3-7 用平衡阀锁紧回路

3.用平衡阀锁紧 利用平衡阀锁紧的回路有内控式和外控式两种回路形式。

图7.3-7所示为内控式平衡阀锁紧回路，它在重物下降回油路上接装一个内控平衡阀。在提升重物时，压力油可经单向阀进入液压缸的下腔。当换向阀居中位时，缸下腔油路被平衡阀锁紧，重物可停留在任意中间位置，这时影响锁紧效果的因素仅限于缸本身的内泄。需重物下降时，可将压力油引入缸的上腔并建立一定压力，促使下腔背压超过平衡阀的调定压力，然后打开平衡阀使重物按控制速度降落。由上可知，平衡阀的调定压力必须大于下腔中由于负载和活塞自重所产生的背压。因此，这种回路仅适用于负载变化不大的工况，或在油压机中当活塞空程回升时，用以平衡活塞及其附件的自重，防止活塞自行沉降。

外控式平衡阀锁紧回路（图7.2-24），具有限速和锁紧双重作用，当重物下降时起限速作用，当重物在中途停顿时则起锁紧作用。外控式平衡阀的开启压力一般为2～3MPa，重物下降速度与负载大小无关，故可适用于负载变化幅度较大的工况，在起重机械中应用甚广。

4.浮动回路 浮动回路的作用是把执行元件的进出油口直接连通自行循环，或同时接通油箱，使之处于无约束的浮动状态。

（1）用换向阀实现浮动。例如液压起重机的回转机构，在它负载回转时，如果制动过急，惯性力将产生很大的液压冲击。为此，常采用滑阀机能为 Y 型或 H 型的换向阀，如图7.3-8所示，当换向阀回中位时，回转马达处于浮动状态，然后再用脚制动使它平稳地停止转动。

又如图7.2-15所示的装载机动臂液压缸。换向阀居中位时，需要靠它锁紧油路，以便铲斗可停在任意高度，然而在某些工况下铲取物料或平整场地时，又希望铲斗能够浮动作业，故采用了带浮动位置（H 型）的四位换向阀。这种回路在遇到系统突然停止工作时，仍能顺利放下铲斗。

（2）用二位二通阀实现浮动。在工程机械的液压系统中，有

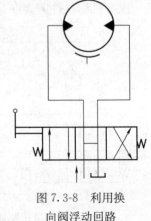

图 7.3-8 利用换向阀浮动回路

时需借助重力快速运动，而不受任何速度控制的约束。例如有的起重机要求能够"抛钩"，即为了提高生产率，希望空钩能借自重快速自由下降。一般起升回路中均设有限速机构，故不能利用上述换向阀来使马达浮动。图 7.3-9 介绍一种利用二位二通阀实现抛钩的回路，二位阀位于图示位置时，回路正常工作，抛钩时，令二位阀换向，于是主油路短路，马达进出油口自行循环，吊钩便在自重作用下快速下降，马达如有泄漏，可从回路中的补油阀得到补油不致产生真空。这种方案比较简单，但如果吊钩自重太轻而马达内阻相对较大，则有可能达不到快速下降的效果。

（3）用脱开制动器的方法实现浮动的回路。图 7.3-10 所示的例子就是用脱开制动器的方法使卷筒浮动而实现抛钩的回路。图中的卷筒是由液压马达通过离合器驱动的（图 7.1-4）。当换向阀居中位时，主油路卸荷，常开式离合器由弹簧松开，而常闭式制动器则由弹簧压紧，这时利用气液传动向制动液压缸引入压力油，压缩制动弹簧松闸，于是卷筒处于浮动状态实现抛钩。

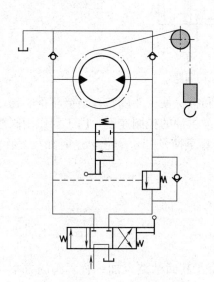
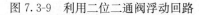

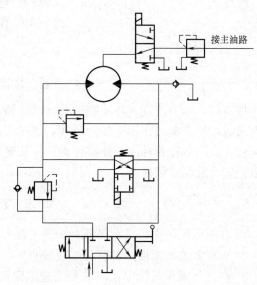

图 7.3-9　利用二位二通阀浮动回路　　　　　图 7.3-10　内曲线马达浮动回路

（4）使内曲线低速马达的柱塞缩回缸体实现浮动。壳转式的内曲线低速马达，如向壳体内充入压力油，将柱塞压入缸体内，滚轮脱离轨道，外壳就不受约束成为自由轮。具体的回路形式如图 7.3-10 所示，这是起重机的起升回路，在需要马达浮动时，先通过二位四通阀使马达主油路卸荷，再通过二位三通阀从泄漏油路向马达壳体充入低压油，迫使柱塞缩入缸内，于是外壳呈自由轮状态，吊钩快速下降。

这种马达作自由轮的回路，还应用于带液压轮边驱动的大型拖车，液压驱动主要起助力作用，可提高机动性和爬坡能力，平时由牵引车拖动时，则须使马达呈自由轮状态，以免产生阻力。

（5）用补油阀实现液压缸浮动。装载机在卸料过程中，希望能实现"撞斗"动作，即允许铲斗靠自重快速翻转，并顺势撞击限位挡块，以便将斗内的剩料震落，用这种方法卸料既快又彻底。图7.3-11所示的回路，即装载机利用回路中双作用阀（缓冲补油阀）的补油作用，使转斗液压缸处于浮动状态，以便铲斗实现撞习的动作。具体过程是这样的：卸料时换

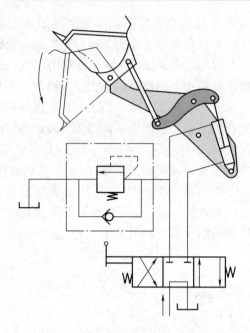

图 7.3-11 利用补油阀浮动回路

向阀接右位,压力油进入转斗缸的有杆腔,通过摇臂和推杆使铲斗翻转,当铲斗重心越过铰支点之后,便在重力作用下加速翻转,速度逐渐超过泵供油的控制速度,由于双作用阀能及时向转斗缸的有杆腔补油,使缸浮动而斗快速翻转,直至撞及挡块为止,这时如反复换向,便可使铲斗获得连续撞击。

思 考 与 练 习 7

1. 在液压系统中,共有哪几种调速方法?

2. 三种节流调速回路各有什么优缺点?

3. 在一些液压系统中,往往采用进油路调速,而在其回油路上加一背压阀的方案。其原因是什么?

4. 何谓容积调速?试分析并画出三种容积调速回路的油路及输出特性。

5. 当不考虑元件压力损失和管路压力损失时,容积调速的效率是多少?

6. 快速回路有哪几种方法?叙述油路是怎样实现"快、慢、快"自动循环的?

7. 双泵供油时,系统中负载压力是由什么元件调节的?低压泵是供油还是卸荷由什么来控制?单向阀和液控顺序阀的作用是什么?

8. 为什么要用卸荷同路?有几种方法?

9. 什么是同步回路?为什么油缸串联、并联的同步回路其精度都不高?

10. 在图 7-1 所示回路中,若溢流阀的调整压力分别为 $p_{y1}=6\text{MPa}$, $p_{y2}=4.5\text{MPa}$。泵出口处的负载阻力为无限大,试问在不计管道损失和调压偏差时:

(1) 换向阀下位接入回路时,泵的工作压力为多少?B 点和 C 点的压力各为多少?

(2) 换向阀上位接入回路时,泵的工作压力为多少?B 点和 C 点的压力又是多少?

11. 在如图 7-2 所示回路中,已知活塞运动时的负载 $F=1.2\text{kN}$,活塞面积 $A=15\text{cm}^2$,溢流阀调整值为 $p_\text{p}=4.5\text{MPa}$,两个减压阀的调整值分别为 $p_{j1}=3.5\text{MPa}$ 和 $p_{j2}=2\text{MPa}$,如

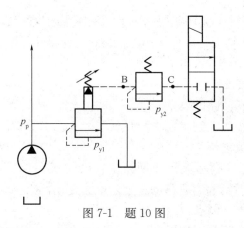

图 7-1　题 10 图

油液流过减压阀及管路时的损失可忽略不计，试确定活塞在运动时和停在终端位置处时，A、B、C 三点的压力值。

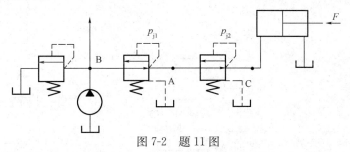

图 7-2　题 11 图

12. 如图 7-3 所示的平衡回路中，若液压缸无杆腔面积为 $A_1 = 80 \text{cm}^2$，有杆腔面积为 $A_2 = 40 \text{cm}^2$，活塞与运动部件自重 $G = 6000\text{N}$，运动时活塞上的摩擦阻力为 $F_f = 2000\text{N}$，向下运动时要克服负载阻力为 $F_L = 24\,000\text{N}$，试问顺序阀和溢流阀的最小调整压力应各为多少？

13. 如图 7-4 所示的回油节流调速回路，已知液压泵的供油流量 $q_p = 25\text{L/min}$，负载 $F = 40\,000\text{N}$，溢流阀调定压力 $p_p = 5.4\text{MPa}$，液压缸无杆腔面积 $A_1 = 80 \text{cm}^2$，有杆腔面积 $A_2 = 40 \text{cm}^2$，液压缸工进速度 $v = 0.18\text{m/min}$，不考虑管路损失和液压缸的摩擦损失，试计算：

（1）液压缸工进时液压系统的效率。

（2）当负载 $F = 0$ 时，活塞的运动速度和回油腔的压力。

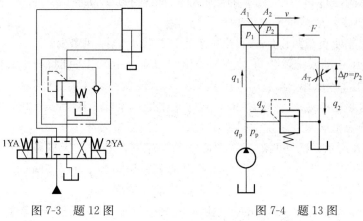

图 7-3　题 12 图　　　　　　　　　图 7-4　题 13 图

14. 如图 7-5 所示的进油节流调速回路，已知液压泵的供油流量 $q_p=6L/min$，溢流阀调定压力 $p_p=3.0MPa$，液压缸无杆腔面积 $A_1=20cm^2$，负载 $F=4000N$，节流阀为薄壁孔口，开口面积为 $A_T=0.01cm^2$，$C_d=0.62$，$\rho=900kg/m^3$，求：

(1) 活塞杆的运动速度 v。

(2) 溢流阀的溢流量和回路的效率。

(3) 当节流阀开口面积增大到 $A_{T1}=0.03cm^2$ 和 $A_{T2}=0.05cm^2$ 时，分别计算液压缸的运动速度 v 和溢流阀的溢流量。

15. 在图 7-6 所示的调速阀节流调速回路中，已知 $q_p=25L/min$，$A_1=100cm^2$，$A_2=50cm^2$，F 由零增至 30kN 时活塞向右移动速度基本无变化，$v=0.2m/min$，若调速阀要求的最小压差为 $\Delta p_{min}=0.5MPa$，试求：

(1) 不计调压偏差时溢流阀调整压力 p_y 是多少？泵的工作压力是多少？

(2) 液压缸可能达到的最高工作压力是多少？

(3) 回路的最高效率为多少？

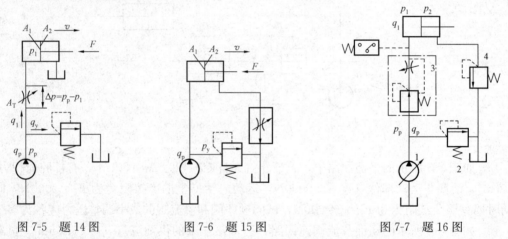

图 7-5　题 14 图　　　　图 7-6　题 15 图　　　　图 7-7　题 16 图

16. 如图 7-7 所示的限压式变量泵和调速阀的容积节流调速回路，若变量泵的拐点坐标为 (2MPa·10L/min)，且在 $p_p=2.8MPa$ 时 $q_p=0$，液压缸无杆腔面积 $A_1=50cm^2$，有杆腔面积 $A_2=25cm^2$，调速阀的最小工作压差为 0.5MPa，背压阀调整值为 0.4MPa，试求：

(1) 在调速阀通过 $q_1=5L/min$ 的流量时，回路的效率为多少？

(2) 若 q_1 不变，负载减小 4/5 时，回路效率为多少？

(3) 如何才能使负载减小后的回路效率得以提高？能提到多少？

17. 有一液压传动系统，快进时需最大流量 25L/min，工进时液压缸工作压力为 $p_1=5.5MPa$，流量为 2L/min，若采用 YB-25 和 YB4/25 两种泵对系统供油，设泵的总效率为 $\eta=0.8$，溢流阀调定压力 $p_p=6.0MPa$，双联泵中低压泵卸荷压力 $p_2=0.12MPa$，不计其他损失，计算分别采用这两种泵供油时系统的效率（液压缸效率为 1.0）。

18. 如图 7-8 所示，已知两液压缸的活塞面积相同，液压缸无杆腔面积 $A_1=20cm^2$，负载分别为 $F_1=8000N$，$F_2=4000N$，如溢流阀的调整压力为 $p_y=4.5MPa$，试分析减压阀压力调整值分别为 1MPa、2MPa、4MPa 时，缸的动作情况。

19. 图 7-9 所示为等量分流阀的原理图，试分析当 p_3、p_4 压力不等时，其流量 q_A、q_B

有没有变化?

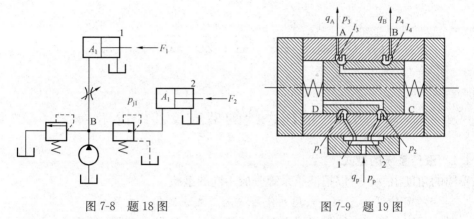

图 7-8 题 18 图 　　　　　 图 7-9 题 19 图

第8章 典型液压系统

8.1 液压系统的型式及其评价

8.1.1 液压系统的型式

从不同的角度出发，可以把液压系统分成不同的型式。

1. 按油液循环方式的不同，液压系统可分为开式系统和闭式系统

（1）开式系统。开式系统是指液压泵从油箱吸油，通过换向阀给液压缸（或液压马达）供油以驱动工作机构，液压缸（或液压马达）的回油再经换向阀回油箱，在泵出口处装溢流阀，这种系统结构较为简单。由于系统本身具有油箱，因此可以发挥油箱的散热、沉淀杂质等作用。但因油液与空气接触，使空气易于渗入系统，导致工作机构运动的不平稳及其他不良后果。由于开式系统结构简单，因此为大多数工程机械所采用。

（2）闭式系统。在闭式系统中，液压泵的进油管直接与执行元件的回油管相连，工作液体在系统的管路中进行封闭循环。闭式系统结构较为紧凑，油液和空气接触机会少，空气不易渗入系统，故传动的平稳性好。工作机构的变速和换向靠调节泵或马达的变量机构实现，避免了在开式系统中利用换向阀换向所带来的液压冲击和能量损失。闭式系统较开式系统复杂，且由于闭式系统本身没有油箱，油液的散热和过滤条件较开式系统差。为了补偿系统中的泄漏，通常需要一个小容量的补油泵和油箱。

一般情况下，闭式系统中的执行元件若采用双作用单杆活塞缸，由于大小腔流量不等，在工作过程中，会使功率利用率下降。所以闭式系统中的执行元件一般为液压马达，如大型液压挖掘机和液压起重机的回转系统、全液压压路机的行走系统等。

2. 按系统中液压泵的数目，系统可分为单泵系统、双泵系统和多泵系统

（1）单泵系统。由一个液压泵向一个或一组执行元件供油的液压系统，即为单泵液压系统。单泵系统适用于不需要进行多种复合动作的工程机械，如叉车、推土机等的液压系统。

（2）双泵系统。双泵系统实际上是两个单泵系统的组合。每台泵可以分别向各自回路中的执行元件供油，这样可以保证进行复合动作。当系统只需要进行单个动作而又要充分利用发动机功率时，可采用双泵合流供油方式，这样可使工作机构的运动速度加快。双泵液压系统在中小型液压挖掘机和起重机中被广泛采用。

（3）多泵系统。为了提高液压挖掘机和起重机等大型双泵系统的性能，近年来出现了三泵系统。例如汽车起重机的三泵系统是回转机构采用独立的闭式系统，而其他两个回路为开式系统。可以按照主机的工作情况，把不同的回路组合在一起，以获得主机最佳的工作性能。

3. 按所用液压泵型式的不同，系统可分为定量系统和变量系统

（1）定量系统。采用定量泵的液压系统称为定量系统。定量系统中按照执行元件所需流量和最大工作压力确定液压泵的额定功率。而实际上液压泵的实际输出功率是随工作阻力变化而改变的，在一个工作循环中液压泵达到满功率的情况是很少的。例如，挖掘机的液压泵功率平均利用率不足 60%。

（2）变量系统。采用变量泵的液压系统称为变量系统。常用的变量泵有单作用叶片泵和斜盘式轴向柱塞泵，工程机械中利用柱塞泵较多。常见的变量泵控制方式是利用泵的出口压力形成反馈力来调节泵的变量机构。压力低时，泵的排量较大；压力升高时，排量也随之减小。在转速恒定时，液压泵出口压力与流量呈近似于双曲线的变化，这样液压泵基本保持恒功率的工作特性。由于液压泵的工作压力是随外负载的大小而变化的，因此，可使工作机构的速度随外负载的增大而减小，随外负载的减小而增大，同时使发动机功率在液压泵的调节范围内得到充分利用。变量系统的缺点是构造和制造工艺复杂，成本高。

4. 按向执行元件供油的方式不同，可分为串联系统和并联系统

（1）串联系统。在系统中，当一台液压泵向一组执行元件供油是，上一个执行元件的回油为下一个执行元件提供进油的液压系统称为串联系统。在串联系统中，当不考虑管路和执行元件的压力损失时，第一个执行元件的进口工作压力等于克服该执行元件上负载所需压力和第二个执行元件的进口工作压力之和。

串联系统的特点是可以用较小的液压泵输出流量同时驱动多个执行元件，但另一方面，由于执行元件的压力是叠加的，要满足所有执行元件的承载能力，液压泵需要具备足够大的工作压力。

（2）并联系统。并联系统是指在系统中，一台液压泵采用分流的方式同时向一组执行元件供油。在并联系统中，液压泵的输出流量等于各个执行元件输入流量的总和。

并联系统的特点是当泵向各执行元件供油时，流量的分配是随各执行元件的负载的不同而变化的，首先进入负载较小的执行元件。只有当个执行元件负载相等时，才能实现同时动作。并联系统中，液压泵克服外负载的能力较大。

8.1.2 液压系统的评价

鉴于液压传动的良好特性，国内外工程机械都普遍采用了液压传动系统。任何一种工程机械的液压传动系统都应满足重量轻、体积小、结构简单、使用方便、效率高和质量好的要求。液压工程机械性能的优劣，主要是取决于液压系统性能的好坏。而液压系统性能的好坏又以系统中所使用元件的质量好坏和所选择的基本回路是否恰当为前提。对工程机械液压系统的评价，应从液压系统的效率、功率利用、调速范围和微调特性、振动和噪声等几个方面进行分析对比。

1. 液压系统的效率 在保证主机性能要求的前提下，应该使液压系统具有尽可能高的效率。影响液压系统效率的因素有很多，主要有以下几个方面：

（1）换向阀在换向制动过程中出现的能量损失。在开式系统中工作机构的换向只能借助于换向阀封闭执行元件的回油路，先制动后换向。当执行元件及其外负载的惯性很大时，制动过程中压力油和运动机构的惯性将迫使回油腔的压力显著升高，严重时可达几倍的工作压力。油液在此高压的作用下，将从换向阀或制动阀的开口缝隙中挤出，从而是运动机构的惯性变为热能，使系统的油温升高。对于一些换向频繁，负载惯性很大的系统，如挖掘机的回转系统，由于换向制动而产生的热能损耗十分可观。

（2）元件本身的能量损失。元件的能量损失以液压泵和液压马达的损失为最大。液压泵和液压马达的效率等于其机械效率和容积效率的乘积。机械效率和容积效率与工作压力、转

速和工作油液的黏度等多种因素有关。

管路和控制阀的结构同样也可以影响能量损失的大小。由于油液流动时的阻力与其流动状态有关，为了减少流动时的能量损失，可在结构上采取改进措施，如适当增大管件截面积和控制阀的通流面积，尽量减少管路的弯曲，使不同截面处的过渡要圆滑等。

（3）溢流损失。系统溢流阀开启时，液压泵输出流量的全部或部分会通过溢流阀溢流。溢流阀的功率损失等于溢流阀调定压力和溢流流量的乘积。要减少液压系统的溢流损失，可从设计因素和操作因素上采取措施。

（4）背压损失。为了保证工作机构运动的平稳性，常在执行元件的回油路上设置背压阀。背压越大，能量损失也就越大。一般讲液压马达的背压要比液压缸大，低速液压马达的背压要比高速马达大。为了减少因回油背压引起的发热，在保证工作机构运动平稳性的条件下，尽可能减少回油背压。

2. 功率利用　液压系统的功率利用反映了主机的生产率。一般讲，采用恒功率变量泵的变量系统其功率利用要比定量系统高。在双泵系统中，为提高功率利用除采用变量系统外，还可采用合流供油。

3. 调速范围和微调特性　工程机械的特点是工作机构的负载及其速度的变化范围较大，这就要求工程机械液压系统应具有较大的调速范围。调速范围可用执行元件最大和最小运动速度的比值来衡量。

微调特性反映了工作机构速度调节时的灵敏程度。不同的工程机械对微调特性有不同的要求，如铲土运输机械、挖掘机械对微调特性要求不高，而吊装用工程起重机对微调特性则有严格的要求。

4. 振动和噪声　液压系统的振动和噪声是由组成系统各元件的振动和噪声引起，其中以泵和阀最为严重。振动和噪声给液压系统带来一系列不良后果，严重时液压系统将不能正常工作，因此必须对振动和噪声予以控制。减少液压系统振动和噪声的关键是控制各元件的振动和噪声，减少液压泵的流量脉动和压力脉动以及减少液压油在管路中的冲击。

8.2　叉　车　液　压　系　统

叉车是一种常见的用于装卸货物的起重运输机械。为了实现结构紧凑，操作简单和转向灵活的目的，叉车的工作装置、转向系统多采用液压系统，有些叉车的传动系统还采用了液力机械变速器。根据动力形式的不同，叉车包括蓄电池叉车和内燃叉车。蓄电池叉车多为小吨位（1t 以下）叉车，其门架起升机构、门架倾斜机构为液压系统，而其转向机构多为机械链条传动。内燃叉车多为较大吨位（1t 以上）叉车，不但工作装置为液压系统，其转向机构也常采用全液压转向系统。

8.2.1　CPC3 型内燃叉车液压系统

1. 液压系统的结构组成与工作原理　CPC3 型内燃叉车液压系统管路元件布置图和工作原理图如图 8.2-1、图 8.2-2 所示。

高压齿轮泵从油箱吸油，出油口接单稳分流阀，单稳分流阀将油液分为两路：一路接多路阀，另一路接全液压转向器。

多路阀由 1 个先导式溢流阀和 2 个三位六通手动换向阀构成，其中起升操纵阀控制门架

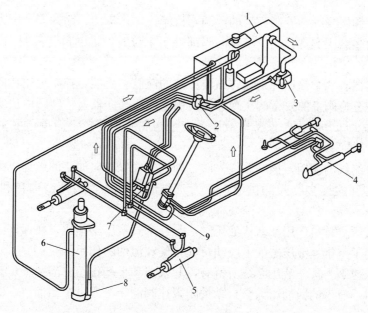

图 8.2-1　CPC3 型内燃叉车液压系统管路元件布置图

1—油箱；2—单稳分流阀；3—高压齿轮泵；4—转向液压缸；5—倾斜液压缸；6—起升液压缸；
7—多路阀；8—下降限速阀；9—全液压转向器

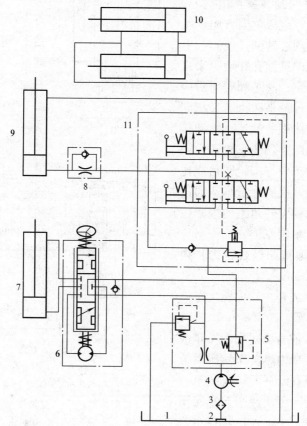

图 8.2-2　CPC3 型内燃叉车液压系统工作原理图

1—油箱；2—永久磁铁；3—滤油器；4—高压齿轮泵；5—单稳分流阀；6—全液压转向器；
7—转向液压缸；8—下降限速阀；9—起升液压缸；10—倾斜液压缸；11—多路阀

的起升与下降，倾斜操纵阀控制门架的前倾与后倾。工作机构回路的安全压力由先导式溢流阀设定，卸荷由多路阀实现，当2个换向阀都处于中位时，进油口与油箱回油路直接相通，实现回油。

全液压转向器有两个油口分别接转向液压缸的前腔、后腔，控制后轮转向。转向工作回路的安全由单稳分流阀上的安全阀实现，卸荷由全液压转向器上的转阀中位实现。

2. 液压系统的工作特点 该叉车液压系统结构和原理都较为简单，主要具有以下几个特点：

（1）单稳分流阀的使用。该阀属优先阀，即优先确保转向油路的供油，此时若仍有足够的压力，才能打开连接多路阀的供油口，为工作油路供油。这种结构有利于叉车的安全行驶。

（2）起升液压缸是单作用活塞式液压缸，与柱塞式液压缸相比，在保证活塞足够的作用面积的同时减轻了重量。液压缸的上腔油口起排气和泄油的作用。

（3）下降限速阀为叉车液压系统所特有，起限速和平衡作用。当叉车负载较大使起升缸下降速度过快时，产生的回油压力会自动关闭限速阀的一个或多个回油口，保证起升缸平稳下落。

（4）使用全液压转向装置。全液压转向器是一个位置伺服控制装置，由阀芯、阀套、摆线计量马达等组成。当方向盘转过一定角度时，带动阀芯转动，使阀芯上的油槽与阀套上的转向进油孔相通，来自液压泵的压力油经阀套、阀芯和阀体对应的孔、槽，推动摆线计量马达也转过相同的角度，并排出一定体积的油液，推动转向液压缸伸出一定的距离，使车轮转动一定角度，实现方向盘转角与车轮转角成比例。当方向盘停转后，摆线计量马达通过拨叉使阀套和阀芯回到无转角差的中立位置，切断转向油路，车轮停转。

8.2.2 CPC20型杭州（或合力）内燃叉车液压系统

CPC20型杭州（或合力）内燃叉车液压系统如图8.2-3所示。

CPC20型杭州（或合力）内燃叉车液压系统与上述CPC3型内燃叉车液压系统相似，结构和原理上有以下不同点：

（1）分流集流阀5可使两个起升液压缸6在起升和下降过程中，在负载存在差异时保证两缸输入（或排出）的流量相同，更好地保证两缸同步。

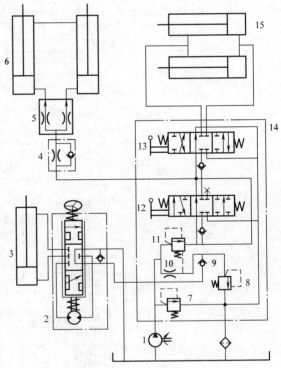

图 8.2-3 CPC20 型杭州
（或合力）内燃叉车液压系统图

1—高压齿轮泵；2—全液压转向器；3—转向液压缸；4—下降限速阀；5—分流集流阀；6—起升液压缸；7—安全阀；8—安全阀；9—单向阀；10—节流口；11—单稳分流阀；12—起升操纵阀；13—倾斜操纵阀；14—多路阀；15—倾斜液压缸

（2）倾斜操纵阀 13 的左位在结构上增加了一个限速阀，其作用是当倾斜液压缸前倾时，使门架运动更加平稳，防止门架前冲。

（3）其单稳分流阀、溢流阀和换向阀采用一体式结构。

8.2.3 OYC-3 型越野叉车液压系统

越野叉车，又称野战叉车，具有较强的越野能力、快速机动能力和高效保障能力，适用于在野外条件下进行货物的装卸、码垛和短途运输等工作。越野叉车通常采用全轮驱动，并采用液压和液力传动方式。

OYC3 型越野叉车可进行货物的装卸、码垛、短途运输等工作，适用于 3t 以下大件物资及集装物资的装卸作业。可根据不同工况，采用货叉叉装或吊臂吊装。货叉具有起升、倾斜、旋转调平、侧移的功能。与普通叉车相比，改型越野叉车主要具有以下特点：

（1）采用先进的液压传动行走系统和双 DA 控制模式。使动力和外阻力始终处于最佳匹配状态，具有较好的经济性和较高的生产效率。

（2）具有单桥两轮驱动或双桥四轮驱动方式，具备轮边减速，轮胎采用低压宽基沙漠轮胎，地面附着力大，越野及爬坡能力强。

（3）车体采用铰接式车架、全液压折腰转向，转弯半径小，转向轻便灵活，安全可靠，结构紧凑，维修方便。

（4）制动系统采用真空助力钳盘式制动，制动力大，拆装方便，安全可靠。

（5）独特的工作装置具备货叉起升、前后倾斜、旋转调平以及左右侧移的功能，并且还具备前车架调平装置，使门架始终处于竖直状态，驾驶室处于水平状态，以确保叉车在倾斜路况下作业时的货物安全及驾驶员的舒适。

（6）轮距较宽，轴距较大，具有良好的整机稳定性。

OYC3 型越野叉车液压系统包括行走机构液压传动系统和工作装置及转向液压系统。

行走机构传动原理如图 8.2-4 所示。变量泵驱动的变量马达通过离合器和变速器分别驱动前后桥。

行走机构液压传动系统原理图如图 8.2-5 所示。

该系统采用了德国力士乐的技术，其中的 A4VG 变量泵和 A6VM

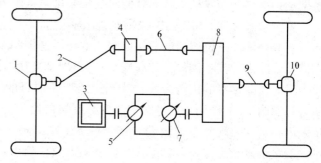

图 8.2-4　越野叉车行走机构传动原理示意图

1—前桥；2—前传动轴；3—柴油机；4—传动轴支架；5—A4VG90 变量泵；6—中间传动轴；7—A6VM107 变量马达；8—变速器；9—传动轴；10—后桥

变量马达采用了高度集成化的结构，许多功能都采用了模块化设计。系统采用了双 DA 控制元件，即 A4VG 变量泵中的 DA 控制阀和 A6VM 变量马达中的 DA 控制阀这两个控制元件。系统控制原理如下：

由辅助泵 2 输出的压力油经过 DA 控制阀 3 和三位四通电磁换向阀 4，通过变量缸 5 无级调整变量泵 6 的斜盘倾角进而调整其排量。DA 控制阀 3 的作用是输出与转速有关的调整压力，在结构上相当于一个两位三通液控伺服阀，阀芯在多个液压力及弹簧力的综合作用下移动，对压力进行控制。当发动机转速升高时，定量泵流量增加，阀 3 输入流量增加，使其

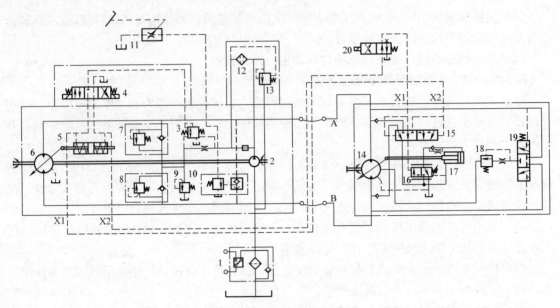

图 8.2-5　行走机构液压传动系统原理图

1—过滤器；2—辅助泵；3—变量泵 DA 控制阀；4—三位四通电磁换向阀；5—变量泵变量缸；6—变量泵；

7、8—安全阀；9—溢流阀；10—卸荷阀；11—微动控制阀；12—精过滤器；13—溢流阀；14—变量马达；

15—两位六通液动换向阀；16—变量马达 DA 控制阀；17—变量马达变量缸；

18—溢流阀；19—三位三通液动换向阀；20—两位四通电磁换向阀

左右控制压力的压差增加，导致阀芯左移，输出点压力增加，作用在变量油缸上使变量泵排量增加，反之，当发动机转速降低时变量泵排量减少。

安全阀 7、8 的作用是限制系统的最高压力，它们右侧的单向阀的作用是使辅助泵定向向低压腔补油。三位四通电磁换向阀 4 的作用是控制变量油缸向左、向右或居中，使变量泵正向、反向供油或不供油。卸荷阀 10 的作用是当从右侧梭阀引来的高压油的压力达到调定压力时，使变量泵的排量为零，达到压力切断的目的。其调整压力比安全阀低 20～30bar。微动控制阀 11 的作用是通过踏板改变节流阀口面积，间接改变变量泵控制压力，以改变变量泵的排量，实现叉车的微动。完全踏下微动踏板，节流阀全开，辅助泵流量全部回流油箱，变量泵排量为零，车轮停止行驶。稍微放松踏板，车辆缓慢行驶。完全松开踏板，节流阀关闭，车辆正常行驶。先导式溢流阀 13 的作用是当精滤油器 12 堵塞时，流过精滤油器的油液从溢流阀流回辅助泵吸油口。

变量泵输出的压力油从 A 或 B 两个方向驱动变量马达 14 旋转，使车辆前进或后退。三位四通电磁换向阀 4 输出的控制压力 X1 和 X2 以及变量泵输出的压力油 A 和 B，经过两位六通液动换向阀 15 的切换后，经过变量马达 DA 控制阀 16 进入变量缸 17 调节变量马达的排量。变量马达高压腔压力油接 DA 控制阀 16 的右液控口和变量缸左腔，控制压力 X1 或 X2（由两位六通液动换向阀 15 控制，大者接入）接 DA 控制阀 16 的左液控口。DA 控制阀 16 的阀芯左边受到控制压力的作用，右边受到高压工作腔压力和弹簧力的双重作用。当马达输出扭较小时，高压工作腔压力较低，DA 控制元件阀芯右移，压力油进入马达变量缸右腔，使马达排量减小，转速升高。反之，当马达输出扭矩较大时，高压工作腔压力较高，DA 控制元件阀芯左移，马达变量缸右腔接回油，使马达排量增大，转速降低。

三位三通液动换向阀 19 和溢流阀 18 的作用是使低压腔的油液以一定的压力流入变量马达的壳内，达到冲洗散热和换油的目的。二位四通电磁换向阀 3 的作用是使变量泵的控制油 X1 控制马达的变量或使二位六通换向阀 15 左腔泄油。

OYC3 型越野叉车工作装置及转向液压系统原理图如图 8.2-6 所示。其原理同普通叉车液压系统相似，增加了侧移油缸和调平油缸。

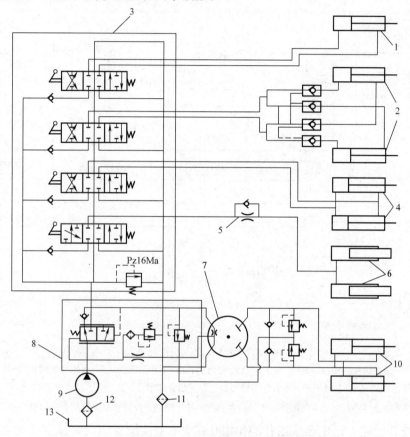

图 8.2-6　越野叉车工作装置及转向液压系统

1—侧移油缸；2—调平油缸；3—CDA4-F15X 型多路换向阀；4—倾斜油缸；5—CPC2.4 单向节流阀；6—起升油缸；7—BZZ5—400 全液压负荷传感转向器；8—YXL-F160L-N7 优先阀；9—GPC4-40-B6F1-R 齿轮泵；10—转向油缸；11—回油滤油器；12—吸油滤油器；13—液压油箱

8.3　汽车起重机液压系统

汽车起重机是将起重机构装在汽车底盘上的行走式起重机械，其起重作业机构由液压系统驱动，具有操作方便，安全可靠，工作平稳，结构简单，机动灵活等优点，应用十分广泛。

8.3.1　北起 QY8 型汽车起重机液压系统

1. 液压系统的机构组成与工作原理　QY8 型汽车起重机的起重作业由起升机构、变幅机构、伸缩机构、回转机构、支腿部分等组成，全部为液压驱动，液压泵驱动力由汽车发动机提供。从液压泵排出的高压油，经操纵阀分配，流向液压马达或液压缸，进行各种动作，其原理图如图 8.3-1 所示。

　　QY8 型汽车起重机液压系统包括下车回路和上车回路，高压柱塞泵 1 输出的压力油经两位两通手动换向阀 2 切换后分别为上、下车回路供油。下车回路由两个三位四通手动换向阀分别驱动前、后支腿液压缸和支腿稳定器液压缸。上车回路由四个三位四通手动换向阀分别驱动吊臂伸缩液压缸、吊臂变幅液压缸、上车回转马达和起升马达。当所有换向阀都处于中位时，液压泵通过换向阀的 M 型中位机能卸荷。

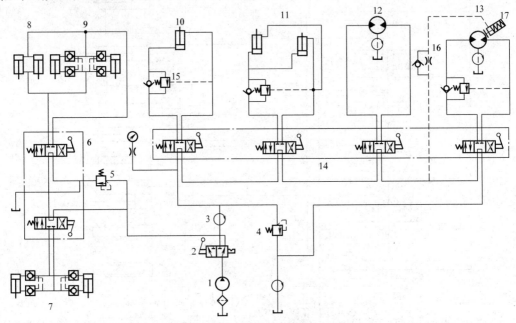

图 8.3-1　QY8 型汽车起重机液压系统

1—柱塞泵；2—切换阀；3—中心回转接头；4—上车溢流阀；5—下车溢流阀；6—支腿操纵阀；7—前支腿；
8—稳定器；9—后支腿；10—吊臂伸缩液压缸；11—吊臂变幅液压缸；12—上车回转马达；
13—起升马达；14—上车操纵阀；15—平衡阀；16—单向节流阀；17—制动器液压缸

　　（1）稳定支腿回路。稳定器液压缸的作用是在下放后支腿前，先将原来被车重压缩的后桥板簧锁住，使支腿升起时车轮不再与地面接触。该装置使起重作业时支腿升起的高度较小，使整车的重心较低，稳定性好。支腿回路的操作要求是：起重作业前先放后支腿，后放前支腿；作业结束后先收前支腿，再收后支腿。

　　（2）吊臂伸缩回路。吊臂伸缩液压缸的下腔连接了平衡阀 15，其作用是为了防止伸缩液压缸及其工作部件在悬空停止期间因自重而自行下滑，或在下行运动中由于自重而造成失控超速的不稳定运动。该平衡阀由单向阀和外控式顺序阀并联构成。液压缸上行时，液压油由单向阀通过；液压缸下行时，必须靠上腔进油压力打开顺序阀，而使进油路保持足够压力的前提是液压缸必须缓慢、稳定地下落。吊臂变幅液压缸和起升马达的油路也有相同的平衡阀设计。

　　（3）变幅回路。变幅回路是由 1 个三位四通手动换向阀控制 2 个活塞式液压缸，用以改变起重机吊臂的俯仰角度。

　　（4）上车回转回路。上车回转回路控制 1 个液压马达的双向转动，液压马达通过齿轮—外齿圈机构驱动起重机上车转台回转。因其转速低，惯性力小，制动换向时对油路的压力冲击也小，所以未设置双向缓冲装置。

（5）升降回路。升降回路是控制一个大转矩液压马达，用以带动绞车完成重物的提升和下落。单向节流阀 16 的作用是，避免升至半空的重物再次起升之前，由于重物使马达反转而产生滑降现象。制动器液压缸 17 与回油接通，靠弹簧力使起重机制动，只有当起升换向阀工作，马达转动的情况下，制动器液压缸才将制动瓦块松开。

2. 液压系统的工作特点

（1）系统中采用了平衡回路、锁紧回路和制动回路，能保证起重机工作可靠、操作安全。

（2）采用三位四通手动换向阀，不仅可以灵活方便地控制换向动作，还可以通过手柄操纵来控制流量，以实现节流调速。在起重作业时，将此节流调速方法与控制发动机转速的方法结合使用，可以实现各工作部件微速动作。

（3）各换向阀串联组合，不仅各机构的动作可以独立进行，在轻载时也可实现起升和回转复合动作，以提高工作效率。

（4）各换向阀处于中位时系统即卸荷，能减少功率损耗，适于起重机的间歇性工作。

8.3.2　浦沅 QY16 型汽车起重机液压系统

浦沅 QY16 型汽车起重机的起重作业由起升机构、变幅机构、伸缩机构、回转机构、支腿部分等组成，全部为液压驱动，其驱动力由汽车的发动机提供。发动机通过取力器驱动双联齿轮泵，从液压泵排出的高压油，经操纵阀分配，流向液压马达或液压缸，进行各种动作，其原理图如图 8.3-2 所示。

与 QY8 型汽车起重机液压系统相比不同点是：

（1）对于支腿收放回路，当下车收放控制阀处于下位时，可用水平缸和竖直缸控制阀分别控制水平缸和竖直缸伸出；当下车收放控制阀处于上位时，可用水平缸和竖直缸控制阀分别控制水平缸和竖直缸收回。

（2）因上车惯性力大，制动换向时对油路的压力冲击也大，所以需在回转油路中设置双向缓冲装置。

（3）离合器操纵阀可控制卷筒与卷扬马达动力的结合与分离。

（4）自由落钩电磁球阀通电时，可使马达制动缸松开制动，实现空钩的快速自由落钩。同时，自由落钩制动踏板可使自由落钩速度降下来。

（5）两个调整为 21MPa 的先导式溢流阀的作用是保证安全压力，它们的卸荷由二位四通电磁换向阀实现。

（6）系统还设置了冷却、精滤装置。

8.3.3　徐工 QY16C 汽车起重机液压系统

徐工 QY16C 汽车起重机的起重作业由起升机构、变幅机构、伸缩机构、回转机构、支腿部分等组成，全部为液压驱动。汽车发动机经取力器驱动一个三联齿轮泵，得到高压油。从液压泵排出的高压油，经操纵阀分配，流向液压马达或液压缸，进行各种动作，其原理图如图 8.3-3 所示。

与前述汽车起重机液压系统相比的不同点是：

（1）上车因惯性力大，制动换向时对油路的压力冲击也大，所以需在系统中设置制动踏板，控制马达制动缸制动。

（2）采用减压阀为蓄能器提供降低的、稳定的压力。

（3）卷扬马达为伺服变量马达。当负载较小时，卷扬马达进口压力较低，二位三通液动

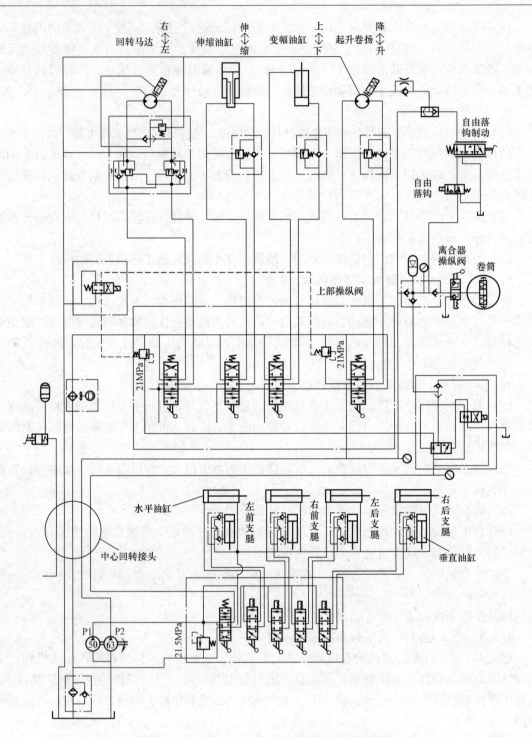

回转马达　右⇕左　伸缩油缸　伸⇕缩　变幅油缸　上⇕下　起升卷扬　降⇕升

自由落钩制动

自由落钩

离合器操纵阀　卷筒

上部操纵阀

21MPa　21MPa

水平油缸　左前支腿　右前支腿　左后支腿　右后支腿

中心回转接头

垂直油缸

P1　P2　50　63　21.5MPa

图 8.3-2　浦沅 QY16 型汽车起重机液压系统原理图

换向阀处于右位，变量缸使卷扬马达排量处于较小位置，卷扬马达处于高速小扭矩工作点；当负载较大时，卷扬马达进口压力较高，二位三通液动换向阀处于左位，变量缸使卷扬马达排量处于较大位置，卷扬马达处于低速大扭矩工作点。

（4）制动油路采用踏板位置控制制动力的原理。当踏下踏板时，伺服阀下移 x，压力油

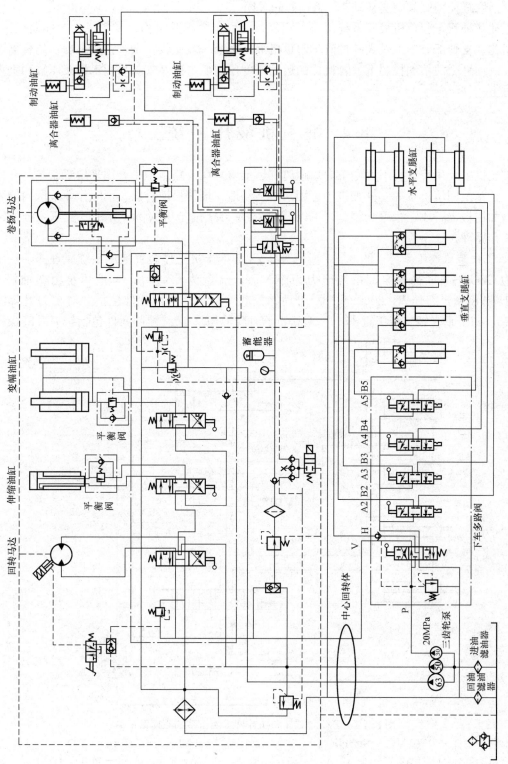

制动油缸

离合器油缸

制动油缸

离合器油缸

水平支腿缸

卷扬马达

平衡阀

垂直支腿缸

变幅油缸

蓄能器

平衡阀

A5 B5

A4 B4

伸缩油缸

A3 B3

平衡阀

A2 B2

下车多路阀

回转马达

中心回转体

V H

P

20MPa

三齿轮泵

进油滤油器

回油滤油器

图 8.3-3　徐工 QY16C 汽车起重机液压系统

与活塞缸差动连接，活塞缸下移，推动制动泵输出一定压力的压力油，使制动液压缸制动，同时，活塞缸使伺服阀阀套移动 x，将伺服阀关闭。

上述几种汽车起重机液压系统由简单到复杂，均包含起升机构、变幅机构、伸缩机构、回转机构、支腿部分等。较大吨位汽车起重机液压系统一般比较复杂，主要表现在离合器液压缸、制动缸力的精细控制上，各机构的运动速度控制上，以及支腿采用水平液压缸和垂直液压缸上。

8.4　推土机液压系统

推土机主要用于各类工程施工中短距离推运土壤。在公路施工中，用来填筑路基、开挖路堑、桥基及回填土方等。推土机还可用来平整场地，堆积松散材料，消除作业地段内的障碍物（如树根、石块、积雪）等。以下以 TY320 履带式推土机为例，介绍其液压系统的结构和工作原理。

1. 工作装置液压系统　图 8.4-1 所示为 TY320 推土机工作装置液压系统原理图。液压泵 2 为 CBG2160 型齿轮泵，系统压力为 14MPa，流量为 320L/min，液压泵由柴油机 1（12V135AK 型，254kW，2000r/min）带动的分动箱驱动。执行元件包括一对铲刀升降液压缸 15、一个垂直倾斜液压缸 17、一对松土器升降液压缸 16。控制元件包括铲刀升降操纵

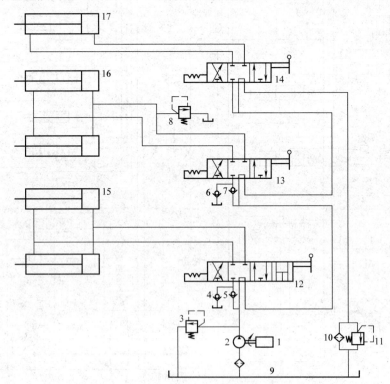

图 8.4-1　TY320 推土机工作装置液压系统原理图

1—柴油机；2—液压泵；3—溢流阀；4、6—单向补油阀；5、7—止回阀；8—溢流阀；9—油箱；10—精过滤器；11—过滤器安全阀；12—铲刀升降操纵阀；13—松土器升降操纵阀；14—铲刀垂直倾斜操纵阀；15—铲刀升降液压缸；16—松土器升降液压缸；17—铲刀垂直液压缸

阀 12、铲刀垂直倾斜操纵阀 14、松土器升降操纵阀 13。操纵阀全为滑阀式结构，阀 12 是四位五通手动换向阀，阀 13、14 是三位五通手动换向阀。由于阀 12 的作用，能使铲刀根据作业需要具有上升、固定、下降、浮动四种工况。浮动位置是使铲刀自由支地，随地形高低而浮动。这对仿形铲土及铲刀例行平整地面作业是很需要的。

溢流阀 3 用来限制液压泵 2 的最大出口压力，以防止液压系统过载，当油压超过 14MPa 时，溢流阀打开，压力油卸载回油箱。一般选择溢流阀的开启压力为系统压力的 110% 左右。

当铲刀或松土齿下降时，在其自重作用下，下降速度加快，可能引起供油不足形成液压缸进油腔局部真空，发生气蚀现象。此时，由于进油腔压力下降，在压力差作用下，补油单向阀 4 及 6 打开，从油箱补油至液压缸进油腔，使液压缸动作平稳。

单向阀 5 和 7 的作用是保证在任何工况下，压力油不倒流，避免作业装置因重力意外下降。

当松土齿处于固定位置作业时，可能由于突然的过载，使液压缸一腔油压突然升高，造成液压缸超载。设置了过载溢流阀 8 后，当压力达到其开启压力 16MPa 时，溢流阀 8 打开，油液卸载，从而避免液压元件的意外损坏。此溢流阀的开启压力一般大于系统压力 15%～25%。

溢流阀 11 和过滤器 10 并联，当油中杂质堵塞过滤器时，回油压力增高，溢流阀打开，油液直接通过溢流阀流回油箱。

2. 液力传动补偿系统　液力机械传动的液压控制系统，主要对动力换挡变速箱进行液压换挡，液力变矩器的循环用油和传动系统的润滑用油进行控制。图 8.4-2 所示为推土机液力机械传动系的液力补偿系统。

控制系统液压油从泵 3 流出，经精过滤器 4，流入动力换挡变速箱的操作阀组。此后油流分成两路，一路通往变速箱换挡离合器的操纵缸；另一路通过调压阀 5、变矩器进口压力阀 11，流入液力变矩器 15。从变矩器溢出的液压油，经变矩器出口压力阀 12、冷却器 13 与变矩器进口压力阀溢出的油合流，流入变速箱的润滑系统。背压阀 14 除防止液力补偿系统产生气蚀外，尚能控制润滑油油压。

变速箱操作阀组主要由调压阀 5、快回阀 6、减压阀 7、变速阀 8、起动安全阀 9、换向阀 10 等组成。调压阀 5 和快回阀 6 用来控制换挡离合器的工作压力和力矩容量。压力达到一定值时，阀 6 处于左位，阀 17 同时处于下位，系统及变矩器均可工作。否则，当压力不够时，阀 6 立即快速回到右位，系统及变矩器油路均回油，无油压可工作。减压阀用以控制 5 挡离合器的油压。这是由于 5 挡离合器是旋转液压缸，降低油压保护旋转油封，延长使用寿命有利。

变速阀是四位多路阀，通过与换向阀的配合操纵，可使各换挡离合器及换向离合器协调动作，从而得到推土机所需的行走速度和方向。起动安全阀是防止挂挡起动发动机时，推土机自行起步。

3. 液压转向系统　履带推土机通常采用液压转向，其液压系统如图 8.4-3 所示。液压油从后桥箱内经粗过滤器 2 进入液压泵 3。液压泵排出的压力油经精过滤器 4，进入转向阀 7 和 9。转向时，分别操纵转向阀，使压力油进入左或右离合器油路，打开左或右的常闭式转向离合器 10 和 6，实现转向。

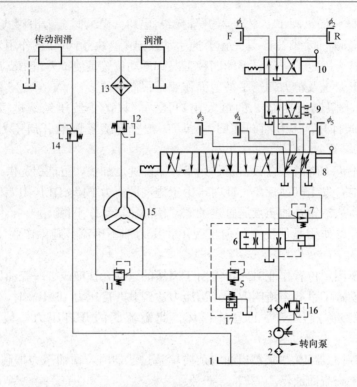

图 8.4-2　推土机液力机械传动系统的液力补偿系统

1—油箱；2—粗过滤器；3—液压泵；4—精过滤器；5—调压阀；6—快回阀；7—减压阀；

8—变速箱；9—安全阀；10—换向阀；11—变矩器进口压力阀；12—变矩器出口压力阀；

13—冷却器；14—背压阀；15—液力变矩器；16—溢流阀；17—二位二通液动阀

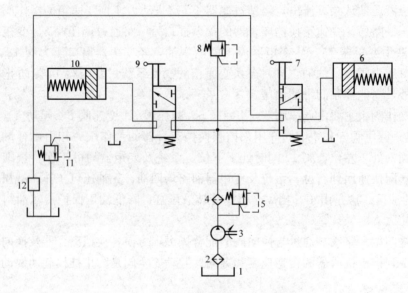

图 8.4-3　履带推土机转向系统

1—油箱；2—粗过滤器；3—液压泵；4—精过滤器；5—安全阀；6—右转向离合器；7—右转向阀；

8—调压阀；9—左转向阀；10—左转向离合器；11—背压阀；12—变速箱

8.5　单斗挖掘机液压系统

挖掘机是目前各种工程建设施工的一种主要工程机械。据统计，我国 70% 以上的土石方开挖离不开挖掘机。一般来说，单斗挖掘机不仅可以进行土石方的挖掘，也可以通过工作装置的更换，用作起重、装载、抓取、打桩、破碎钻孔等多种作业。

单斗液压挖掘机一般由工作装置、回转机构、行走机构和液压传动控制系统四大部分组成。工作装置包括动臂、斗杆以及根据施工需要而可以更换的各种换装设备，如正铲、反铲、破碎锤、装载斗及抓斗等。图 8.5-1 所示为 WY100 型履带式单斗挖掘机液压系统。

整个液压系统分为上车和下车两部分。上车液压系统位于旋转平台以上，有液压泵、控制阀、回转液压马达及三个液压缸等元件。下车液压系统处于履带底盘上，有两对行走液压马达和一对推土板液压缸。油箱位于上车部分，下车液压系统来油通过中心回转接头传输。

泵 1 为一组双联径向柱塞泵，采用单向阀配流，泵排量 $2.08 \times 10^{-5} \, \mathrm{m^3/r}$，额定工作压力为 32MPa。两泵做在同一壳体内，同轴驱动。液压系统由两个独立的回路组成。泵 A 输出的液压油经多路阀组 2 驱动回转液压马达、副臂缸、铲斗缸和右行走液压马达。该回路为一独立的串联回路。当该组执行元件不工作时，合流阀 18（左位）使泵 A 的供油进入泵 B 的供油回路，两泵一并向动臂缸或斗杆缸供油，从而加快动臂或斗杆的工作速度。泵 B 输出的液压油经多路阀组 4 驱动动臂缸、斗杆缸、推土缸和左行走液压马达。该回路也为另一独立的串联回路。由两个溢流阀分别控制二回路的工作压力，其调定压力为 32MPa。

行走液压马达及回转液压马达均为内曲线多作用低速大扭矩马达。挖掘机每条履带均由一个相应的液压马达驱动。两个变速阀 9 分别置于液压马达的配流轴中，其操纵形式可以是电磁的，也可以是液控的（图 8.5-1 所示为电磁的）。当变速阀 9 处于图示位置时，两马达串联，行走马达转速高，但输出扭矩小，是处于高速小扭矩工况；当操纵变速阀 14 使其处于另一工位时，高压油并联进入每个马达的两排油腔，行走马达处于低速大扭矩工况，常用于道路阻力大或上坡等工况；因而挖掘机具有两种行走速度。

在工作过程中，动臂、斗杆和铲斗都有可能发生重力超速现象，故在回路中采用了单向节流阀的限速措施。行走马达在下坡时也会产生重力超速现象，为此在回路中设置了限速阀 5，限速阀的控制油压通过双单向阀 3 引入，当两条履带均超速时，限速阀才起防止超速的作用。

进入液压马达内部（柱塞腔、配流轴内腔）和马达壳体内（渗漏低压油）的液压油的温度不同，使马达各个零件膨胀等，会造成密封滑动而卡死，这种现象称为"热冲击"。为防止热冲击发生，在马达壳体内（渗漏腔）引出两个油口（参看回转马达的油路），一油口通过节流阀与有背压阀的油路相通，另一油口直接与油箱相通（无背压）。这样，背压油路中的低压油（0.8~1.2MPa）经节流阀减压后供给马达壳体，使马达体内保持一定的循环油，从而使马达各零件内外温度和液压油温保持一致，壳体内油液的循环流动还可冲洗掉体内的磨损物。

在该液压系统回路中设置了强制风冷式冷却器，使系统在连续工作条件下油温保持在 50~70℃ 范围内，最高不超过 80℃。

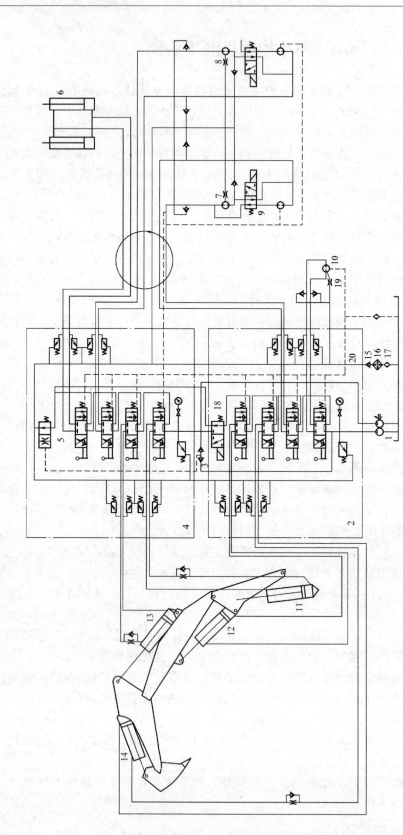

图 8.5-1 WY100 型履带式单斗挖掘机液压系统

1—液压泵; 2、4—阀组; 3—双单向阀; 5—限速阀; 6—推土板液压缸; 7—右行走马达换向阀; 8—左行走马达换向阀; 9—变速阀; 10—回转马达; 11—动臂液压缸; 12—副臂液压缸; 13—斗杆液压缸; 14—挖斗液压缸; 15—背压阀; 16—散热阀; 17—过滤器; 18—合流阀; 19—节流阀; 20—回油总管

8.6 轮式装载机液压系统

ZL100 型装载机机斗容量为 5m³，发动机驱动功率 300kW。其液压系统如图 8.6-1 所示，系统由三个 CB-G 型齿轮泵驱动，由工作装置液压泵 3 和转向液压泵 1 分别驱动一个液压回路，这两个回路由辅助泵 2 联系起来。工作装置动作包括动臂升降和铲斗翻转，两者由单动顺序回路驱动，它的特点是液压泵在同一时间内只能按先后顺序向一个机构供油，各机构和进油通路按前后次序排列，前面的转斗操纵阀动作，就把后面的动臂操纵阀进油通路切断。只有前面的阀处于中位时，才能搬动后面的阀使之动作。

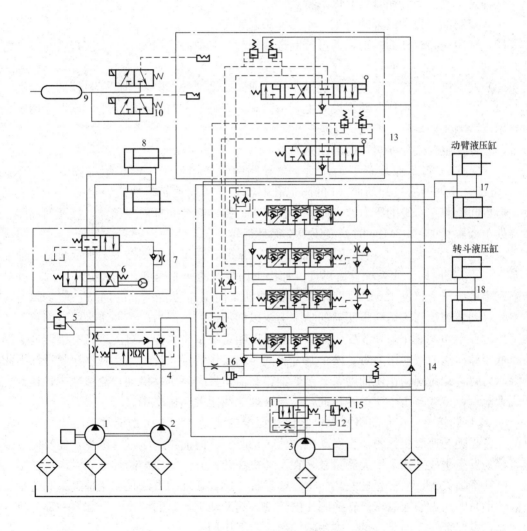

图 8.6-1 ZL100 装载机液压系统原理图

1—转向液压泵；2—辅助泵；3—工作主泵；4—流量转换阀；5、12—溢流阀；6—转向阀；7—单向节流阀；8—转向液压缸；9—储气筒；10—电磁阀；11—合流阀；13—手动先导阀组；14—液动多路阀组；15—压力转换阀组；16—卸荷阀；17—动臂液压缸；18—转斗液压缸

1. **手动先导阀 13 与液控多路换向阀 14** 先导阀 13 为分片式组合双联滑阀式多路换向阀。控制转斗液压缸换向阀的先导阀是一个三位六通阀,控制动臂提升液压缸换向阀的先导阀是四位六通阀。阀组内装有过载阀,起缓和液压冲击、保护液压元件的作用。当连杆机构运动发生干涉时,也能及时泄油,其调整压力为 18.5MPa。多路阀 14 由进油阀片、转斗阀片、动臂阀片和回油阀片组成,转斗(或动臂)阀片的两个出油口与(或动臂)液压缸的上下腔管道相通,当操纵转斗(或动臂)的先导阀阀杆时,控制油流过先导阀通往并操纵分配阀内的阀杆左右移动,压力油通过换向阀流往转斗液压缸(或动臂液压缸),完成转斗或动臂的升降动作。进油阀片内装有溢流阀,其调整压力为 16MPa。进油道装有单向节流阀和补油阀,回油道装有背压阀,以防止产生局部真空,增加液压缸运动的平稳性。

这种先导阀控制分配阀具有以下特点:

(1) 控制油路为主油路的分支,不需增添泵元件。

(2) 利用先导阀杆的微动,即可控制进油阀片中卸荷阀开口的大小,实现转斗或动臂提升的微动。

(3) 发动机熄火或停车是,仍能操作铲斗前倾或动臂的下降,提高了机器的安全性。

(4) 转斗和动臂阀片内部都设有上下小锥阀,起补油和对液压缸上下腔起双作用安全阀的作用。

(5) 分片组合式分配阀,内部油路简单。

2. **卸荷阀** 当工作装置不动作时,先导阀两阀杆均处于中间位置(图 8.6-1 所示位置),液压泵来的油通过卸荷阀 16 的阻尼孔,经先导阀回油箱。油流经阻尼孔产生节流作用,造成卸荷阀左右腔的压力差,并克服弹簧力,推动卸荷阀杆向左移动,接通回油路,使系统处于低压 $0.1 \sim 0.2$MPa 时,液压泵空循环运转。

系统中压力转换阀 15 在系统压力低于 12MPa 时,该阀处于图 8.6-1 所示状态,辅助泵 2 与工作泵 3 同时向工作系统合流供油、加快工作装置的作业速度,缩短循环时间,提高生产率。当系统压力超过 12MPa,卸荷阀切断辅助泵向工作装置供油的通路,使之卸荷,将功率转移到装载机切入运动是所需的功率上,以增加铲切牵引力。该系统为组合回路,依靠在工作过程中切换液压泵来改变供油量,它可以随系统中压力变化自动进行有级调速。即在油压低于卸荷阀的调整压力时,两个泵合流同时向工作装置系统供油;在油压超过卸荷阀的调整压力时,卸荷阀动作使辅助泵 2 接通油箱卸荷,只剩高压泵供油,流量减少;达到轻载低压大流量,重载高压小流量的目的,能更合理地使用发动机功率。

3. **流量转换阀** 转向油路要求供给比较恒定的流量,但转向系统常采用定量泵,定量泵的流量是随转速而变化的,当发动机低速转动时,转向油路的流量将减少,使转向速度迟缓,容易发生事故。如采用大流量泵,在发动机高转速时,将多余的油液以溢流阀的形式排出,则功率损失大,油液容易发热,也不够经济。比较合理的方法是选用辅助泵和流量转换阀。辅助泵的压力油通过流量转换阀 4 的控制,随发动机转速的变化,全部或一部分流入转向回路,以保证转向油路流量,剩余的油液流入工作油路。

转向泵的流量通过两个固定的节流孔直接供给转向回路,辅助泵的流量随阀芯位置的不同有三种情况:

第一种情况:当发动机转速低于 600r/min 时,转向泵和辅助泵流量较少,流经两个固定节流孔所产生的压差较小,不足以使阀芯克服弹簧力移动,阀芯位于左端位置,辅助泵和转向泵的流量全部进入转向油路。

第二种情况：发动机转速由 500r/min 逐渐增加到 1320r/min 时，通过两节流孔流量增加，使节流孔前后压差增加，阀芯克服弹簧力，略向右移，此时辅助泵的油液分为两部分，分别向转向和工作装置供油。

第三种情况：随着发动机的转速进一步增加，节流孔压差进一步增大，当阀芯移向左端极限位置，则隔断辅助泵流向转向装置的油路，辅助泵油液全部进入工作装置油路，可使工作装置作业速度提高。

为提高生产率，也避免液压缸活塞杆经常伸缩到极限位置而造成安全阀频繁地启闭，在工作装置和先导阀上装有自动复位装置，以实现工作中铲斗的自动放平、动臂提升自动限位动作。分别在动臂后铰点和转斗液压缸处装有自动复位行程开关，当行程开关碰到触点后电磁阀 10 通电，使储气筒 9 的压缩空气经电磁阀进入转斗或动臂先导阀回位阀体，使滑阀回位。当行程开关脱开触点，电磁阀断电，电磁阀复位（图 8.6-1 所示位置），关闭进气通道，回位阀体的压缩空气从放气孔排出。

思 考 与 练 习 8

1. 简述什么叫开式系统和闭式系统，它们各自有哪些特点？

2. 对液压系统的评价主要从哪几个方面进行？

3. 简要总结叉车液压系统的类型及其特点。

4. 汽车起重机稳定支腿回路的原理是什么？

5. 简述汽车起重机支腿回路中液控单向阀的作用。

6. 试总结大吨位汽车起重机液压回路中，为使系统工作更加平稳、安全，都采用的哪些措施？

7. 简述单斗液压挖掘机液压系统的结构组成。

8. 简述轮式装载机液压系统的结构组成。

9. 根据图 8-1 的 YT4543 型动力滑台液压系统图，完成以下各项工作：

（1）写出差动快进时液压缸左腔压力 p_1 与右腔压力 p_2 的关系式。

（2）说明当滑台进入工进状态，但切削刀具尚未触及被加工工件时，什么原因使系统压力升高并将液控顺序阀 4 打开？

（3）在限压式变量泵的 p-q 曲线上定性标明动力滑台在差动快进、第一次工进、第二次工进、止挡铁停留、快退及原位停止时限压式变量叶片泵的工作点。

10. 图 8-2 所示大的压力机液压系统能实现"快进→慢进→保压→快退→停止"的动作循环。试读懂此液压系统图，并写出：

（1）包括油液流动情况的动作循环表。

（2）标号元件的名称和功能。

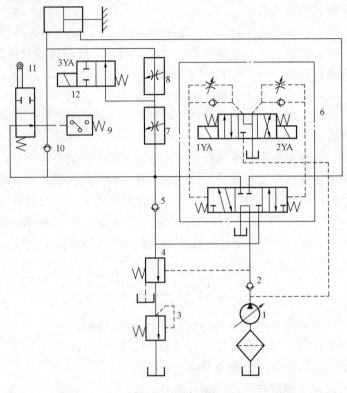

图 8-1   题 9 图

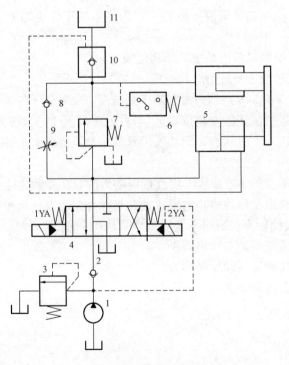

图 8-2   题 10 图

第9章 液压系统设计

液压传动系统设计的步骤，往往随设计的实际情况、设计者的经验不同而不同。但从总体上来看，其基本内容是一致的，主要为：

（1）明确设计要求，进行工况分析。

（2）拟定液压系统原理图。

（3）计算和选择液压元件。

（4）验算液压系统的性能。

（5）绘制工作图，编制技术文件。

9.1 明确设计要求，进行工况分析

9.1.1 明确设计要求

（1）明确液压系统的动作和性能要求，例如：执行元件的运动方式、行程和速度范围、负载条件；运动的平稳性和精度、工作循环和动作周期、同步或联锁要求，工作可靠性要求等。

（2）明确液压系统的工作环境，例如环境温度、湿度尘埃，通风情况、是否易燃、外界冲击振动的情况及安装空间的大小等。

9.1.2 工况分析

这里所指的工况分析主要指对液压执行元件的工作情况的分析，分析的目的是了解在工作过程中执行元件的速度、负载变化的规律，并将此规律用曲线表示出来，作为拟定液压系统方案确定系统主要参数（压力和流量）的依据。对于工程机械液压系统，其执行元件的动作通常比较简单，也可不作图，只需找出最大负载和最大速度即可。执行元件的负载通常包括工作负载、摩擦阻力负载、惯性负载以及密封阻力（一般用效率 $\eta = 0.85 \sim 0.9$ 来表示）和背压力（可在最后计算时确定）等。

9.1.3 执行元件参数的确定

当负载确定后，工作压力就决定了系统的经济性和合理性。若工作压力低，则执行元件的尺寸就大，重量也大，完成给定速度所需的流量也大；若压力过高，则密封要求就高，元件的制造精度也就更高，容积效率也就会降低。所以应根据实际情况选取适当的工作压力。执行元件工作压力可以根据总负载值或主机设备类型选取，见表 9.1-1 和表 9.1-2。

表 9.1-1　　　　　　　　　　按负载选择执行元件的工作压力

负载 F/kN	< 5	5～10	10～20	20～30	30～50	>50
工作压力 p/MPa	<0.8～1.0	1.5～2.0	2.5～3.0	3.0～4.0	4.0～5.0	>5.0～7.0

表 9.1-2		各类液压设备常用的工作压力			
设备类型	粗加工机床	半精加工机床	粗加工或重型机床	农业机械、小型工程机械	液压压力机、重型机械大中型挖掘机械、起重运输机械
工作压力 p/MPa	0.8~2.0	3.0~5.0	5.0~10.0	10.0~16.0	20.0~32.0

确定执行元件的几何参数对于液压缸来说，它的几何参数就是有效工作面积 A，对液压马达来说就是排量 V。液压缸有效工作面积可由下式求得

$$A = \frac{F}{\eta_{cm} p} \tag{9-1}$$

式中，F 为液压缸上的外负载（N）；η_{cm} 为液压缸的机械效率；p 为液压缸的工作压力（Pa）。

这样计算出来的工作面积还必须按液压缸所要求的最低稳定速度 v_{min} 来验算，即

$$A \geqslant \frac{q_{min}}{v_{min}} \tag{9-2}$$

式中，q_{min} 为流量阀最小稳定流量。

若执行元件为液压马达，则其排量的计算式为

$$V = \frac{2\pi T}{p \eta_{Mm}} \tag{9-3}$$

式中：T 为液压马达的总负载转矩（N·m）；η_{Mm} 为液压马达的机械效率；p 为液压马达的工作压力（Pa）；V 为所求液压马达的排量（m³/r）。

同样，上式所求的排量也必须满足液压马达最低稳定转速 n_{min} 的要求，即

$$V \geqslant \frac{q_{min}}{n_{min}} \tag{9-4}$$

式中，q_{min} 指能输入液压马达的最低稳定流量。

排量确定后，可从产品样本中选择液压马达的型号。

对于液压缸，它所需的最大流量 q_{max} 就等于液压缸有效工作面积 A 与液压缸最大移动速度 v_{max} 的乘积，即

$$q_{max} = A v_{max} \tag{9-5}$$

对于液压马达，它所需的最大流量 q_{max} 应为马达的排量 V 与其最大转速 n_{max} 的乘积，即

$$q_{max} = V n_{max} \tag{9-6}$$

9.2   拟定液压系统原理图

液压系统图是整个液压系统设计中最重要的一环，它的好坏从根本上影响整个液压系统。拟定液压系统原理图所需的知识面较广，一般的方法是：先根据具体的动作性能要求选择液压基本回路，然后将基本回路加上必要的连接措施有机地组合成一个完整的液压系统。拟定液压系统图时，应考虑以下几个方面的问题。

9.2.1   所用液压执行元件的类型

液压执行元件有提供往复直线运动的液压缸，提供往复摆动的摆动缸和提供连续旋转运

动的液压马达。在实际液压系统时，可按设备所要求的运动情况来选择，在选择时还应比较、分析，以求设计的整体效果最佳。例如，系统若需要输出往复摆动运动，就既可采用摆动缸又可使用齿条式液压缸，也可以使用直线往复式液压缸和滑轮钢丝绳传动机构来实现。因此，要根据实际情况进行比较、分析，综合考虑作出选择。又如，在设备的工作行程较长时，为了提高其传动刚性，常采用液压马达通过丝杠螺母机构来实现往复运动。此类实例很多，设计时应灵活应用。在实际设计中，液压执行元件的选用往往还受到使用范围大小和使用习惯的限制。

9.2.2 液压回路的选择

在确定了液压执行元件后，要根据设备的工作特点和性能要求，首先确定对主机主要性能起决定性影响的主要回路。例如，对于起重机液压系统，多个执行元件的驱动和换向是其主要回路。然后，再考虑其他辅助回路，例如，起重机吊臂的起升、边幅驱动要考虑平衡回路，多个执行元件的顺序动作、防干扰等。同时，还要考虑节省能源、减少发热、减少冲击、保证动作精度等辅助回路结构。

选择回路时常有多种可能的方案，这时除反复对比外，应多参考或吸收同类型液压系统中使用的并被实践证明是比较好的回路。

9.2.3 液压回路的综合

液压回路的综合是选出来的各种液压回路放在一起，进行归并、整理，在再增加一些必要的元件或辅助油路，使之成为完整的液压传动系统。进行这项工作时还必须注意以下几点：

(1) 尽可能省去不必要的元件，以简化系统结构。

(2) 最终综合出来的液压系统应保证其工作循环中的每个动作安全可靠，无互相干扰。

(3) 尽可能提高系统的效率，防止系统过热。

(4) 尽可能使系统经济合理，便于维修检测。

(5) 尽可能采用标准元件，减少自行设计的专用件。

9.3 计算和选择液压元件

计算和选择液压元件，主要是计算该元件在工作中承受的压力和通过的流量，以便确定元件的规格和型号。

9.3.1 液压泵的选择

先根据设计要求和系统工况确定液压泵的类型，然后根据液压泵的最高供油压力和最大供油量来选择液压泵的规格。

1. 确定液压泵的最高工作压力 p_p 液压泵的最高工作压力就是在系统正常工作时泵所能提供的最高压力，对于定量泵系统来说这个压力是由溢流阀调定的，对于变量泵系统来说这个压力是与泵的特性曲线上的流量相对应的。液压泵的最高工作压力是选择液压泵型号的重要依据。

泵的最高工作压力的确定要分两种情况，一是执行机构在运动行程终了，停止时才需最高工作压力的情况（如起重机的支腿液压缸）；二是最高工作压力是在执行机构的运动行程中出现的（如各种工程机械）。对于第一种情况，泵的最高工作压力 p_p 也就是执行机构的所

需的最大压力 p_1。而对于第二种情况，除了考虑执行机构的压力外还要考虑油液在管路系统中流动时产生的总压力损失，即

$$p_p \geqslant p_1 + \Sigma \Delta p \tag{9-7}$$

式中：p_p 为液压泵的出口至执行机构进口之间的总的压力损失，它包括沿程压力损失和局部压力损失两部分，要准确地估算必须等管路系统及其安装形式完全确定后才能做到，在此只能进行估算，估算时可参考下述经验数据；一般节流调速和管路简单的系统取 $\Sigma \Delta p = 0.2 \sim 0.5 \text{MPa}$；有调速阀和管路较复杂的系统取 $\Sigma \Delta p = 0.5 \sim 1.5 \text{MPa}$。

2. 确定液压泵的最大供油量 q_p　液压泵的最大供油流量 q_p 按执行元件工况图上的最大工作流量及回路系统中的泄漏量来确定，即

$$q_p \geqslant K \Sigma q_{\max} \tag{9-8}$$

式中：K 为考虑系统中有泄漏等因素的修正系数，一般取 $K = 1.1 \sim 1.3$，小流量取大值，大流量取小值；$\Sigma q_{\max}$ 为同时动作的各缸所需流量之和的最大值。

若系统中采用了蓄能器供油时，泵的流量按一个工作循环中的平均流量来选取，取

$$q_p \geqslant \frac{K}{T} \sum_{i=1}^{n} q_i \Delta t_i \tag{9-9}$$

式中：T 为工作循环的周期时间；q_i 为工作循环中第 i 个阶段所需的流量；Δt_i 为第 i 阶段持续的时间；n 为循环中的阶段数。

3. 选择液压泵的规格　根据前面设计计算过程中计算的 p_p 和 q_p 值，即可从产品样本中选择出合适的液压泵的型号和规格。为了使液压泵工作安全可靠，液压泵应有一定的压力储备量，通常泵的额定压力可比 p_p 高 $25\% \sim 60\%$。泵的额定流量则宜与 q_p 相当，不要超过太多，以免造成过大的功率损失。

4. 确定液压泵的驱动功率　当系统中使用定量泵时，视具体工况不同，其驱动功率的计算是不同的。

(1) 在整个工作循环中，液压泵的功率变化较小时，可按下式计算液压泵所需驱动功率，即

$$P = \frac{p_p q_p}{\eta_p} \tag{9-10}$$

式中：p_p 为液压泵的最大工作压力（Pa）；q_p 为液压泵的输出流量（m^3/s）；η_p 为液压泵的总效率。

(2) 当在整个工作循环中，液压泵的功率变化较大，且在功率循环图中最高功率所持续的时间很短时，则可按式（9-10）分别计算出工作循环各阶段的功率 P_i，然后用下式计算其所需驱动机的平均功率

$$P = \sqrt{\frac{\sum_{i=1}^{n} P_i^2 t_i}{\sum_{i=1}^{n} t_i}} \tag{9-11}$$

式中：t_i 为一个工作循环中第 i 阶段持续的时间。

求出了平均功率后，还要验算每一个阶段电动机的超载量是否在允许的范围内，一般电动机允许短期超载量为 25%。如果在允许超载范围内，即可根据平均功率 P 与泵的转速 n

从产品样本中选取电动机。

对于限压式变量系统来说，可按式（9-10）分别计算快速与慢速而种工况时所需驱动功率，计算后，取两者较大值作为选择电动机规格的依据。由于限压式变量泵在快速与慢速的转换过程中，必须经过泵流量特性曲线最大功率点（拐点），为了使所选择的电动机在经过 P_{max} 点时不致停转，需进行验算，即

$$P_{max} = \frac{p_B q_B}{\eta_P} \leqslant 2P_n \qquad (9-12)$$

式中：p_B 为限压式变量泵洞定的拐点压力，q_B 是压力为 p_B 时泵的输出流量；P_n 为所选电动机的额定功率；η_p 为限压式变量叶片泵的效率。在计算过程中要注意，对于限压式变量叶片泵在输出流量较小时，其效率 η_p 将急剧下降，一般当其输出流量为 $0.2 \sim 1 L/min$ 时，$\eta_p = 0.03 \sim 0.14$，流量大者取大值。

9.3.2　阀类元件的选择

阀类元件的选择是根据阀的最大工作压力和流经阀的最大流量来选择控制阀的规格，即所选用的阀类元件的额定压力和额定流量要大于系统的最高工作压力及实际通过阀的最大流量。在条件不允许时，可适当增大通过阀的流量，但不得超过间额定流量的 20%，否则会引起压力损失过大。具体讲，选择压力阀时应考虑调压范围，选择流量阀时应注意其最小稳定流量，选择换向阀时除考虑压力，流量外，还应考虑其中位机能及操纵方式。

9.3.3　液压辅助元件的选择

油箱、过滤器，蓄能器，油管、管接头、冷却器等液压辅助元件可按第 6 章的有关原则选取。

9.4　液压系统的性能验算

9.4.1　液压系统压力损失的验算

在前面确定液压泵的最高工作压力时提及压力损失，当时由于系统还没有完全设计完毕，管道的设置也没有确定，因此只能作粗略的估算。现在液压系统的元件、安装形式、油管和管接头均可定下来了，所以需要验算一下管路系统的总的压力损失，看其是否在前述假设的范围内，借此可以较准确地确定泵的工作压力，较准确地调节变量泵或溢流阀，保证系统的工作性能。若计算结果与前设压力损失相差较大，则应对原设计进行修正，具体的方法是将计算出来的压力损失代替原假设值用以下式重算系统的压力：

1. 当执行元件为液压缸时

$$p_p \geqslant \frac{F}{A_1 \eta_{cm}} + \frac{A_2}{A_1} \Delta p_2 + \Delta p_1 \qquad (9-13)$$

式中：F 为作用在液压缸上的外负载；A_1、A_2 分别为液压缸进、回油腔的有效面积；Δp_1、Δp_2 分别为进、回油管路的总的压力损失，η_{cm} 为液压缸的机械效率。

计算时要注意，快速运动时液压缸上的外负载小，管路中流量大，压力损失也大；慢速运动时，外负载大，流量小，压力损失也小，所以应分别进行计算。

计算出的系统压力 p_p 值应小于泵额定压力的 75%，因为应使泵有一定的压力储备。否则就应另选额定压力较高的液压泵，或者采用其他方法降低系统的压力，如增大液压缸直径

等方法。

2. 当液压执行元件力液压马达时

$$p_{\mathrm{p}} \geqslant \frac{2\pi T}{V\eta_{\mathrm{Mm}}} + \Delta p_2 + \Delta p_1 \tag{9-14}$$

式中：V 为液压马达的排量；T 为液压马达的输出转矩；Δp_1、Δp_2 分别为进。回油管路的压力损失；η_{Mm} 为液压马达的机械效率。

9.4.2　液压系统发热温升的验算

液压系统在工作时由于存在着各种各样的机械损失、压力损失和流量损失，这些损失大都转变为热能，使系统发热。油温升高。油温升高过多会造成系统的泄漏增加，运动件动作失灵，油液变质，缩短橡胶密封圈的寿命等不良后果，所以为了使液压系统保持正常工作，应使油温保持在允许的范围之内。

系统中产生热量的元件主要有液压缸、液压泵、溢流阀和节流阀，散热的元件主要是油箱，系统经一段时间工作后，发热与散热会相等，即达到热平衡，不同的设备在不同的情况下，达到热平衡的温度也不一样，所以必须进行验算。

1. 系统发热量的计算　在单位时间内液压系统的发热量可按下式计算

$$H = P(1 - \eta) \tag{9-15}$$

式中：P 为液压泵的输入功率（kW）；η 为液压系统的总效率，它等于液压泵的效率 η_{p}、回路的效率 η_{c} 和液压执行元件的效率 η_{M} 的乘积。

如在工作循环中泵所输出的功率不一样，则可按各阶段的发热量求出系统单位时间的平均发热量。

2. 系统散热量的计算　在单位时间内油箱的散热量可用下式计算

$$H_0 = hA\Delta t \tag{9-16}$$

式中：A 为油箱的散热面积(m^2)；Δt 为系统的温升(℃)($\Delta t = t_1 - t_2$，t_1 为系统达到热平衡时的温度，t_2 为环境温度)；h 为散热系数[kW/(m^2·℃)]，当周围通风较差时，$h = (8\sim 9)\times 10^{-3}$kW/(m^2·℃)；当自然通风良好时，$h = 15\times 10^{-3}$kW/(m^2·℃)；用风扇冷却时，$h = 23\times 10^{-3}$kW/(m^2·℃)；当用循环水冷却时，$h = (110\sim 170)\times 10^{-3}$kW/(m^2·℃)。

3. 系统热平衡温度的验算　当液压系统达到热平衡时有 $H = H_0$，即

$$\Delta t = \frac{H}{hA} \tag{9-17}$$

当油箱的三个边长之比在 1：1：1 到 1：2：3 范围内，且油位是油箱高度的 0.8 倍时，其散热面积可近似计算为

$$A = 0.065 \times \sqrt[3]{V^2} \tag{9-18}$$

式中：V 为油箱有效容积（L）；A 为散热面积（m^2）。

经上式计算出来的 Δt 再加上环境温度应不超过油液的最高允许油温，否则必须采取进一步的散热措施。

9.5　绘制正式工作图和编制技术软件

所设计的液压系统经验算后，即可对初步拟定的液压系统进行修改，并绘制工作图和编

制技术文件。

9.5.1 绘制工作图

（1）液压系统原理图。图上除画出整个系统的回路之外，还应注明各元件的规格、型号、压力调整值，并给出各执行元件的工作循环图，列出电磁铁及压力继电器的动作顺序表。

（2）集成油路装配图。若选用油路板，应将各元件画在油路板上，便于装配；若采用集成块或叠加阀时，因有通用件，设计者只需选用，最后将选用的产品组合起来绘制成装配图。

（3）泵站装配图。将集成油路装置、泵、电动机与油箱组合在一起画成装配图，表明它们各自之间的相互位置、安装尺寸及总体外形。

（4）画出非标准专用件的装配图及零件图。

（5）管路装配图。表示出油管的走向，注明管道的直径及长度，各种管接头的规格、管夹的安装位置和装配技术要求等。

（6）电气线路图。表示出电动机的控制线路，电磁阀的控制线路、压力继电器和行程开关等。

9.5.2 编写技术文件

技术文件一般包括液压系统设计计算说明书，液压系统的使用及维护技术说明书，零部件目录表，标准件、通用件及外购件总表等。

9.6 液压装置的结构设计

液压系统原理图确定之后，应根据所选择的液压元件、辅助元件进行液压装置的设计，其内容包括液压装置的结构形式、元件的配置形式及管路接法的选择。

9.6.1 液压装置的结构形式

液压装置的结构形式有集中式和分散式两种。

集中式结构是将液压系统的油源、控制调节装置独立于机器之外，单独设置一个液压泵站。其优点是安装维修方便，油源的振动、发热都和机器隔开；缺点是泵站增加了占地面积。

分散式结构是将液压系统的油源、控制调节装置分散在机器各处。例如：以车辆底盘、机床床身或底座作油箱，安放油源；把控制调节装置设置在便于操作的地方等。其优点是结构紧凑、节省占地面积，易于回收泄漏出去的油液；缺点是安装维修较复杂，油源的振动、发热都对机器的工作精度产生不利影响。

9.6.2 液压元件的配置形式

液压系统中元件的配置形式，分为板式配置与集成式配置两种。

板式配置是把标准元件与其底板用螺钉固定在竖立着的平板上，底板上的油路用油管接通。优点是元件集中、整齐、更换方便；缺点是配管工作量和安装空间仍然较大。图 9.6-1 示板式配置情况。

集成式配置是以某种专用或通用的辅助元件把标准液压元件组合在一起。这种配置方式按其所用辅助件形式的不同又可分成箱体式、集成块式和叠加阀式三种。

1. 箱体式集成配置

箱体式集成配置是按系统需要设计出专用的箱体，将标准元件用螺钉固定在箱体上，元件之间的油路由做在箱体上的孔道来接通（图9.6-2）。

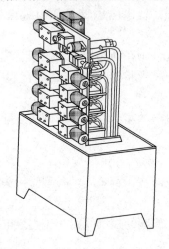

图9.6-1 极压元件的板式配置

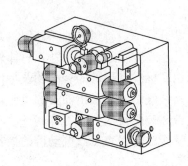

图9.6-2 液压元件的箱体式集成配置

2. 集成块式集成配置

集成块式集成配置是根据典型液压系统的各种基本回路做成通用化的集成块，用它们来拼搭出各种液压系统。集成块的上下两面为块与块之间的连接面，四周除一面安装管接头通向执行部件外，其余都供固定标准元件之用，一个系统所需集成块的数目视其复杂程度而定（图9.6-3）。

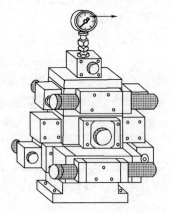

图9.6-3 液压件的集成块式集成配置

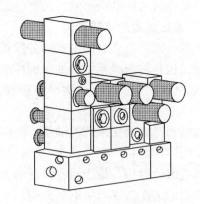

图9.6-4 液压元件的叠加阀式集成配置

3. 叠加阀式集成配置

叠加阀式集成配置是采用标准化的液压元件或零件（阀体都做成标准尺寸的长方形）通过螺钉将阀体叠接在一起，组成一个系统（图9.6-4）。

集成式配置节省了大量的油管和管接头，结构紧凑，体积小，可根据具体需要配置在机器的最方便地方。

9.6.3　管路连接方式

液压装置中管路连接方式有无管连接和有管连接两种。

用油管和管接头与元件直接连接就是有管连接，它在目前已经很少使用。

无管连接是将元件固定在连接板上。根据油路要求，在连接板上用机械加工或精密铸造制出孔道。

9.7　液压传动系统设计示例之一

某厂要设计制造一台双头车床，加工压缩机拖车上一根长轴两端的轴颈。由于零件较长，拟采用零件固定，刀具旋转和进给的加工方式。其加工动作循环是快进—工进—快退—停止。同时要求各个车削头能单独调整。其最大切削力在导轨中心线方向估计为 12 000N，所要移动的总重量估计为 15 000N，工作进给要求能在 20～1200mm/min 范围内进行无级调速，快速进退速度一致，为 4m/min，试设计该液压传动系统。图 9.7-1 为该机床外形示意图。

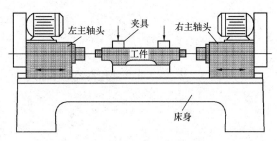

图 9.7-1　双头车床外形示意图

9.7.1　确定对液压系统的工作要求

根据加工要求，刀具旋转由机械传动来实现；主轴头沿导轨中心线方向的"快进—工进—快退—停止"工作循环拟采用液压传动方式来实现。故决定选用液压缸作执行机构。

考虑到车削进给系统传动功率不大，且要求低速稳定性好，粗加工时负载有较大变化，故拟选用调速阀、变量泵组成的容积节流调速方式。

为了自动实现上述工作循环，并保证零件一定的加工长度（该长度并无过高的精度要求），拟采用行程开关及电磁换向阀，以控制顺序动作。

9.7.2　拟定液压系统工作原理图

该系统同时驱动两个车削头，且动作循环完全相同。

为了保证快速进退速度相等，并减小液压泵流量规格，拟选用差动连接回路。

在行程控制中，由快进转工进时，采用机动滑阀，使速度转换平稳，且安全可靠。工进终了时，压下电器行程开关返回。快退到终点，压下电器行程开关，运动停止。

快进转工进后，因系统压力升高，遥控顺序阀打开，回油经背压阀回油箱，系统不再差动连接。此处放置背压阀使工进时运动平稳，且因系统压力升高，变量泵自动减少输出流量。

两个车削头可分别进行调节。要调整一个时，另一个应停止（即三位五通阀处于中位即可）。分别调节两个调速阀，可得不同进给速度；同时，还可使两车削头有较高的同步精度。

9.7.3　计算和选择液压元件

1. 液压缸的计算

（1）计算液压缸的总机械载荷 F。根据机构的工作情况，液压缸受力如图 9.7-3 所示。

$$F = F_{工} + F_{惯} + F_{封} + F_{摩} + F_{回} \tag{9-19}$$

式中：$F_\text{工}$ 为按题目给定为 12 000（N）；$F_\text{惯}$ 为活塞上所受惯性力，按下式计算

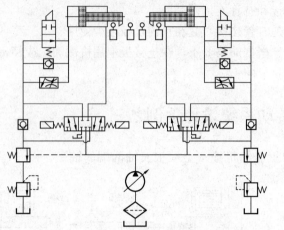

图 9.7-2　双头车床液压系统工作原理图

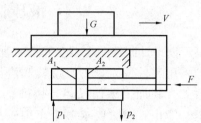

图 9.7-3　液压缸受力示意图

$$F_\text{惯} = \frac{G}{g} \cdot \frac{\Delta v}{\Delta t} \quad \text{（N）} \tag{9-20}$$

式中：G 为液压缸所要移动的总重量，题意给定为 15 000N；g 为重力加速度，$g = 9.81 \text{m/}$ s^2；Δv 为速度变化量，按题意知，工进时，$\Delta v = 1.2 \text{m/min} = 0.02 \text{m/s}$；$\Delta t$ 为起动或制动时间，一般为 $0.01 \sim 0.5\text{s}$，因移动较重的重物，取 $\Delta t = 0.2\text{s}$。

将上述各值代入式（9-20）

$$F_\text{惯} = \frac{G}{g} \cdot \frac{\Delta v}{\Delta t} = \frac{15\ 000\text{N}}{9.81 \text{m/s}^2} \times \frac{0.02 \text{m/s}}{0.2 \text{s}} = 153\text{N}$$

式（9-19）中 $F_\text{封}$ 为密封阻力，且

$$F_\text{封} = \Delta p_\text{摩} \cdot A_1 \quad \text{（N）} \tag{9-21}$$

式中：$\Delta p_\text{摩}$ 为克服液压缸密封件摩擦阻力所须空载压力（Pa），如该液压缸选"Y"形密封圈，设液压缸工作压力 $p < 160 \times 10^5 \text{Pa}$，由手册查得 $\Delta p_\text{摩} < 3 \times 10^5 \text{Pa}$，取 $\Delta p_\text{摩} = 2 \times 10^5 \text{Pa}$；$A_1$ 为进油工作腔有效面积（m²），此值属未定数值，初估为 80（cm²）。

启动时：$\qquad\qquad F_\text{封} = 2 \times 10^5 \times 0.008 = 1600\text{N}$

运动时：$\qquad\qquad F_\text{封} = 2 \times 10^5 \times 0.008 \times 50\% = 800\text{N}$

式（9-19）中 $F_\text{摩}$ 为导轨摩擦阻力。若该机床材料选用铸铁对铸铁，其结构受力情况如图 9.7-4，那么

$$F_\text{摩} = \left(\frac{G + F_z}{2} \right) \cdot f + \left(\frac{G + F_z}{2} \right) \cdot \frac{f}{\sin \frac{\alpha}{2}} \tag{9-22}$$

式中：G 为移动的总重量（N），$G = 15\ 000\text{N}$；F_z 为切削力在导轨垂直方向的分力，按切削原理介绍，一般 $F_z : F_y : F_x = 1 : 0.4 : 0.3$，本题给定 $F_x = 12\ 000\text{N}$，则 $F_z = \frac{12\ 000}{0.3}\text{N} = $ 4000N；f 为摩擦系数，按手册选 $f = 0.1$；α 为 V 形导轨夹角，$\alpha = 90°$。

将各值代入式（9-22）得

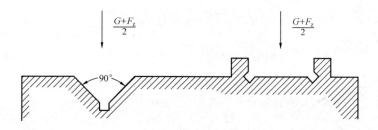

图 9.7-4　导轨结构受力示意图

$$F_{摩} = \left(\frac{G+F_z}{2}\right) \cdot f + \left(\frac{G+F_z}{2}\right) \cdot \frac{f}{\sin\frac{\alpha}{2}}$$

$$= \left(\frac{15\,000 + 40\,000}{2}\right) \times 0.01\text{N} + \left(\frac{15\,000 + 40\,000}{2}\right) \times \frac{0.01}{\sin 45°}\text{N} = 6640\text{N}$$

式（9-19）中 $F_{回}$ 为因回油有背压造成的阻力，即

$$F_{回} = p_{出} \cdot A_2 \tag{9-23}$$

式中：$p_{出}$ 为回油背压，一般为 $3 \times 10^5 \sim 5 \times 10^5$ Pa，取 $p_{出} = 3 \times 10^5$ Pa；A_2 为有杆腔活塞面积，考虑两边差动比为 2，已初估 $A_1 = 80\text{cm}^2$，故 $A_2 = 40\text{cm}^2$。

将各值代入式（9-23）得

$$F_{回} = p_{出} \cdot A_2 = 3 \times 10^5 \times 0.004\text{N} = 1200\text{N}$$

分析液压缸各工作阶段中受力情况，得知在工进阶段受力最大，作用在活塞上的总机械载荷 F 为

$$F = F_工 + F_惯 + F_封 + F_摩 + F_回 = 12\,000\text{N} + 153\text{N} + 800\text{N} + 6640\text{N} + 1200\text{N} = 20\,793\text{N}$$

（2）确定液压缸的结构尺寸和工作压力。一般按手册经验数据，先确定系统工作压力。工作压力取 $p_工 = 3 \times 10^6$ Pa，则液压缸工作腔有效工作面积

$$A_1 = \frac{F}{p_2} = \frac{20\,793}{30 \times 10^5}\text{m}^2 = 0.006\,93\text{m}^2 = 69.3\text{cm}^2$$

活塞直径

$$D = \sqrt{\frac{4A_1}{\pi}} = \sqrt{\frac{4 \times 69.3}{\pi}}\text{cm} = 9.4\text{cm} = 9.4\text{cm}$$

因选差动比为 1：2，所以活塞杆直径

$$d = 0.7D = 0.7 \times 94 = 65.8\text{mm}$$

取标准直径 $d = 63\text{mm}, D = 90\text{mm}$，则工作压力 $p_工 = \dfrac{20\,793}{\frac{\pi}{4} \times 0.09^2}\text{Pa} = 3.27 \times 10^6$ Pa，

今取 $p_工 = 3.3 \times 10^6$ Pa。

由于左右两个切削头工作时需作低速进给运动，故在确定液压缸活塞面积 A_1 之后，还必须按最低进给速度验算液压缸尺寸，即应保证液压缸有效工作面积 A_1 为

$$A_1 \geqslant \frac{Q_{min}}{v_{min}} \quad (\text{cm}^2)$$

式中：Q_{min} 为流量阀最小稳定流量，在此取调速阀最小稳定流量为 50mL/min；v_{min} 为活塞最低进给速度，本题给定为 20mm/min；A_1 为液压缸有效工作面积，根据上面计算值，得

$$A_1 = \frac{\pi}{4} D^2 = \frac{\pi}{4} \times 9^2 \, \text{cm}^2 = 63.59 \text{cm}^2$$

又
$$\frac{Q_{\min}}{v_{\min}} = \frac{50}{2} \text{cm}^2 = 25 \text{cm}^2$$

所以 $A_1 > \dfrac{Q_{\min}}{v_{\min}}$，验算说明能满足活塞最小稳定速度要求。

2. 液压泵的计算

(1) 确定液压泵的实际工作压力 p_B

$$p_B = p_{\text{工}} + \Delta p_{\text{总}} \tag{9-24}$$

式中：$p_{\text{工}}$ 为前已选定为 $33 \times 10^6 \text{Pa}$；$\Delta p_{\text{总}}$ 为 $\Delta p_{\text{沿程}} + \Delta p_{\text{局部}}$ 之和，对于进油路采用调速阀的系统，$\Delta p_{\text{总}}$ 可粗估为 $(5 \sim 15) \times 10^5 \text{Pa}$，取为 $1 \times 10^6 \text{Pa}$。

因此，可确定液压泵的实际工作压力 p_B 为

$$p_B = 3.3 \times 10^6 \text{Pa} + 1 \times 10^6 \text{Pa} = 4.3 \times 10^6 \text{Pa}$$

(2) 确定液压泵的流量

$$Q_B = K \cdot Q_{\max}$$

式中：K 为泄漏系数，取 1.1；$Q_{\max}$ 为左右两个切削头快进时，所需最大流量之和，且

$$Q_{\max} = 2 \times A_{\text{差动}} \cdot v_{\text{快}} = 2 \times \frac{\pi}{4} \times 6.3^2 \times 400 \text{L/min} = 25 \text{L/min}$$

代入上式得 $Q_B = 1.1 \times 25 \text{L/min} = 27.5 \text{L/min}$。

按压力为 $43 \times 10^5 \text{Pa}$，流量为 27.5L/min，又要求变量，可选择 YBN-40M-JB 液压泵。

(3) 确定液压泵电机的功率。因为该系统选用变量泵，故应分别算出快速空载时所需功率与最大工进时所功率。按最大所需功率选取电机功率。

1) 最大工进时所需功率

$$P_1 = 2 \times \frac{p_B \cdot Q_{1\max}}{6 \times 10^7 \cdot \eta} \tag{9-25}$$

式中：$Q_{1\max}$ 为一个液压缸最大工进速度下所需流量，且

$$Q_{1\max} = \frac{\pi}{4} D^2 \cdot v_{2\max} = \frac{\pi}{4} \times 9^2 \times 120 \text{L/min} = 7.6 \text{L/min}$$

p_B 为液压泵实际工作压力，$4.3 \times 10^6 \text{Pa}$；$\eta$ 为液压泵总效率，取 $\eta = 0.8$。

将数代入式 (9-25) 得

$$P_1 = 2 \times \frac{4.3 \times 10^6 \times 7.6}{6 \times 10^7 \times 0.8} \text{kW} = 1.36 \text{kW}$$

2) 空载快速时所需功率。空载快速时

$$F_{\text{空载}} = F_{\text{惯}} + F_{\text{封}} + F_{\text{摩}} \tag{9-26}$$

式中
$$F_{\text{惯}} = \frac{G}{g} \cdot \left(\frac{\Delta v}{\Delta t} \right) = \frac{15\,000}{9.81} \times \frac{4/60}{0.2} \text{N} = 510 \text{N}$$

$$F_{\text{封}} = 2 \times 10^5 \times \frac{\pi}{4} \times 0.063^2 \times 50\% \text{N} = 155 \text{N}$$

$$F_{\text{摩}} = \frac{G}{2} \cdot f + \frac{G}{2} \cdot \frac{f}{\sin \frac{\alpha}{2}} = \frac{15\,000}{2} \times 0.1 \text{N} + \frac{15\,000}{2} \times \frac{0.1}{\sin 45°} \text{N} = 1800 \text{N}$$

所以 $F_{空载} = 510\text{N} + 155\text{N} + 1800\text{N} = 2465\text{N}$。

空载快速时，取 $\Delta p_{总}$ 为 $5 \times 10^5\text{Pa}$，可得空载快速时液压泵输出压力 p_B 为

$$p_\text{B} = \frac{F_{空载}}{A_{差动}} + \Delta p_{总} = \frac{2465}{\frac{\pi}{4} \times 0.063^2}\text{Pa} + 5 \times 10^5\text{Pa} = 12.9 \times 10^5\text{Pa}$$

前已求出，液压泵的最大流量 $Q_\text{B} = 27.5\text{L/min}$。

所以空载快速功率 $P_{空}$ 为

$$P_{空} = \frac{p_\text{B} \cdot Q_\text{B}}{6 \times 10^7 \times 0.8} = \frac{1.29 \times 10^6 \times 27.5}{6 \times 10^7 \times 0.8}\text{kW} = 0.74\text{kW}$$

故应按最大工进时所需功率选取电机。

3. 选择控制元件

控制元件的规格应根据系统最高工作压力和通过该阀的最大流量，在标准元件的产品样本中选取。

方向阀：按 $p = 4.3 \times 10^6\text{Pa}, Q = 12.5\text{L/min}$，选 35D－25B（滑阀机能 O 型）。

单向阀：按 $p = 1.29 \times 10^6\text{Pa}, Q = 25\text{L/min}$，选 I－25B。

调速阀：按工进最大流量 $Q = 7.6\text{L/min}$，工作压力 $p = 4.3 \times 10^6\text{Pa}$，选 Q－10B。

背压阀：调至 $3 \times 10^5\text{Pa}$，流量为 7.6L/min，选 B－10。

顺序阀：调至大于 $1.29 \times 10^6\text{Pa}$，保证快进时不打开，$Q = 7.6\text{L/min}$，选 X－B10B。

行程阀：按 $p = 1.29 \times 10^6\text{Pa}, Q = 12.5\text{L/min}$，选 22C－25B。

4. 油管及其他辅助装置的选择

（1）查 GB/T 3639—2009 钢管公称通径、外径、壁厚、连接螺纹及推荐流量表（或计算）。在泵之后按流量 27.5L/min，查表取通径为 $\phi10$；在泵之前稍粗些，选 $\phi12$；其余油管按流量 12.5L/min，查表取通径为 $\phi8$。

（2）确定油箱容量。一般取泵流量的 3～5 倍，本题取 4 倍，其有效容积 $V = 4 \times Q_{泵} = 4 \times 30\text{L} = 120\text{L}$。

9.7.4　液压系统性能的验算

在绘制液压系统装配管路图后，可进行压力损失验算。由于该液压系统较简单，该项验算从略。

由于本系统的功率小，又采用限压式变量泵，效率高，发热少，所取油箱容量又较大，故不必进行系统温升的验算。

9.8　液压传动系统设计示例之二

本节以 1t 内燃叉车的液压系统为例，说明工程机械液压系统设计的基本过程。

1t 内燃叉车的工作机构液压系统执行元件包括：1 对起升液压缸，负责货叉的起升和下降；1 对倾斜液压缸，驱动叉车门架的前倾和后仰。其主要技术指标如下：

额定载荷：1000kg

最大起升高度：3000mm

最大起升速度：空载 620mm/s，满载 580mm/s

门架倾角：前6℃，后12℃

9.8.1　负载分析

按图 9.8-1 计算液压缸的最大负载。

1. 起升液压缸的最大推力计算

$$F_j = (G + F_{fs} + F_a)(1 + f_m)$$

式中：F_j 为起升液压缸推力；G 为起升液压缸起升重量，等于货物重量 G_0、货叉重量 G_1 之和；F_{fs} 为起升液压缸静摩擦阻力；F_a 为起升液压缸动摩擦阻力；f_m 为液压缸密封阻力系数。

2. 倾斜液压缸的最大推力计算

$$F_q = (G_1 I_{fg}/I_{fq} + F_{fsq} + F_{aq})(1 + f_m)$$

式中：F_q 为倾斜液压缸推力；G_1 为起升液压缸总工作负载，等于货物重量 G_0、货叉重量 G_1 和门架重量 G_2 之和；F_{fsq} 为起升液压缸静摩擦阻力；F_{aq} 为起升液压缸动摩擦阻力。

9.8.2　液压缸主要参数的确定

1. 初选液压缸的工作压力　1t 叉车属小型起重运输机械，可初选液压缸的工作压力为 $p = 12\text{MPa}$。

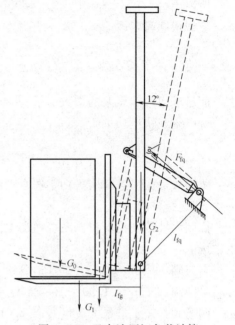

图 9.8-1　叉车液压缸负载计算

2. 计算液压缸的尺寸　按负载和初选的液压缸工作压力，测算起升缸和倾斜缸的尺寸。

$$A_j = \frac{F_j}{p}$$

$$D_j = \sqrt{\frac{4A_j}{\pi}}$$

式中：A_j 为起升液压缸活塞面积；D_j 为起升液压缸缸径。

$$A_q = \frac{F_q}{p}$$

$$D_q = \sqrt{\frac{4A_q}{\pi}}$$

式中：A_q 为起升液压缸活塞面积；D_q 为起升液压缸缸径。

一般叉车起升液压缸选用单作用活塞液压缸，因此确定起升液压缸缸径后，根据液压缸尺寸系列选定合适的活塞杆直径即可。倾斜液压缸选用双作用液压缸，确定其活塞杆直径时，应考虑满足门架前倾时的负载力要求。最后还要对两个液压缸的活塞杆进行稳定性校核，具体计算方法见第 4 章液压缸的相关内容。

3. 求液压缸的最大工作压力和流量　按实际确定的液压缸尺寸，重新计算液压缸的最大工作压力和流量。

9.8.3　拟定液压系统工作原理图

对于叉车液压系统工作原理图的拟定，主要考虑以下几方面的问题：

（1）不同执行元件之间的连接关系。叉车起升液压缸和倾斜液压缸既可以单独动作，也可以同时动作，一般采用并联式连接关系，使用叉车常用的手动多路阀实现两组液压缸的集中控制。

（2）对于采用全液压转向的内燃叉车，液压转向系统一般和工作机构共用一个液压泵供油，为保证叉车安全行驶的需要，应优先保证液压转向器的供油，要在多路阀中集成单稳分流阀。

（3）为了防止起升液压缸在负重下降时速度过快，还应在起升液压缸油路上设置下降限速阀（单向节流阀）。

（4）另外，还要考虑液压泵的卸荷、成对液压缸的同步问题等。

图 9.8-2 为拟定的 1t 叉车液压系统原理图。

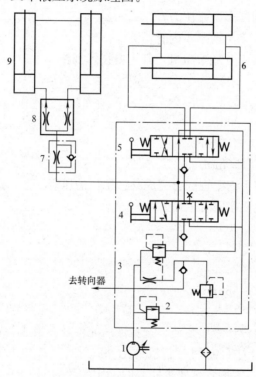

图 9.8-2 拟定的液压系统原理图

1—高压齿轮泵；2—安全阀；3—单稳分流阀；4—起升操纵阀；5—倾斜操纵阀；6—倾斜液压缸；

7—下降限速阀；8—分流集流阀；9—起升液压缸

9.8.4 计算和选择液压元件

1. 确定液压泵的型号 液压缸的最大工作压力为 p，由于系统比较简单，所以取其压力损失 $\sum \Delta p = 0.4$MPa，所以液压泵的工作压力为

$$p_p = p + \sum \Delta p$$

根据两对液压缸同时工作时的总流量，并考虑转向油路所需流量，再加上 10% 的泄漏量，确定液压泵的输出流量。

根据以上结果，查产品目录，选择液压泵的型号。

2. 选定液压阀及辅助元件 根据系统的工作压力和通过各液压阀与辅助元件的流量，可选出这些元件的型号。

9.8.5 液压系统性能的验算

液压系统性能的验算包括两方面的内容。一是根据最终确定的元件规格、管路的规格尺寸和安装布置等计算系统实际压力损失与设计过程中所设的压力损失值比较，并确定系统中压力阀的设定压力。二是验算系统的发热与温升。验算过程在此省略。

思 考 与 练 习 9

1. 液压传动系统设计的步骤主要有哪些？
2. 如何选择执行元件的工作压力？
3. 如何确定液压泵的最高工作压力？
4. 液压系统的性能验算包括哪些内容？
5. 设计一台300吨四柱万能液压机，其主要技术规格如下：

公称力：　　　　　　300T
上滑板回程力：　　　40T
上压块最大行程：　　800mm
上滑块压制速度：　　6.8mm/s
上滑块回程速度：　　52mm/s

为便于取出工件或与主液压缸配合完成某型工件的压制工艺，需在工作台中心孔内设置一顶出缸，它与主液压缸不能同时工作。

顶出缸最大顶出力：　30T
顶出缸回程力：　　　15T
顶出缸最大行程：　　250mm
顶出缸顶出速度：　　65mm/s
顶出缸回程速度：　　138mm/s

试根据主要技术规格设计液压系统、选择液压元件及其液压装置。

6. 某电热器厂要设计一台专用弯管机如图9-1所示，被加工零件的规格为$\phi12\sim\phi20$，材料为10号钢、不锈钢、紫铜管。要求完成的工作循环为快进→工进→快退→停止，且运动平稳。重复运动精度保证在±0.03mm以内。根据实测确定最大推力为1.5t，快进快退速度为3m/min，工进速度为1.5m/min，快进行程为0.1m，工进行程为0.15m，每班加工800根管子，试设计该机液压传动系统。

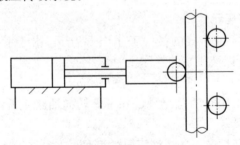

图9-1　题6图

第10章　液压传动系统的安装、使用和维护

10.1　液压传动系统的安装、清洗和试压运转

随着液压技术的发展和推广应用，工程机械液压装置在整个机械设备中所占的比重越来越大，不仅对设计制造性能优良的液压设备提出了更高的要求，而且对液压系统安装与调试质量的好坏也提出了更高的要求。液压系统的安装调试，一般包括以下程序：

（1）预安装：弯管、油管和元件组对、点焊接头、整体管路定位。

（2）第一次清洗（分解清洗）：酸洗回路、清洗油箱和各类元件等。

（3）第一次安装：连成清洗回路及系统。

（4）第二次清洗（系统清洗）：用清洗油清洗管路。

（5）第二次安装：组成正式系统。

（6）调整试车：加入实际工作用油，进行整机及系统试车。

10.1.1　液压系统的安装

液压系统的安装有预安装、第一次安装和第二次安装三道程序。

1. 液压管道的安装　液压管道是连接液压泵、各种液压阀和执行机构的通道。管道的选择是否合理，安装是否正确，清洗是否干净对液压系统的工作性能影响很大。

（1）管道的检查。为保证液压管道具有足够的耐压强度，在输送压力油过程中压力损失小，安装使用方便，要求管道必须内壁光滑清洁、无砂眼、无锈蚀、无氧化皮。

检查管道时，若发现有腐蚀或明显变色、有割口、有小孔、有深度超过管道直径20%的凹陷或深度超过管壁厚10%的裂痕等情况均不能使用。

检查经加工弯曲的管道时，应注意其弯曲曲率不能太大。例如钢管热弯曲半径不能小于3倍管直径，钢管热弯曲半径不能小于6倍管直径。

（2）管道的安装。要注意以下问题：

1）吸油管不应漏气，各接头要紧牢和密封好。如在接头处涂以密封胶，可提高吸油管的密封性。

2）吸油管道上应设置过滤器，过滤精度为0.1～0.2mm，通油能力应至少相当于泵额定流量的2倍。

3）吸油管阻力过大造成空穴现象，一般泵的吸油高度应不大于0.5m，具体安装时可按照泵的说明书进行。

4）回油管应插入油箱的油面以下，防止泡沫产生和混入空气。

5）系统泄漏油路不应有背压，应单独回油箱，如电磁换向阀内的泄漏油路，必须设回油管，这样可以防止泄漏回油时产生背压力，避免阻碍阀芯运动。

6）溢流阀回油口不得直接与泵入口相连，否则会使泵的温度上升很快。

7）管线应尽可能短且平直，减少油液流动阻力。

8) 压油管道之间应保持 10mm 以上的空隙，以防止干扰和振动。

9) 全部管路应进行两次安装，第一次试装完成后，拆下管道，用 20％的 H_2SO_4 或 HCl 进行酸洗，再用 10％的苏打水中和、用温水清洗、干燥后涂油进行二次安装。第二次正式安装时，管内注意不得有砂子、氧化皮等杂物。

2. 液压阀的安装

（1）阀类元件的安装方法和具体要求，要按照产品说明书中的要求进行。

（2）液压元件安装前，可用煤油清洗，自制重要元件应进行密封和耐压试验，对于正规的合格产品无须拆卸清洗，也不用另做任何试验。

（3）安装各种阀时，应注意进油口与回油口的具体方向，一般方向控制阀应保证轴线水平安装。

（4）板式元件安装时，要检查进出油口处的密封圈是否合乎要求，安装前密封圈应突出安装平面，保证安装后有一定的压缩量，以防泄漏。固定螺钉的拧紧力要均匀，使元件的安装平面与元件底板平面能很好地接触。

3. 液压泵的安装　液压泵布置在单独油箱上时，有两种安装方式：立式安装和卧式安装。立式安装，管道和泵等均在油箱内部，便于收集漏油，外形整齐，且噪声较小；卧式安装，管道露在外面，安装和维修比较方便。

（1）液压泵的基础、法兰和支座都必须有足够的刚度，以免液压泵运转时产生振动和噪声。

（2）液压泵传动机构要求具有较高的同心度，常采用弹性联轴节，同轴度偏差应小于 0.1mm，一般不允许用三角传动带直接带动液压泵传动轴转动，以防止径向力过大。在安装联轴节时，不要用榔头敲打泵轴，以免损伤泵的转子。

（3）泵的进油口、出油口和旋转方向等不得接反。

（4）各类泵的吸油高度应不大于 500mm。

4. 液压缸的安装

（1）安装前，必须仔细检查轴端、孔端等处的加工质量及倒角并清除毛刺。

（2）安装面与活塞的滑动面，应保持一定的平行度和垂直度。

（3）液压缸中心线应与负载力的作用线同心，以避免引起侧向力，其不平行度一般不大于 0.05mm/m。

（4）活塞杆端销孔应与耳环销孔（或耳轴）方向一致。

（5）在行程较大、环境温度较高的场合，液压缸只能一端固定，另一端保持自由伸缩状态，以防热膨胀而引起缸体变形。应在缸体和活塞杆中部设置支承，以防由自重产生的向下挠曲现象。

（6）液压缸的密封圈不要装得太紧，否则活塞杆运动阻力将增大。

5. 辅助元件的安装　液压系统辅助元件的安装同样丝毫不能忽视，否则也会严重影响液压系统的正常工作。

（1）应严格按照设计要求的位置进行安装并注意整齐、美观。

（2）安装前应用煤油进行清洗、检查。

（3）在符合设计要求情况下，尽可能考虑使用与维修方便。

10.1.2　液压系统的清洗和试运转

1. 液压系统的清洗　液压系统在制造、试验、使用和储存中都会受到污染。而清洗是消除污染，使液压油、液压元件和管道等保持清洁的重要手段。清洗包括两道程序。

（1）第一次清洗——分解清洗。第一次清洗是在预安装完成后将管路全部拆下解体进行的，主要是酸洗管路、清洗油箱及各类元件。

1）脱脂清洗。去掉油管上的毛刺，用氢氧化钠脱脂后，用温水清洗。

2）酸洗。用体积浓度为 20％左右的盐酸或硫酸溶液（温度为 40～60℃）浸泡清洗 30min 左右，再用温水清洗。

3）中和。在用体积浓度为 10％左右的苛性钠溶液（温度为 30～40℃）浸泡清洗 15min 左右，再用温水清洗。

4）防锈处理。在清洁干燥的空气中干燥后，涂防锈油。

（2）第二次清洗——系统冲洗。在第一次清洗后安装成清洗回路后进行的系统内部循环冲洗。

清洗介质可用液压油，清洗时间一般为 2～4h，清洗效果以回路滤网上无杂质为标准。清洗要注意以下问题：

1）一般液压系统清洗时，多采用工作用的液压油或试车油。但是，不能用煤油、汽油、酒精、蒸汽或其他液体，防止液压元件、管路、油箱和密封件腐蚀。

2）清洗过程中，液压泵运转和清洗介质加热同时进行。清洗油液的温度为 50～80℃时，系统内的橡胶渣容易除掉的。

3）清洗过程中，可用非金属锤棒敲击油管，以利于清除管路内的附着物。

4）液压泵间歇运转有利于提高清洗效果，间歇时间一般为 10～30min。

5）在清洗油路的回油路上，应装过滤器或滤网。刚开始清洗时，因杂质较多，可采用 80 目滤网，清洗后期改用 150 目以上的滤网。

6）为了防止外界湿气引起锈蚀，清洗结束时，液压泵还要继续运转，直到温度恢复正常为止。

7）清洗后要将回路内的清洗油排除干净。

2. 液压系统的试压 试压的目的主要是检查系统、元件的漏油情况和耐压强度。系统试压一般采取分级试验，每升一级，检查一次，逐步升到规定的试验压力。试验压力应为系统常用压力的 1.5～2 倍。试压时，还应注意以下事项：

（1）系统安全阀应调到所选定的试验压力值。

（2）在向系统送油时，应将系统放气阀打开，将其空气排除干净后方可关闭。同时打开节流阀。

（3）系统中出现不正常声响时，应立即停止试验，待查出原因并排除后，在继续试验。

（4）试验时，要切实注意安全措施。

3. 液压系统的调试 工程机械设备的安装、检验合格之后，必须进行调整试车，使设备在正常运转状态下能够满足生产工艺对设备提出的各项要求，并达到设备设计的最大工作能力。液压系统的调试应按以下步骤进行：

（1）外观检查。检查各个液压元件的安装及连接是否正确、可靠；油箱中的油液液面高度是否符合要求。

（2）加油、润滑。按设计要求，加注规定牌号的润滑油（脂）。向液压泵注油，并用手按指定方向转动液压泵，使泵内充满液压油，避免泵起动时因缺油出现烧伤或咬死。

（3）空负载试车。在不带负载运转的条件下，全面检查液压系统的各液压元件及系统各回路工作是否正常。首先间歇性起动液压泵，使整个滑动部分充分润滑，并观察运转是否正常，有无刺耳的噪声，油箱中液面是否有过多的泡沫，液面高度是否在规定范围内。使液压缸或液压马达多次往复运转，打开系统排气阀排气。固定执行元件，慢慢调节溢流阀至规定压力值，检查调节过程中有无异常现象。空载运转一定时间后，检查油箱液面，必要时补油。检查 30min 温升，是否在规定范围内（一般工作油温为 35～60℃）。

（4）负载试车。使液压系统在设计预定的负载下工作，检查系统能否实现预定工作要求，检查噪声和振动是否在允许范围内，检查工作部件运行的平稳性及温升情况。负载试车一般先在较低负载下进行，如果一切正常，才进行最大负载试车，以避免发生事故。

10.2　液压系统的使用和维护

10.2.1　日常使用和维护

液压系统的维护对液压系统的性能、效率和寿命都有很大的影响。工程机械液压系统的日常维护包括以下几项主要内容：

（1）清理整个液压系统外表面的尘土，并同时重点检查接头、元件结合面等处有没有泄漏情况。管接头松动应重新拧紧，但不能拧得过紧。由于拧得过紧会引起变形，反而使泄漏增加。

（2）经常检查油箱中油位，液面应在油标尺上限位置附近，油液不足应及时注油。液压油的选择一般有两个原则：一是要选用液压油，决不能选用机械油代替；二是工作环境温度高时选用高牌号液压油，工作环境温度低时选用低牌号液压油或防冻液压油。并且应尽量避免两种不同牌号液压油混用。

（3）要定期检查液压油的污染情况。检查时可将玻璃管插入油箱底部取样，滴在过滤纸上，若呈黄色环状图形，即表明液压油轻度污染，可暂不考虑换油；若呈深黑色点状图形，即表明液压油重度污染，应立即更换新液压油。

（4）检查吸油滤网，是否有堵塞情况。可在泵起动后根据泵的噪声来判断。

（5）运行后检查油箱内油液是否有变白的情况。若有，说明其中含有大量气泡，应设法查明原因。

（6）运行后用手摸油箱侧面，确定油温是否正常（通常应在 60℃ 以下）。若油温过高，应设法查明原因。

（7）开车前检查系统上各调整手柄，手轮是否被无关人员动过。电气开关和行程开关的位置是否正常，主机上工具的安装是否正确和牢固，再对导轨和活塞杆的外露部分进行擦拭，而后才可开车。

10.2.2　液压系统的换油工艺

液压系统的油液需要定时或视情更换。一般对于新投入的液压设备，使用 3 个月左右即应清洗油箱，更换新油。以后每隔半年至 1 年进行清洗和换油一次。换油工艺包括以下几个步骤：

（1）第一次清洗。清洗的目的在于除去工作油劣化时的生成物、锈垢及沉积于油箱的异物等。换油时将油箱底部的螺塞打开，将油排放干净。拆下油箱的清洗盖，将油箱内部壁面用汽油或煤油擦洗干净，注意要用聚氨脂海绵不要用棉布擦洗。取下油箱中的滤油器，将其浸泡在煤油中，若有可能最好能泡一夜。

（2）第二次清洗。液压系统中残留油液中含有不少脏物，必要时可以用注油冲洗方法清洗掉。冲洗时将足够的清洗油液注入油箱，并稍高于最低油位，以便系统安全运转。将油液加热至 $50\sim60℃$，冲洗压力 $0.1\sim0.2MPa$，在泵的进油口安装 $50\sim100\mu m$ 的粗滤油器，回油口安装 $10\sim50\mu m$ 的精滤油器，然后使清洗油在整系统内循环 $8\sim24h$，开始时每隔半小时拆开滤油器进行清扫，并逐步更换较细滤芯和延长清洗时间间隔。一边冲洗一边用木锤轻轻敲击。冲洗终了后，趁热将清洗油从油箱中完全排出。

（3）加注新油。为保证油液的清洁，加油时必须过滤。加油至油箱油标尺上限位置附近后，开动液压泵，将油输入系统，再向油箱补充油液，如此反复进行，直至油箱内油液保持在油标尺上限位置附近为止。

10.3　液压传动系统常见故障与排除方法

液压系统故障诊断与排除与一般机械系统有很大不同。一般机械系统发生故障时，故障部位基本上是能确定的。而液压系统发生故障时，故障部位往往是不易查找的，相同的故障现象可能有多个不同的故障原因，同一个故障原因又可能导致是多种故障现象。由于液压系统故障的隐蔽性和复杂性，发生故障时需要专门的方法加以诊断和排除。

10.3.1　液压故障诊断的一般方法

液压故障诊断，是对机械设备液压系统的运行状态进行判断是正常或非正常，是否发生了液压故障，并且当液压系统发生故障之后，确定液压设备发生故障的部位及产生故障的性质和原因。

液压故障诊断的内容包括对机械设备液压系统状态监测、识别和预测三个方面，液压故障诊断的准确度是靠被诊断的对象所提供的一切信息来达到的，即通过被诊断对象所提供的一切信息，经过分析处理获得能用于识别液压设备运行状态的特征参数，最后得出正确的结论。

液压故障诊断手段包括简易诊断手段和精密诊断手段。简易诊断手段有觉检法、系统图分析检测法、故障树分析法等；精密诊断手段有油液分析法、振动声学法、超声检测法、计算机辅助诊断法等。以下介绍几种常用的简易诊断方法。

1. 觉检法　所谓"觉检法"，就是检修人员利用人体的感官直接感知液压系统的运行状态，分析判断故障产生的部位和原因，从而决定排除故障的方法措施。主要手段包括：

（1）触觉—根据触觉来判断油温的高低（元件及其管道）和振动的大小。

（2）视觉—利用视觉观察是否存在机构运动无力、运动不稳定、泄漏、油液变色以及管路损伤和松动等现象。

（3）听觉—通过听觉，根据液压泵和液压马达的异常声响、溢流阀的尖叫声及油管的振动等来判断噪声和振动的大小。

（4）嗅觉—通过嗅觉，判断油液变质和液压泵发热烧结等故障。

检修人员通过感官对以上液压系统各个部位的状态进行感知，然后利用经验对系统是否存在故障及故障的部位和原因进行分析。觉检法简单、实用，但前提是要求使用者对于对象系统的结构、原理非常熟悉，而且具备丰富的实践经验。

2. 系统图分析检测法　系统图分析检测法，也称逻辑分析法即根据液压系统的基本原理，结合液压系统原理图进行逻辑分析，减少怀疑对象，逐渐逼近，找出故障发生部位的方法。基本步骤如下：

（1）观察分析液压系统工作不正常情况，一般可归纳为压力、流量和方向三大问题。

（2）审核液压系统图并检查各元件，确定其性能和作用，初步评定其质量状况。

（3）列出与故障有关的元件清单。应当注意，要充分运用判断力，不要漏掉任何一个对故障有重要影响的元件。

（4）对清单中所列出的元件，按其检查的难易程度进行排队，并列出重点检查的元件和部位。

（5）初步检查，应判断元件的选用和装配是否合理；元件的测试方法是否正确；元件的外部信号是否合适，对外部信号是否有响应等；注意元件出现故障的先兆，如高温、噪声、振动和泄漏等。

（6）如果未检查出引起故障的元件，则应用仪器反复检查，直到检查出引起故障的元件。

（7）对发生故障的元件进行修理或更换。

（8）在重新起动设备前要认真思考这次故障的前因和后果，并预测出可能出现故障的隐患，以便采取相应的技术措施。

3. 故障树分析法　故障树分析法是将系统故障形成的原因由总体至部分按树枝状逐渐细化的分析方法，也称经验逻辑法。该方法的核心问题就是建立对象系统的故障树。所谓故障树，是以故障现象为顶事件，以不可再深究的故障原因为底事件，二者之间其他事件作为中间事件，构成的树状故障原因分析图。建立起详细、准确的故障树之后，当故障发生时，就可以根据故障现象直接在故障树上查找原因，使液压系统的故障诊断变得较为简单、易行。

在实践中也经常用到由故障树分析法演变而来的所谓故障穷举法。故障穷举法就是针对某一液压系统故障所进行的归纳和分析，尽可能列举出所有可能的故障现象和原因。穷举法是初学者进行液压系统故障诊断与排除的有力工具。

10.3.2　工程机械液压系统常见故障的原因及排除方法

1. 系统中压力不足或完全无压力

（1）液压泵打不出压力油或打出的油压力不足。其原因可能是泵的转向不对或转速过低，要改正泵的转向或检修传动系统。

（2）液压油油温过高，引起黏度下降，容积效率降低，故压力上不去。要检查冷却系统及油的质量是否符合要求。

（3）溢流阀工作不正常。例如阀内存在脏东西，阀不关闭；先导阀阀座脱落或弹簧折断而失去作用。要对阀进行清洗、更换或修理。

（4）如果液压泵的供油压力能够由溢流阀调节，但液压缸没有足够推力，则可能是由于管路或其中的节流小孔、阀口被污物堵塞，也可能是由于液压缸中密封圈磨损过多，使压油腔和回油腔间泄漏严重所造成，需要检查管路和液压缸的工作情况。

2. 流量太小或完全不流油

（1）泵运转，但无液压油输出（不出油而泵仍照常运转，内部就会因缺乏润滑而烧坏，所以必须立即停止运转，进行处理）。其产生的原因可能是：油箱油面太低，吸油管或吸油滤网堵塞；吸油管密封不好，吸入空气；油的黏度太高，阻力过大。应清洗吸油管及滤网，更换密封圈或更换低黏度液压油。

（2）泵有油输出，但流量不足。这可能是泵内部机构磨损，形成内漏，或者发生气蚀。需更换或修理内部零件，消除气蚀。也可能由于油的黏度过低，以致泵的容积效率太低，需更换适当黏度的油。

（3）泵工作正常，但阀或液压缸等元件漏损太大或工作不良。例如流量调节阀不好调节，工作不正常，应更换上述元件的零件和密封，使之正常工作。

3. 压力波动或流量脉动

（1）油中混入了大量空气，产生空穴和气蚀现象，要停止运转，检查油箱内的泡沫或气泡，更换新油。消除吸油管中的漏气现象。

（2）机械振动引起管路振动。由于传动装置装配不同心而引起振动，管路未加固定管卡引起共振。需调整传动装置和固定管路。

（3）溢流阀工作不稳定产生跳动而引起压力波动和流量波动。阀内脏物堵塞，阀座磨损或调压弹簧损坏等。应清洗阀件，更换零件或换新阀。

4. 严重噪声　噪声是液压系统中的常见故障之一，其产生的原因很多，现只简单介绍常见的几种噪声现象及其排除方法。

（1）吸入侧混入空气。可能是油箱油面过低，应补充加油到规定油面以上。如果是液压泵轴的密封漏气或吸油管接头漏气，则应更换密封圈或接头。

（2）液压泵吸空。可能是吸油过滤器堵塞或管道弯曲太多，内径太小。应清洗过滤器或更换管道。如果是油的黏度太高或油太冷，则需更换油液或加热油液。

（3）液压泵安装不同心，泵零件有磨损或松动。应重新安装、修理或更换新泵。

10.4　工程机械液压系统故障诊断实例

利用故障穷举法对内燃叉车和汽车起重机液压系统故障及其排除方法进行分析。

10.4.1　内燃叉车液压系统故障及其排除方法

1. 起升液压缸工作正常，而方向盘转动异常沉重

故障现象：起升液压缸工作正常，而方向盘转动异常沉重。

故障诊断：

（1）单稳分流阀上的安全阀严重泄漏或卡死在打开位置或弹簧折断。

（2）单稳分流阀阀芯卡死在右端或弹簧折断。

（3）单稳分流阀阀芯径向小孔堵死，使压力油无法进入转向回路。

排除方法：拆检单稳分流阀上的安全阀，疏通小孔，去除毛刺，注意清洁；更换调压弹簧；拆检单稳分流阀，疏通小孔，注意清洁。

2. 方向盘转动时，车轮无法停留，转到极限位置

故障现象：方向盘转动时，车轮无法停留，转到极限位置。

故障诊断：

（1）全液压转向器上的转阀阀芯卡死在左（右）位。

（2）全液压转向器上的转阀对中弹簧片折断。

排除方法：拆检全液压转向器，去除转阀阀芯上的毛刺污物；更换对中弹簧片。

3. 方向盘向右转动时，车体却向左转动

故障现象：方向盘向右转动时，车体却向左转动。

故障诊断：全液压转向器上的A、B口油管接反。

排除方法：将全液压转向器上的A、B口油管倒换过来。

4. 起升货物时发生颤动的故障诊断与排除

故障现象：起升货物时起升速度时断时续并有颤动现象发生。

故障诊断：

（1）起升液压缸内有空气（活塞缸下腔有气）。

（2）起升液压缸在运动过程中摩擦力变化大。

（3）油箱内油液不足。

（4）滤油器堵塞。

（5）温度过低，使油液黏度过大，造成泵的吸空。

（6）油液中含有大量空气泡。

排除方法：首先把货物放在地面上，如果是柱塞起升缸，打开放气螺塞放出气体，直到放出油液为止，拧紧螺塞；如果起升液压缸是活塞缸，则应起升货物后下降到底，再起升下降，经多次反复即可排除空气。检查起升液压缸及其外部连接零件是否有别劲部位，补足油液，清洗滤油器，将叉车置于室内常温下1天以上。

5. 门架下降时发生"跌落"现象的故障诊断与排除

故障现象：叉车叉起货物升高后下降时，货物快速下降，比规定速度快得多。

故障诊断：

（1）下降限速阀卡死在下端位置，使过流面积未减小。

（2）起升缸活塞密封圈老化、磨损，发生严重泄漏。

排除方法：首先应拆检下降限速阀，清除脏物毛刺等。观察起升缸上腔通气塑料管中是否有大量油液回油箱，若有，拆开起升缸，更换密封圈。

6. 门架发生自动前倾的故障诊断及排除

故障现象：倾斜阀手柄处于中位，门架自动前倾。在有货物时，前倾速度更快。

故障诊断：

（1）倾斜液压缸密封圈损坏或老化。

（2）多路阀的倾斜操纵阀内泄漏严重。

（3）多路阀的倾斜操纵阀回位弹簧失效。

排除方法：首先拆倾斜液压缸，检查密封圈情况，如果密封圈老化、损坏应更换。分解多路阀，检查倾斜操纵阀磨损情况，应修复或更换换向阀。检查换向阀复位弹簧是否失效，如果存在失效，应更换弹簧。

7. 空载时，门架起升速度太慢的故障诊断与排除

故障现象：空载时，起升速度远小于最大起升速度。

故障诊断：

（1）发动机转速过低。

（2）液压泵严重磨损，内漏特别严重。

（3）工作油箱油量不足或滤油器堵塞。

（4）温度过低，使油液黏度过大，造成齿轮泵吸空。

（5）起升液压缸发生严重泄漏，或门架卡滞。

（6）单稳分流阀上的安全阀严重泄漏或卡死在打开位置或弹簧折断。

（7）单稳分流阀阀芯卡死在左端，使开口过小。

（8）单稳分流阀阀芯轴向小孔堵死，使阀芯无法右移，开口过小。

（9）多路阀上安全阀发生严重泄漏，部分油液流回油箱。

（10）多路阀上的换向阀内漏严重。

排除方法：首先检查发动机转速是否过低。在泵的出口接故障检测仪测量泵的容积效率。检查油箱内油量是否充足，滤清器是否太脏、堵塞，如果存在应加足油量，清洗滤清器。将叉车置于室内常温下一天以上。拆检起升液压缸，检查缸体内壁是否有划痕，更换密封圈。检查门架是否卡滞，链条松紧是否一致；拆检单稳分流阀。检查多路阀上安全阀压力调整是否不当，如果不当，应以 1.1 倍额定载荷为标准调整安全阀的压力值，调好后一般情况下不许变动安全阀调整螺钉。检修或更换多路阀上的换向阀。

8. 满载货物时，门架起升速度太慢的故障诊断与排除

故障现象：空载时门架起升速度正常，满载货物时，起升货物时速度远小于最大起升速度。

故障诊断：

（1）液压泵磨损，内漏严重，容积效率过低。

（2）起升液压缸发生一定泄漏。

（3）单稳分流阀上的安全阀有泄漏。

（4）多路阀上安全阀压力调的太低或发生泄漏，部分油液流回油箱。

（5）多路阀上的起升操纵阀内漏严重。

排除方法：在泵的出口接故障检测仪测量泵的容积效率。拆检起升液压缸，检查缸体内壁是否有划痕，更换密封圈。拆检单稳分流阀上的安全阀。检查多路阀上安全阀压力调整是否不当，如果不当，应以 1.1 倍额定载荷为标准调整安全阀的压力值，调好后一般情况下不许变动安全阀调整螺钉。检修或更换多路阀上的起升操纵阀。

9. 门架起升力达不到额定值的故障诊断与排除

故障现象：叉车起升少量货物还可工作，当叉起额定值货物时，叉架不能升起。

故障诊断：

（1）油箱缺油或叉车搁置时间过长，使液压系统充满气体。

（2）吸油管路漏气，造成液压泵吸入大量空气。

（3）起升活塞缸内漏严重。

（4）液压泵磨损严重、内漏严重，造成出口压力低。

（5）多路阀上的安全阀因调压弹簧损坏或调压锥阀芯与阀座间磨损严重使系统压力过低。

（6）多路阀上的安全阀因主阀芯复位弹簧损坏，主阀芯卡死在打开位置，或主阀芯阻尼小孔堵塞使系统压力过低。

（7）安全阀锁紧螺母松动，使调压不当，压力过低。

（8）起升阀阀芯与阀孔因磨损间隙过大，使内漏严重。

（9）单稳分流阀阀芯卡死在左端，使开口过小，压力损失过大。

（10）单稳分流阀阀芯轴向小孔堵死，使阀芯无法右移。

排除方法：首先检查油箱是否缺油，如果缺油应加足；空载运行工作装置应排气；运行中利用塑料薄膜检查齿轮泵进油管、结合面是否有漏气，如果存在应更换进油管和密封圈；检查起升液压缸上腔通气管是否有大量油液流过，若有则分解起升液压缸，检查更换密封圈；用液压系统故障检测仪检查液压泵性能，如果液压泵出口压力过低，应拆检液压泵，予以修复或更换；拆检多路阀上安全阀的先导阀和主阀，疏通小孔，去除毛刺，更换弹簧，注意清洁；调整安全阀的安全压力，方法是在门架上放置 1.1 倍额定重量的货物，起动发动机，将起升阀操纵杆置于上升位置，慢慢旋进调压螺帽，当货物开始起升时，锁死调压螺帽即可；拆检起升阀，若阀芯与阀孔间隙过大，可考虑电镀阀芯或更换整片阀；拆检单稳分流阀，疏通小孔，去除毛刺。

10. 松开操作手柄时，换向阀不能自行回位

故障现象：松开操作手柄时，换向阀保持原位，不能自行回位。

故障诊断：

（1）换向阀阀芯卡滞。

（2）换向阀对中弹簧折断或漏装。

（3）换向阀对中弹簧的端盖丢失。

排除方法：拆检多路阀上的换向阀，去除毛刺油污；更换对中弹簧；装配对中弹簧端盖。

11. 工作时，液压系统油温升很快的故障诊断与排除

故障现象：叉车液压系统工作 1～2h 后，油温上升很快，油箱外表面烫手。

故障诊断：

（1）叉车工作环境温度过高。

（2）油液黏度过低，造成高压齿轮泵摩擦生热加剧，机械效率过低。

（3）高压齿轮泵内部磨损严重，内部泄漏很大，容积效率过低。

（4）油液黏度过大或高压齿轮泵吸油口堵塞或油箱油液不足，造成泵吸空。

（5）多路阀上的先导式溢流阀远控口堵塞或主阀芯卡死，使系统不工作时无法卸荷。

（6）全液压转向器上的转阀卡死在左（右）位或对中弹簧折断，使系统不工作时无法卸荷。

排除方法：如果工作环境温度过高（高于 35℃），且处于阳光直射下，只需将叉车置于阴凉下数小时即可。若油液黏度过低或过高，可考虑更换黏度适当的液压油；拆检或更换高压齿轮泵；拆检或更换滤油器滤芯；拆检多路阀上的先导式溢流阀，疏通小孔，去除毛刺，注意清洁；拆检全液压转向器，去除毛刺，更换对中弹簧。

12. 叉起货物上升后，门架自动缓慢下降或乱"点头"下降的故障诊断与排除

故障现象：门架起升到位后，换向阀处于中位，门架连同货物自动缓慢下降或乱"点

头"下降。

故障诊断：

（1）自动缓慢下降时：

1）起升缸活塞密封圈老化、磨损，发生严重泄漏。

2）多路阀的起升操纵阀磨损严重，发生较大泄漏。

3）起升液压缸内壁划痕，使活塞密封失效。

（2）乱"点头"下降时除上述可能故障外，还有：

1）起升液压缸内壁与活塞间摩擦不均匀。

2）油液中含有大量的空气。

3）下降限速阀阀芯振动，使开口忽大忽小。

排除方法：首先检查起升液压缸上腔通气管是否有大量油液流过，若有则分解起升液压缸，检查更换密封圈；检查缸体内壁磨损情况，根据情况予以修复或更换新件；分解检查多路阀的起升操纵阀，根据情况修复或更换起升操纵阀。更换起升液压缸总成。采用静置、搅动的方法使油液中的空气泡析出。更换下降限速阀。

13. 液压系统噪声较大，压力脉动较大的故障诊断与排除

故障现象：液压系统在工作时噪声较大，且压力忽高忽低不稳定。

故障诊断：

（1）齿轮泵进油口处密封不严进气。

（2）齿轮泵结合面密封不严进气。

（3）油箱内油量不足或油液中含有大量气泡。

（4）滤油器堵塞或油液温度低黏度过高造成齿轮泵吸油不足，油液气化。

（5）换油后或更换液压系统件，使系统中有大量气体，使回油含有大量气泡，而未完全消失。

（6）齿轮泵压力脉动激振频率与系统振动固有频率相近，发生共振。

（7）各类控制阀件，尤其是压力控制阀，由于卡滞、泄漏、弹簧疲劳等原因，其振动固有频率发生变化，产生共振。

排除方法：运行中利用塑料薄膜检查齿轮泵进油管、结合面是否有漏气，如果存在应更换进油管和密封圈；检查油箱油量，应加油至油标线；观察油箱中油液颜色，若呈现乳白色则含有大量气泡。静止一段时间，可使油箱油液中气体溢出；清洗或更换滤油器；如系统中有大量气体，可短期空载重复操纵起升、下降、前倾、后倾等动作，使系统中空气排到油箱。更换齿轮泵或在齿轮泵出口安装消振器。拆检压力控制阀。

10.4.2　汽车起重机液压系统故障及其排除方法

1. 车体支不起来的故障诊断与排除

故障现象：下放支腿到地面，车轮总落地，车体支不起来。

故障原因：

（1）油箱缺油或叉车搁置时间过长，使液压系统充满气体。

（2）吸油管路漏气，造成液压泵吸入大量空气。

（3）支腿液压缸内漏严重。

（4）液压泵磨损严重、内漏严重，造成出口压力低。

（5）支腿油路安全阀因弹簧损坏或主阀芯小孔堵塞使压力过低。

(6) 安全阀调压不当使压力过低。

(7) 支腿操纵阀阀芯与阀孔因磨损间隙过大，使内漏严重。

排除方法：首先检查油箱是否缺油，如缺油应加足；空载反复运行支腿液压缸以排气；运行中利用塑料薄膜检查齿轮泵进油管、结合面是否有漏气，如存在应更换进油管和密封圈；拆检支腿液压缸，更换密封圈；用液压系统故障检测仪检查液压泵性能，如液压泵出口压力过低，应拆检液压泵，予以修复或更换；拆检多路阀上的先导式溢流阀，疏通小孔，去除毛刺，注意清洁；调整安全阀的安全压力，方法是：在泵出口接 T 形接头，接液压系统故障检测仪，将支腿操纵阀置于伸出位置，慢慢关闭液压系统故障检测仪上的加载旋钮，按照说明书的要求调整安全阀压力。拆检起升阀，若阀芯与阀孔间隙过大，可考虑电镀阀芯或更换整片阀。

2. 车体在作业过程中发生倾斜的故障诊断与排除

故障现象：在起吊作业过程中，一个或几个支腿液压缸自行回收，发生"软腿"现象，使车体发生倾斜。

故障原因：

(1) 自行回收的支腿液压缸内漏严重。

(2) 支腿液压缸内混有大量空气。

(3) 液压锁的锥阀密封处损坏，发生泄漏。

排除方法：拆检自行回收的支腿液压缸，更换损坏的 Y 形密封圈；空载反复运行支腿液压缸以排气；拆检液压锁，若锥阀密封处损坏，可考虑更换。

3. 支腿无法正常收回的故障诊断与排除

故障现象：下放支腿到地面，车体正常支起，但支腿无法正常收回。

故障原因：

(1) 支腿油路中液压锁控制油路堵塞。

(2) 支腿油路中液压锁的控制缸卡滞。

(3) 支腿液压缸内漏严重。

排除方法：首先拆检支腿油路中的液压锁控制油路，疏通油路；拆检支腿油路中的液压锁控制缸，去除毛刺，注意清洁；拆检支腿液压缸，更换密封圈。

4. 吊臂臂梁不能伸出（或吊臂不能抬起）的故障诊断与排除

故障现象：操作吊臂伸缩换向阀时，臂梁不能伸出。

故障原因：

(1) 油箱缺油或汽车起重机搁置时间过长，使液压系统充满气体。

(2) 吸油管路漏气，造成液压泵吸入大量空气。

(3) 分路阀没有扳到正确位置。

(4) 液压泵磨损严重、内漏严重，造成出口压力低。

(5) 安全阀因调压不当或弹簧损坏使压力过低。

(6) 伸缩臂控制阀阀芯与阀孔因磨损间隙过大，使内漏严重。

排除方法：首先检查油箱是否缺油，如缺油应加足；空载运行工作装置以排气；运行中利用塑料薄膜检查齿轮泵进油管、结合面是否有漏气，如存在应更换进油管和密封圈；将分路阀扳到正确的上车位置；用液压系统故障检测仪检查液压泵性能，如果液压泵出口压力过低，应拆检液压泵，予以修复或更换；拆检多路阀上的先导式溢流阀，疏通小孔，去除毛刺，注意清洁；调整安全阀的安全压力，方法是在泵出口接 T 形接头，接液压系统故障检测仪，将分路阀扳到正确的上车位置，将伸缩臂操纵阀置于回收位置，慢慢关闭液压系统故障检测仪上的加载旋钮，按照说明书的要求调整安全阀压力。拆检伸缩臂控制阀，若阀芯与阀孔间隙过大，可考虑电镀阀芯或更换整片阀。

5. 吊臂伸出时发生颤动的故障诊断与排除

故障现象：吊臂伸出时速度时断时续并有颤动现象发生。

故障原因：

(1) 伸缩液压缸大腔内有空气。

(2) 伸缩液压缸在运动过程中摩擦力变化大。

(3) 油箱内油液不足。

(4) 滤油器堵塞。

(5) 温度过低，使油液黏度过大，造成泵的吸空。

(6) 油液中含有大量空气泡。

排除方法：首先反复操作伸缩手柄，使伸缩液压缸伸出、缩回，排除大腔内的空气。检查伸缩液压缸及其外部连接零件，看是否有别劲部位。补足油液。清洗滤油器。将叉车置于室内常温下 1 天以上。观察油箱中油液颜色，若呈现乳白色则含有大量气泡，静止一段时间，可使油箱油液中气体溢出。

6. 吊臂臂梁回收时不平稳（或吊臂下落时不平稳）的故障诊断与排除

故障现象：吊臂臂梁回收时不平稳，有"缩臂点头"现象。

故障原因：

(1) 平衡阀上的阻尼口 a 的作用使平衡阀开启滞后，使液压缸回油腔压力骤升，造成开启时压力、流量冲击。

(2) 平衡阀控制油路不畅通。

(3) 平衡阀上的单向阀有泄漏。

排除方法：适当加大平衡阀上的阻尼口 a 或增设一个安全阀，压力调节的与主溢流阀稍高；疏通平衡阀控制油路；拆检平衡阀上的单向阀，研磨或更换阀芯阀座。

7. 起吊货物的过程中，吊臂自行回收的故障诊断与排除

故障现象：起吊货物的过程中，吊臂自行回收。

故障原因：

(1) 平衡阀上的单向阀有泄漏。

(2) 多路阀的起升控制阀磨损，发生严重泄漏。

(3) 伸缩液压缸活塞密封圈老化、磨损，发生严重泄漏。

(4) 伸缩液压缸内壁划痕，使活塞密封失效。

排除方法：首先拆检平衡阀上的单向阀，研磨或更换阀芯阀座；分解检查多路阀的起升控制阀，根据情况修复或更换起升控制阀；分解伸缩液压缸，检查更换密封圈；检查缸体内壁磨损情况，根据情况予以修复或更换新件。

8. 上车回转速度太慢的故障诊断与排除

故障现象：上车回转速度远小于最大回转速度。

故障原因：

（1）发动机转速过低。

（2）液压泵磨损，内漏严重，容积效率过低。

（3）工作油箱油量不足或滤油器堵塞。

（4）温度过低，使油液黏度过大，造成泵的吸空。

（5）分路阀存在严重泄漏。

（6）安全阀压力调的太低或发生严重泄漏，部分油液流回油箱。

（7）液压马达存在严重泄漏。

（8）回转换向阀内漏严重。

排除方法：首先检查发动机转速是否过低。在泵的出口接故障检测仪测量泵的容积效率。检查油箱内油量是否充足，滤清器是否太脏、堵塞，如果存在应加足油量，清洗滤清器。将汽车起重机置于室内常温下1天以上。拆检分路阀和回转换向阀，若阀芯与阀孔间隙过大，可考虑电镀阀芯或更换整片阀；检查换向阀上安全阀压力调整是否不当，如果不当，应以1.1倍额定载荷为标准调整安全阀的压力值，调好后一般情况下不许变动安全阀调整螺钉。检修或更换液压马达。

9. 吊钩起升力达不到额定值的故障诊断与排除

故障现象：吊钩起升少量货物还可工作，当吊起额定值货物时，吊钩不能升起。

故障原因：

（1）油箱缺油或起重机搁置时间过长，使液压系统充满气体。

（2）吸油管路漏气，造成液压泵吸入大量空气。

（3）液压马达内漏严重。

（4）液压泵磨损严重、内漏严重，造成出口压力低。

（5）安全阀因弹簧损坏或主阀芯小孔堵塞使压力过低。

（6）安全阀调压不当使压力过低。

（7）起升控制阀阀芯与阀孔因磨损间隙过大，使内漏严重。

排除方法：首先检查油箱是否缺油，如果缺油应加足；空载运行工作装置以排气；运行中利用塑料薄膜检查齿轮泵进油管、结合面是否有漏气，如存在应更换进油管和密封圈；用液压系统故障检测仪检查液压马达性能，若内漏严重，则拆检液压马达，更换密封圈；用液压系统故障检测仪检查液压泵性能，如果液压泵出口压力过低，应拆检液压泵，予以修复或更换；拆检多路阀上的先导式溢流阀，疏通小孔，去除毛刺，注意清洁；调整安全阀的安全压力，方法是在泵出口接T形接头，接液压系统故障检测仪，将伸缩手柄置于缩回位置，慢慢关闭液压系统故障检测仪上的加载旋钮，按照说明书的要求调整安全阀压力。拆检起升控制阀，若阀芯与阀孔间隙过大，可考虑电镀阀芯或更换整片阀。

10. 松开操作手柄时，换向阀不能自行回位

故障现象：松开操作手柄时，换向阀保持原位，不能自行回位。

故障原因：

（1）换向阀阀芯卡滞。

（2）换向阀对中弹簧折断或漏装。

（3）换向阀对中弹簧的端盖丢失。

排除方法：拆检多路阀上的换向阀，去除毛刺油污；更换对中弹簧；装配对中弹簧端盖。

11. 工作时，汽车起重机液压系统油温升很快的故障诊断与排除

故障现象：汽车起重机液压系统工作 1～2h 后，油温上升到 80℃。

故障原因：

(1) 工作环境温度过高。

(2) 油液黏度过低，造成齿轮泵摩擦加剧，机械效率过低。

(3) 溢流阀远控口堵塞或主阀芯卡死。

排除方法：如果汽车起重机工作环境温度过高（高于 35℃），且处于阳光直射下，只需将叉车置于阴凉下数小时即可。若油液黏度过低，可考虑更换黏度适当的液压油；拆检先导式溢流阀，疏通小孔，去除毛刺，注意清洁。

12. 液压系统噪声较大，压力脉动较大的故障诊断与排除

故障现象：液压系统在工作时噪声较大，且压力忽高忽低不稳定。

故障原因：

(1) 齿轮泵进油口处密封不严进气。

(2) 齿轮泵结合面密封不严进气。

(3) 油箱内油量不足或油液中含有大量气泡。

(4) 滤油器堵塞或油液温度低黏度过高造成吸油不足，油液气化。

(5) 换油后或更换液压系统件，使系统中有大量气体，使回油含有大量气泡，而未完全消失。

排除方法：运行中利用塑料薄膜检查齿轮泵进油管、结合面是否有漏气，如存在应更换进油管和密封圈；检查油箱油量，应加油至油标线；观察油箱中油液颜色，若呈现乳白色则含有大量气泡。静止一段时间，可使油箱油液中气体溢出；清洗或更换滤油器；如系统中有大量气体，可短期空载重复操纵起升、下降、前倾、后倾等动作，使系统中空气排到油箱。

10.4.3　45t 液压绞车液压系统的保养与维护

国产 45t 液压绞车是海洋石油钻井平台海上安装阶段的重要施工设备，在石油平台施工中不可或缺。本文通过对国产 45t 液压绞车液压系统的研究，分析其工作原理，掌握其保养方法，并对其常见故障进行诊断，将所研究的成果应用到实际的施工过程中，及时解决设备出现的问题，是非常重要的。液压绞车是一种利用液压马达直接或通过减速箱拖动滚筒的新型绞车。其采用液压传动，减少了产生电气火花的元件；空载直接起动，电气控制设备简单，易于做成防爆型。液压绞车具有无级调速，起动、换向平稳，低速运转性能好，操作简单，体积小，重量轻，安全保护较齐全等优点。根据结构形式，液压绞车可分为两大类：一类是采用低速大扭矩柱塞液压马达直接拖动绞车卷筒的全液压传动形式；另一类是采用高速小扭矩柱塞液压马达经减速器拖动绞车卷筒的液压—机械传动形式。液压绞车主要通过改变流入液压马达的流量来控制马达转速，调速方式分为节流调速和容积调速。

1. 工作原理

液压系统性能是液压绞车性能的重要组成部分。液压绞车的液压驱动系统分为开式系统和闭式系统，考虑到闭式系统执行元件的回油直接与泵的吸油腔相连，结构紧凑，只需很小的补油箱，空气和赃物不易进入回路等优点，本文采用闭式液压驱动系统，如图 10.4-1 所示，为单泵双马达闭式容积调速回路，双马达对称布置可使液压绞车的绞盘只承受纯扭矩作

用。液压动力源采用电机带动的变量液压泵。左上变量液压泵上设置的单向溢流阀可以限定高压回路最高压力，起安全保护作用，同时，与补油泵、2MPa 溢流阀配合，实现低压回路补油。变量液压泵上三位四通电磁换向阀控制斜盘倾角，实现液压泵变量和换向。变量液压泵上得滤油器可实现部分流量的过滤。右上定量马达上设置的冲洗阀，可以将马达出口的部分热低压油冲回油箱，起换油作用。定量马达上设置的液压制动器可在马达工作时松开和在马达不工作时抱死马达轴。中上为变量液压泵和定量马达中间的连接管路和阀组，由于系统为高压大流量系统，这部分重复设置了补油系统，冲洗回路系统和可远程调压的安全阀系统。当变量液压泵正向供油时，马达带动卷筒的正转。当变量液压泵反向供油时，马达带动卷筒的反转。当变量液压泵不供油时，马达卷筒处于制动状态。另外，该液压系统还有回油精滤油器、油液过滤系统、油液加热系统、油液冷却系统等。

2. 维护保养

液压系统的维护保养对液压系统的性能、效率和寿命都有很大的影响。图 10.4-1 所示的单泵双马达闭式容积调速回路的日常维护包括以下几项主要内容：

（1）清理整个液压系统外表面的尘土，并同时重点检查接头、元件结合面等处有没有泄漏情况。管接头松动应重新拧紧，但不能拧得过紧。由于拧得过紧会引起变形，反而使泄漏增加。

（2）经常检查油箱中油位，液面应在油标尺上限位置附近，油液不足应及时注油。液压油的选择一般有两个原则：一是要选用液压油，决不能选用机械油代替；二是工作环境温度高时选用高牌号液压油，工作环境温度低时选用低牌号液压油或防冻液压油。并且应尽量避免两种不同牌号液压油混用。

（3）要定期检查液压油的污染情况。检查时可将玻璃管插入油箱底部取样，滴在过滤纸上，若呈黄色环状图形，即表明液压油轻度污染，可暂不考虑换油；若呈深黑色点状图形，即表明液压油重度污染，应立即更换新液压油。

（4）检查吸油滤网，是否有堵塞情况。可在泵起动后根据泵的噪声来判断。

（5）运行后检查油箱内油液是否有变白的情况。若有，说明其中含有大量气泡，应设法查明原因。

（6）运行后用手摸油箱侧面，确定油温是否正常（通常应在 60℃ 以下）。

（7）蓄能器充气压力要定期检查。另外，运行时蓄能器油腔压力不能低于规定压力。

（8）液压系统对油液清洁度要求较高，要经常在线检查回油管路上精细滤油器指针显示的堵塞情况。若发生堵塞，应立即更换滤芯。

（9）对空冷式冷却器，用目测检查冷却管、风扇等部分的灰尘和油泥的附着状况。污染严重时需对冷却器拆检、清洗。

（10）停车时检查压力表的指针是否在 0MPa 处。

（11）保持快换接头的清洁。如果已经污染，应该仔细用清洁煤油冲洗。

（12）观测关键部位仪表的显示数值，对照使用说明书的要求，判断其是否在正常值范围之内。

3. 常见故障的诊断

（1）不牵引。当发现绞车在空载工况下不能牵引时，首先要分析是电气故障还是液压故障，为此，当绞车不牵引时必须要检查电气集中显示屏上的显示是否正常。若显示正常，则故障一定发生在液压系统。液压系统故障可能有：

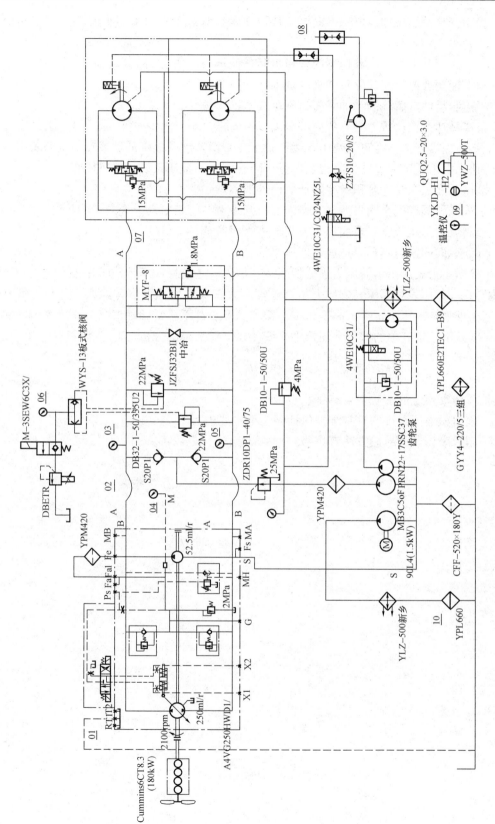

图 10.4-1　单泵双马达闭式容积调速回路

1) 控制变量的三位四通电磁换向阀工作不正常，导致变量泵斜盘倾角为零，输出流量为零。

2) 安全阀阀芯卡死在打开位置或弹簧折断，使压力无法建立。

3) 初次使用或经过修理导致油液中混入大量空气。

4) 马达制动油缸解除制动油路压力不足或辅助泵损坏。

5) 泵或马达存在严重磨损导致内部泄漏。

(2) 牵引速度降低。在正常牵引速度位置上，牵引速度明显降低，或在空载时牵引速度正常，当遇到阻力后牵引速度下降很快，甚至降到零速。液压系统故障可能有：

1) 液压泵和液压马达容积效率降低，内外泄漏增加。

2) 远程调压阀或安全阀失调（弹簧疲劳折断、调节螺钉松动、阀芯卡滞等）。

3) 梭阀后的高压管路严重漏油，或高压表管子脱落。

4) 补油单向阀密封不严，造成高低压串油。

(3) 根据压力表所指示的压力去分析故障。压力表是监视液压系统工作正常与否的"眼睛"，主要观察背压表和高压表的压力是否正常，大体有下列几种情况：高压正常，低压不正常；低压正常，高压不正常；高低压都正常和高低压都不正常四种情况。一般来说，故障发生在与压力不正常有关的部位和元器件。按照以上对故障的分析，对症排除。

思 考 与 练 习 10

1. 液压传动系统的清洗主要有哪些步骤？

2. 工程机械液压系统的日常维护包括哪几项主要内容？

3. 液压故障诊断的一般方法有哪些？

第 11 章　液压伺服、比例控制及新技术

液压伺服系统是一种自动控制系统。在这种系统中，执行机构能自动跟随控制机构（或输入信号）动作，达到自动控制的目的。所以液压伺服系统也称作随动系统。液压伺服系统同其他伺服系统相比，具有功率大、重量轻、体积小、反应快以及一般液压传动所具有的优点，而在机械制造、工程机械、运输车辆等各个领域获得了广泛的应用。例如变量柱塞泵的伺服控制、车辆转向助力器、机床的仿形加工、车辆振动试验台等都使用了液压伺服系统。

按控制方式的不同，液压伺服系统有阀控制和容积控制两种。容积控制是利用伺服阀控制液压泵和液压马达的变量机构。改变其有效工作容积，从而控制其输出，如手动伺服变量泵和马达。阀控制系统是利用伺服阀控制送往执行机构的液流压力、流量和方向，从而控制执行机构的输出。这种控制系统对输出、输入信号响应非常迅速，目前其他系统都赶不上它。但它存在着节流损失和溢流损失，故效率较低。目前应用最广的是阀控制系统，本章也主要讲述阀控制式的液压伺服系统。

11.1　液压伺服系统工作原理与特点

11.1.1　液压伺服系统的工作原理

液压伺服系统的工作原理如图 11.1-1 所示。图中为滑阀式双边节流伺服系统。系统的执行机构是一个差动液压缸，一般差动液压缸的活塞杆面积是活塞的一半。控制机构为伺服阀，它同一般方向阀类似，都由彼此相对移动的阀芯及阀体构成。但在这里，控制机构的阀体和执行机构液压缸的缸体是固连在一起的。缸体右端耳环可拖功载荷运动。泵输出压力为 p_s 的压力油进入阀体后不经节流直接进入液压缸有杆腔 b，使有杆腔保持恒压 p_s。阀芯处中位时，阀芯中间凸肩正好遮盖阀体上的中间沉割槽，因此无杆腔油液被封闭，故缸体不能移动。

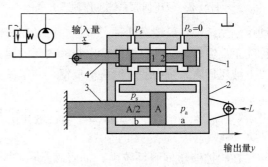

图 11.1-1　滑阀式双边节流液压伺服系统
1—阀体；2—缸体；3—活塞（杆）；4—阀芯

当阀芯向右移动 x 时，节流口 1 边便打开一个开口量 $\delta=x$，2 边则关闭一个同样的量 x，液压泵供油流入无杆腔，使得无杆腔压力为 $p_a=p_s$，差动液压缸动作，缸体克服负载 L 向右运动。同时由于缸体和阀体固连在一起，缸体右移就是阀体右移，又使节流口 1 边开口量减小。当缸体移动量（即输出量）$y=x$ 时，阀口完全关闭，缸体停止运动。

当阀芯向左移动 x 时，节流口 2 边便打开一个开口量 $\delta=x$，1 边则关闭一个同样的量 x，使液压缸有杆腔进油，无杆腔回油，缸体在压力 p_s 作用下向右运动。当缸体移动量（即输出量）$y=x$ 时，节流口 2 边关闭，缸体运动停止运动。总之缸体总是紧紧跟随着阀芯的

输入信号 x 的变化而变化的。这种控制系统就是随动系统。

11.1.2　液压伺服系统的特点

从图 11.1-1 所示的液压伺服系统工作过程可以归纳液压伺服系统有如下特点：

（1）跟踪。缸体能准确地跟随阀芯运动。阀芯位移多少，缸体也位移多少，阀芯向哪个方向运动，缸体也向哪个方向运动；阀芯运动多快，缸体也运动多快；阀芯停止运动，缸体也停止运动。也就是缸体重复了阀芯的动作。

（2）放大。液压伺服系统的输入信号是很微弱的（移动阀芯所需的力只不过几牛顿），但其输出功率和力可以很大（液压缸有液压泵做能源，输出力以万牛顿计），所以随动系统又是一个放大系统。

（3）误差。为使液压缸克服负载 L 并以一定的速度运动，阀芯必须先有一开口量 δ，也就是缸体的移动必须落后于阀芯位移一定距离，或者说输出始终要落后于输入信号一定距离，这个微小的距离称为系统的误差，没有这个误差，执行机构就不能动作。整个随动过程是不断出现误差又不断消除误差的过程。当消除了这个误差时，执行机构的随动运动就停止了。

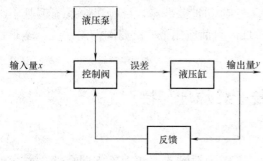

图 11.1-2　液压伺服系统工作原理方框图

（4）反馈。图 11.1-1 所示的伺服系统，伺服阀阀体和液压缸体固连在一起，这样就使缸体的输出量 y，反送到伺服阀的输入端，去影响系统的输入信号。把系统的输出回送到测量元件或伺服阀，使输出与输入信号进行比较的作用称为反馈。在这里是借助固连在一起的缸体和阀体来实现反馈联系的。可见执行机构的输出与伺服阀的输入存在反馈联系是液压伺服系统的根本特征。在各种自动控制系统中，反馈有两种类型：一种是反馈使输出与输入之间的误差进一步增加，这种反馈称为正反馈；另一种反馈使输出与输入间的误差减小以至消除，这种反馈称为负反馈。显然，以上液压伺服系统中的反馈是负反馈，其工作原理可用图 11.1-2 的方框图来表示。

11.2　液压伺服系统的基本类型

在阀控液压伺服系统中，伺服阀是核心。按结构形式不同，伺服阀可分为滑阀式、转阀式、喷嘴挡板式、射流管式等几种基本类型。

11.2.1　滑阀式液压伺服系统

滑阀式液压伺服阀应用最广。根据滑阀节流边数的不同又可分为单边的、双边的、四边的三种，下面分别介绍：

1. 滑阀式单边节流液压伺服系统　该系统的工作原理如图 11.2-1 所示。它与图 11.1-1 中的双边节流伺服系统相似。不同处是，它的控制阀只有一个边 2 起节流控制作用，而且活塞上的固定节流孔 1 取代图 11.1-1 中的节流边中的 1。压力油进入有杆腔 b 后，使缸体承受恒压 p_s。b 腔油液可通过活塞上节流小孔 1 流入无杆腔 a，再经控制阀上的节流口 2 流回油箱。由于节流小孔 1 的节流降压作用，a 腔压力小于 b 腔压力 p_s。当阀芯不动时，节流边 2 的静止开口量为 δ_0，此时 a 腔压力为 p_a，缸体静止。静止开口量 δ_0 的大小主要由负载 L 决定，L 大，δ_0 就小，p_a 就较高，以维持缸体处在平衡位置。向右推动阀芯使阀口 2 关闭，p_a 就升高，破坏原来的平衡，缸体向右运动直至使阀口 2 的开口量恢复到 δ_0 为止。向左移动阀芯，扩大阀口 2 的开口量时，节流孔 1 的节流降压作用加剧，p_a 下降，缸体向左运动，直到使阀口 2 的开口量减小到为 δ_0 为止。

2. 滑阀式双边节流液压伺服系统　见图 11.1-1，不再重述。

3. 滑阀式四边节流液压伺服系统　滑阀式四边节流液压伺服系统如图 11.2-2 所示，其工作原理与双边节流基本相同，不同的是滑阀有四个节流边 1、2 和 3、4，分别控制液压缸两腔 a 和 b。同时液压缸是双出杆活塞式缸。图中所示这种滑阀在中间位置时，四个节流边正好与阀的沉割槽对齐，既无搭盖量也无开口量。

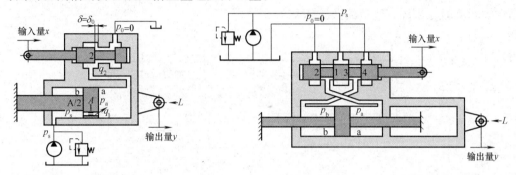

图 11.2-1　滑阀式单边节流液压伺服系统　　　图 11.2-2　滑阀式四边节流液压伺服系统

当阀芯向右移动一个距离 x 时，节流口 1 和 4 有相同的开口量 $\delta=x$，同时节流口 2 和 3 有相同的搭盖量 x。压力为 p_s 的压力油通过节流口 1 进入 a 腔，油腔 b 通过节流口 4 回油，使缸体向右运动。当运动的距离 $y=x$ 时，由于反馈作用，使阀口 1、4 关闭，运动停止。阀芯向左移动 x 时，同理输出 $y=x$。

4. 滑阀式伺服阀的结构类型　从以上三种滑阀式液压伺服系统分析可以看出，伺服阀是液压伺服系统的重要元件。这种滑阀式伺服阀在结构上与滑阀式方向阀很相似，但伺服阀的配合精度更高。在方向阀中，阀芯处于中间位置时，其台肩端面与阀体沉割槽之间的轴向搭盖（密封长度）一般都有 2～3mm，而伺服阀如果有搭盖量的话，一般只有几微米到几十微米，并且公差要求很严格。

滑阀式伺服阀，按其阀芯处于中间位置时台肩与阀体沉割槽的重叠情况，分为三种类型，如图 11.2-3 所示。图中每一类型的左右两种情况结构略有差异，其他特性完全一样。

（1）正开口（负搭盖）型　如图 11.2-3（a）所示，台肩宽度小于槽宽。初抬开口量为 δ_0。由于中位具有开口量，p_s 压力油会泄漏回油箱，造成功率损失较大，但由于制造简单，不存在静不灵敏区，一般用在工程机械的液压转向系统。

（2）零开口（零搭盖）型　如图 11.2-3（b）所示，其台肩宽度等于槽宽，既没开口量也没有搭盖量。中位时无功率损耗，且滑阀发生微小位移时，此阀便有油液输出，随着开度增大，流量呈线性变化，系统灵敏度高，是一种最理想的阀，但由于存在径向间隙和实际加工的困难（实际上往往有小于 $25\mu m$ 的搭盖）使得零开口阀达不到理想情况。

（3）负开口（正搭盖）型　如图 11.2-3（c）所示，台肩宽度大于槽宽，存在搭盖量 δ_0，阀芯处于中位时，可以切断液压泵和执行机构间的通路。这种伺服阀需要阀芯移动一个搭盖量后才能把阀口打开，因此存在静不灵敏区，也称死区。

以上三种结构类型的滑阀伺服阀的流量开度特性曲线如图11.2-3所示。

四边节流液压随动系统有四个阀口控制液流，当控制阀芯移动一小距离时，液压缸两腔的压力都发生变化，一腔增大一腔减小，液压缸推力的增长率大，所以系统的工作精度较高。在双边节流液压随动系统中，当控制阀芯移动时，只有两个阀口控制液流，使液压缸一个油腔中的压力发生变化，所以它的工作精度比四边节流的差些。而在单边节流液压随动系统中，只有一个阀口控制一个油腔中的压力变化，所以它的工作精度比上述两种都要差。但是四边节流控制滑阀要求四个阀口的棱边——对齐，四个棱边的轴向位置尺寸精度极高，制造非常困难。单边节流因对轴向位置尺寸没有要求，制造最容易。区此只有在对系统的工作精度要求高时才采用四边节流液压随动系统。

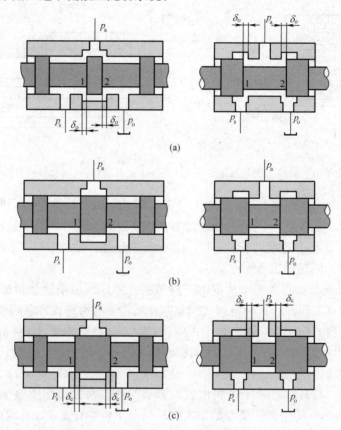

图 11.2-3 滑阀伺服阀的三种类型
(a) 正开口（负搭盖）；(b) 零开口（零搭盖）；(c) 负开口（正搭盖）

11.2.2 转阀式液压伺服系统

滑阀式液压伺服系统用于输出直线往复运动，若输出是回转运动，宜采用转阀式液压伺服系统，其原理图如图11.2-4所示。

转阀由阀芯1和阀套2等组成。阀芯在圆周上有四个凸起边和阀套的四个阀孔形成控制液流的阀口。在阀套上的四个阀孔中有两个阀孔a和液压泵相通，有两个阀孔b和油箱相通。阀套上的径向孔c和d分别和液压马达3的两个工作油腔相通。液压马达输出轴的左端通过联轴节与阀套 2 连接一起，并一起转动，构成刚性负反馈连接。当转阀阀芯根据控制信号（手动或步进电机带动）作顺时针方向转动时，阀孔 a 和 b 的一边被打开，来自液压泵的压力油经过阀口 a 和径向孔 d 进入液压马达，使液压马达回转。从液压马达排出的油则经径向孔 c 和阀口 b 流回油箱。由于液压马达输出轴与阀套 2 机械相连，当液压马达的输出轴回转时，阀套 2 也跟着回转，因此又将阀孔 a 和 b

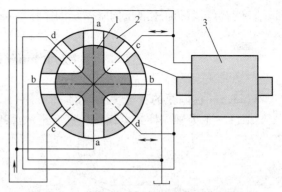

图 11.2-4　转阀式液压伺服系统工作原理图

关闭，实现机械负反馈，使系统恢复平衡状态。当控制信号使阀芯作反向回转时，情况类似，液压马达随着作反向回转。转动阀芯 1 所需力矩很小，而获得液压马达输出的轴转矩则是很大的，所以这种液压伺服系统也称为转矩放大器。

11. 2. 3　喷嘴挡板式液压伺服系统

喷嘴挡板式液压伺服系统工作原理如图 11.2-5 所示。它由两个等径的固定节流孔 1 和 3

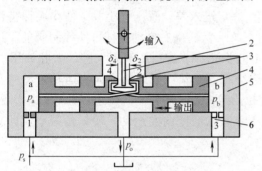

图 11.2-5　喷嘴挡板式液压伺服系统原理图
1—弹性扭轴；2—挡板；3—喷嘴；
4—活塞；5—缸体；6—固定节流口

（$d_1 = d_3 = 0.5$mm 左右）、中间油腔 a 和 b、喷嘴 2 和 4（$d_2 = d_4 = 1$mm 左右）以及挡板组成。喷嘴 2、4 和挡板共同组成一对可变通流面积（$A_2 = \pi d_2 \delta_2$，$A_4 = \pi d_4 \delta_4$）的节流口。挡板可以绕弹性扭轴作微小角度的转动，以改变喷嘴 2、4 之间的间隙 δ_2 和 δ_4，从而改变节流口 2、4 的通流面积。中间油腔 a 与 b 就是液压缸活塞两端的油腔。p_s 压力油经过固定节流孔 1、3 后压力分别降为 p_a 与 p_b，再经过活塞上的中心小孔分别从喷嘴 2、4 喷出油箱。

当挡板处于中间位置时，挡板与喷嘴 2、4 之间的两个间隙 $\delta_2 = \delta_4 = \delta_0$，$\delta_0$ 称为中位间隙，中位间隙应尽量小。由于 $\delta_2 = \delta_4$，两个节流口的降压作用相等，因而中间油腔 a 与 b 内的压力 $p_a = p_b$，故活塞保持平衡不动。

当挡板接受输入信号作逆时针方向微小偏转时，间隙 $\delta_2 < \delta_4$，则节流口 2 的降压作用增大，而节流口 4 的降压作用减小，因此造成 $p_a > p_b$，从而使活塞输出向右的运动。由于喷嘴和活塞共为一体，活塞运动的同时，又消除偏差，当恢复到 $\delta_2 = \delta_4$ 时，活塞恢复平衡，且平衡在一个新位置上。当挡板上输入信号消失，挡板借弹性扭轴的弹力回到原始中位，而活塞也跟随回到原始中位。挡板顺时针方向转动与上述情况相同。

11. 2. 4　射流管式液压伺服系统

射流管式液压伺服系统工作原理图如图 11.2-6

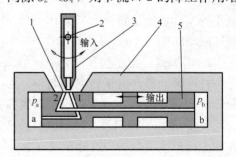

图 11.2-6　射流管式液压伺服系统原理图
1—接受孔；2—套轴；3—射流管；4—缸体；5—活塞

所示,读者可根据前述液压伺服系统的工作特点自行分析其工作原理。

11.3 液压伺服系统应用举例

11.3.1 柱塞泵的变量伺服控制

图11.3-1为轴向柱塞泵伺服控制变量的原理图。图中为一双边节流液压伺服控制系统。

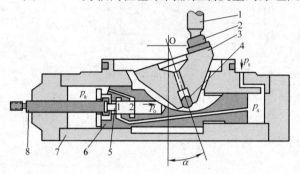

图11.3-1 轴向变量柱塞泵伺服控制部分原理图
1—柱塞;2—滑履;3—斜盘;4—销轴;
5—阀芯;6—活塞;7—缸体;8—拉杆

执行机构是差动液压缸、液压缸活塞左端安置双边节流伺服阀,由拉杆衔接控制,拉杆衔接头在小室内向左右各有$1 \sim 2$mm游动量,以保证阀芯相对阀体有正确的工作位置,同时也给阀口提供合理的最大开口量。活塞中部装置销轴,用以带动斜盘绕O点转动,改变斜盘倾角α,调节液压泵的排量。控制油源p_s取自该泵的输出高压油。油从p_s口进入差动液压缸小腔,使小腔保持恒压p_s。向右推动拉杆可使控制阀的1边打开,2边搭盖,小腔内的p_s压力油通过活塞上的长孔、节流口1流入大腔,大腔油压p_a升高接近等于p_s,大腔活塞有效作用面积是右边小腔的2倍,因此活塞向右运功带动斜盘转动增大倾角α,即增大液压泵的流量。若向左拉动拉杆,可使控制阀2边打开,1边搭盖,这时大腔通过内腔与油箱相通,p_a下降接近等于零,则活塞向左运动,使α角减小,即减小液压泵的排量。

11.3.2 车辆液压随动转向助力器

在大型载重汽车、特种用途车辆、高速行驶的小卧车、起重运输机械等车辆中,为了减轻司机操纵方向盘的体力劳动,提高车辆的转向灵活性,常常采用动力转向——液压随动转向助力器。目前用于各种车辆的随动转向机构种类很多。按随动阀(伺服阀)来分有滑阀式和转阀式两大类。根据转向器、控制阀和液压缸的布置不同,又可分整体式、联阀式和分置式三种结构形式。

1. **整体式** 助力液压缸、控制阀和转向器安装在一个总成里,它的优点是结构紧凑、连接油管短、反应迅速。缺点是路面对车辆的冲击会传到转向器,使转向器容易磨损。在高级小卧车、重型越野汽车常采用整体式,例如红旗CA773、Benz2026A等车就采用整体式液压随动转向。

2. **联阀式** 控制阀和助力液压缸组成一体,与转向器分开安装。这种布置方式可采用一种标准转向器,由于转向器与液压缸分开安装。因此寿命长,但管路要长些。例如上海SH330自卸载重汽车就采用这种布置方式。

3. **分置式** 转向器、控制阀、液压缸分开安装。这种布置灵活性较大,铰接式折腰转向的工程机械多数采用这种布置方案。

图11.3-2所示为一联阀式液压随动转向助力器的工作原理图。它属于滑阀式四边节流液压伺服系统。司机操纵方向盘通过方向机(转向器)、摇臂、输入铰接头和阀杆可带动随

动阀芯前后移动。阀芯向左移动时，液压泵供油可通过 1 边进入液压缸 a 腔，b 腔的油液通过 4 边，再经阀芯上的径向孔和轴向孔流回油箱，缸体便跟随阀芯向左运动，通过输出铰接头，使车轮向左转。阀芯向右移动时，同理车轮向右转。由于系统的反、跟踪作用，使得方向盘转多少，车轮也转多少，方向盘转多快，车轮也转多快。而且方向盘转动的力只是用来使阀芯左右移动，因而转向灵活省力。应当指出，输入铰接头的球窝座在壳体内只有微小的轴向移动量，向左、向右各约 2～3mm，作为对随动阀提供必要开口量，限制的目的也是为了保护精

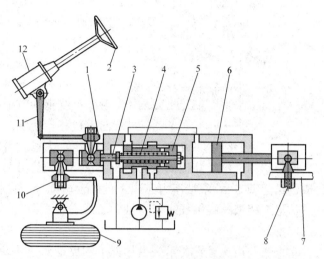

图 11.3-2　车辆液压转向助力器的工作原理图
1—输入铰接头；2—方向盘；3—阀杆；4—弹簧；5—阀芯；
6—活塞；7—车架；8—固定铰接头；9—车轮；10—输出
铰接头；11—摇臂；12—方向机

密的随动阀，不使司机的过分冲击力传递给阀芯。图中阀杆和阀芯没有采用刚性连接，而用弹簧压紧，以使阀芯有一定的自位余量，阀芯不易卡死。

11.3.3　车床液压仿形刀架

在车床上利用液压仿形刀架可以仿照样件（或样板）的形状自动加工出多台肩的轴类零件或曲线轮廓的旋转表面，所以可大大提高劳动生产率和减轻劳动强度。

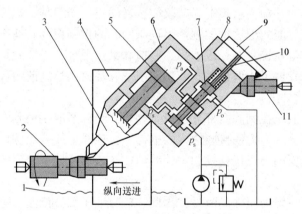

图 11.3-3　车床液压仿形刀架工作原理图
1—丝杠；2—工件；3—刀架；4—走刀溜板；5—活塞；
6—缸体；7—阀芯；8—钢片铰链；9—反馈杆；
10—钢丝；11—样件

图 11.3-3 所示为一个装在普通车床上具有零开口双边节流的液压仿形刀架工作原理图。仿形刀架装在车床刀架横滑板的后方，这样可以保留车床上原来的方刀架，不影响车床原有性能。样件（或样板）支持在床身的后侧面。液压泵油箱放在车床后附近的地面上。仿形刀架在工作中随车床溜板作纵向走刀。仿形刀架的活塞杆固定在刀架的底座上，液压缸连同刀架可在刀架底座的导轨上沿液压缸轴向移动。阀芯的伸出端为一根具有弹性的钢丝，端点与反馈杆紧固连接。反馈杆的上端借助十字形钢片铰链与缸体相连接。采用钢丝与十

字形钢片铰链，而不采用一般的销轴铰链，为的是避免一般销轴铰链所存在的间隙。反馈杆的下端有触头，借助阀内弹簧的推力（约 10 牛顿左右）使触头与样件靠紧。车圆柱面时的情况是：当溜板带着仿形刀架向左纵向走刀时，触头在样件上的圆柱面上滑动，反馈杆相对于十字形钢片铰链的交叉点没有摆动，阀芯相对于阀体也无相对运动。滑阀的两个阀口 1 与

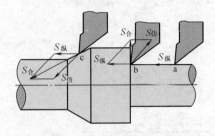

图 11.3-4 进给运动的合成示意图

2没有开闭变化，刀具（油缸体）相对于刀架底座（活塞）没有相对运动，因此车削出来的形状是圆柱体，见图 11.3-4 中的 a 点。

车台肩时的情况是：当触头碰到样件上的凸肩时，触头就绕钢片铰链交叉点向后摆动，带动阀芯相对阀体向后位移，使阀口 1 边打开，2 边搭盖，p_s 压力油可进入液压缸大腔，并使大腔压力 p_a 增高，推动缸体连同刀具向后移动。这时溜板的纵向进给运动 $S_纵$ 和仿形刀架液压缸体的后退运动 $S_仿$ 所形成的合成进给运动 $S_合$，就使车刀车出工件的台肩部分，见图 11.3-4 中的 b 点。所以一般作为附件的仿形刀架液压缸轴线多与主轴中心线安装成 $45°\sim60°$ 的斜角，目的就是为了可以车削直角的肩部。

车反锥的情况是：当触头沿样件上的反锥部位移动时，触头就绕钢片铰链交叉点向前摆动，通过反馈杆和钢丝使阀芯相对阀体向前位移，使阀口 2 边打开，1 边搭盖，液压缸大腔与油箱相通，大腔内的压力 p_0 下降，液压缸在小腔油压 p_s 作用下向前移动。这时溜板的纵向进给运动 $S_纵$ 和仿形刀架液压缸体的前进运动 $S_仿$ 所形成的合成进给运动 $S_合$，就使车刀车出工件的反锥部分，见图 11.3-4 中的 c 点。液压仿形刀架的精度是很高的，一般可达 0.03mm。

11.4 电液比例控制

随着工业自动化水平的提高，许多液压系统要求油流的压力和流量能连续地或按比例地跟随控制信号而变化，但对控制精度和动特性却要求不高。若仅用普通的控制阀很难实现这种控制，若用电液伺服阀组成伺服系统当然能实现这种控制，但伺服系统的控制精度和动态性能大大超过了这些液压系统的要求，使得系统复杂、成本高、制造和维护困难。为了满足生产中这类液压系统的要求，近十几年来发展了比例控制阀，用它组成开环比例控制或闭环比例控制系统。

比例阀的结构特点是由比例电磁铁与液压控制阀两部分组成。相当于给普通液压控制阀装上比例电磁铁以代替原有的手调控制部分。电磁铁接收输入的电信号，连续地或按比例地转换成力或位移。液压控制阀受电磁铁输出的力或位移控制，连续地或按比例地控制油流的压力和流量。

由于比例阀实现了用电信号控制液压系统的压力和流量，因此它兼有液压机械传递功率大，反应快，电气设备易操纵控制，电信号易放大、传递和检测的优点，适用于遥控、自动化和程序控制。

根据被控制的参数不同，比例阀可分为比例压力阀、比例流量阀、比例方向阀和比例复合阀。下面对这几种阀作简单介绍。

11.4.1 电液比例压力阀

1. 工作原理

电液比例压力阀是用输入的电信号控制系统的压力。图 11.4-1 是其结构图。它由压力阀与比例电磁铁两部分组成。当比例电磁铁线圈中通入电流时，推杆 4 往外移动，通过钢球

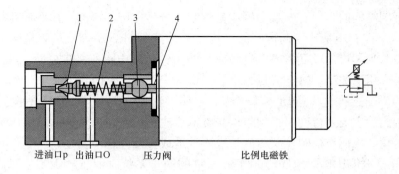

图 11.4-1 电液比例压力阀

1—锥阀芯；2—弹簧；3—钢球；4—推杆

3、弹簧 2 把电磁推力传给锥阀芯 1，推力的大小与输入的电流成比例。当进口油压压力大于弹簧力时，锥阀打开，由出油口排油，从而使开启锥阀的进口油压压力受输入电磁铁电流大小的控制。

这种阀是直动式压力阀，也可作为先导阀与先导式溢流阀、顺序阀、减压阀的主阀组合成各式电液比例压力阀。图 11.4-2 即为电液比例溢流阀。

2. 应用

目前主要用于注射成型机、轧板机、液压机、工程机械等系统的多级压力控制中。

如某注塑机工作时要求如图 11.4-3（a）所示的压力变化。如用普通控制阀则需要 5 个溢流阀和两个换向阀组合起来，如图 11.4-3（c）所示用换向阀切换与主溢流阀接通的远程调压阀，实现分级改变压力。若采用比例控制，则只需要一个比例溢流阀便可达到要求。如图 11.4-3（b）所示，在线路上并联几个分流电阻，通过行程开关把它们顺序接通，就可逐级地改变控制电流，也就分级改变了压力。

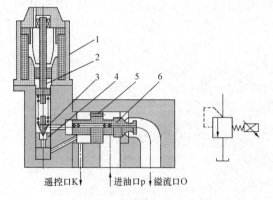

图 11.4-2 电液比例溢流阀

1—比例电磁铁；2—推杆；3—锥阀芯；
4—锥阀座；5—阻尼孔；6—主阀芯

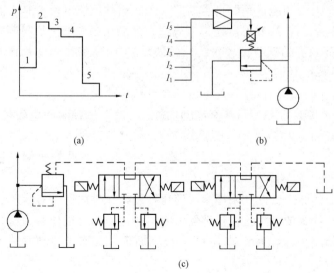

(a)

(b)

(c)

图 11.4-3 压力控制回路

11.4.2 电液比例流量阀

1. 普通的比例流量阀

电液比例流量阀是输入相应的电信号去调节系统的流量。它是由比例电磁铁与流量阀组合而成。根据流量阀结构的不同，电液比例流量阀又可分为比例节流阀、比例调速阀和比例单向调速阀。图 11.4-4 为电液比例调速阀的结构图。其液压阀部分的工作情况与一般调速阀完全相同，只是节流阀口的开度由输入电磁铁线圈中的信号电流来控制。当无电信号输入时，节流阀在弹簧作用下关闭，输出流量为零。当输入一信号电流时，电磁铁产生与电流大小成比例的电磁力，通过推杆 4 推动节流阀芯 3 左移，直到电磁力与弹簧力平衡阀芯才停止左移，节流阀达到一定的开口度，得到与信号电流成比例的流量。若输入信号电流是连续地或按一定程序变化，比例调速阀控制的流量也连续地或按同样程序变化。

图 11.4-5 是电液比例调速阀应用于液压缸的同步系统。液压缸 1 为主动缸，液压缸 2 为随动缸，调速阀 BQ1 只接受速度指令信号，BQ2 除了接受速度指令信号外还接受两液压缸位移偏差信号，以保证液压缸 2 随液压缸 1 同步运动，同步位置精度可达 0.2mm。双旋轮旋压机、双缸折板机以及飞机装卸升降平台等均可采用这种系统。

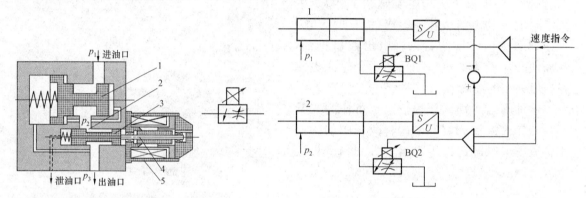

图 11.4-4　电液比例调速阀　　　　图 11.4-5　电液比例调速阀控制的同步系统

2. 新型的比例流量阀

(1) 普通比例流量阀存在的主要问题。普通比例流量阀的现有结构都是将检测节流器处的压力差作为流量的检测信号，进行压力补偿，从而间接地控制流量。压力补偿器既是测量环节又是控制环节，而用以调节液流阻力的能量是取自主油路。因此当被控流量增大时，液动力也增大了，影响了压力补偿器的平衡，使节流器处的压力差不再为常数，干扰了调定流量，降低了控制精度。所以静态变负载下的调节偏差较大，一般可达 10%～20%，尤其大流量高压差下调节偏差更为明显。

另外，由于压力补偿器采用减压阀，其阀口是常开型，当负载压力作阶跃式变化时，动态特性差。流量超调量太大，一般为 100%～300% 甚至高到 600%。过渡过程时间也较长，0.4s 左右。

我国路甬祥同志从结构原理上分析了普通比例流量阀的缺陷，发明了新型的比例流量阀。下面作简单的介绍。

(2) 电液比例二通型调速阀的工作原理。此阀采用多级液压控制，元件内部带有液压机械反馈，具有负载补偿性能。它是先导式的，将流量传感器上取得的流量信号以位移力反馈的形式加到先导阀上，从而直接控制流量，称为流量-位移-力反馈原理，其流量控制方块图如图 11.4-6 所示。

图 11.4-7 中双点画线右边部分即为此电液比例调速阀，它由四个主要部分组成：比例

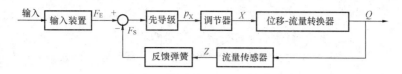

图 11.4-6　流量控制方块图

电磁铁、先导阀、流量传感器和调节器。

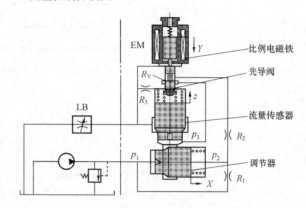

图 11.4-7　插装式二通型电液比例调速阀

比例电磁铁产生与电信号成比例的力作用于先导控制滑阀上，先导阀为单边控制式，其控制阀口与前置固定节流孔的液阻 R_1 构成液阻半桥对调节器实现控制。R_2 的作用在于增加调节器滑阀的液压阻尼。流经调节器主阀口的流量被流量传感器计测，并转化为流量传感器阀芯的位移 z，借助反馈弹簧反馈至先导阀芯与给定的电磁力平衡。固定节流孔 R_3 的作用是将流量传感器的运动速度值转化为作用于先导阀二端面的瞬时压差，构成速度反馈，改善动态性能。

当无控制信号电流输入时，先导阀处于关闭位置，调节器和流量传感器都在弹簧的作用下处于关闭位置，无流量输出。

有控制信号电流输入时，在电磁铁推杆的作用下先导阀打开，压力油经固定节流孔 R_1、R_2 及先导阀阀口流动，使调节器弹簧腔的油压 p_2 下降，调节器阀口打开，便有流量输出。油流流经流量传感器，把流量计抬起与流量大小成比例的高度 z。流量计的位移 z 通过内圈弹簧反馈到先导阀上，使先导阀阀口对应于输入电流信号稳定在一定的开度上，保证阀输出的流量与输入信号成比例。

在某一调定值下，当负载压力增大时，流过调节器的流量减小。流量传感器反馈给先导阀的弹簧力也减小，先导阀口增大，使 p_2 下降，调节器阀口开大，则流量增加。直到流量传感器的弹簧力与电磁力平衡，也就是流量位复到调定值为止。当负载压力减小，同样自动补偿。

（3）控制性能。

静特性：因为位移-流量转换器被流量调节闭环所包容，因此输出流量值不受负载或工作压差变化的影响。虽然调节器阀芯上的液动力随流量和工作压差而变化，但其影响在此已被高增益的流量调节闭环所抑制。在由其他各种干扰引起实际流量与调定值之间发生偏差时，也发生流量-位移-力反馈过程，保证了此阀能经受多方面的干扰而保持较好的性能。所以它具有较好的等流量特性和较小的工作压差，如图 11.4-8 所示。

动特性：无输入信号或阀工作压差为零的情况下，主调节器和流量传感器均处于关闭状态，并在流量传感器阀芯与先导级之间设置了与流量传感器阀芯速度成比例的压差反馈闭环，因此无论输入阶跃电信号或负载压力阶跃变化，流量的超调量都较小，约为 10%，响应时间小于 0.1 s，−90° 相移频率超过 10 Hz。

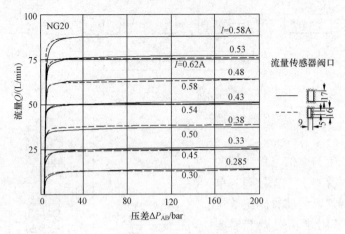

图 11.4-8　等流量特性

（4）结构特点。采用比例阀-插装阀相结合的方式。具有插装阀组装灵活、结构紧凑、制造简单、密封性好和三化程度高的优点。尤其是高压大流量复杂系统更为突出。阀的不同控制功能仅须安装不同的先导控制阀便可实现。

为使先导控制滑阀达到液压力平衡，并提高控制精度和快速性，比例电磁铁的衔铁腔通过相应的孔道与传感器弹簧腔相通，因而比例电磁铁是耐高压的。

比例电磁铁还具有水平吸力特性，即在给定电流下，在其正常工作范围内，不论衔铁推杆处于什么位置，其电磁推力不变。

11.4.3　电液比例换向阀及复合阀

电液比例换向阀不仅能改变液流的方向，还可以控制流量的大小。它由两个比例电磁铁控制的双向减压阀作前置级，液动双向节流阀作放大级而构成。通过比例电磁铁的电流与节流阀的开度成比例，因此可以改变输入电信号的大小和方向来控制通过电液比例换向阀的流量大小和方向，但流量会受负载变化的影响。

电液比例复合阀是在电液比例换向阀的放大级，即主阀阀口加上压力补偿机构并增加主阀联数而组成。如主阀前串联定差减压阀，则放大级为双向比例调速阀。因此用电液比例复合阀去控制液压缸的运动速度可以避免负载变化的影响。

11.5　液压新技术

液压技术发展的历史并不太长，但是发展的速度确是很快的。从 20 世纪 60 年代起，由于科学技术的发展，对液压技术提出了新的要求，特别是空间技术和海洋开发使液压技术的新结构、新工艺、新性能、新应用层出不穷，范围越来越广，内容越来越新颖。

11.5.1　高压大流量小型化

液压元件的额定压力在 20 年前多为 7MPa，而现在一般发展到 35～42MPa，因为压力的提高一方面能减小整个系统的尺寸和重量，又能提高系统的快速性。表 11.5-1 说明液压系统重量与工作压力的关系。

由表 11.5-1 可以看出压力级的提高对减轻液压系统的重量是非常重要的。因而目前国外生产的九种专用泵压力已达 600～700MPa。

表 11.5-1	液压系统重量与工作压力的关系
压力提高情况	系统减重情况
由 21MPa 提高到 28MPa	导管减重 4.5%，液压缸减重 8%，储能器减重 6.5%，油箱减重 2%，液压油减重 21%，整个系统减重 5%
由 28MPa 提高到 35MPa	整个系统减重 10%

流量从过去的 $3.65 \times 10^{-3} \sim 4.31 \times 10^{-3} \mathrm{m}^3/\mathrm{s}$，发展到 $1.096 \times 10^{-2} \sim 1.461 \times 10^{-2} \mathrm{m}^3/\mathrm{s}$，功率已增到 $13.5 \sim 367.5 \mathrm{kW}$。提高流量的有效办法就是提高泵的转速，目前国产的柱塞泵最高转速为 3500r/min，国际航空用的柱塞泵转速已达 5000r/min，内啮合齿轮泵为 36 000r/min，叶片泵为 5000r/min。

由于压力的提高而结构尺寸相应减小，系统快速性相应提高，所以从液压技术的应用范围首先是军事工业的需要，而后在民用工业中应用这一技术最早的是塑料机械，其次是锻压机械、工程机械、冶炼机械及机械制造等。因而液压元件着重向高压方向发展。

11.5.2 伺服控制与比例控制

在第二次世界大战期间，由于对战备武器提出了精度高反应快的要求，出现了液压自动控制系统。战后，这种新的技术转向于民用工业。在 20 世纪 60 年代出现了反应最快、精度服最高的电液伺服系统，目前在各种科学领域内已广泛地采用这种精度较高的自动控制系统，如数字程序控制、原子能、航天航空及海洋开发等。例如液压振动台模拟装置，由于它具有能真实模拟各种试验环境和推力的特点，由单频转变为随机或复合振动环境，汽车道路模拟、地震再现、海浪模拟及航天环境模拟等均采用电液伺服控制。目前电液伺服控制发展的动向是提高性能（频宽和可靠性），提高抗污染能力和降低成本。

但是，这种控制系统由于精度高，价格贵，对污染条件要求较严，不能广泛应用于民用工业。因而在 20 世纪 60 年代后期出现了所谓廉价自动化（L. C. A）的比例控制。它是介于开关控制与伺服控制之间的一种控制方式。它是通过输入（给定）电信号，使系统的压力、流量连续地、按比例地输入到执行机构。其优点是价廉、成效快、简化油路、减少元件的数量、抗污染能力强。它特别易于旧机器的改造。这种控制方式的元件在国外已经标准化、系列化。它与开关控制和伺服控制相比所占的比重最大，应用范围最广。

由于电液先导比例控制新原理的出现，形成了比例控制技术的新体系—比例流量控制技术（参阅第 11 章）。它既可用于泵控，也可用于阀控，是 80 年代液压技术的新突破。它具有毋庸置疑的经济效果，由此将产生一代液压元件的新家族。

11.5.3 二通插装阀（Cartridge）

由于液压技术向着高压、大流量和集成化方向发展，惯用的回路结构已不能满足发展的需要。例如电磁换向阀受到压力和流量的限制，流量最大不超过 $6.6 \times 10^{-4} \mathrm{m}^3/\mathrm{s}$，如果再大，背压和重量就较大，密封摩擦力大，动作不灵活，因而出现了 Cartridge 技术（简称锥阀）。它的出现发展了新的液压回路技术。以它作为液压传动和控制方法，使液压技术的地位有了显著的提高，在塑料机械、压力机械及其他重型机械方面得到广泛的应用。

这种技术的基本原理结构就是把功率传递部分和信号传递部分适当分开，类似一个液控单向阀，只是控制油液通向阀的上方安放弹簧的一边，因此阀口只有在控制油路接通油箱时才能打开，接通油源时关闭，完全像一个受操纵的逻辑元件那样地工作。液压系统采用这种阀，每条动力油路上都需按装一个这样的阀，并将原来操纵动力油路的换向阀改为操纵这些锥阀的换向阀（即把操纵动力油路改为操纵控制油路）。因而使许多元件的规格尺寸大为减小。

图 11.5-1 是锥阀式，图（a）是原理图，图（b）是结构图，图（c）是方向阀图形符号，它可以控制液体流动方向，它有两个管道连接口 A、B 和一个控制口 C，锥阀上腔连接一个小流量的电磁阀，作先导控制阀用，控制油源可从系统的压力管道中出，利用先导控制阀使 C 口卸压或加压就可实现锥阀的启闭。当锥阀上腔 C 接通压力油路时，锥阀关闭；当锥阀上腔 C 接通油箱时，A 腔的压力油将阀芯顶起而流向 B 腔。若油流反向流动时（B→A）从 B 口进入的压力油作用在阀芯的锥面上，也同样能顶起阀芯而流向 A 口。这样就构成了一个电磁控制的二位二通换向阀。

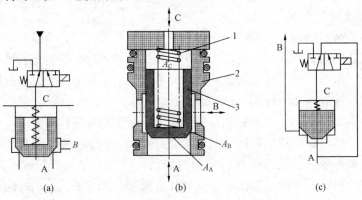

图 11.5-1   锥阀式结构、原理及图形符号

锥阀与各种先导压力控制阀组合起来还可以构成各种压力控制阀。图 11.5-2（a）为锥阀式压力阀的工作原理图。如图把带有小阻尼孔的阀芯上腔 C 与先导调压阀连接，当 A 腔压力小于先导调压阀的调定压力时，阀芯压在阀座上，A 腔与 B 腔不通。当 A 腔压力升高到先导调压阀的调定压力时，先导调压阀开启，于是就有一部分油从 A 腔通过阻尼小孔流到 C 腔，再通过先导调压阀溢回油箱，阀芯被抬起，A 腔的油流向 B 腔（其工作原理与先导式溢流阀相同）。若 B 腔是回油腔，则此阀就起溢流阀的作用，若 B 腔是通到系统的一条支路，则此阀就起顺序阀作用，其图形符号如图 11.5-2（b）所示。锥阀式的集成是很方便的，用一定数量的锥阀（二通插装）和相应的先导阀可以组成各种用途不同的阀及回路。如图 11.5-3（a）是锥阀式卸荷调压阀，图 11.5-3（b）是节流调速回路。

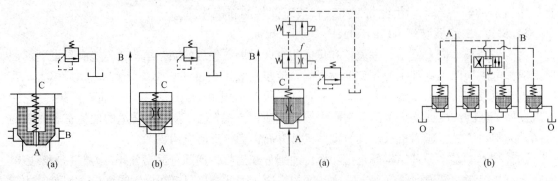

图 11.5-2   锥阀式压力阀   图 11.5-3   锥阀式集成回路

11.5.4　球式逻辑阀（流体元件）

这种元件是 20 世纪 70 年代初才出现的一种新型座阀式方向控制元件。它是为提高液压系统换向性能而发展起来的。因为现有滑阀式换向阀虽有结构简单、阀芯上静压平衡及操纵力小等优点，但由于滑阀阀芯在阀孔中相对运动时，必须保持一定间隙，故存在以下的缺点：

（1）存在液压卡紧现象，引起动作的可靠性或动作速度降低。

（2）为减少泄漏，必须提高加工精度，成本相应增加。

（3）油液污染敏感，降低了动作的可靠性。

而球式流体元件基本上可以克服以上缺点，其结构如图 11.5-4（a）所示。

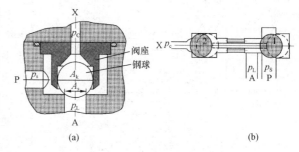

图 11.5-4　球式逻辑元件

它是利用控制油路油压 p_c 的变化来改变球阀芯的位置，从而实现对油路通断的控制。当控制油口通入控制油压 p_c 时，球阀芯下落并关闭负载油口 A，使压力油口 P 与负载油口 A 的通路被切断；当控制油口无油压时，压力油口 P 与负载油口 A 彼此相通。它的功能相当于一个常开式的二位二通换向阀。图 11.5-4（b）的球式流体元件的动作正好与上相反，相当一个常闭式的二位二通换向阀，以这两种基本元件为基础可以组成各种功能的多工位多通路的方向控制阀和较复杂的方向控制回路。

球式流体元件代替滑阀式换向阀对液压系统进行换向和顺序动作控制具有下列优点：

（1）由于消除了液压卡紧现象，故动作可靠性大大提高，换向时间大大缩短，可达 0.5～10ms。

（2）由于阀芯与阀孔为线接触，故密封性好，在各种压力下工作时，均可保证终端位置不泄漏。

（3）配合公差可比滑阀大十倍，对油的污染要求不敏感。

（4）由于在切换过程中，不对称的液流作用在球面上的摩擦力使球旋转，使它不断改变与阀座间接触位置，因而磨损均匀，大大提高元件的使用寿命。试验证明，这种阀在动作数百万次后，才会使球面原始抛光的光泽有所稍减。

（5）作为基本件的球阀芯可以直接从轴承厂获得，价格便宜，精度较高。

为适应以水或乳化液为介质的液压系统的要需，出现的这种新型球式换向阀，包括二位三通（U 型与 C 型）和二位四通（D 型与 Y 型）两种，其图形符号如图 11.5-5 所示。二位三通为基本结构形式，在它的基础上加底板，则可构成二位四通。现已有 6 通径和 10 通径两种（流量分别为 $9.6m^3/s$ 和 $21.6m^3/s$），额定工作压力可达 $2.1×10^7Pa$。

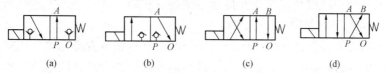

图 11.5-5　球式换向阀

(a) U 型；(b) C 型；(c) D 型；(d) Y 型

11.5.5 交流液压

交流液压是相对于直流液压而言的，如果把直流液压比作直流电，那么交流液压就是交流电。直流液压是通过液体在管路中的定向连续流动来传递能量，而交流液压却是通过管路中液体的波动和振荡来传递能量的。在交流液压中管路中的液体作振幅不大的往复运动，它的平均流量等于零，其简单工作原理如图 11.5-6 所示。

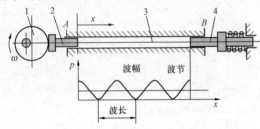

图 11.5-6 交流液压原理图
1—偏心轮；2—活塞；3—油液；4—活塞

随着偏心轮 1 的转动，活塞 2 作低频率大振幅的往复运动。当活塞 2 向右移动时，管中油液作为一个整体被推向右方，同时压缩活塞 4，推动负载。当 2 向左移动时，管中油液又被右端弹簧推向左方。油液在管路中随活塞往复运动而形成脉动。这种脉动称为单相脉动。若用二条或三条管路构成两相或三相脉动线路，这与交流电的情况十分类似。

交流液压由于是在密闭的管路中使液体产生自激振动，而在输出端直接获得振动液体的能量，使执行机构工作，根据这一特点其应用的场合越来越多。最简单的就是交流液压镐，它的动力为二相交流脉动液流，相位差为 180°。工作油压可达 21MPa 以上，冲击次数为 1500 次/min，与风镐相比，功率大、效率高、重量轻、寿命长和噪声低。另外颗粒状材料和小零件的传送、飞机及飞行器交变载荷的模拟、液压振动器及其他需有附加振源的各种机械，均可利用交流液压的脉动特性来实现。特别在原子能工程和某些化工工程中，由于存在着放射性物质和化学污染，必须有严密的安全隔离措施。对于整个的直流液压循环系统来说，安全隔离就比较困难，而用交流脉动液压就比较容易。因为交流液压是在油液的往复振动中传递能量的。油液只在一定部位振动，而不在系统中循环（即它的平均流量为零）。这样就使流过液压泵等动力单元部分的油液与流过液压缸等执行机构的油液相互隔绝。在这两种油液间加一液压转换器（或称隔离器）来传递脉动流量。这一特性对于发展航天航空工程也是十分重要的。例如随着飞行器速度的增加，机身与空气摩擦产生很高的温度，再加发动机产生的热量和液压元件本身产生的热量，使近代飞行器的液压系统的工作温度很高，液压泵不能在常温下工作，其性能变坏，若用交流液压后，就可以把液压泵与处于高温或其他恶劣条件下的执行部分隔离起来，使液压泵仍在常温条件下工作。其他建筑机械、工程机械、农业机械等均可采用这一特性。

11.5.6 液压技术计算机化

电子计算机在液压技术方面的应用当前正处于日益发展的阶段。计算机的应用推动了液压技术的发展。目前除了把计算机直接接在液压系统回路上以控制液压设备外，还用计算机来进行元件和系统的设计以及对液压元件和系统进行实验。

1. 用计算机进行设计

在计算机上模拟液压元件和回路的设计，可使一个液压装置得到最优化的设计。

采用这种模拟手段，必须把表达每一元件性能的微分方程式和代数方程式输入到模拟它的方框内。用计算机解出后再调整某些参数，反复几次，直到计算出来的性能（如稳定性、精度和响应速度等）满足要求时为止。这样就可明确地知道模型的系数与结构参数之间的系统。从而就可解决：明确与一个元件性能有影响的物理现象的性质；改变一个元件的结构参数以改进其系统特性，为一个液压系统选择能满足给定要求的各种元件。对于液压基本回路也可以用计算机进行设计，例如液压系统的数字模拟程序，它既可以实现元件的逻辑连接、动态特性的分析，又可以进行计算或优化设计。

2. 用计算机进行试验

在液压试验室中，用计算机控制液压系统或液压元件的试验过程，改变其工作情况，同时对许多参数进行记录、储存和数据处理。

3. 液压系统的计算机控制

微型计算机用于闭环液压系统的控制已有 20 年的历史，在这期间计算机的硬件和软件都已得到相当大的发展。计算机放在电液系统中将主令和反馈信号按规定的方程处理后，发出信息，输给液压阀，以控制执行元件的动作。例如图 11.5-7 就是用微型计算机和电液比例阀控制的液压系统的框图。

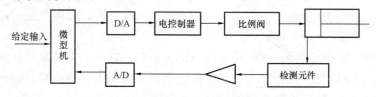

图 11.5-7　微型机控制的液压系统框图

11.5.7　污染与噪声的控制

1. 污染的控制与研究

液压系统的故障 75% 是由液压油的污染造成的，因此研究液压油的污染控制，对提高液压系统的精度和工作的稳定性、延长液压元件的寿命十分重要。目前，在液压元件的污染敏感度、新的污染控制方法、最佳过滤等方面展开了广泛的研究，并取得了一定的成效。液压元件的寿命到 20 世纪 80 年代后期的目标为 20 000h，因而进一步对液压油污染的控制与研究尤为重要。

2. 噪声、振动的控制与研究

液压技术发展的趋势为高压、大流量、小型化和集成化。而噪声和振动是液压技术向高压、高速发展的主要障碍。目前除了研究如何通过减振的办法来降低噪声外，还在广泛研究如何控制油压泵的脉动和减少控制阀的非线性特性。

另外，空穴对液压的噪声和振动影响很大，为了降低噪声和振动，正在积极研究消除空穴现象，以便从根本上控制噪声问题。

11.5.8　液压技术的节能与能量回收

能源供应是当今科学技术发展的基础，是经济效益重要的指标之一。解决能源问题主要靠两个方面，一是开发新能源，二是节能。据统计，世界各国技术领域所使用的总能量几乎有 1/2~2/3 是损失在能量的转换过程中。作为能源，除了化学石油燃料、核能和太阳能外，"节能"将是未来的一个大能源。节能另一个作用，就是有利于环保，减少污染。所以，当今各个科学领域都在探索和考虑节能的问题。

液压技术当然也不例外，特别从 20 世纪 70 年代中期，由于能源危机，电子技术的发展，微型计算机、传感器与液压技术的结合，在节省能源、降低能耗和能量回收方面都取得了迅速的发展。

1. 发展新型传动介质与相应的元件

(1) 高水基传动介质。这种传动介质是在研究难燃油的基础上发展起来的，水占 95%，油只有 5%。美国的自动线及汽车的液压系统有 50% 以上采用这种传动介质，简称 HWB (High Water Bass Fluid)。同时发展了相应的元件。

(2) 以海水作为传动介质。为了充分利用海水资源，近几年在海洋开发的潜海工具液压装置上，用海水作为传动介质，不仅节省了能源，而且避免了油的污染，不需要回油管及油箱。同时，发展了相应的高强度耐腐蚀的液压元件。

2. 提高元件效率，发展低能耗元件

(1) 提高泵和马达的效率。为了提高液压装置的效率，降低能耗，必须提高每个液压元件的效率。首先是泵和马达的效率，因为泵和马达对液压系统的总效率影响较大。近几年国外开发了一些直接驱动的低速液压马达，改进了结构，可以得到较高的机械效率和容积效率。还有不少单位研制了功率匹配控制的轻型变量柱塞泵，可以根据负载的需要改变流量和压力，因而大大节约了能源的损耗。

(2) 减低控制阀的压力降。液压控制阀近期发展特点之一，就是减小其压力降。例如在满足工作要求下，从降低能耗的角度，应选择比例阀，因为可以连续控制的比例阀，通常采用 1MPa 以下的阀口压降，而伺服阀阀口压降为 7MPa。

(3) 降低控制功率发展低能耗元件。为了降低能耗，结合电子技术的发展，在提高元件性能的同时，降低控制元件的控制功率，已取得显著的效果，由原来继电器控制过渡到晶体管、集成电路，这样可以大大减小控制功率。如中低压液压系统，其功率由原来的 20W 降至 2W，电流由 600mA 降到 100mA，德国 Herion 公司已研制成只有 0.3W 的电磁先导阀，比 Vickers 公司的 2W 电磁阀功率还小，不仅能耗降低了，而且可用于计算机控制系统。

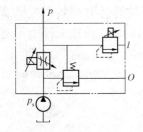

图 11.5-8　定量泵＋比例
阀压力匹配系统

3. 提高液压系统的效率

由于一般液压系统的能量有 60% 的输入功率转化为热能消耗掉，故现代液压系统的设计把提高系统的效率、降低能耗作为重要的质量指标，如压力补偿控制、负载感应控制或功率协调系统等。图 11.5-8 是定量泵＋比例阀压力匹配系统，系统的效率可提高 30%。

变量泵＋比例节流阀、变量泵＋比例换向阀及多联泵（定量泵）＋比例节流溢流阀，其效率可提高 28%～45%。

4. 能量回收

液压系统节能的另一途径，就是实行能量回收。其关键环节是能量转换器，它的效率要高、造价要低，能量便于控制。如液压系统中安装飞轮或蓄能器就可得到较好的效果，能有效地降低了设备功率。图 11.5-9 就是采用蓄能器来增加流量的液压系统，否则就要用大流量的液压泵和较大的驱动电机。

另外，在城市公共汽车上安装飞轮或蓄能器，刹车时，向飞轮或蓄能器储能（能量回收），起动时，飞轮或蓄能器释放能量。这

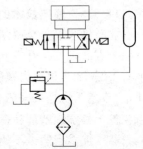

图 11.5-9　采用蓄能器回路

样不仅可以节省油耗 $28\%\sim30\%$，而且还可以减低起动噪声和废气对环境的污染。图11.5-10是能量回收系统的框图。

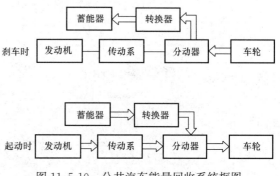

图 11.5-10　公共汽车能量回收系统框图

11.5.9　数字式控制阀

由于电液比例和电液伺服控制同属模拟控制，因此要用电子计算机控制该类元件，必须进行数模转换，反之，要把反馈信号转换成计算机的数字信息（模-数转换）。结果使设备复杂，成本较高，可靠性降低，因此出现了数字式控制阀，它可直接响应微处理机的控制信号。

数字电液阀一般由转阀、步进电机、微处理机及驱动步进电机的电路组成。步进电机的轴直接与转阀的滑阀连接（步进电机的分辨率为 $1.8°$），用控制放大器把微处理机与步进电机的驱动电路相连接，微处理机可以接受两种输入信号；一个是所要求的输入信号，另一个是来自负载的输出信号。微处理机可以处理这两种信号，并发出指令，控制步进电机轴的位置，从而控制了转动滑阀的位置。图 11.5-11 是控制液压马达速度的系统框图。

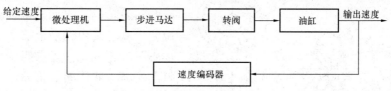

图 11.5-11　液压马达速度控制框图

用微处理机输入开关选择所需要的速度，液压马达的转速用增量编码器测量，来自增量编码器的信号被送至微处理机，然后微处理机将所需要的速度与液压马达的实际转速进行比较，如果两个速度不一致，微处理机就发现误差，并给步进电机发出适当方向的脉冲，发出的脉冲数与误差大小成正比；如果所需要的速度为零，阀就关闭。

思 考 与 练 习 11

1. 什么是液压伺服系统？它与普通液压传动系统的区别是什么？
2. 液压伺服系统有什么特点？
3. 车辆液压伺服转向助力器一般情况下其伺服阀的阀芯应采用什么类型？为什么？
4. 试分析比较双边节流与四边节流零开口液压伺服系统的优缺点。
5. 电液比例压力阀的工作原理是什么？
6. 普通比例流量阀存在的主要问题是什么？
7. 现代液压技术的发展趋势什么？

第2篇 液力传动

第12章 液力传动概述

12.1 液力传动的工作原理

液力传动是利用液体的动能进行能量的转换和传递的技术。它是利用液体的动能，通过液力传动装置中液轮内动量矩的变化来传递和改变能量。图12.1-1所示为液力偶合器和涡轮机组的结构原理比较。涡轮机组包括离心泵和涡轮机，原动机带动离心泵1高速旋转，离心泵由储液池吸入液体，液体在离心泵叶轮内加速，获得动能。由离心泵打出的高速液体通过管路3和喷嘴进入涡轮机2，冲击涡轮叶片使之旋转，将液体的动能转换成机械能，通过输出轴推动工作机运动。由涡轮机排出的液体速度降低，动能减少，流回储液池。液体按这样的方式周而复始地循环流动，并在循环流动中先后与离心泵叶轮和涡轮叶轮相互作用，完成能量的转换和传递。这种传动形式就称为液力传动。

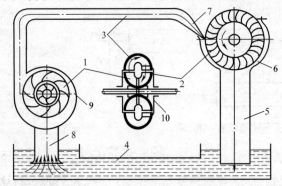

图 12.1-1　液力传动装置原理简图

1—离心泵（泵轮）；2—涡轮机（涡轮）；3—连接管路（导轮）；4—储液池；5—涡轮机尾水管；6—涡轮机壳体；7—导水机构；8—离心泵进水管；9—离心泵壳体；10—液力变矩器

如果将图12.1-1中泵轮1和涡轮2靠近，将管路和喷嘴变成固定不动的一组叶片组成的导轮3，并将它们装在同一壳体内，就变成了图12.1-1中液力变矩器的结构。液力变矩器由于导轮3的存在，它承受一部分力矩，使得输入泵轮1的力矩和由涡轮2输出的力矩不相等，它可改变能量传递过程中的力矩。如果取消了导轮，则装置就变成了液力偶合器。液力偶合器只有泵轮和涡轮两个叶轮，其输入输出力矩相等，因此得名。

液力传动用变矩器取代了机械传动中的离合器，具有分段无级调速能力。它的突出优点是具有接近于双曲线的输出力矩—转速特性，配合后置的动力换档式机械变速器能够自动匹配负荷并防止动力传动装置过载。变矩器的功率密度很大，而负荷应力较低，大批量生产成本不高等特点使它广泛应用于大中型铲土运输机械、起重运输机械领域和汽车、坦克等高速车辆中。但其特性匹配及布局方式受限制，变矩范围较小，动力制动能力差，不适合用于要求速度稳定的场合。

12.2　液力系统的应用和特点

12.2.1　液力传动的发展与现状

液力传动技术最早出现于 20 世纪初的欧洲造船业。随后在第一次世界大战期间在车辆上开始使用液力机械传动的变速器。第二次世界大战期间，液力传动技术开始应用于军用车辆和坦克，研究重心也转移至美国。1950 年，美国福特公司首先将液力传动装置应用于客车，出现了可根据车速和油门位置进行自动换挡的自动变速器，液力—机械变速器进入了成熟期。在 20 世纪六七十年代先后生产了多挡的液力自动变速器和电控液力自动变速器。随着制造技术和电子技术的发展，液力传动装置的控制功能和可靠性得到逐步提高，而且成本也大为降低。目前，液力自动变速器已广泛应用于汽车领域，包括客车、高越野性军用汽车、牵引车、大吨位重型汽车等。在美国，作为标准件的自动变速器装车率已超过 90%。

在国内，液力传动装置的应用始于 20 世纪 50 年代，当时成功研制出了用于"红旗"高级轿车和"东风号"内燃机车的液力传动装置。在 20 世纪 70 年代，已将液力传动应用于一系列的重型矿用汽车上，随后又逐步应用到装载机、推土机、挖掘机等建筑机械上。1978年液力行业开始引进国外先进技术并得到较快的发展。现从事液力元件生产的主要厂家有70 多个，年产液力变矩器约 3 万余台、液力偶合器约 7 万台，主要为工程机械配套，生产车用液力元件的专业厂很少且产量较低。

12.2.2　液力传动的特点

液力传动和纯机械传动相比主要有以下特点：

（1）具有自适应性。液力变矩器的输出力矩能随外负载的增加而自动增加。当外机械遇到坡道或路障，负载突然增大时，能自动增大牵引力，以克服增大的外负载。同时，还能使机械自动降低速度，避免外负载继续增大而导致发动机熄火。当外负载减小时，又能自动减小牵引力，提高行走速度。这种特性对工程机械特别有利。它能很好地满足装载机、推土机、铲运机械等工程机械在作业工况和行走工况的调速要求。液力偶合器能有效地控制机械过载，具有良好的缓冲作用。

（2）使传动系统柔性化，提高发动机和传动系的使用寿命。对于采用机械变速器的车辆，存在换挡冲击；当阻力突然增大时，可能导致发动机过载；在起步、制动时也会有明显的冲击和制动载荷。使用液力传动的车辆，发动机与传动系由液体工作介质"软"性连接。不管外界负载如何变化，发动机总是在一定范围内工作，液力传动起到了一定的缓冲和过载保护作用。相关对比试验表明，液力传动装置可使发动机寿命提高 85%，变速器寿命提高1～2倍，传动轴、驱动桥半轴寿命可提高 75%～140%。

（3）具有良好的低速稳定性能，提高了机械的通过性能。装有液力传动的机械能够以任意小的速度稳定行驶，这样就增加了轮胎或履带与地面的附着力，提高了机械在松软的土质、沙质路面、雪地和泥泞沼泽地带上的通过能力，这对建筑、工程机械和行走机械都很有利。

（4）无级调速、简化了操作，提高驾驶员和乘客的舒适性。液力变速器本身就是一个无级自动变速器，从而使发动机的动力范围得到扩大，变速器的挡数也可以减少。采用动力换挡装置后，操纵更加简便，大大降低了驾驶员的劳动强度。

（5）便于维护保养。液力元件的叶轮之间无机械联系，无机械磨损，工作介质为无机矿物油，不仅可靠度高，使用寿命长，而且便于维护保养。

（6）液力传动装置也存在诸如传动效率低、结构复杂、成本较高等缺点。液力变矩器的最高效率为 85%~92%，而机械传动的效率可达 95% 以上。液力传动装置结构都比较复杂，制造精度要求高，另外使用时一般都需要一套补偿冷却系统，这些都增加了成本。

总的来说，液力传动的优点是显著的，缺点是相对的和可以克服的。例如液力变矩器本身的效率较低，购置成本较高，但它却可以大大提高发动机和传动系的使用寿命，提高动力性和生产效率，使整车的使用经济性提高。此外，如果液力自动变速器与发动机匹配较好或采用锁止离合器等措施，也可以使传动效率大为提高。液力传动具备的机械变速器所不可比拟的优越性使其在各个工业领域得到了广泛应用。

12.3　轮式车辆液力传动的基本形式

轮式车辆采用液力传动有以下三种基本形式：

12.3.1　单纯采用液力变矩器

液力变矩器本身就是一种自动、无级变速器，在道路阻力变化不大的情况下，能在一定范围内自动适应道路阻力情况，自动、无级变速。如市内公共汽车就可以不配置机械变速器，从而无需换挡，简化了操作，也简化了车辆结构。

12.3.2　液力—机械变矩器

尽管车辆单纯采用液力变矩器有一系列的优点，但由于变矩器的效率及变矩性能有限，为应付复杂路况，通常多将液力变矩器和机械变速器联合使用。将变矩器和机械变速器串联在一起，装在一个组合式壳体里，统称为液力—机械变速器。

机械变速器部分，主要由形成若干前进挡和倒挡的挡位齿轮组、相应的挡位离合器及其操作系统构成。齿轮组一般为常啮合齿轮。根据传动形式不同，变速器有固定轴式和行星式两种。重型汽车与装卸机械上两种形式都有应用，但后者居多。

12.3.3　液力机械变矩器

为提高变矩器的性能，并扩大其使用范围，人们将液力变矩器与机械传动机构（通常是行星齿轮机构）按不同的方式有机地组合成一个整体，得到一种新的传动装置，称为液力机械变矩器。它是利用机械传动和功率分流的原理，来改变和改善变速器性能，使之能与多种发动机进行理想的匹配，以便使各种车辆能获得良好的牵引性和经济性。

机械传动组件，可以布置在变矩器前或后。它与变矩器可以实行多种方式的连接和组合。根据功率分流在变矩器外部或内部实现，可将液力机械变矩器分为外分流式和内分流式以及同时兼有内分流和外分流的复合分流三种形式。

思　考　与　练　习　12

1. 简述液力传动的工作原理。
2. 液力传动和纯机械传动相比主要哪些特点？

第 13 章　液力传动的流体力学基础

13.1　液体在工作轮中的运动

13.1.1　液流的运动方式

液力传动是以液体为工作介质，在两个或两个以上的叶轮组成的工作腔内，用液体动量矩的变化来传递能量的传动。

液力传动的主要部件为叶轮，分为泵轮、涡轮和导轮。泵轮是从原动机吸收机械能并使液体动量矩增加的叶轮，以 "B" 表示。涡轮是向工作机输出机械能并使工作液体动量矩发生变化的叶轮，以 "T" 表示。导轮是在液力变矩器中，使工作液体动量矩发生变化，既不输出也不吸收机械能的不动叶轮，以 "D" 表示。叶轮内有很多叶片，它是叶轮的主要导流部分，直接改变工作液体的动量矩。

液力元件中液体循环流动的轴截面称为工作腔轴面图，又称循环圆，通常以旋转轴线上半部分的形状表示，如图 13.1-1 所示。

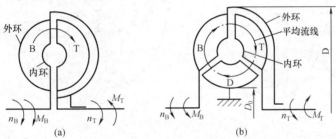

图 13.1-1　工作腔轴面图
(a) 液力偶合器工作腔轴面图；(b) 液力变矩器工作腔轴面图

以图 13.1-2、图 13.1-3 所示液力偶合器来说明液力传动的工作原理。偶合器内有两个叶轮，泵轮 B 和涡轮 T，两叶轮之间并无机械联系，以 3～15mm 间隙彼此隔开，叶轮叶片通常是平面径向式排列。当动力传给泵轮，泵轮内的工作液体随泵轮同轴旋转——液体质点绕叶轮轴线 O_1 作牵连运动。由于液体的旋转产生离心力使液体沿叶片通道向外作径向流动——相对运动，并从外缘流入涡轮，将动能传给涡轮，涡轮以机械能形式输出做功。做了功的液体又从涡轮内缘返回泵轮。液体在工作腔内进行循环的复合运动实际上是一种螺管式的环流运动——绝对运动。靠这种运动，液体不断地把能量从泵轮转递到泵轮。需要说明的是，产生环流的条件是涡轮和泵轮之间存在着转速差。

在稳定运转的条件下，如果忽略偶合器外壳的空气阻力和轴承的摩擦力，泵轮力矩近似等于涡轮力矩，故称此装置为液力偶合器。液力变矩器除了泵轮 B 和涡轮 T 外，还有固定的导轮 D。变矩器叶轮的叶片一般都做成弯曲的。液体在变矩器里面的运动也是螺管式环流

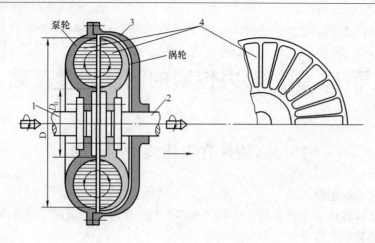

图 13.1-2　液力偶合器的结构示意图

1—主动轴；2—从动轴；3—转动外壳；4—叶片

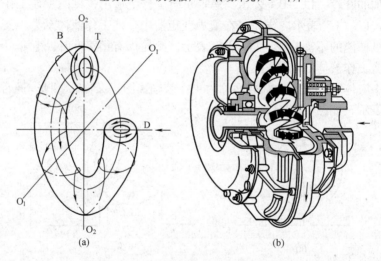

图 13.1-3　液力偶合器内液流的循环运动

（a）轴面流线；（b）流体的螺线运动

运动，但要比在偶合器中复杂一些。

与偶合器相比，变矩器的特点是变矩，由于固定导轮的存在，在泵轮输入力矩基本保持不变的情况下，涡轮的输出力矩可以大于或小于输入力矩。

13.1.2　液力传动元件的一些概念和术语

1. 工作轮　液力传动装置中泵轮、涡轮、导轮的总称。工作轮均由内环、外环和叶片组成。工作轮的个数称为元件数。

2. 工作轮流道　工作轮中，两相临叶片间和其间所包含内环曲面、外环曲面部分所组成的叶片间的液流通道称为工作轮流道。

3. 工作腔　液力传动装置中各工作轮流道联合组成的封闭、连续的通道称为工作腔。

4. 循环圆　液力元件中液体循环流动工作腔的轴截面图称为循环圆。常用以表示各工作轮的相对位置、液流流向等几何特征。

5. 平均旋转曲面　平均旋转曲面是介于工作轮内、外环壁面中间的一个旋转曲面，以液力传动装置的旋转轴为转轴，把全部环流量分为相等的两部分。通常在循环圆中用点画线表示。

平均旋转曲面上液体的流动情况，可以代表液力元件中整个工作液体流动的平均情况。因此，可以把循环圆内的液体流动情况简化到平均旋转曲面上加以研究。

6. 叶片进出口半径　用平均旋转曲面与叶片进出口边交点的半径来表示。对于图 13.1-4 中的变矩器循环圆，泵轮、涡轮和导轮的叶片进出口半径分别以 R_{B1}、R_{B2}、R_{T1}、R_{T2}、R_{D1}、R_{D2} 来表示。

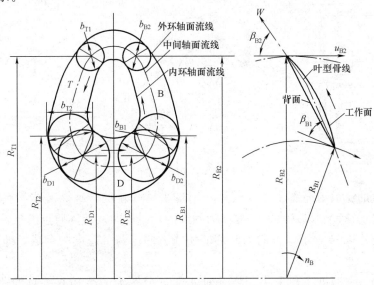

图 13.1-4　工作轮和叶片的几何参数

7. 叶片倾斜角　叶片倾斜角也叫叶片安放角，是指叶片在进出口处的切线与通过该点的圆周速度切线反方向的夹角，如图 13.1-4 所示，为泵轮的叶片倾斜角 β_{B1}、β_{B2}。对于涡轮和导轮的叶片倾斜角分别用 β_{T1}、β_{T2}、β_{D1}、β_{D2} 表示。

8. 变矩器的级数和相数

（1）级数，指变矩器所具有的涡轮叶栅数。多级变矩器要满足以下条件：多列涡轮叶栅刚性连接、同轴输出，且每两列涡轮叶栅之间被导轮叶栅隔开。

（2）相数，指变矩器可能有的工况数。例如，常见的两相变矩器就是在其导轮内径处安装一个单向自由轮机构，使变矩器可具有变矩器和偶合器两种工况。

13.1.3　工作轮进出口速度三角形

如前所述，液体在液力传动装置中的运动是一种复杂的螺管形环流运动，为了便于分析和讨论，需要作如下假设：

（1）运动的液体是理想液体，即液流是连续的、不可压缩的和无黏性的，故可忽略摩擦损失。

（2）工作轮叶片无限多，且形状相同，厚度可忽略，因而液流被分成无限多的与叶片曲线一致的流束，即可以认为液体质点在叶轮内的运动轨迹和叶片形状相吻合。

（3）各条流束上，液流对叶轮的相对速度相等。

（4）叶片系统对液流的作用表现为对中间流束的作用。

由上面的假设，就可以将液体在工作轮中的复杂空间运动变为理想液体沿叶轮骨线的一元流动，确定一条流束就可以了解液体在工作轮中运动的全部情况。通常我们用平均旋转曲面上的中间流束替代循环空间的环流，并且只研究工作轮进、出口的复合运动。该运动各速度之间关系可采用牵连速度和相对速度的合成来求得，这样就得到了进口和出口的速度三角形。图 13.1-5 所示为液力变矩器泵轮叶片进、出口的速度三角形。

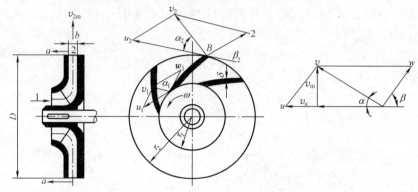

图 13.1-5   速度三角形

假定工作轮的流道内充满了工作液体，用 ω 表示叶轮的转速。液体质点随泵轮旋转的圆周速度（即牵连速度）以 u 表示，方向为圆周的切线方向；液体质点沿泵轮叶片的流动速度（即相对速度）以 w 表示，方向为叶片的切线方向；两个速度的合成，即质点在泵轮中流动的绝对速度 v。

为研究方便，在速度三角形中，将绝对速度 v 分解为两个相互垂直的速度分量 v_m 和 v_u。圆周分速度 v_m 是绝对速度 v 在圆周速度 u 方向的投影，因与作用半径垂直，是叶轮产生力矩的主要因素。轴面分速度 v_u 是绝对速度 v 在轴面（过工作轮轴心的剖面）内的投影，与轴面上过流断面相垂直，可决定通过叶轮的垂直流量。在已知工作轮转速和叶片倾角的情况下，可较为方便地计算出工作轮任意半径处的相关速度。

13.2   动量矩方程和力矩方程

13.2.1   系统和控制体

研究流体在工作轮流道内的螺管形环流运动，我们所关心的是叶轮对液体的力矩问题，通常采用积分的方法，从分析有限体积内的流体质点运动出发来建立动量矩方程和力矩方程，这里就需要用到系统和控制体两个概念。

系统是一团指定流体质点的集合。在液体流动过程中，系统始终包含着这些确定的流体质点，其外形可变但质量不变。

控制体是指流场中某一确定的空间区域。控制体的周界称为控制面。控制体的形状是具体情况和分析的需要任意选定的，但一旦选定之后就不再随着流体的流动而变化。

13.2.2   流体的动量矩方程

由质点系动量矩定理，系统内流体对某点（轴）的单位时间动量矩的增量等于作用于系统的合外力对该点（轴）的力矩的矢量和。

把这一质点系的动量矩方程应用于工作轮液体。取相临叶片进出口间的区域为控制体，

初始时刻控制体内的液体质点为系统。使用动量矩定理方程，并结合稳定流动的条件，得到如下流体的动量矩方程

$$\sum \boldsymbol{M} = \rho Q_2 \, \boldsymbol{r}_2 \times \boldsymbol{v}_2 - \rho Q_1 \, \boldsymbol{r}_1 \times \boldsymbol{v}_1 \tag{13-1}$$

式中：ρ 为液体密度（kg/m³）；Q_1、Q_2 为分别表示控制面上流入和流出的流量（m³/s）；v_1、v_2 为分别表示控制面上流入和流出的液体的平均流速（m/s）；r_1、r_2 为分别表示有流入和流出液体控制面对旋转轴的矢径（m）；$\sum \boldsymbol{M}$ 为系统内流体所受的合外力矩（N·m）。

液体的动量矩方程可以表述为稳定流动条件下，系统内流体所受的合外力矩等于控制面上所有流出流体的动量矩和所有流入流体的动量矩的代数和，其中流出为正，流入为负。该方程为矢量方程，对空间三维流动和二维平面流动都是适用的。

13.2.3　流体的力矩方程

为进一步理解液流与工作轮的相互作用力矩，把式（13-1）动量矩方程应用到工作轮的整个环流，取工作轮内环曲面外环曲面间的空间区域作为控制体，有

$$M = \rho Q (v_{2u} R_2 - v_{1u} R_1) \tag{13-2}$$

式中：Q 为循环圆流量（m³/s）；R_1、R_2 为叶轮进、出口半径（m）；v_{1u}、v_{2u} 为叶轮进、出口处液流绝对速度的圆周分速度（m/s）。

式中 M 为工作轮对液体的力矩。因为是对旋转轴取力矩，故只取绝对速度的圆周切向分速度进行计算。式（13-2）称为工作轮上的力矩方程式，它确定了外力矩同液流的流量以及速度之间的关系。

思　考　与　练　习　13

1. 简述液体在液力传动元件中的运动方式。
2. 解释系统和控制体的概念。
3. 写出流体的力矩方程。

第14章 液力变矩器

14.1 液力变矩器的变矩原理

液力变矩器的结构原理如图 14.1-1 所示。当发动机带动泵轮旋转时，通过泵轮对液体的作用，使液流获得能量而加速。高速的液流进入并冲击涡轮叶片，使涡轮旋转，涡轮吸收了液流的能量，通过涡轮轴以力矩的形式向外输出功率。液体由涡轮流出后，进入导轮，固定的导轮不仅增加工作液体的速度，而且还可改变其流向，使液流重新进入泵轮，从而形成了液力变矩器循环圆内的液流的封闭循环，不断进行能量的转换和传递。

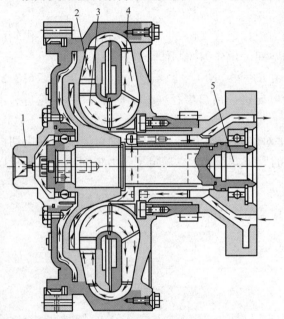

图 14.1-1 液力变矩器的轴面流线图

1—输入轴；2—涡轮；3—导轮；4—泵轮；5—输出轴

根据流体的力矩方程，可以写出液力变矩器工作轮对液流的力矩。

泵轮力矩
$$M_B = \rho Q (v_{2uB} R_{2B} - v_{1uB} R_{1B}) \tag{14-1}$$

涡轮力矩
$$M_T = \rho Q (v_{2uT} R_{2T} - v_{1uT} R_{1T}) \tag{14-2}$$

导轮力矩
$$M_D = \rho Q (v_{2uD} R_{2D} - v_{1uD} R_{1D}) \tag{14-3}$$

在一个工作轮的出口边缘和下一个工作轮进口边缘的空间中，因为没有叶片对液体的作用，而摩擦力引起的外力矩又可以忽略不计，所以液流不受外力矩作用。例如，对于泵轮出口和涡轮入口间的液流，有

$$M = \rho Q (v_{1uT} R_{1T} - v_{2uB} R_{2B}) = 0$$

即

$$v_{1uT} R_{1T} = v_{2uB} R_{2B} \tag{14-4}$$

同理，得到

$$v_{2uT} R_{2T} = v_{1uD} R_{1D} \tag{14-5}$$

$$v_{2uD} R_{2D} = v_{1uB} R_{1B} \tag{14-6}$$

将式 (14-1)、式 (14-2) 和式 (14-3) 相加，并结合条件式 (14-4)、式 (14-5) 和式 (14-6)，容易得到

$$M_B + M_T + M_D = 0 \tag{14-7}$$

或

$$-M_{\mathrm{T}} = M_{\mathrm{B}} + M_{\mathrm{D}} \tag{14-8}$$

$-M_{\mathrm{T}}$ 表示液流对涡轮的作用力矩。式（14-8）表明发动机的输出力矩经液力变矩器传递后，能在涡轮轴上得到改变，其差值就是导轮力矩 M_{D}。要使液力变矩器变矩，必须有一个可变的导轮力矩。若没有导轮，或导轮可以自由旋转，液力变矩器就进入液力偶合器工况工作了。

为说明液力变矩器的变矩原理，将个叶轮叶片沿中间流线切开，并展成如图 14.1-2 所示的平面叶栅。泵轮转速一定，当涡轮以三种不同的转速旋转时，分析液流方向变化引起叶轮作用力矩的变化情况。

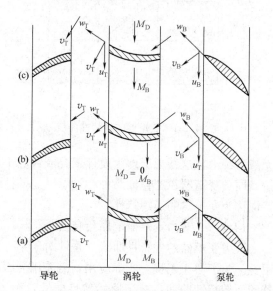

（1）当 $n_{\mathrm{T}}=0$ 或较低转速时，涡轮出口液流以速度 v_{T} 冲击导轮正面，因此导轮对液流的作用力矩 M_{D} 与泵轮力矩 M_{B} 同向，由力矩平衡方程式，$-M_{\mathrm{T}} > M_{\mathrm{B}}$。如图 14.1-2 中（a）所示。

（2）当 $n_{\mathrm{T}}=0$ 增加到一定数值时，涡轮出口速度 v_{T} 的方向就与导轮叶片骨线重合，液流顺着导轮叶片流出，导轮进出口速度相等，方向相同，液流对导轮没有作用力，导轮力矩 $M_{\mathrm{D}}=0$，此时，$-M_{\mathrm{T}}=M_{\mathrm{B}}$，如图 14.1-2 中（b）所示。

图 14.1-2　液力变矩器的平面叶栅图

（3）当 $n_{\mathrm{T}}=0$ 继续增大，涡轮出口速度 v_{T} 将冲击导轮背面，导轮力矩（导轮对液流的力矩）M_{D} 与泵轮力矩 M_{B} 方向相反，因而，$-M_{\mathrm{T}} < M_{\mathrm{B}}$，如图 14.1-2 中（c）所示。

上述表明，由于导轮的作用力才使得液力变矩器在工作时，能根据外界负载的大小，自动改变其涡轮的力矩和转速（$-M_{\mathrm{T}}$ 增加 n_{T} 降低或 $-M_{\mathrm{T}}$ 减少 n_{T} 增高）与载荷相适应，并能稳定地工作，这种性能称为变矩器的自动适应性。

14.2　液力变矩器的特性与评价指标

液力变矩器根据涡轮轴上的载荷的大小自动、无级地进行调速、变矩。液力变矩器各种性能参数的变化规律，称为液力变矩器的特性，如用曲线表示，就称为液力变矩器的特性曲线。通常有静态特性和动态特性两种。静态特性通常又可以分为外特性、原始特性、全特性、输入特性四种。

14.2.1　液力变矩器的外特性

如果维持泵轮转速 n_{B} 不变，则泵轮和涡轮力矩只与涡轮转速 n_{T} 和流量 Q 有关，而流量 Q 又是涡轮转速 n_{T} 的函数，故泵轮力矩 M_{B} 和涡轮力矩 M_{T} 都只是 n_{T} 的函数。进一步推导可知，效率 η 也只是涡轮转速 n_{T} 的函数。

液力变矩器的外特性即指变矩器各性能参数与涡轮转速 n_{T} 之间的函数关系，$M_{\mathrm{B}}=M_{\mathrm{B}}(n_{\mathrm{T}})$，$-M_{\mathrm{T}}=M_{\mathrm{T}}(n_{\mathrm{T}})$ 和 $\eta=\eta(n_{\mathrm{T}})$。变矩器外特性一般是利用试验方法测得的。由于液

体流动的复杂性，理论计算的外特性与实测的外特性有较大的差别。

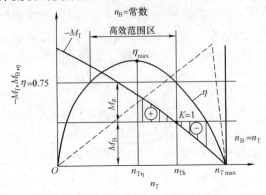

图 14.2-1 变矩器的外特性曲线

变矩器的外特性是在泵轮转速、工作油品种和油温不变的条件下得到的。如果变矩器循环圆形式、叶轮布置不同，其外特性也不相同。图 14.2-1 是常用的一种液力变矩器（单级单相三元件）的外特性曲线。

图 14.2-1 中 M_B 与 $-M_T$ 两曲线的交点，称为变矩器的偶合器工况点。由图可知，涡轮力矩 $-M_T$ 随 n_T 的增大而减小，当 $-M_T = 0$ 时，n_T 达到最大值，即涡轮空转的最大转速。当效率曲线达到最大值时，变矩器内液力损失最小，液流进入叶轮时不存在偏离角，

无液力冲击，这种工况即为设计工况或计算工况。实际使用过程中，泵轮转速 n 可取不同数值。同一变矩器在工作油品种和油温一定的情况下，以不同的泵轮转速作出的一组变矩器外特性称为变矩器的通用特性。

14.2.2 液力变矩器的原始特性

液力变矩器的外特性曲线只是针对于某一直径、某种型号的液力变矩器，而无普遍的实用性。为了便于工程上实际应用，需采用无因次特性参数表示的特性曲线，这就是液力变矩器的原始特性曲线。有了原始特性曲线，根据相似原理，来绘制力学相似的液力变矩器在不同使用条件下（不同的有效直径 D 和不同的泵轮转速 n_B）的外特性曲线。

液力变矩器的原始特性曲线（见图 14.2-2）也是在液力变矩器的形式和有效直径 D 一定的情况下，泵轮力矩系数 λ_B、变矩系数 K 和效率 η 随转速比 i 的变化规律。液力变矩器的转速比为涡轮转速 n_T 与泵轮转速 n_B 之比。

液力变矩器的原始特性能够确切地表达

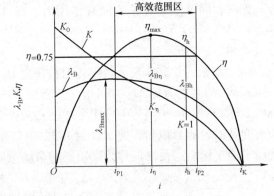

图 14.2-2 变矩器的原始特性曲线

一系列几何相似、运动相似和动力相似，即力学相似的液力变矩器的基本性能。

14.2.3 液力变矩器的全特性

上述的液力变矩器外特性和原始特性，都是在液力变矩器的正常工况（也称牵引工况）下获得的。在牵引工况下工作的特点是涡轮的输出力矩 $-M_T$ 始终是正值，牵引工况能量是由泵轮传至涡轮的。

在使用中，牵引工况并不是液力变矩器的唯一工作状况，例如在运输车辆或工程机械中，可能出现涡轮的旋转方向与泵轮相反的反转工况，此时转速比 i 为负值；也可能出现涡轮力矩 $-M_T$ 改变方向，$-M_T$ 变为负值的反传工况。

包括液力变矩器全部可能工况，即牵引工况、反转工况和反传工况时的外特性曲线和原始特性曲线称作液力变矩器的全特性曲线。

　　在平面图上，液力变矩器的全特性
曲线需要用三个象限（即Ⅰ、Ⅱ、Ⅳ象
限）来表示，如图 14.2-3 所示。图中表
示四种不同工况下液力变矩器的全外特
性曲线。

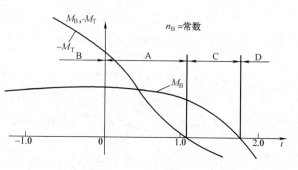

图 14.2-3　液力变矩器的全特性

　　（1）牵引工况特性。牵引工况是指
动力机带动工作机以相同的方向旋转，
功率从动力机通过液力变矩器传给工作
机。由于此区间$-M_T$、M_B、i 均为正
值，所以外特性曲线在第Ⅰ象限内表示，如图 14.2-3 中 A 区间。说明动力机带动液力变矩
器泵轮旋转，使工作液体的动能增加，而经过涡轮后液体能量减少，把能量传给了涡轮并带
动外负载转动。

　　（2）反转工况。在此工况时，由于 i 为负值，力矩$-M_T$ 和 M_B 仍为正值，因此，反转
工况的外特性曲线置于第Ⅱ象限内，如图 14.2-3 中的 B 区间。说明动力机及工作机都向变
矩器输入功率，这种工况用于起重机下放重物时，而起吊重物则为牵引工况。

　　（3）超越工况。如图 14.2-3 中 C 区间。当 $i>1$ 即 $n_T>n_B$ 时，$M_B>0$，$-M_T<0$，说明
动力机和工作机都向变矩器输入功率，没有功率输出，此时所有输入液力变矩器的功率全部
转变为变矩器内工作液体的热量，使工作液体迅速升温。

　　（4）反传工况。该区间材 $M_B<0$，$-M_T<0$，$i>0$，特性曲线在第Ⅳ象限内，如图
14.2-3 中 D 区间。说明工作机向变矩器输入功率，而变矩器的泵轮向外输出功率给动力机，
功率流从工作机通过变矩器传给了动力机，与牵引工况的功率流流向相反。

　　在常用汽车型液力变矩器的特性中，$-M_T$ 是在点 $i=1$ 前后转变符号的，当 $i>1$、$n_T>$
n_B 时，$-M_T<0$，因此，在汽车中常把反传工况称作超越工况（涡轮转速超越了泵轮转
速）。但有些变矩器这两种工况并不一致，例如机车用运转液力变矩器在 $i>1.3$ 以上才出现
反传工况。在反传工况，涡轮向变矩器输入能量，如 $M_B>0$，则泵轮也输入能量，此时变
矩器起制动作用，如 $M_B<0$，则能量由涡轮传至泵轮。

　　在运输车辆和工程机械中，液力变矩器的反转工况发生在爬坡倒滑的情况下，此时驱动
轮传来的力矩大于由泵轮在零速工况时传至涡轮的力矩，迫使涡轮反转，液力变矩器实际上
起制动作用。

　　在运输车辆和工程机械中，液力变矩器的反传工况可能发生在下坡行驶和拖车起动发动
机的情况下。涡轮转速超过泵轮转速，而且力矩由驱动轮传至涡轮，即涡轮变为主动部分，
泵轮变为被动部分。发动机可能产生制动力矩阻止车辆下坡时的加速行驶。

　　必须指出，在发动机继续工作的情况下，不论是涡轮反转的反转工况或反传工况时的制
动工况（$-M_T<0$，$M_B>0$），传至泵轮和涡轮的机械能都将消耗在液力变矩器的工作液体
中转变为热能。在这些工况下，液力变矩器工作油的温升很快，不允许长久工作。

　　对于不同的液力变矩器，其全特性曲线形状是不同的，主要与工作轮的布置、叶片的形
状以及液力变矩器的形式有关。

　　各种液力变矩器的一个共同缺点是在反向传递功率时，效率较低。这是因为液力变矩器
的叶片系统一般都是依据在牵引工况下获得良好性能的原则来进行设计的，而在反传工况

下，叶片的工作性能很差。例如在牵引工况下，液力变矩器的变矩比 $K = 2\sim6$；而在反传工况下，变矩比 K 可能低于1。所以，液力传动车辆用发动机进行制动和用拖车起动发动机时，要比机械传动车辆困难得多。

为了保证液力传动车辆能可靠地利用发动机制动或拖车起动发动机，可采用如下措施：

(1) 采用闭锁式的液力变矩器，当需要发动机制动或拖车起动发动机时，可将液力变矩器的泵轮和涡轮闭锁。闭锁机构可以采用液压操纵的片式离合器或单向离合器，如图14.2-4 (a) 所示。

(2) 采用在内环中带有辅助径向叶片的液力变矩器。辅助叶片与内环形成一个液力偶合器，如图 14.2-4 (b) 所示。液力变矩器在牵引工况时，辅助叶片没有明显的影响，但在反传工况时，则可利用它显著增大由涡轮传至泵轮的力矩。

(3) 安装液力减速器作辅助制动装置，如图 14.2-4 (c) 所示。图中叶轮 1 是固定的，叶轮 2 与液力变矩器的涡轮轴相连，制动力矩大小的调节是由改变工作液体在液力减速器内的充注量来达到的。充液量的调节可用脚踏板来实现。

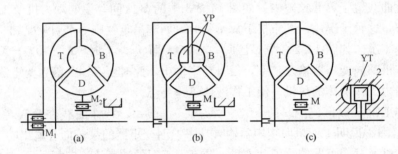

图 14.2-4   改善液力变矩器制动及起动发动机的几种方案

M—单向离合器；YP—辅助叶片；YT—液力减速器；

1一定轮；2—动轮

14.2.4   液力变矩器的输入特性

输入特性是指液力变矩器在不同转速比 i 下，泵轮力矩 M_B 与泵轮转速 n_B 的变化规律。液力变矩器的输入特性曲线是一条通过坐标原点的抛物线，也称负载抛物线。

对于可透穿的液力变矩器，由于泵轮力矩系数 λ_B 随工况 i 的不同而变化，因此，每一个不同的转速比可得到一束过坐标原点的负载抛物线，抛物线束的宽度决定于 λ_B 的变化幅度（即透穿程度）。

对于不透穿的液力变矩器，对应不同的工况 i，λ_B 为一常数，故输入特性只有唯一的一条过坐标原点的负载抛物线。

输入特性曲线可供液力变矩器与发动机进行匹配时使用。

14.2.5   液力变矩器的动态特性

上述的液力变矩器的各种特性曲线都是在假定液力变矩器处于稳定工况的基础上获得的，一般称之为静态特性。当液力变矩器在非稳定状态下（如车辆加速、制动、振动、冲击）工作时，其性能将与静态特性有显著的差别。在非稳定工况下获得的特性称为动态特性。液力变矩器的动态特性是指泵轮和涡轮轴上的动态力矩，泵轮和涡轮的转速及转速比与时间的关系曲线。

14.2.6 液力变矩器的评价参数

反映液力变矩器主要特性有变矩性能、自动适应性能、经济性能、负载特性、透穿性能和能容性能。液力变矩器的这些性能完全可以由它的外特性和原始特性来表示，并且用外特性和原始特性曲线上的有关参数进行评价。

1. 变矩性能　变矩性能是指液力变矩器在一定范围内，按一定规律无级地改变由泵轮轴传至涡轮轴的力矩值的能力。变矩性能主要由无因次的变矩系数特性曲线 $K = K(i)$ 来表示。

作为评价液力变矩器变矩性能好坏的指标有如下两种工况：一是 $i = 0$ 时的变矩系数值 K_0，通常称之为零速变矩系数；二是在变矩系数 $K = 1$ 时的转速比 i 值，以 i_h 表示，通常称作偶合器工况点的转速比，它表示液力变矩器增矩的工况范围。

一般认为 K_0 值、i_h 值大者，液力变矩器的变矩性能好，但实际上不可能两个参数同时都高，一般 K_0 值高的液力变矩器 i_h 值小。因此，在比较两个液力变矩器的变矩性能时，应该在 K_0 值大致相同的情况下来比较 i_h 值，或者在 i_h 近似相等的情况下来比较 K_0 值。

提高变矩器的变矩性能 $K = (i)$ 要受到变矩器的透穿性和效率变化的限制。提高变矩系数 K 的具体措施有：

（1）增加涡轮叶片的弯曲程度，但这要受到制造工艺的限制，同时会使效率下降。

（2）采用多级涡轮。

（3）使导轮反转。

（4）使叶片角度可调节。

2. 自动适应性能　自动适应性能是指液力变矩器在发动机工况不变或变化很小的情况下，随着外部阻力的变化，在一定范围内，自动地改变涡轮轴上的力矩 $-M_T$ 和转速 n_T，并处于稳定工作状态的能力。液力变矩器由于变矩性能均可获得单值下降的 $-M_T = M_T(n_T)$ 曲线，因而具有自动适应性能。自动适应性能是液力变矩器最重要的性能之一。因此利用液力变矩器的这一性能，就可以制造自动液力机械变速器。

3. 经济性能　经济性能是指液力变矩器在传递能量过程中的效率，它可以用无因次效率特性 $\eta = \eta(i)$ 来表示。

一般评价液力变矩器经济性能有两个指标，最高效率工况 $i = i_\eta$ 时的最高效率值 η_{max} 和高效率区范围的相对宽度 G_η。后者一般用液力变矩器效率不低于某一数值（对工程机械取 $\eta = 75\%$，对汽车取 $\eta = 80\%$）时所对应的转速比 i 的比值 $G_\eta = i_{p2}/i_{p1}$ 来表示，其中 i_{p2}、i_{p1} 为效率高于某一规定值的最大和最小转速比。提高 η_{max} 应尽量减少设计工况下可能出现的各种损失，合理的循环圆形状、叶片的角度和叶型、叶轮流道的表面粗糙度都会影响最高效率；扩大高效范围 G_η 的方法也较多，如采用综合式、闭锁式或双涡轮液力变矩器都可拓宽高效范围。通常认为，高效率范围 G_η 越宽，最高效率值越高，则液力变矩器的经济性能越好。但实际上，对各种液力变矩器来说，这两个要求往往是矛盾的。

必须指出，评价液力变矩器的经济性能时必须兼顾两个方面。单纯认为最高效率值高，经济性能就好，这种观点是片面的。因为，在效率特性曲线 $\eta = \eta(i)$ 曲线上，单纯一个点的数值高，不能说明液力变矩器在整个工作过程中经济性能良好，因为对于运输车辆和工程机械来说，液力变矩器不可能只在一个点工作，而是在液力变矩器工况的某一定范围内工作，因此，高效率区的宽度对整个液力变矩器的经济性有着重要的影响。

4. 负载特性   液力变矩器的负载特性是指它以一定的规律对发动机施加负载的性能。

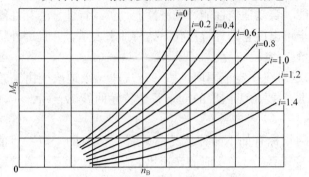

图 14.2-5   液力变矩器泵轮负载抛物线

由于发动机与液力变矩器的泵轮相连，并驱动泵轮旋转。因此，液力变矩器施加于发动机的负载性能完全由泵轮的力矩变化特性决定。如图 14.2-5 所示，负载抛物线 $M_B = C n_B^2$ 比较清楚地表明随着泵轮 n_B 的不同所能施加于发动机的负载。

在不同的工况 i 时力矩系数 λ_B 可能有不同的数值，则 C 值也不同，因而抛物线的形状也不同。对于液力变矩器来说，在全部工况下，可能存在着一组 $M_B = C n_B^2$ 负载抛物线。液力变矩器的输入特性中一组负载抛物线的分布宽度和顺序与原始特性 $\lambda_B = \lambda_B(i)$ 有很密切的关系，一般用透穿性来描述与评价。

5. 透穿性能   液力变矩器的透穿性是指液力变矩器涡轮轴上的力矩和转速变化时泵轮轴上的力矩和转速相应变化的能力，其实质是外负载变化透穿变矩器对动力机的影响程度，即输出特性对输入特性的影响程度。

当涡轮轴上力矩变化时，泵轮负载抛物线不变，泵轮的力矩和转速均不变，称这种变矩器具有不可透穿性。当发动机与这种变矩器共同工作时，不管外界负载如何变化，当节气门开度一定时，发动机将始终在同一工况下工作。

当涡轮轴上的力矩变化时，泵轮负载抛物线也变化，引起泵轮的力矩和转速变化，称这种变矩器具有透穿性。发动机与这种变矩器共同工作时，节气门开度不变，而外界负载变化时，发动机工况也变化。

透穿的液力变矩器根据透穿的情况不同，可分为具有正透穿性的、负透穿性（或反透穿性）的和混合透穿性的。

液力变矩器是否透穿，什么性质的透穿，可以由 $\lambda_B = \lambda_B(i)$ 的曲线形状来判断。

当 $\lambda_B = \lambda_B(i)$ 曲线随 i 增大而单值下降（见图 14.2-6 中的 1）时，负载抛物线由 $i=0$ 至

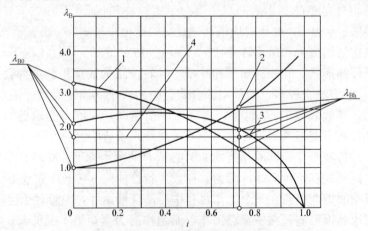

图 14.2-6   具有各种透穿性的液力变矩器

$i=1$，按顺时针作扇形散布，如图 14.2-7（b）所示；当涡轮负载增大，i 减小时，泵轮上的负载也增大，液力变矩器具有正透穿性。

当 $\lambda_B = \lambda_B(i)$ 曲线随 i 增大，而 λ_B 单值增大（见图 14.2-6 中的 2）时，负载抛物线由 $i=0$ 至 $i=1$，按逆时针作扇形散布，如图 14.2-7（d）所示；当涡轮负载增大，i 减小时，泵轮上的负载减小，液力变矩器具有负（反）透穿性。

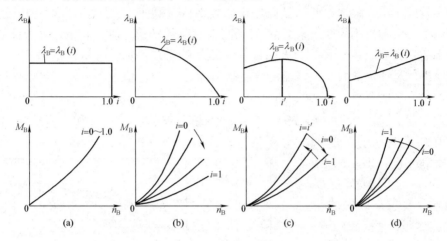

图 14.2-7　具有不同透穿性的液力变矩器的负载抛物线分布情况

当 $\lambda_B = \lambda_B(i)$ 曲线随 i 增大，λ_B 先增大后减小（见图 14.2-6 中的 3）时，负载抛物线由 $i=0$ 至 $i=1$，先逆时针后顺时针展开，如图 14.2-7（c）所示，这种液力变矩器具有混合透穿性。

当 $\lambda_B = \lambda_B(i)$ 曲线随 i 增大是一条平直线（见图 14.2-6 中的 4）时，负载抛物线在不同工况时均为一条线。在实际上，可能是分布很窄的一组抛物线，如图 14.2-7（a）所示。这种变矩器为不透穿的。

车辆上所应用的液力变矩器具有正透穿、不透穿和混合透穿的特性。由于负透穿特性的液力变矩器使车辆的经济性和动力性变坏，因此在车辆上不用。

6. 能容性能　液力变矩器的能容性能是指在不同工况下液力变矩器由泵轮轴所能吸收功率的能力。对于两个尺寸相同的液力变矩器，能容量大的液力变矩器传递的功率大。液力变矩器的能容性能可以用功率系数 $\lambda_{BP} = \lambda_{BP}(i)$ 来评价。

由于功率系数 λ_{BP} 与力矩系数 λ_B 具有一定的比例关系。因此，液力变矩器的能容可以用力矩系数 $\lambda_B = \lambda_B(i)$ 数值来评价。力矩系数越大，则液力变矩器的能容量也越大，在相同的尺寸、工作液体和泵轮转速下，能够传递更大的功率。应当指出，能容量作为液力变矩器的一个性能评价指标，其意义不及变矩性能和经济性能重要。

在液力变矩器的各种性能中，比较重要和有代表性的是液力变矩器的变矩性能、经济性能和透穿性能，通常称之为液力变矩器的三项基本性能。在全面评价液力变矩器的性能时，应用液力变矩器在几种典型工况下有关上述性能的指标作为根据。几种典型工况是：零速工况、最高效率工况、高效区工况和偶合器工况。这些工况下获得的具体评价参数如下（见图 14.2-2）：

（1）零速工况：$i=0$，$\eta=0$。在此工况下能够作为评价参数的是零速变矩系数 K_0 和力矩系数 λ_{B0}。不同机器对的 K_0 要求不同，如推土机为 $K_0=2.5\sim3.0$，装载机为 $K_0=3\sim3.5$，载重汽车为 $K_0=2.5\sim3.5$。

（2）最高效率工况：$\eta=\eta_{max}$ 可作为评价指标的参数。此外，还包括转速比 i_η 值，以及此工况下的力矩系数 $\lambda_{B\eta}$。

（3）高效区工况：限定在此区域内工作的效率值 η 高于 75％或 80％，相应此效率时，可以得到两个最大和最小的变矩系数 K 值和两个对应的转速 i 值。取作评价指标的参数是高效区范围的最大变矩系数 K_i，以及高效范围最大和最小转速比 i_{p2} 和 i_{p1} 的比值 G_η。

高效范围也是评价液力变矩器经济性能的指标之一。G_η 值越大越好，对于建筑工程机械和载重汽车，一般要求 G_η 应大于2。

（4）偶合器工况：$K=1$，$\eta=Ki=i$，一般取此时的转速比 $i=i_h$ 作为评价参数。另外，力矩系数值 λ_{Bh} 也是一个评价参数。

（5）空载工况：即 $-M_T=0$，以 i_k 表示。为了避免不必要的燃料消耗，要求空载时的输入力矩 M_{BK} 尽量小些。为了限制车辆空载时的速度，一般要求 $i_k/i_\eta\leqslant1.5$。

在评价一个液力变矩器是否能够满足使用要求时，必须就上述指标作全面衡量。虽然上述参数的大小，在设计时可以通过对液力变矩器各结构参数的选择来加以变动，但各性能参数之间存在相互制约的关系，这个关系可大致用图 14.2-8所示的曲线来表明。

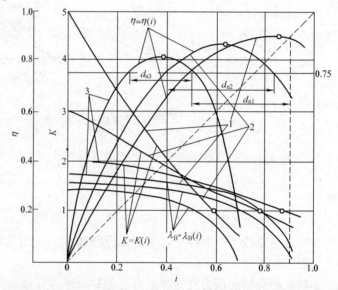

图 14.2-8   液力变矩器各基本性能参数间的关系

当液力变矩器的 K_0 值增大时（见图 14.2-8 中曲线3），则 η_{max} 值降低，i_η 降低，高效范围 G_η 变窄，i_h 变小，同时 λ_B 下降，T 值也减小。

14.3   液力变矩器的结构

由于各类机械对液力变矩器的性能有着各种不同的要求，因此变矩器的结构也有了许多的改进和发展。变矩器的结构主要体现在循环圆的形状、叶轮数及其排列顺序和位置、叶轮的固定方式、叶片的形状和角度方面。

14.3.1   正转型和反转型液力变矩器

根据工作轮在循环圆工作腔中的排列顺序可分为正转型和反转型两大类液力变矩器。图 14.3-1 所示为正转型变矩器，叶轮沿液流方向的排列顺序为 B—T—D。反转型液力变矩器内叶轮沿液流方向的排列顺序为 B—D—T，如图 14.3-2 所示。

对于正转型变矩器，从工作腔内液流的流动方向看，导轮设置在泵轮之前，泵轮出口的液流直接冲击涡轮。由于泵轮出口液流绝对速度的圆周分量 v_{B2u} 方向常与泵轮圆周速度同向，因而液流冲击涡轮使涡轮与泵轮同向旋转。在正转型变矩器中，泵轮入口液流的情况完全取决于设置在其前面的导轮出口液流的情况，而导轮是固定不动的。因此，泵轮力矩 M_B 将只与泵轮转速 n_B 和流量 Q 有关。由于涡轮的形式不同，小转型变矩器具有不同的流量变化特性，因而正转型变矩器可具有多种透穿性能。

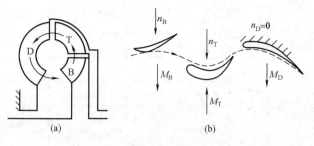

图 14.3-1　正转型液力变矩器及液流方向

反转型变矩器导轮设置在泵轮之后，工作腔内的液流从泵轮流出后，首先冲击导轮，改变了液流方向后再冲击涡轮，因而液流冲击涡轮时，使具旋转方向与泵轮旋转方向相反。反转型液力变矩器泵轮入口液流情况完全由设置在其前面的涡轮出口情况决定，而涡轮转速 n_T 在整个工况中都是变化的。因此泵轮力矩 M_B 在不同的工况下，不仅受流量 Q 的变化影响，而且受涡轮转速 n_T 变化的直接影响。n_T 绝对值减小，M_B 也减小。因此，反转型液力变矩器常具有较大的负透穿性。此外，反转型变矩器在泵轮入口和涡轮入口处随着涡轮转速的变化，液流方向变化剧烈，因此冲击损失增大，而且这种变矩器的效率较正转型变矩器要低。

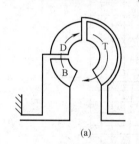 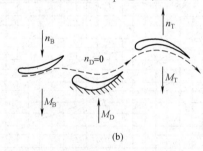

图 14.3-2　反转型液力变矩器及液流方向

在零速工况下，由图 14.3-1（b）和图 14.3-2（b）液流动量矩的变化来看，正转型变矩器可能获得的零速变矩系数要比反转型变矩器可能获得的零速变矩系数大。

目前，在各种车辆上应用较为广泛的是各种类型的正转型液力变矩器，而在个别液力机械变矩器中，为了解决双流传动中的功率反传现象，也采用反转型液力变矩器。

图 14.3-3 和图 14.3-4 分别为正转型液力变矩器和反转型液力变矩器的原始特性曲线。

14.3.2　单级单相液力变矩器

单级单相液力变矩器的结构最为简单，内部有三个叶轮（泵轮、涡轮和导轮），且导轮固定不动。此型变矩器工作极为可靠，

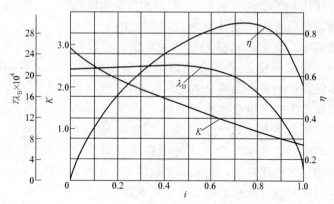

图 14.3-3　正转型液力变矩器原始特性曲线

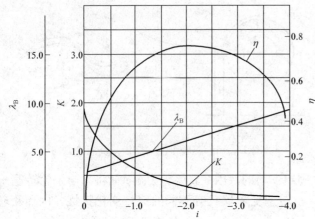

图 14.3-4 反转型液力变矩器原始特性曲线

制造和维修方便，性能稳定，最高效率一般不低于 86%，零速工况下的变矩系数星 K_0 一般为 3~4，图 14.3-5 为单级单相液力变矩器的特性曲线。

对于已定的全套叶片角，变矩器在某一工况下，有一个最高效率值，通常称之为设计工况或设计点。它与一定的转速比 i 相对应，而对于其他转速比，则效率值下降，大致遵循抛物线规律。其所以如此，是因为在设计点以外的其他工况会因液流以不正确的方向与叶片相遇而产生很大的冲击损失之故。

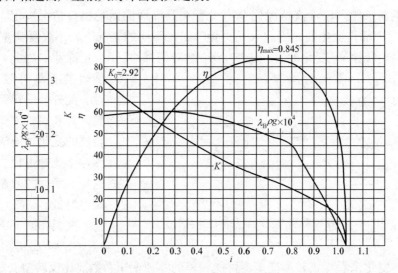

图 14.3-5 单级单相液力变矩器特性曲线

液力变矩器的最高效率，会随着设计点而变，图 14.3-6 所示为相对照的两个设计点在转速比 i 值为 0.50 和 0.67 的典型变矩器的特性。较高转速比设计点的设计所得的变矩系数值小，但给出稍高的最高效率值，设计时可利用这一特点来提高变矩器的最高效率，可使设计的最高效率达到 92%，但这时只能得到不大的变矩系数值。

变矩系数的最大值发生在涡轮转速等于零的时候，通常称之为零速变矩比。对于简单的三元件变矩器，此值很少超过 4，虽然某些特殊的设计能给出更高的变矩系数。

此型变矩器适用于高转速比区不经常使

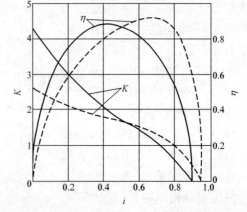

图 14.3-6 液力变矩器设计点不同时的特性比较

用的某些工程机械上。我国生产的 YB355-2 型和 YJ 单级向心涡轮液力变矩器以及美国生产的 TDMC-33-7002 型变矩器都属于此类。缺点是高转速比区的效率低，某些经常在高转速比区工作的机械如装用此型变矩器可能会发生过热现象。

属于单级单相式的变矩器还有离心涡轮式，其结构及原始特性将在本章 14.3.5 节中说明。这种变矩器主要用于机车。

14.3.3　多级液力变矩器

液力变矩器的级数是指相互刚性连接而又被其他叶栅隔开的涡轮叶栅列数。图 14.3-7 中

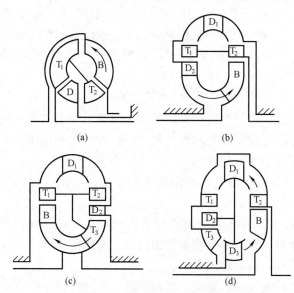

(a)、(b) 表示二级液力变矩器，(c)、(d) 表示三级液力变矩器。

多级液力变矩器可以在两列涡轮叶栅之间安装固定不动的导轮［图 14.3-7 (a)、(c)］，也可在最后一列涡轮叶栅与泵轮之间再加设一个导轮［图 14.3-7 (b)、(d)］。当最后一列涡轮叶栅与泵轮之间没有导轮时，由涡轮出来的液流将直接进入泵轮。随着工况的变化，涡轮出口液流的变化直接影响泵轮的入口条件，故具有正透穿性；如果在最后一列涡轮叶栅与泵轮之间装有导轮，由于液流由涡轮出来后必须经过导轮才能进入泵轮，故泵轮入口条件受工况变化的影响小，具有不可透穿性或很小的负透穿性。

图 14.3-7　多级液力变矩器

图 14.3-8 和图 14.3-9 分别为二级液力变矩器外特性和三级液力变矩器的原始特性曲线图。

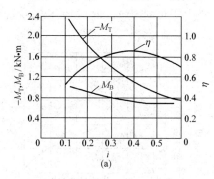
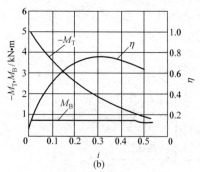

图 14.3-8　二级液力变矩器外特性
(a) 单导轮；(b) 双导轮

多级变矩器由于液流连续作用于两列或三列涡轮叶栅，可获得比单级变矩器较高的变矩系数。每列涡轮叶栅只是把液流的一部分能量转换为机械能。涡轮和导轮可采用短而略带弯曲的叶片，这样可以减少因工况变化而引起的液流入口损失，并得到较宽的高效范围。当

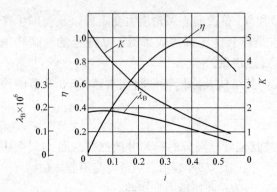

图 14.3-9 三级液力变矩器原始特性

然，由于叶栅数量增多，在无冲击工况下的液流损失要比单级变矩器大，所以最高效率有所降低。多级液力变矩器的 $K_0 = 5 \sim 7$，$\eta = 0.8 \sim 0.85$，$i_\eta = 0.2 \sim 0.4$。

现有液力变矩器的级数还没有超过三级的。因为级数太多，不仅会使结构复杂，成本高，而且工作腔内部环流多次进出叶轮而使局部损失增加，效率降低，故多级液力变矩器很少应用，只限于内燃机车和石油钻机上采用，而且有被单级变矩器替代的趋势。

14.3.4 多相液力变矩器

液力变矩器的"相"是指在液力变矩器中，由于单向离合器或制动器等机构的作用，使工作元件的功用随之改变，变矩器由于这种改变而得到不同的几种功用，即称之为几相。从原始特性曲线上看，根据曲线的段数可确定变矩器的相数。

1. 二相液力变矩器 二相液力变矩器具有三个叶轮，根据其工作原理的不同，可以分为有内环和无内环两种。

图 14.3-10 为有内环的二相液力变矩器。这种变矩器是在单相液力变矩器导轮与导轮座之间加装一个单向离合器而成的。单向离合器只允许导轮按泵轮的转动方向自由旋转，当导轮有反向旋转的趋势时，单向离合器楔紧不转，将导轮固定。

当转速比 i 小于偶合器工况转速比 i_h 时，液流冲击导轮工作面。导轮上作用力矩的方向与泵轮旋转向相反，离合器处于楔紧状态。此时，导轮固定不动，该区段工作状态与单相液力变矩器相同。

当转速比 i 大于偶合器工况的转速比 i_h 时，液体冲击导轮叶片背面，导轮上作用力矩的方向与泵轮旋转方向相同，单向离合器松脱，导轮随泵轮的旋转方向自由旋转。此时，循环圆中固定不动的导轮已失去作用（即失去了改变力矩的能力），此区段工作状况与偶合器相同。

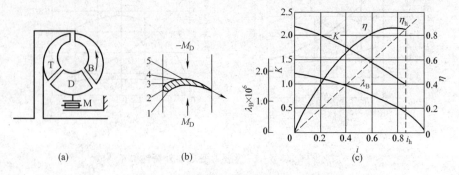

图 14.3-10 单级二相综合式液力变矩器
(a) 原理简图；(b) 导轮受力图；(c) 原始特性

可见二相液力变矩器可以看做是一台变矩器和一台偶合器的综合，故又称其为综合式液力变矩器，主要用于建筑机械、拖拉机和汽车等。

无内环液力变矩器（图 14.3-11）的结构是介于液力变矩器和液力偶合器之间，导轮固定不动，循环圆内工作液体不充满，存在自由液面（充液率为 $65\% \sim 85\%$），泵轮和涡轮都是径向直列叶栅，导轮为弯曲叶栅，没有辅助系统，靠自然冷却。

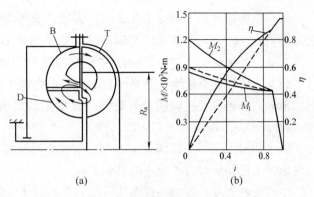

图 14.3-11　无内环综合式液力变矩器
(a) 原理简图；(b) 外特性

在低转速比时，液体在循环圆内作大循环流动。液流经过导轮，该变矩器在变矩器工况下工作，效率曲线 $\eta = Ki$ 为图中曲线段部分，$K > 1$。在高转速比时，由于涡轮对液体的离心力增加，迫使液体在循环圆内作小循环流动，液体只经过泵轮和涡轮，不再流过导轮，此时变矩器在偶合器工况下工作。图 14.3-11（a）所示的循环流动是过渡工况，液流同时存在大循环和小循环，有部分液流通过导轮。随着转速比增大，大循环逐渐消失。

这类变矩器结构简单，便于制造，能够提高机械起动时的牵引力，零速工况下的变矩系数 $K_0 = 1.4 \sim 1.5$，最高效率 $\eta_{\max} = 0.95$，常用于带式和刮板运输机。

2. 三相液力变矩器　为了提高液力变矩器在零速工况下的变矩系数 K_0，导轮叶片应有较大的扭曲，而过度扭曲的导轮叶片将会增加导轮内的液力损失，在最高效率工况到偶合器工况区段内效率下降尤为严重。为了减少冲击损失，同时提高变矩系数，把导轮分割成两个，这样每个导轮叶片扭曲程度就会变小，两个导轮分别用单向离合器装在导轮座上，这就变成三相液力变矩器，如图 14.3-12 所示。

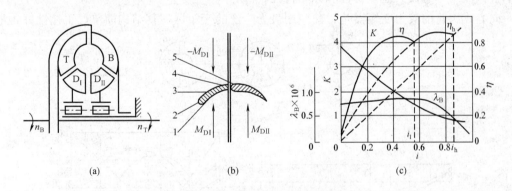

图 14.3-12　三相综合式液力变矩器
(a) 结构简图；(b) 导轮受力图；(c) 原始特性

三相液力变矩器把整个工作范围分成三个区段，共有三种工作状态：

（1）当转速比较低时，为第一变矩器工况。此时液流冲击两个导轮叶片的工作面，作用在两个导轮上的力矩方向都使单向离合器处于楔紧状态。因此，两个导轮均固定不动，相当于一个具有较大扭曲叶片的固定导轮，保证了液力变矩器具有大的变矩系数［图 14.3-12（c）中 $0 < i < i_1$ 区段］。

（2）当转速比增大到一定数值时，为第二变矩器工况。液流作用在第一导轮 D_I 上的力矩方向将发生改变，使单向离合器脱开，第一导轮 D_I 自由旋转。但是，第二导轮 D_{II} 仍然固定不动，继续起到改变力矩的作用 ［图 14.3-12 (c) 中 $i_1 < i < i_h$ 区段］。

（3）当转速比继续增大到某一值时，为偶合器工况。此时液流方向继续改变，使第二导轮的单向离合器也松脱，两个导轮均与泵轮同向自由旋转，变矩器内不再有固定不动的导轮，此时 $-M_T = M_B$，$K = 1$ ［图 14.3-12 (c) 中 $i > i_h$ 区段］。

图 14.3-12 (b) 中液流方向 2 和 4 对应临界转速比 i_1 和 i_h；1、3 和 5 分别为第一、第二变矩器工况和偶合器工况下的液流方向。

由三相液力变矩器的特性曲线可见，在高转速比区偶合器工况效率要高于变矩器工况效率，因此具有较宽的高效范围、较大的零速工况变矩系数和较高的最高效率，适用于转速比变化较大而且长时间在高速比工况运行的工作机传动，广泛应用于轿车、自卸汽车、牵引车、铲运机、装载机和推土机上。

14.3.5　具有不同形式涡轮的液力变矩器

在液力变矩器中，涡轮的形式不同对液力变矩器的性能有重大影响。具有不同形式涡轮的液力变矩器，往往具有不同的原始特性。因此，可以用涡轮的形式作为区分不同液力变矩器的标志。根据液力变矩器的涡轮在循环圆中的布置，可分为向心涡轮、轴流涡轮和离心涡轮三种。

不同形式涡轮的分类标准可以用液力变矩器涡轮中间流线出口和进口半径的比值来表示，一般比值 0.55~0.65 为向心式涡轮，0.90~1.10 为轴流式涡轮，1.20~1.50 为离心式涡轮。由于不同形式的涡轮使液力变矩器具有不同的流量变化特性，而流量的变化规律，将影响变矩器在不同工况下泵轮和涡轮上的力矩，因而影响变矩器的原始特性。图 14.3-13 给出了各循环圆形式及其流量特性和原始特性。

向心式涡轮的液力变矩器是目前应用最为广泛的变矩器，其结构简单，工艺性好，最高

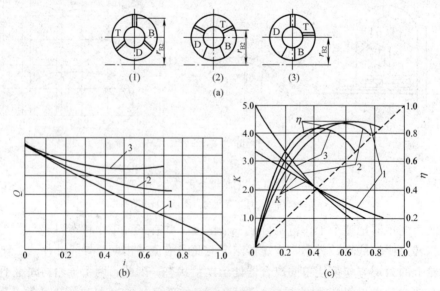

图 14.3-13　不同形式涡轮的变矩器及特性

(a) 简图；(b) 流量特性图；(c) 特性曲线

效率值较其他形式涡轮的液力变矩器高，对应转速比也高。因为在向心式涡轮变矩器中，当 i 大于一定数值后，流量要比轴流式涡轮和离心式涡轮变矩器中的小得多，因而在流道中液流的相对速度低，各种液力损失相对减小；此外向心式涡轮的圆盘损失也要比轴流式涡轮和离心式涡轮要小，向心式涡轮液力变矩器的最高效率可达 86%～91%。

对于向心式涡轮液力变矩器，由于流量是随着 i 的增大而由最大值下降到 0 的，因此其透穿性可在较大范围内选择，即可使液力变矩器具有较大的正透穿性，也可使其具有较小的正透穿性。

向心式涡轮液力变矩器的能容要比其他形式涡轮的液力变矩器大，因为向心涡轮液力变矩器的泵轮叶片出口半径 r_{B2} 位于循环圆工作腔的最大可能半径处，而在轴流式涡轮和离心式涡轮中，泵轮的出口半径比循环圆工作腔最大半径要小得多。当其他条件完全相同时，r_{B2} 值越大，M_B 值也越大，因而泵轮的力矩系数 λ_B 值也越大。

向心式涡轮液力变矩器，在涡轮空载的情况下工作时，由于 $Q=0$，泵轮轴上的转矩 M_B 也接近于 0，对发动机来说功率消耗小。但轴流式和离心式液力变矩器，在涡轮空载时，由于循环腔中的流量 $Q\neq0$，因此，泵轮的力矩系数 λ_B 也不等于零，有时甚至可能是很大的数值。这样，发动机仍需要消耗较大的功率，并使工作液体发热。

向心式涡轮液力变矩器零速变矩比 K_0 较低，但在高效率工作区域（$i=0.40\sim0.80$）内的 K 值却较高，而车辆行驶和工作时，大部分是在液力变矩器的高效区域内工作。因此，向心式涡轮液力变矩器并不降低车辆实际的动力性能和加速性能。

由于向心式涡轮液力变矩器有上述一系列的优点，因而在各种运输车辆、工程和建筑机械上多采用这种形式的液力变矩器。我国已经研制出的单级向心式涡轮液力变矩器的型号有 YB355-2、P21、工程机械基本型、381、SH-32、214 型。目前中国山东山推公司生产的 TYl60E 型推土机以及美国卡特彼勒公司生产的 966D 型装载机采用的就是该单级向心式涡轮液力变矩器，这种变矩器虽然具有较高的最高效率和较大的涡轮转速为零时的变矩比，但当传动比较高或较低时，效率很低，容易发热，通常需要采用挡数较多的变速器与之配合使用。

图 14.3-14 和图 14.3-15 分别为轴流式和离心式涡轮液力变矩器的结构简图和原始特性曲线。

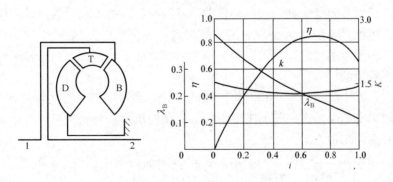

图 14.3-14　轴流式涡轮液力变矩器的结构和原始特性曲线

离心式涡轮液力变矩器中，泵轮与涡轮位于循环圆的同侧，由于涡轮位于泵轮之后，故涡轮内液体质点的离心力将不成为泵轮内工作液体质点离心趋势的阻力。当转速比 $i=1$ 时，循环圆内工作液体的流量 $Q\neq0$，因而这种形式的变矩器的转速比可大于 1，同时循环圆流

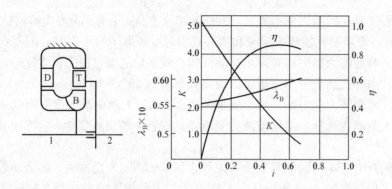

图 14.3-15 离心式涡轮液力变矩器的结构和原始特性曲线

量随转速比的变化也不像向心式涡轮液力变矩那样剧烈［图 14.3-13（b）中曲线 2］。由于流量随转速比的变化范围窄，所以泵轮力矩 M_B 随转速比 i 的变化也就不大，因而这种变矩器的透穿性不大，甚至可能是负透穿的，多用于内燃机车和起重运输机上。

在轴流式涡轮液力变矩器中，由于其内部的工作液体质点所产生的离心力将垂直地作用于涡轮壁上，因而不会产生阻力影响泵轮内工作液体质点的离心趋势。因此循环圆内的流量随着转速比 i 的变化不大，这类变矩器只能获得小的正透穿性和基本不透穿，常用于挖掘机械和挖泥船上。

14.3.6 闭锁式液力变矩器

由于液力变矩器的最大缺点是效率低，人们曾采取了许多方法来提高效率，起初大多是通过改变变矩器的结构或增加导轮和涡轮数目来扩大高效范围，但其结构太过复杂。1953年有了闭锁式液力变矩器的专利，并生产出了带闭锁的液力变矩器。它可大大提高在高转速比情况下的传递效率，功率利用率高，但由于它增加了成本，而且当时的油价便宜，所以并没有引起人们的重视，也没有被采用，直到 1967 年能源危机时，人们才对闭锁式液力变矩器重新产生了兴趣。

在液力变矩器上装一个将泵轮和涡轮闭锁成一体的闭锁离合器，即成为闭锁式变矩器。其主要优点是提高了高转速比时的效率和扩大了高效范围，满足某些机械的特殊要求。

由于单级三元件液力变矩器的效率特性曲线具有抛物线的形状，最高效率仅存在于一个特殊工况点上。因此，不能认为是理想的。如果说，在低转速比情况下，由于变矩系数 K 增大，改善了车辆的牵引性能，对效率变低是可以容忍的话，那么，在高转速比时，效率的降低则是特别不希望的。

采用转入偶合器工况或将泵轮和涡轮闭锁的方法，都可以提高在高转速比下的效率值。其中，闭锁式液力变矩器是在一定的工况下，采用闭锁机构将泵轮和涡轮闭锁成一体。闭锁式液力变矩器有两种闭锁方案。

第一种方案，如图 14.3-16（a）所示。泵轮 B 与输入轴 1 相连，涡轮 T 与输出轴 2 相连，导轮 D 通过单向离合器 M 支撑在固定的壳体上，泵轮和涡轮之间装有片式摩擦离合器 C。

在低转速比时，单向离合器 M 楔紧，导轮固定不动。当转速比增大到 i_h，即变矩系数 $K=1$ 时，闭锁离合器 C 结合，泵轮 B 和涡轮 T 刚性连接同时旋转，单向离合器 M 使导轮与壳体脱开，导轮自由旋转以减少液力损失。这种闭锁方案的液力变矩器由于机械损失和鼓

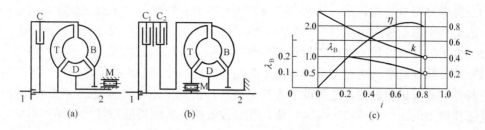

图 14.3-16　闭锁式液力变矩器

风损失的存在，影响传动效率的提高，其效率接近于 1，但低于 1。

第二种方案，如图 14.3-16（b）所示。在输入轴 1 和输出轴 2 之间和输入轴 1 与泵轮 B 之间各装有一个摩擦离合器 C_1 和 C_2，涡轮 T 和输出轴 2 之间装有单向离合器 M。

不闭锁时，离合器 C_1 脱开，C_2 结合，液力变矩器开始工作，动力经 C_2 传递给泵轮 B，涡轮 T 自动地通过单向离合器 M 传到输出轴，此时为液力传动。

闭锁时，离合器 C_1 结合，C_2 分离，液力变矩器脱开，转入直接的机械传动。此时，发动机的功率直接经 C_1 传给输出轴，液力变矩器内所有叶轮均停止转动，因而排除了全部的风损和液力损失，传动效率实际上可等于 1。

必须指出，将液力变矩器闭锁后，虽然效率提高了，但是将传动转变为纯机械传动，失去了液力变矩器所能赋予传动的各种优良性能。因此运输车辆一般仅在好路面和高挡行驶时将变矩器闭锁。有时，为了解决车辆利用拖车方法起动发动机和下长坡时利用发动机制动，也可以采用可操纵的闭锁离合器方案。

液力变矩器的闭锁控制有许多方式，有液压闭锁式、离心闭锁式、黏性闭锁式等，最常用的是液压闭锁式。液压闭锁式液力变矩器是利用液压系统中的压力来使闭锁离合器接合，从而使涡轮和泵轮闭锁在一起，提高动力传递效率。液压闭锁式又可根据控制方式不同分为纯液压控制闭锁和电液控制闭锁两种，前一种用滑动柱塞阀提供油压来控制，后一种采用电磁阀来控制闭锁油压。目前，几乎所有的自动变速器都通过使用一个电子控制系统来控制液力变矩器闭锁离合器电磁阀的通断，以此来控制闭锁油压。早期的液力变矩器闭锁离合器多为利用开关式电磁阀来控制，要么闭锁，要么断开。由于液力变矩器的闭锁对提高燃油经济性很有效，所以其闭锁范围也在不断扩大。另一方面，由于完全闭锁实际上相当于机械连接，失去了液力传动吸收振动和冲击的作用，对传动系统的寿命和乘座舒适性都有很大影响，而且如果在较低的速比下闭锁，泵轮与涡轮的转速差很大，引起车辆快速制动，极有可能导致发动机熄火。现在逐渐采用了脉冲式电磁阀，对闭锁离合器采用闭环滑转控制的方式，极大地提高了变矩器的效率，同时也改善了车辆的燃油经济性。

14.3.7　可调型液力变矩器

以上所述的不可调型液力变矩器都具有自调性能，即具有在泵轮转速一定时，液力变矩器输出轴上的力矩和转速都能按照外特性曲线自动变化的特性。而所谓可调型的液力变矩器是指需要强制调节输出轴上的力矩和转速时，强制调节改变泵轮轴的转速。当发动机转速在较大范围内变化时，可以采用改变泵轮转速的方法对液力变矩器进行强制调节。可调型液力变矩器有内部可调和外部可调之分。

外部调节型液力变矩器是在输入轴之前，利用可以改变输入转速的装置（如变速器加一般液力变矩器）调节泵轮转速，从而改变液力变矩器的外特性。对于液力变矩器的这种外部调速方式适合于急剧和大幅度改变负载的车辆。

液力变矩器共有三种方式可进行内部调节：

（1）调节循环流量。通过调节液力变矩器循环圆内的充液量或在循环圆内设置节流挡板来进行特性调节。试验表明，这种调节方法会破坏环流的形态，并且缺乏必要的补偿压力，因而使工作腔中的工作液体产生气蚀现象，并导致效率的急剧降低和叶片的加速损坏，所以一般并不采用。

（2）调节泵轮或导轮的叶片角。通常叶片可调节的液力变矩器具有如下两种方案：

第一种方案是具有可旋转的泵轮叶片，带有专门的调节机构来旋转泵轮叶片。其调节机构是由齿轮带动泵轮叶片，对于每一个确定的泵轮叶片安装角位置，可以得到一组外特性曲线。针对不同的泵轮叶片位置，可得到不同的特性曲线。这种方式效果好、效率高、能容变化大，但由于泵轮经常处于高速旋转状态，所以调节起来比较复杂。

第二种方案是具有可旋转的导轮叶片。在泵轮转速不变的情况下，调节液力变矩器可应用可旋转的导轮叶片。此时，与有固定叶片的导轮不同，可以采用最合理的导轮叶片角以保证获得最高的效率和变矩系数。对于具有圆柱状叶片的可调节式液力变矩器，转动导轮叶片可以采用与转动泵轮叶片相同的调节机构。

叶片可调节的液力变矩器的结构复杂、价格较高。因此，叶片可调节式的液力变矩器在车辆和工程机械上较少应用。

（3）双泵轮调节。液力变矩器中设有主泵轮 B_I（内泵轮）和外泵轮 B_{II}，利用双泵轮调节，可使液力变矩器所吸收的动力机力矩在 $M_{BI} \leqslant M_B \leqslant M_{BI} + M_{BIImax}$ 之间无级变化，从而实现无级调节能容。

目前，工程机械使用的是各种固定容量的液力变矩器，在与发动机共同工作的输出特性方面虽然有了很多改进，但是在输入特性方面并不能更好地满足工程机械的要求。如在进行铲掘作业时，驾驶员一旦发现轮胎打滑，就只好把油门减小（即减小节气门开度），由于油门减小和匹配工况点的改变，发动机转速也下降，显然这是很不理想的。因为随着发动机转速的降低，与发动机轴通过齿轮传动相连的各种泵的转速和流量也降低了，因此无论是工作机构还是转向机构的动作都减慢了，完成一个工作循环的时间将大大延长，工程机械的生产率会急剧下降，发动机的功率也得不到充分利用。

为避免上述情况下的轮胎打滑现象，而又不致使发动机降低转速，可采用可变容量液力变矩器。双泵轮液力变矩器就是为此目的而研制的一种新型液力变矩器，它通过驾驶员控制两个泵轮的相对转速来达到将发动机的功率进行合理的分流。

如当装载机进行铲掘作业时，轮胎打滑，这时驾驶员可以控制使变矩器仅一个泵轮（主泵轮 B_I）工作，涡轮输出力矩减少，装载机驱动轮力矩下降，而使发动机的大部分功率传给液压系统。这样，既可以避免轮胎打滑，又可提高工作机构效率和工程机械的生产能力，并使发动机功率得到充分利用，大大改善了工程机械的性能。

双泵轮液力变矩器如图 14.3-17 所示，是一种能容可调节的液力变矩器。导轮 D 与支座固连，主泵轮 B_I 与外壳连在一起并通过齿圈与发动机相连，使动力输入，在外壳里装一活塞，油可通入其中，并且油压可调。另一个辅助泵轮 B_{II}（外泵轮）与主泵轮间设置离合器，结合时与主泵轮一起传递力矩；不结合时则空转。结合与否可人为操纵（此操纵与工作泵联动）。

B_{II}通过滚针轴承支承在B_I上。B_{II}的外环背面与离合器被动盘连接，被动盘置于活塞与主动盘（B_I外环的背面，并与B_I固连）之间。涡轮 T 通过轴支承在支座上。轴向力由止推轴承承受。

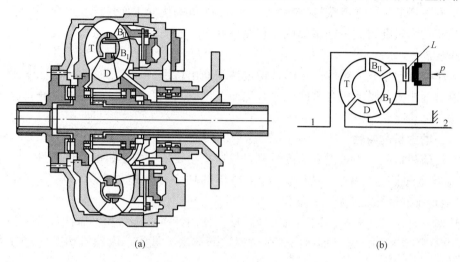

图 14.3-17　双泵轮液力变矩器

（a）剖面图；（b）图形符号

双泵轮液力变矩器的工作过程是：根据地面附着性调定离合器最大操纵油压。当活塞缸通入压力油时，B_I就与B_{II}结合在一起共同传递力矩。调整油压，则可改变活塞施于摩擦片的正压力，即可调整传到B_I上的最大力矩。当液压泵工作时，如装载机提铲时，活塞缸的压力油卸压，B_{II}空转。当工作液压泵不工作时，压力油进入活塞缸，B_I与B_{II}结合，能容最大。

为了防止轮胎打滑，可将液力变矩器控制手柄扳到最小位置，使泵轮离合器脱开，外泵轮不工作，仅内泵轮工作，这时与单泵轮液力变矩器减小节气门开度时的效果相同，使轮胎不致打滑。这样，各油泵的转速也就比减小节气门开度时大大增加，工作机构和转向机构的速度都提高了，作业循环时间也就大大缩短，因而提高了生产率。

如果工作场地改变，附着系数增加，这时为防止轮胎打滑，又尽可能地增加最大牵引力，可将液力变矩器控制手柄扳到最大和最小值之间的某一中间值，使泵轮离合器处于半离合状态，外泵轮小于内泵轮的某一转速旋转，并传递部分动力。这样，在工作时发动机节气门开度可一直保持在最大位置，通过液力变矩器控制手柄来控制其在不同工作条件下不同的功率分配，以获得理想的牵引力和液压力，使发动机功率在任何情况下都得以充分发挥，而不至于白白消耗了轮胎磨损；既充分发挥了机械的最大牵引力和轮胎不打滑，又能保持工作机构和转向系统动作迅速。

双泵轮液力变矩器能大大改善工程机械性能，在行驶和各种作业时均能充分利用发动机功率，提高工作效率，在装载机和铲运机上广泛采用。美国卡特皮勒公司生产的 988B、992C 型装载机采用了这种传动装置。

14.4　液力变矩器与动力机的匹配

采用液力传动的机械不仅与所用的动力机、变矩器、变速器和工作装置、行走装置等的性能（特别是牵引性能和燃料经济性）有关，而且与它们共同工作特性有关。

共同工作与匹配有着不同的含义，前者只研究连接在一起的工作情况，后者则研究共同工作时应采用怎样的配合才能获得理想的性能（工作机的优异工作性能）。

匹配是使动力机在得到良好牵引性能和经济性能，能满足工作机某些特殊要求等情况下的共同工作。

共同工作特性包括输入特性、范围、稳定性和输出特性。

为使液力变矩器与动力机合理匹配，必须通过试验找到匹配的一般原则和获得良好工作性能的方法。

14.4.1　动力机的特性

工程、建筑机械的动力机主要是内燃机，故这里主要研究内燃机的一些特性。

1. 标定功率和标定转速　内燃机铭牌上所标的功率和转速称为标定功率和标定转速（也称额定全功率和额定转速）。

标定功率和标定转速是根据内燃机工作特性、使用特点、寿命和可靠性等各种要求确定的。我国 1973 年颁布的国家标准《内燃机台架试验方法》规定，内燃机功率标定分为下列四级：

(1) 15min 功率：允许内燃机运转 15min 的最大有效功率，适用于经常小负荷工作而又需要有较大功率储备，在瞬间可发出最大功率的内燃机。

(2) 1h 功率：允许内燃机连续运转 1h 的最大有效功率（为最大功率的 87％～90％），适用于经常大负荷工作而又需要在短期内满负荷工作的内燃机（如轮式土方机械、机械式单斗挖掘机、振动压路机和工业拖拉机等所用的内燃机）。

(3) 12h 功率：允许内燃机连续运转 12h 的最大有效功率（包括在超过 12h 功率 10％的情况下连续运转 1h，为最大功率的 77％～80％），适用于在一个工作日中保持不变负荷工作的内燃机（如工程、建筑机械和农用拖拉机所用内燃机）。

(4) 持续功率：允许内燃机长期连续运转的最大有效功率，适用于长期以恒定负荷工作的内燃机（如长期排灌用或船用内燃机）。

应用任何一个标定功率时，必须同时标出相应转速。国家标准还规定，应根据不同的使用特点，在内燃机铭牌上标明上述四级中的 1～2 种及其相应转速。

可见，选用内燃机时，必须弄清多少时间的标定功率，是否与工作机要求相符。如果要求采用 1h 标定功率的内燃机而误选了 15min 标定功率，就会使内燃机经常处于超负荷条件下工作，从而缩短使用寿命；反之，如选用 12h 功率，则内燃机的能力又得不到发挥。若短时间内找不到合适功率的柴油机，则可在试验台架上更新调整内燃机供油系统、调速系统，以便改变其标定功率。

不同国家对发动机标定功率有不同规定，含义也不一样，选用时应注意。

在标定功率下，应给出的主参数是：标定功率值 P_n、标定功率下的转速 n_n、标定功率下的力矩 M_n。

2. 力矩适应性系数 K_M　最大力矩 M_{emax} 与最大功率时的力矩 M_{ePmax} 之比值称为力矩适应性系数。此系数表征内燃机对负荷变化的适应能力。K_M 越大越好（力矩曲线越陡，对负荷适应能力越强）。

3. 力矩储备系数 μ

$$\mu = \frac{M_{\text{emax}} - M_{\text{en}}}{M_{\text{en}}}$$

式中，M_{en} 为标定功率工况的力矩。

K_{M} 和 μ 是衡量内燃机动力性能的重要指标，不同的工作机，对此有不同要求。工程、建筑机械的负荷变化范围较大，柴油机经常受到突加载荷或在超负荷下工作，故要求有较大的 K_{M} 和 μ 值。一般 $K_{\text{m}} > 1.1$，$\mu = 20\% \sim 30\%$。

4. 转速适应性系数 K 转速适应性系数也称转速系数，是最大力矩时转速 n_{M} 与标定转速 n_{n} 之比值。此系数表征内燃机以惯性克服负荷增大的能力。K 越小越好。一般 $K = 0.55 \sim 0.77$。

5. 速度特性 内燃机的速度特性是指内燃机（对汽油机，当节气门开度一定时；对柴油机，当供油量调节机构位置一定时）功率 P_{e}、力矩 M_{e} 和燃油消耗率 g_{e} 随转速 n 的变化规律（图 14.4-1 和图 14.4-2）。

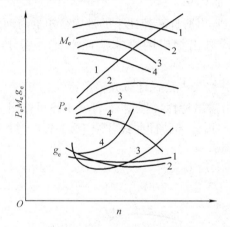

图 14.4-1 汽油机的速度特性
1—外特性；2、3、4—部分特性

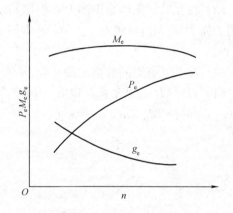

图 14.4-2 供油量调节机构处于
一定位置时柴油机的速度特性

6. 实用外特性 内燃机的实用外特性也称净输出特性，是专为内燃机与液力变矩器的匹配而制定的。由于试验所得的特性曲线受试验条件的限制（如内燃机本身是否带或部分带风扇、水泵、水箱、发电机、空滤器、消声器等附件），故试验特性与实际使用特性往往不相符合。为此，拿到任何一个特性曲线时，都要先了解试验条件，扣除附件所消耗的功率方为实用外特性。

通常，工程、建筑类机械所用柴油机的风扇消耗功率为标定功率的 $2\% \sim 4\%$，消声器为 2% 左右，空滤器为 2% 左右，水箱为 $0 \sim 1\%$。

14.4.2 液力变矩器与动力机的共同工作

1. 共同工作范围 动力机与液力变矩器共同工作时，动力机的输出特性就是液力变矩器的输入特性。对于液力变矩器来说，其输入特性是一束通过原点的抛物线。它不仅不受与它一起工作的动力机特性的影响，而且可强制动力机按照它的变化规律工作。动力机与变矩器共同工作时，后者就是前者的负载。所以，液力变矩器的输入特性就是动力机的负载特性。

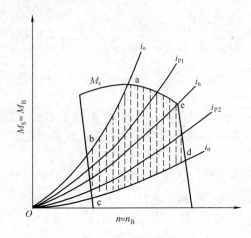

图 14.4-3   液力变矩器与
动力机的共同工作范围

图 14.4-3 是液力变矩器与动力机共同工作的情况。两条特性曲线所围成的面积 abcde 称为共同工作范围，超出此范围之外的动力机特性实际上就不存在了。

2. 共同工作的输出特性   共同工作的输出特性是指液力变矩器与动力机共同工作时，液力变矩器涡轮轴的力矩 M_T 与转速 n_T 之间的关系，即液力变矩器与动力机所组成新的动力装置的输出特性。共同工作范围确定后，即可绘制共同输出特性。具体方法是：

（1）在液力变矩器原始特性曲线上查出对应于所选转速比的变矩系数 K 和效率 η ［图 14.4-4（a）］。

（2）由在共同工作范围图上，根据共同工作点查出所选转速比下的液力变矩器与动力机共同工作力矩 M_B 与转速 n_B。对于内燃机，还应画出相应的燃油消耗率 g_e。［图 14.4-4（b）］。

（3）将上述查得的数据记录在表 14.4-1 中，并按表中公式计算其输出特性。

（4）以 $-M_T$ 为纵坐标，以 n_T 为横坐标绘制出输出特性。根据表 14.4-1 还可作出 $n_B = n_B(n_T)$，$M_B = M_B(n_T)$，$\eta = \eta(n_T)$ 和 $g_{eT} = g_{eT}(n_T)$ 等特性曲线 ［图 14.4-4（c）］。

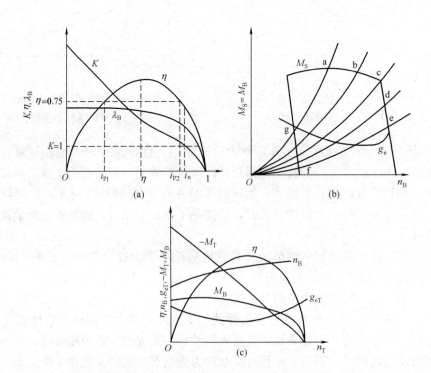

图 14.4-4   液力变矩器与动力机的共同工作
（a）原始特性曲线；（b）共同工作范围；（c）共同工作输出特性曲线

表 14.4-1 共同工作输出特性计算表

i	由特性曲线查得数据					计 算 值		
	K	η	M_B	n_B	g_e	$n_T = in_B$	$M_T = KM_B$	$g_{eT} = g_e/\eta$
0								
i_{p1}								
i_η								
i_{p2}								
i_h								
...								

14.4.3 液力变矩器透穿性对共同工作范围及输出特性的影响

已知液力变矩器有效直径和动力机的实用外特性之后,共同工作范围和输出特性只决定于泵轮力矩系数的变化规律。透穿性能表征泵轮力矩系数变化规律,它对共同工作范围及输出特性有很大影响。表 14.4-2 给出了各种透穿性能对共同工作范围及输出特性的影响。

牵引工况下(变矩器经常工作的工况),各种透穿性能的影响分述如下:

穿透性能	原始特性	共同工作范围	输出特性
(a)不透穿			
(b)正透穿			
(c)负透穿			
(d)混合透穿			
(e)λ_B可调式			

（1）不透穿性能的影响。由图 14.4-5（a）可见，不透穿时，λ_B＝常数，输入特性是一条抛物线。因此，共同工作范围也是这条抛物线，共同工作的力矩 $M_B＝M_d$，转速 $n_B＝n_d$（不随转速比的变化而改变）。如果把共同工作点选在动力机实用外特性的最大功率点，就可以充分发挥动力机的最大功率。

（2）正透穿性能的影响。由图 14.4-5（b）可见，正透穿时，λ_B 随转速比 i 的增大而减小。输入特性是由 $i＝0$ 开始，随 i 的增大按顺时针方向向右展开的一束抛物线。其展开范围由透穿数决定。透穿数越大，展开范围就越大。共同工作点随 i 的增大在实用外特性上也相应地由左向右移动，共同工作转速也相应增高。该转速 $i＝0$ 时最低，在 $i＝i_\eta$ 时最高。比不透穿的液力变矩器共同工作输出特性的高效范围增宽，零速工况的力矩增大，但动力机不能总在最大功率工况下工作。

（3）负透穿性能的影响。由图 14.4-5（c）可见，负透穿时，λ_B 随转速比 i 的增大而增大。输入特性是由 $i＝0$ 开始随 j 的增大在实用外特性上相应由右向左移动，共同工作的转速也相应降低。该转速在 $i＝0$ 时最高，在 $i＝i_\eta$ 时最低。比不透穿的液力变矩器共同工作输出特性的高效范围要窄，零速工况的力矩减小，不能充分发挥动力机构最大功率。

（4）混合透穿性能的影响。由图 14.4-5（d）可见，混合透穿时，在 $0 \leqslant i \leqslant i_{\lambda Bmax}$ 时，与负透穿情况相同；在 $i＞i_{\lambda Bmax}$ 时，与正透穿的情况相同；在整个转速比的范围内（$0 \leqslant i \leqslant i_\eta$），有部分输入特性互相重叠。

$i＝0$ 的共同工作转速高于 $i＝i_{\lambda Bmax}$ 的共同工作转速。$i＝i_\eta$ 的共同工作转速最高。

（5）λ_B 可调节时的影响。可调式液力变矩器具有 λ_B 可调节的特性。它可以根据工作机工况的不同，通过调节 λ_B，改变液力变矩器与动力机的共同工作范围，使动力机的功率可以充分利用。如图 14.4-5（e）所示，当导轮叶片每转动一个角度，导轮流道就相应有一个开度，λ_B 也相应有一种变化规律。由 λ_B 的变化规律，即可找到不同的共同工作范围的输出特性。控制 λ_B 的变化规律，就可以控制共同工作范围，从而满足工作机各种不同工况的需要。

14.4.4　液力变矩器与动力机的匹配

如前所述，共同工作与匹配是两个不同的概念。共同工作并不一定能获得良好的工作效果（有的性能变好，有的性能则可能变坏）；匹配则要求共同工作后能得到良好的性能，以满足工作机的需要。

合理匹配应使工作机得到最高生产率和最低的燃料消耗。因此，可以用涡轮轴上最大平均输出功率或在一定工作范围内最大功率输出数作为生产率高低的评价标准，而以最低的单位燃料消耗系数作为经济性评价标准。

功率输出系数 ϕ_P 表示在一定工作范围内，涡轮轴平均输出功率 P_{TP} 对内燃机额定功率 P_{en} 的比值。

单位燃料消耗系数 ϕ_g 是指在一定工作范围内，平均单位燃料消耗量 g_{eP} 与额定工况下单位燃油消耗量 g_{en} 的比值。

相同的内燃机与不同类型液力变矩器匹配或不同内燃机与同一液力变矩器相匹配时，液力变矩器涡轮轴的平均输出功率最大，平均单位燃油消耗量最小的匹配是最合理的。

实现匹配的方法有下列 4 种：

（1）改变液力变矩器的有效直径 D。这种方法用在动力机已经给定，液力变矩器原始特性已知，而有效直径尚未确定的情况。

（2）改变中间传动转速 i_Z。这种方法用在动力机和液力变矩器均已给定，但它们之间不匹配的情况。这时，可在动力机与液力变矩器之间增设一中间传动装置，靠改变中间传动转速比来移动输入曲线的位置。

（3）改变泵轮力矩系数 λ_B。采用这种方法时，动力机与液力变矩器均已给定，但它们之间却不匹配。此时，可通过车削泵轮或导轮出口叶片来改变 λ_B。

（4）尽量选用系列化的液力变矩器。如果动力机和液力变矩器的形式已经确定，则应尽量选用液力变矩器的系列化产品，这样做可以达到快而省。

若动力机给定，则可利用系列型谱大致找到与动力机相匹配的液力变矩器。图 14.4-5 是液力变矩器的系列型谱。图中，纵坐标为传递功率，横坐标为动力机（泵轮）转速（均为对数坐标）。每个有效直径称为一个尺寸系列。每种液力变矩器均由若干尺寸系列组成。图示为两个尺寸系列。每个尺寸系列又有若干个叶栅系统（图中为五个），每条斜线表示一种叶栅系统（即一个具体的液力变矩器）。由图可见，两个尺寸系列间有一重叠区域。这是考虑到工作机所需功率虽然一样，但它们对液力变矩器的性能却有不同的要求。

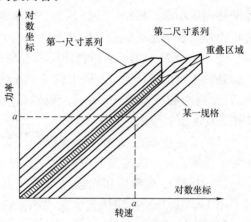

图 14.4-5　液力变矩器系列型谱图

选择系列液力变矩器的方法是：

（1）求动力机的实用外特性。根据工作机的要求，先求取适用于该机的动力机的实用外特性。

（2）选择系列液力变矩器。根据动力机使用外特性的标定功率和转速，在系列型谱图上找到相应的坐标点 a。如果 a 点正好在表示某一规格液力变矩器的斜线上，那么就可选用该规格液力变矩器。如果.点在两条斜线之间，那么，对综合式液力变矩器，可选用 a 点左边的规格（能容较大，偶合器工况可得到较好的利用）；对单相液力变矩器，可选用 a 点右边的规格（能容较小，有利于发挥动力机的最大功率）。

14.5　变矩器的基本回路

液力传动系统除必须有液力元件外，为保证液力元件的正常工作还必须有必要的油路系统。

对于液力机械变速器，其油路系统包括变矩器冷却补偿油路、闭锁离合器操纵油路（一般为电液操纵）、液力减速器油路及变速器的换挡操纵及润滑系统。这里只介绍变矩器的冷却补偿油路系统。

液力变矩器冷却补偿油路系统的作用是：

（1）对工作液体进行强制冷却。变矩器一般在 $\eta > 75\% \sim 80\%$ 的效率范围工作。所损失的能量将全部变成液体的热能，使油温升高。这会导致油的黏度降低、泄漏损失增加，并使油易变质。同时，油温过高，对轴承和齿轮的润滑以及对密封件的工作也很不利。为使工作油温不致过高，过多的热量必须通过冷却循环系统带走，以保证工作液体在规定的温度下工作。

（2）保证变矩器工作所需的循环流量。如上所述，变矩器工作时，需不断从工作腔中引出一部分油液进行强制冷却。另外，在某些部位往往会有泄漏损失，这都会使变矩器工作腔中的油量减少。为使变矩器能正常工作，需要不断地向工作腔补偿油液。

（3）防止变矩器产生气蚀。在变矩器中，泵轮进口部位前的进油道中压力最低，有可能产生气蚀。气蚀现象十分有害，除了会腐蚀元件、带来压力和流量脉动之外，还可能使变矩器所传递的功率、扭矩、变矩系数及效率等急剧下降。为此，需要通过专门的油路，在泵轮进口出建立起一定的压力（称补偿油压）。一般变矩器的补偿油压为 $0.4\sim0.6MPa$。

图 14.5-1 所示为工程机械中两种典型的液力变矩器冷却补偿系统简图。

系统主要由液压泵 3、压力阀 7、溢流阀 8、背压阀 9 和冷却器 10 组成。根据系统的功用，应有下列要求：

（1）系统应满足变速换挡操纵和变矩器正常工作所需压力的流量要求。

（2）补偿冷却系统和变速操纵系统共用时〔图 14.5-1（a）〕，应优先满足操纵系统供油，以保证车辆行驶安全。

（3）保证变矩器出口油温 $80\sim120℃$。

（4）系统应保证各元件工作可靠，滤油器应有足够的过滤精度和通过能力。

（5）各润滑点应提供良好润滑，并形成循环流动。

因此，液力变矩器的冷却补偿系统具备如下功能：

（1）提供一定的补偿压力油，防止变矩器内部产生气蚀。

（2）提供变速换挡操纵的液压系统压力油。

（3）对变矩器内部由于循环流动的能量损失产生的热量进行强制冷却，保持工作油油温在 $100℃$ 左右。

（4）提供轴承、离合器和制动器的润滑油。

（5）其他，如防止空气渗入和补充工作油液的漏损等。

图 14.5-1（a）所示系统，其供油路与动力换挡变速器操纵油路相通，压力阀 7 能优

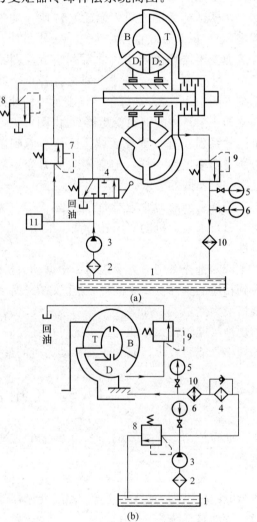

图 14.5-1　液力变矩器补偿冷却系统
1—油箱；2、4—滤油器；3—液压泵；5—压力表；
6—温度计；7—压力阀；8—溢流阀；9—背压阀；
10—冷却器；11—变速器

先向变速器操纵油路 11 提供压力油。在进入变矩器通路上装有溢流阀 8。溢流阀 8 能自动调节进入变矩器的流量。液力变矩器低转速比工作时，泵轮进口压力较小，同时变矩器效率较低，发热量大，溢流阀溢流量小，进入变矩器的冷却油流量大，可将大量热量带走。高转速比时，泵轮进口压力较高，此时变矩器效率也高，发热少，溢流阀溢流量较大，进入变矩器流量小，故起到了自动调节的作用。

图 14.5-1（b）所示是一种单独的液力变矩器补偿冷却系统。进油路上溢流阀 8 作安全阀用，在变矩器正常工作时不开启，故不能自动调节流量，全部油液通过变矩器，这种系统的冷却油量可选得小一些。

补偿冷却系统与液力变矩器工作腔相连的方式，目前有三种基本方案，如图 14.5-2 所示。图 14.5-1（a）与图 14.5-2（a）为同一种方案，即补偿冷却工作液体在泵轮进口处引入，涡轮出口处排出。图 14.5-1（b）与图 14.5-2（b）为同一种方案，即为工作液在涡轮出口处引入，泵轮进口处排出。图 14.5-2（c）为第三种方案，即工作液在泵轮进口处引入，导轮出口处排出。

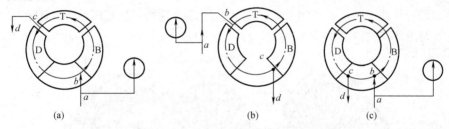

图 14.5-2 补偿冷却系统工作液体进出变矩器的方案

试验结果表明，第三种方案（B_1 进，D_2 出）的补偿压力最稳定，不随液力变矩器工况的变化而变化，且系统最经济。为了不影响冷却效果，必须使进油口和排油口在圆周方向错开 $90° \sim 180°$。

思 考 与 练 习 14

1. 说明液力变矩器中各工作轮与液流间的变矩关系。

2. 什么叫液力变矩器的全特性曲线？

3. 液力变矩器的评价参数有哪些？各表示什么含义？

4. 什么叫多级液力变矩器，有哪些常用的结构形式？

5. 根据涡轮在循环圆中的布置，液力变矩器的可分为哪些？

6. 闭锁式变矩器的主要优点是什么？

7. 什么叫可调型液力变矩器？

8. 液力变矩器与动力机的匹配主要考虑哪些方面的内容？

第15章 液力偶合器

15.1 液力偶合器的结构和原理

液力偶合器是一种结构简单、应用广泛的液力元件，主要由泵轮、涡轮和泵轮壳三部分组成，如图 15.1-1 所示。偶合器能实现主动轴和从动轴间的柔性接合，并且当工作液体与叶轮相互作用时，理论上能将主动轴上的力矩大小不变地传递给从动轴。因此，液力偶合器又称液力联轴器。

偶合器泵轮和涡轮的内、外侧两个环形曲面，分别称为内环和外环。偶合器可分为有内环偶合器和无内环偶合器两类。偶合器的内环会增加叶轮的制造难度，因此现在使用的偶合器大多数为无内环偶合器。

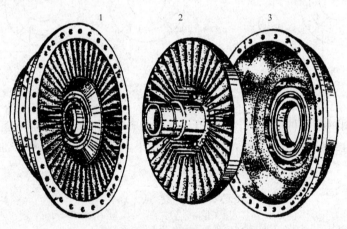

图 15.1-1　液力偶合器
1—泵轮；2—涡轮；3—泵轮壳

由泵轮流出的液流经泵轮外缘处进入涡轮入口，并冲击涡轮叶片，同时液流被迫沿涡轮叶片间流道流动。这时液流的速度减小，从而液体的能量传递给涡轮，驱动从动轴旋转。当液体对涡轮做功降低能量后，又重新回到泵轮，吸收能量，如此不断循环就实现了能量传递。当涡轮的转速升高到与泵轮的转速相等时，循环流量为零，能量的传递也就终止。

一般情况下，偶合器的涡轮转速总是小于泵轮转速，所以泵轮出口处由速度产生的动压力总是大于涡轮进口处的动压力。这使得工作液体在泵、涡轮叶片间通道内流动。

15.2 液力偶合器的特性

15.2.1 液力偶合器的外特性
液力偶合器的外特性是指当工作液体密度和泵轮转速一定时，泵轮轴上的力矩 M_B、涡

轮上的力矩 $-M_T$ 及液力偶合器效率 η 与涡轮转速 n_T 之间的关系。由于理论推导与实际存在很大误差，液力偶合器的外特性一般由试验测得，如图 15.2-1 所示。偶合器的涡轮力矩 $-M_T$ 始终等于泵轮力矩 M_B，因此 $-M_T=M_T$（n_T）和 $M_B=M_B$（n_B）是同一条特性曲线。

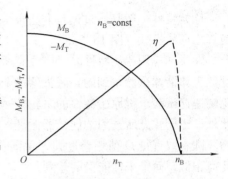

图 15.2-1　液力偶合器外特性

偶合器的效率 η 是涡轮输出功率 P_T 与泵轮输出功率 P_B 之比

$$\eta=\frac{P_T}{P_B}=\frac{M_T n_T}{M_B n_B}$$

对偶合器 $M_B=-M_T$，因此有

$$\eta=i \tag{15-1}$$

式（15-1）表示偶合器效率等于转速比，效率曲线是一条通过坐标原点的直线。但当 i 接近于 1.0 时，偶合器传递的力矩很小，而机械摩擦力矩所占的比重急剧增大，因此在高转速比时的效率特性明显偏离 $\eta=i$ 直线，并在 $i=0.99\sim0.995$ 时急剧下降至 $\eta=0$。

当 $0\leqslant i\leqslant1$ 时，偶合器为牵引工况区。循环流量作正循环，液体从泵轮获得能量后注入涡轮对涡轮做功，并把能量传给涡轮而带动涡轮转动。

偶合器在牵引工况区有三个特殊工况点：

（1）设计工况点。一般取 $i=i^*=0.95\sim0.98$，此时 $\eta=\eta^*=\eta_{max}$，$\lambda_B=\lambda_B{}^*$。其特点是效率最高，通常以 $\lambda_B{}^*$ 来评价偶合器性能，确定偶合器能容（指偶合器在不同工况下所能传递的功率大小）的大小，并作为相似设计的参考数据。

（2）零速工况点。又称制动工况点，是车辆在起步或制动时的工况。该点的涡轮转速为 $n_T=0$，此时循环圆内的流量 $q=q_{max}>0$，液流作正向循环，液体从泵轮获得能量，但不对涡轮做功。$P_B>0$，动力机对偶合器传递功率；$P_T=0$，偶合器对工作机不传递功率。这时的涡轮是作为一个固定的流道，成为液体流动的阻力，只起到消耗能量的作用。在该工况工作时，偶合器传递的功率全部转化为热能，这使得工作腔中液体的温度迅速升高，所以这一工况不能持续太长时间。

（3）零矩工况。此时 $i\approx1$，$M_B=-M_T=0$，循环圆中流量 $q=0$，故 $P_B=P_T=0$，$\eta=0$。

除了用转速比 i 表示液力偶合器工况外，也可用转差率 s 表示，转差率是泵轮和涡轮的转速差与泵轮转速之比。

15.2.2　液力偶合器的原始特性

外特性是对某种具体尺寸偶合器在某一转速 n_B 下的特性，不便于对不同偶合器的性能进行比较，也不便于了解一个偶合器在不同工作情况下的特性。因此最好用无因次参数来表示性能。偶合器的原始特性接近于这种表示方法，故也称为无因次特性。

偶合器的力矩系数 λ 与转速比 i 以及效率 η 与转速比 i 之间的关系，$\lambda=\lambda$（i），$\eta=\eta$（i）称为偶合器的原始特性。

几何相似而尺寸不同的液力偶合器，具有相同的原始特性曲线。原始特性能充分地表示出某种类型偶合器各方面的性能（如经济性能、能容量性能等），因此它是选择偶合器类型时极为有用的原始资料。

原始特性一般是通过试验方法求得的。试验所得的是偶合器的外特性，再根据相似原理换算出原始特性（图 15.2-2）。

在实际应用原始特性时，应注意所取得的原始特性是在什么样的泵轮转速下和用什么黏度的工作液体试验得到的，因为这两个参数对雷诺数影响很大，影响到动力相似性。如果泵轮转速比试验求得原始特性的泵轮转速下降 1/2 到 1/3 时，原始特性上的入会有较大误差。此外，还要注意所选用的偶合器循环圆有效直径 D 值不要与试验求得原始特性的偶合器的循环圆有效直径 D 值相差过大。否则，由于制造工艺上的一些因素，难于保证非常严格的几何相似，而带来性能上的差别。

15.2.3　液力偶合器的全特性

液力偶合器的牵引特性与反转特性（第二象限）和反转特性（第四象限）组成了偶合器的全特性，如图 15.2-3 所示。

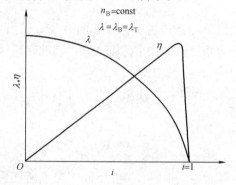

图 15.2-2　液力偶合器原始特性

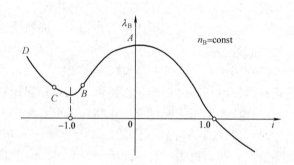

图 15.2-3　偶合器的全特性

反转特性是涡轮转速大于泵轮转速，即 $n_T > n_B$ 或 $i > 1$ 时的特性。其特点是工作腔中流体从涡轮最大外径处流向泵轮，与牵引工况的流动方向相反。此工况下外负载变成动力，即功率从涡轮输入又从泵轮输出，即 $H_T > 0$，$P > 0$；而泵轮处则为 $M_B < 0$、$H_B < 0$ 和 $P_B < 0$。例如当偶合器作为车辆传动装置时，下坡行驶就是这种工况。关于 P_B、P_T 的正负号：数学意义上，正表示与 n_B、M_B 或 n_T、M_T 同号，异号则为负；物理意义上，正表示（P 为正）外界对工作轮做功，负表示（P 为负）工作轮对外做功。

涡轮反转工况（第二象限）在工程实际中也常出现。如液力传动起重机，在起重时为牵引工况，而在下放重物时涡轮反转，泵轮仍然正转，这就是反转制动工况。此工况的特点是：$H_B > 0$，$H_T > 0$；且 $P_B > 0$，$P_T > 0$。泵轮、涡轮都成为泵轮工作，能向工作液传递能量。在 AB 段，工作液为从泵轮流向涡轮的正循环，而在 BC 段则为反循环。一般说来，AB、CD 段比较稳定，而当 $i \approx -1$ 时，流量 $q \approx 0$，但此时由于圆盘摩擦损失较大，故工作轮轴上力矩并不为零。在涡轮反转工况下，泵轮力矩是涡轮的阻力矩，由于这时泵轮、涡轮都向工作液输送能量，因此工作液会急剧升温，必须采取冷却措施。

在工程中，有时泵轮停止转动，即 $n_B = 0$，涡轮由工作机带动旋转，这时涡轮起泵轮作用，但由于泵轮不转，没有功率输出，偶合器只起到液力制动器的作用。只要液体的循环冷却得到保证，制动器就可以长时间连续运行。由相似理论可知，力矩与涡轮转速的平方成正比，这一情况可以看成泵轮不转或反转工况的极限情况，其特性如

图 15.2-4 所示。在重型车辆上装液力制动器，只可以在长距离下坡行驶时实现连续制动作用。液力制动器是以涡轮的旋转为前提的，因此，它不能代替机械制动的停车制动功能。

15.2.4　液力偶合器的通用特性

偶合器的通用特性是指偶合器循环圆的有效直径 D 和工作液体一定时，在不同泵轮转速下，偶合器轴上的力矩与涡轮转速之间的变化关系，即 $M = M(n_T)$。

通用特性可以由原始特性和力矩公式求得。当偶合器循环圆的有效直径 D 和工作液体重度 γ 一定时，先确定一个泵轮转速 n_B，然后由给出的不同涡轮转速 n_T 由公式 $i = n_T/n_B$ 得出相应的转速比 i。这样，由得出的一系列转速比 i，在原始特性曲线上找到各种转速比 i 时的力矩系数 λ_M 的值，再由公式

$$M = \lambda_M \gamma n_T^2 D^5$$

得出不同涡轮转速 n_T 时偶合器轴的力矩 M，于是得出在一个泵轮转速 n_B 时的一条 $M = M(n_T)$ 的曲线。然后，再确定第二个泵轮转速 n_B，按照上述方法就可以得到第二条 $M = M(n_T)$ 曲线。同理可以得出在不同泵轮转速 n_B 下的一组曲线 $M = M(n_T)$，如图 15.2-5 所示。

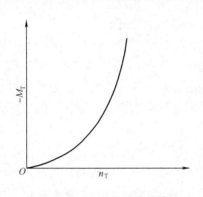

图 15.2-4　液力制动器的特性

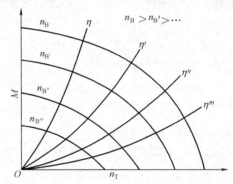

图 15.2-5　偶合器的通用特性

如前所述，偶合器的效率 η 等于其转速比 i。因此，不论泵轮转速 n_B 为何值，只要转速比 i 相同，偶合器的效率也相等。所以，在图 15.2-5 中所示的不同泵轮转速下，每一条 $M = M(n_T)$ 曲线上，都能找到转速比 i 相同的点，即等效率点。把在不同泵轮转速 n_B 时每一条 $M = M(n_T)$ 曲线上的等效率点相连，就得到了等效率曲线。等效率曲线是通过坐标原点的抛物线。

利用通用特性除了可以确定出偶合器外特性各参数（M、n_B、n_T、η）外，还可以用作图法直接绘出偶合器与原动机共同工作的输出特性。

15.2.5　液力偶合器的透穿性

透穿性是指涡轮力矩变化对泵轮力矩的影响程度。如果负载变化对原动机力矩不产生影响，称其为不透穿的，反之为可透穿的。由于偶合器的 $-M_T = M_B$，显然是可透穿的。

15.2.6　部分充液特性

实际使用中的液力偶合器一般都取消了阻碍液流的内环，而且都不是完全充满工作液体的，而是部分充液。通常所说的在完全充满液体下工作的偶合器，其工作液体的体积也往往只占偶合器工作腔容积的 90%。留有一定的自由空间，可以容纳在偶合器工作时从油液中分离出来的空气和水蒸气。偶合器在部分充液状态下工作时液体流动是无压流动，与空气接

触有一个自由表面。

充入的工作液体体积占工作腔容积的比例称为液力偶合器的充液率 q_c，随着充液率的不同，偶合器传递能量的能力也不相同。

液力偶合器部分充液时，环流具有自由表面，环流形状和分布情况如图 15.2-6 所示。

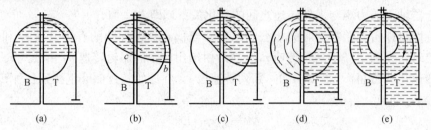

图 15.2-6　液力偶合器部分充液时的液流循环情况

（1）图 15.2-6（a）所示，$i=1$、$s=0$ 时，两叶轮工作腔内液体的离心压力互相平衡而无相对流动，工作液体呈环状，对称地分布于两叶轮的外缘。靠近旋转轴线内环是一个空气环，液体与空气分界的自由表面是一个以旋转轴线为中心的圆柱面。

（2）图 15.2-6（b）所示，转速比 i 降低，转差率 s 增大，两叶轮中液体在工作腔内产生相对运动，但运动较弱。在涡轮中作向心运动的液体，因涡轮旋转而产生的离心力作用，未到达循环圆的内缘，就从 b 点开始作离心流动，并在 c 点重新进入泵轮。如此进行着泵轮与涡轮之间液体的循环流动。这时液体体积较大的一部分是在涡轮内，而在液体中向心与离心两种流动之间有一个分界面。

（3）图 15.2-6（c）所示，转速比 i 继续降低，转差率 s 继续增大，涡轮中液体的向心流动趋势不断增加，离心流动趋势不断减弱，轴面液流形成一个环状流动，且液流环随转速比 i 的降低而继续向轴心线接近。不过此时液体流动还有一个清晰的自由表面。在这个过程中，由于流量的增加，使力矩系数 λ 增加，力矩 M 也增加，但泵轮中间流线进口处半径几乎未变。图 15.2-7 中在 $i_a \leqslant i \leqslant 0$ 区段就是上述三种情况。转速比 i 在 $i_a < i < 1$ 时的环流是涡轮内的向心液流未到内缘即进入泵轮的小循环流动。

（4）图 15.2-6（d）所示，转速比 i 下降至临界转速比 i_a 时，液流开始破坏原来的循环状态，在涡轮中向心液流到达循环圆最内侧，然后进入泵轮。但由于液流的动能不足以使液流贴紧泵轮外环运动，而是作散乱的离心流动。这时已经没有清晰的自由表面，一直到达转速比为 i_b 时，液流才完成由小循环到大循环的过渡，见图 15.2-7 中的转速比在 $i_b < i < i_a$，临界区段。

（5）图 15.2-6（e）所示，转速比 i 再继续下降，转差率 s 继续增加，涡轮转速 n_T 较低，液流的向心流动大于离心运动，液流在涡轮内缘直接进入泵轮，并紧贴泵轮外环内壁面流动，液流将保持大循环流动。这时液流也有一个清晰的自由表面，但空气环位于循环圆中间。

由于从小循环到大循环（临界区）的过渡中，在工作轮进、出口液流中间流线的半径有一个突变，即泵轮入口处半径减小了，而在一定转速比 i 下工作腔内的液体流量不变，则传递力矩 M 增大了（由 a 点跳到 b 点），所以反映在图 15.2-7 上力矩有一个跳跃。

当偶合器的转速比 i 由小变大时，液流流动的变化过程正好与上述相反，但是过渡开始和完成不再是图 15.2-7 中的 b 点和 a 点，而是更低的 b′点和 a′点，这是因为液体的黏性，使液流的运动状态具有惯性的缘故。对于一定的充液率，这些临界点是一定的，不同的充液率，具有不同的临界点位置。

图 15.2-8 表示不同充液率时液力偶合器的特性曲线，图中阴影部分是临界不稳定区。可见，大充液量时，环流突变发生在较高转速处，小充液量时则发生在较低转速处。图 15.2-7 和图 15.2-8 的纵坐标为无因次相对力矩（$\overline{M}=M/M^*$），其中 M^* 为设计工况 i^* 时的力矩。

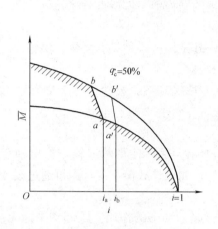

图 15.2-7　充液率 50% 时偶合器的相对特性　　　图 15.2-8　不同充液率对偶合器特性的影响

15.2.7　偶合器的特性评价

评价液力偶合器的性能一般包括三个方面：

（1）高转速比区 $i=0.9\sim1.0$ 的力矩系数值。液力偶合器正常工作时的转速比是选在设计工况 i^*，此时较大的 λ^* 值可以传递较大的力矩，而有效直径 D 也可适当取小些。

（2）过载系数。液力偶合器的过载能力对机械的安全运行起到很大的作用，过载能力常用过载系数 T_g 评价指标，即液力偶合器最大力矩 M_{max} 与标定力矩 M_a 之比。过载系数表示液力偶合器过载时瞬间承受最大冲击力矩的大小。

液力偶合器起动工况时（$i=0$）的输出力矩 M_0 与标定力矩 M_n 之比称为起动过载系数 T_{g0}，起动过载系数可看成持续过载系数，表示起动或是涡轮被制动时液力偶合器过载的持续作用力矩的大小。

（3）动态特性。液力偶合器的外特性是在稳定工况下得到的，是静态特性。当液力偶合器在设计工况 i^* 下运转，突然加载时，涡轮的转速和力矩都将发生变化，其变化规律称为动态特性。动态特性也是评价液力偶合器性能的一项重要指标。

15.3　液力偶合器的结构

由于液力偶合器使用条件的不同，对其性能和结构的要求也不同，一般有以下几种分类方法：

（1）按其内外环结构可分为有内环偶合器和无内环偶合器。

（2）按充液量可分为定充液量偶合器和变充液量偶合器。定充液量偶合器是指偶合器总的充液量不变，即 q 为定值。但在偶合器工作时，其工作腔中的充液量是随工况不同而自动变化的。变充液量偶合器又称之为调速型偶合器，它是根据负载的变化规律，人为地调节工作腔中的充液量，外观上表现为负载转速的变化，因此称之为调速型偶合器。

（3）按性能不同又可将偶合器分为普通型、牵引型、限矩型（又称安全型）和调速型四种，另外，定充液量偶合器还可作为制动器使用。

（4）按叶片安放角可分为径向直叶片及前倾或后倾叶片偶合器。

目前常用的是按偶合器的性能分类。各类偶合器的结构和工作特点分述如下：

15.3.1 普通型液力偶合器

普通型（又称标准型）液力偶合器结构最简单，其结构特点是只有泵轮、涡轮、旋转壳体组成，没有特别设计的辅助室，叶轮和循环圆基本对称。

普通型偶合器（图 15.3-1）由专门的给液泵来充填循环圆，泵轮壳体 2 周围钻有小孔 1，小孔不断地将环流液体泄出，使泄出的液体流入固定外壳 3 进行散热。同时，给液泵又不断地补偿由循环圆泄出的液体。

如果给液泵停止工作，而循环圆中的液体继续泄出，最终使得输入轴与输出轴完全分离；如果改变给液泵的流量，则充液率也将随之改变；如果外载荷不变，则可通过改变转速比 i 对偶合器进行调节。

这种偶合器在传动系统中只起到隔离振动、改善起动冲击的作用。因起动平稳无冲击，对系统有衰减扭振、隔振的作用，通过快速充、排油可实现离合器的作用，常用于不需要过载保护和调速的传动系统中。

15.3.2 牵引型液力偶合器

牵引型偶合器主要用于轨道机动车、载重汽车、轻便汽车、提升机和输送机等，作为原动机和工作机之间的主离合器，以达到重载牵引的目的，如图 15.3-2 所示。

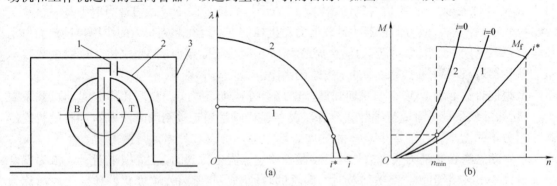

图 15.3-1 普通型偶合器循环圆   图 15.3-2 对牵引型偶合器的特性要求
1—小孔；2—泵轮壳体；3—固定外壳   (a) 原始特性；(b) 与柴油机匹配特性
                                        1—牵引型偶合器；2—普通偶合器

在上述应用场合中，通常所要带动的惯量大，起动这些惯量需要较长的时间，例如，多节车厢的轨道机动车、大载重量汽车等。而带动这些惯量的原动机例如汽油机和柴油机不能自行起动，只能依靠外力，通常利用蓄电池电能起动电动机协助原动机起动，起动之后才能输出力矩带动负载。因此，作为主离合器的牵引型偶合器，必须能满足可使原动机轻载起动，又能逐步起动大惯量负载的要求。反映在力矩特性上，牵引型偶合器希望在传递额定力矩时具有较高的效率，也即设计工况 i^* 时的 λ^* 要大；而在原动机起动时，也即零速工况 i =0 时具有很低的力矩系数 λ_0。这就可使要求暂时停止不走的车辆，只要将原动机转速降到最低稳定转速附近，偶合器不会产生很大力矩使车辆行走，因而原动机不用熄火。

牵引型偶合器的结构特点是循环圆内定量部分充液，泵轮与涡轮对称分布，涡轮外侧有辅助油室，并在涡轮出口处设有挡板。

为了保证辅助油室能在运转中起储油和排油的作用，此偶合器内不能完全充满，只能限制在某个充液量。辅助油室与涡轮做成一体，油液一路经通油孔和内环中间部分流入两叶轮之间的间隙，然后进入流道；另一路则通过转动外壳内侧和辅助油室外侧的腔道与泵轮出口处相通。在涡轮出口处的挡板起到导流和节流作用。

当偶合器静止不转时，偶合器中的油因重力积存在下半部，此时辅助油室中储有相当部分的油液。当原动机起动时，流道内只有小部分油液参加循环流动。加上挡板的节流作用，λ_0 将有较大程度的降低。随着涡轮转速的逐步增加，与涡轮制成一体的辅助油室内所储的油液因离心力增大，逐步由通油孔进入流道，参加流道内的循环流动。这样，在循环流道内油液的充液率将随着涡轮转速的增加而增加。在转速比接近于额定工况时，循环流道内已充满油，因而具有较大的力矩系数以传递额定力矩。

偶合器在正常工况（高转速比工况）时，环流总是小循环。因此，在正常工况下环流不能触及挡板，挡板也就不会影响偶合器的正常工作。

转速比 i 降低时，如前所述，循环圆内的环流将会沿涡轮内壁延伸，转速比 i 下降到一定数值时，环流将改道，由小循环改为大循环，产生力矩反馈现象。为了避免这种现象的出现，在涡轮出口处设置挡板。由于挡板在转速比 i 下降时，能削弱环流改道的影响，就可以使环流在整个转速比 i =1~0 的范围内减小力矩反馈。若挡板直径足够大，就能完全避免环流改道，消除力矩反馈。

液流通过挡板时，将产生涡流造成力矩损失，使油温升高。因此，挡板直径的大小会影响偶合器在高转速比（高速工况）时的工作效率。工作液体的温度越高，效率越低。辅助油室的作用是在转速比 i 降低时，也即转差率 s 增大时，使传动力矩降低，从而获得良好的牵引性能。

图 15.3-3 是牵引型偶合器辅助油室的作用原理及其特性曲线。在图 15.3-3 (a) 中，工作液体在循环圆中的点 M 主要受到圆周速度（牵连速度）产生的离心力的作用。若泵轮的转速为 n_B，涡轮转速为 n_T 则辅助油室中液体的圆周速度近似地为 $(n_B + n_T)/2$。在转速比 i =1 时，工作腔与辅助油室中液体的圆周速度相等，由离心力产生的静压力也相等，故循环圆中的液体绕 O 点流动。随着转速比 i 的下降（转差率 s 增大），辅助油室液体的圆周速度也随之减小，使辅助油室中由离心力产生的静压力低于工作腔中 M 点的静压力。在压差的作用下，工作液体进入辅助油室，从而降低传动力矩。所以在转速比 i 下降时，由于辅助油室和挡板的共同作用，使力矩系数显著降低，导致过载系数要比普通偶合器小。由于流入和流出辅助油室的工作液体是在静压差的作用下自动进行的，所以这类牵引型偶合器也称为静压泄液式液力偶合器。正因为是静压倾注式，其倾注过程反应较慢，在过载瞬间测得的力矩要比特性曲线给出的大得多 [图 15.3-3 (b)]，因而防止过载的性能不够理想。

图 15.3-4 是国产 YL-50 牵引型液力偶合器的结构图和原始特性。它的主要结构特点是具有侧辅室 a 和挡板 6。主要是利用循环圆和与之相连通的侧辅室内的液体静压力的平衡关系来调节循环圆内的充液量，将多余的工作液体靠静压泄到侧辅室中。

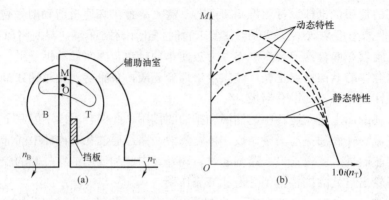

图 15.3-3 牵引型偶合器的特性

（a）循环圆；（b）特性曲线

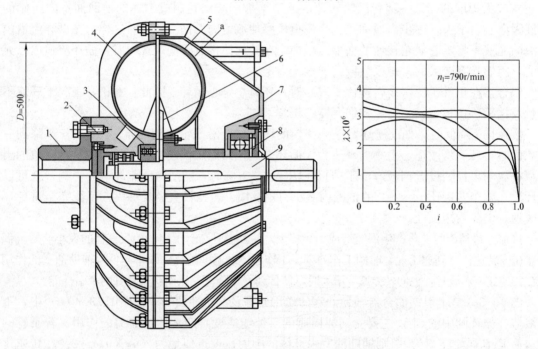

图 15.3-4 YL-50 牵引型液力偶合器

1—半联轴器；2—止推轴承；3、8—轴承；4—泵轮；

5—涡轮；6—挡板；7—外壳；9—输出轴

　　牵引型液力偶合器结构比较简单，在 $i=0.96$、充液率 $q_c=0.75\sim0.85$ 时，过载系数 $T_g=2.7\sim3.0$，它能满足主机改善起动性能和过载保护的要求。

　　牵引型液力偶合器常用于如汽车、叉车、破碎机、龙门式起重机、高强度带式运输机和大型风机的这些过载不频繁的传动系统中。

15.3.3 限矩型液力偶合器

　　限矩型偶合器又称安全型偶合器，是各种形式偶合器中生产数量最多的一种类型，主要应用于采煤、运输、破碎和起重等设备中。这些设备在运转时，不但负荷变化大，而且有时会发生突然卡住现象。在运转中突然卡住或制动时，将产生很大的过载，因为原动机和工作机所有起动部分质量的动能，都将在瞬时释放出来，变成破坏原动机和工作机某些零件的能量。因此，要求采用限矩型偶合器对这种从动部分突然卡住现象作出快速反应，防护过载，使原动机和工作机免受破坏。另外，在这些设备中原动机大多为异步电动机，而负荷的惯性很大，且经常是带载甚至重载起动，采用偶合器可大大改善电动机和工作机的起动。为了达到偶合器和异步电动机之间的合理匹配，要求限矩型偶合器的过载系数不超过异步电动机的最大力矩 M_{max} 和额定力矩 M_e 的比值通常不超过 2.2～2.4。

图 15.3-5 为 650 限矩型液力偶合器，这种偶合器具有如下特点：偶合器为定量部分充液，且最大充液量为偶合器内部容积的 85%～90%。结构上涡轮循环圆最小直径远比泵轮循环圆最小直径小，并设有前（内）辅助油室和后（侧）辅助油室（简称前辅室和后辅室），在涡轮出口处可以装有挡板，也可不装。可以看出，安全型偶合器限矩性能的获得主要依靠前后辅室。

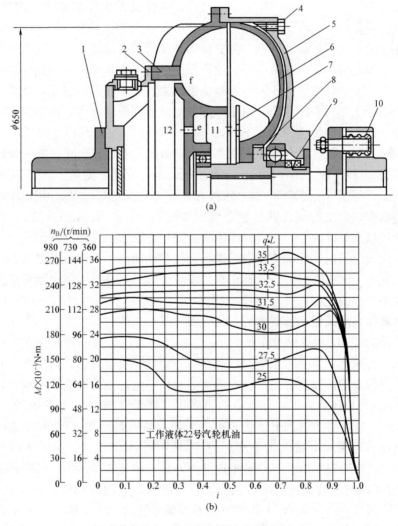

图 15.3-5　650 限矩型液力偶合器
（a）偶合器简图；（b）特性曲线
1—输入联轴器；2—后辅室壳体；3—泵轮；4—过热保护装置；5—转动外壳；6—涡轮；
7—挡板；8—输出轴；9—端轴密封；10—弹性联轴器；11—前辅室；12—后辅室

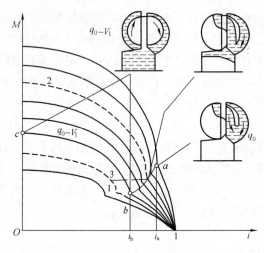

图 15.3-6　前辅室对偶合器特性的影响

（1）前辅室的作用。图 15.3-6 为前辅室的作用示意图。图中所示的一簇特性曲线是无辅助油室的偶合器流道在不同充液率下的力矩特性，而粗线（abc）则是有前辅室时的特性。设 q_0 为偶合器的充液量，V_1 为前辅室的容积。当转速比 $i=1\sim i_a$ 时，流通内的液体做小循环运动，前辅室不起作用。当 $i=i_a$ 时，由于涡轮转速降低，涡轮中液体因离心力减小，已向轴线延伸到前辅室处，液体运动已处于向大循环过渡的临界状态。

随着 i 的继续下降，如果没有前辅室存在，液体将作大循环运动。其力矩特性曲线将沿着相当于充液量为 q_0 的曲线上升。由于前辅室的存在，随着大循环运动开始，部分液体即倾泄到前辅室中，并在前辅室中形成一个旋转的油环。前辅室部分壁面是由泵轮流道内侧的结构形成并具有和泵轮相同的转速，在摩擦力的带动下前辅室油环的油将不断被甩到流道中去，也不断从涡轮出口处得到补充，在一定工况下油环将处于相对平衡状态。由于一部分油倾泄到前辅室中，流通内充液量减小，循环流量也减小，偶合器所传递的力矩下降。

随着 i 继续下降，前辅室中油环的厚度不断增加，流道内的充液量进一步减小，偶合器所传递的力矩沿 ab 线下降。当 $i=i_b$ 时，前辅室内油已充满。此后，$i<i_b$，流道内的充液量就保持不变，并等于（q_0-V_1），这些液体在流道内作大循环运动，相应的力矩特性为 bc 曲线。因此，具有前辅室的偶合器的整个力矩特性为 abc 曲线。由此可见，采用前辅室之后，偶合器的过载系数 T_g 或 $i=0$ 时所传递的力矩将有较大幅度的降低。

由于液体由流道倾泄到前辅室是利用循环液体的动能而达到的，速度快，如涡轮轴被突然制动，可以在 0.1～0.2s 内把前辅室充满，使流道内的充液量和偶合器所传递的力矩迅速下降（也即动态力矩特性好），可以对动力机和工作机进行有效的过载防护。这种利用循环液体动压力将液体自动倾泄到前辅室的，称为动压泄液式偶合器。

在力矩特性曲线上，a 点称为临界点，i_a 为临界转速比，其值通常为 0.8～0.9。b 点为跌落点，即跌落转速比。为了将限矩型偶合器的力矩特性接近理想，希望 b 点和 c 点的力矩都能接近于 a 点的力矩。但是，只改变前辅室的容积不能达到特性曲线的理想化，如果扩大前辅室容积，c 点力矩虽可降低，但 b 点的力矩也将降低（图 15.3-6 中虚线 1）。如果减小前辅室容积，b 点力矩虽然可回升，但 c 点的力矩也将升高（图 15.3-6 中虚线 2）。通常，特性曲线中占点力矩明显下跌是很不理想的，如果 M_b 小于偶合器所传递的额定力矩 M^*（对应的 $i^*=0.95\sim0.98$），由于工作机的阻力力矩在匹配时通常等于偶合器的额定力矩 M^*，因此，在工作机的起动过程中，偶合器有可能在 b 点附近长期工作，在这种工况下，偶合器传动效率低（$\eta=\eta_b=i_b$），工作机也达不到额定转速。为了解决这一矛盾，可以采取一些结构措施，如把前辅室的容积 V_1 和流道容积 V_2 的比值扩大到 0.25～0.3，在涡轮出口处安装带孔的挡板，以减弱向前辅室倾泄液体的作用；或适当扩大涡轮外侧与转动外壳之间的辅助容积，以达到如图 15.3-6 中虚线 3 那样的特性。但是，这两种措施都将使偶合器的动态特性变坏。

(2) 后辅室的作用。与牵引型偶合器在涡轮外壁和转动外壳之间所构成的辅助油室不同，限矩型偶合器的后辅室置于泵轮的背后，与泵轮一起旋转，有流孔 e 和 f 分别与前辅室和流道相通（图 15.3-7）。因而，后辅室所起的作用与牵引偶合器的辅助油室有所不同。

当偶合器静止不动时，偶合器中的油因重力作用积储在下半部。由于有流道 e 和 f，前后辅室中都储有一定数量的油，当转速比为 $i_2 < i < 1$ 时，流道内液体作小循环运动。此时前辅室内和后辅室内部没有油，流道内充液量最大，力矩特性以曲线 1-2 表示。当 $i_3 < i < i_2$ 时，油由流道倾泄到前辅室，当 $i = i_3$ 时，前辅室基本充满了油。如果没有后辅室，则流道内的充液量不再减少，当转速比 i 继续下降时，力矩特性将沿曲线 3-4 变化，而流道内的充液量为 $(q_0 - V_1)$。但由于有后辅室，由涡轮出口处倾泄到前辅室的油环厚度不断增大，当淹没流道孔 e 时，油将由前辅室经流通孔 e 流入后辅室内，与此同时，流道内的循环液体继续补充到前辅室内，使前辅室仍然处于充满状态。因此，有了后辅室，在这一转速比区段内，流通内的充液量将小于 $(q_0 - V_1)$，其特性可用曲线 3-5 表示，其值 M 低于曲线 3-4。后辅室的外缘有数个流通孔 f，室内的油可经此孔流回流道。因此，通过改变 e 和 f 流通孔的数量和直径，可以改变在 $0 < i < i_3$ 区段内偶合器力矩特性曲线的高度，再加上其他结构措施，例如合理选择挡板的尺寸，就可以获得较为满意的偶合器特性。

图 15.3-8 表示 650 限矩型偶合器前后辅室通孔直径对偶合器性能的影响。后辅室还具有延充作用。所谓延充就是指在偶合器起动时，辅助室中的油延迟向流道内充液，达到逐步平稳地起动工作机的目的。

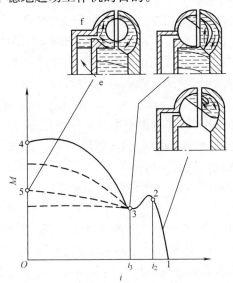

图 15.3-7　后辅室对偶合器特性的影响

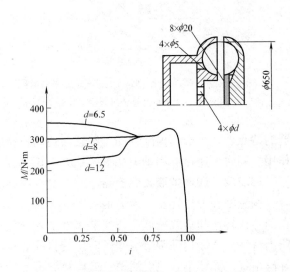

图 15.3-8　前后辅室流通孔对偶合器特性的影响

偶合器在起动之前，后辅室和前辅室都储有油道内的充液量不多，所传递的力矩，自然较小（此时 $i = 0$）。当动力机轻载起动后，因后辅室随泵轮一起与动力机以同一转速旋转，后辅室中的油因离心力的作用而形成油环，油环内的油压力将随泵轮（动力机）的转速增加而增大，并流经通孔 f 流入流道。与此同时，流道内的油在作大循环运动，不断有油倾泄到前辅室内，而前辅室中的部分油又流经通孔 e 流入到后辅室中。这样，在后辅室中既有油的流入，也有油的流出，如果流入与流出平衡，则后辅室内油的容积将保持不变，则流道内的充液量也将保持不变。设偶合器在静止时后辅室内的充液量为 V_0，在涡轮制动工况下，后辅室具有（稳定）充液量为 $V_{i=0}$，则在偶合器起动时延迟充入流道的油量（延充量）ΔV 为 $\Delta V = V_0 - V_{i=0}$。

当 $V_0 > V_{i=0}$，ΔV 为正值，说明在起动时后辅室有延充作用。如 ΔV 为负值，则偶合器在起动时，油道中的充液量将大于制动工况下稳定充液量，也即起动时偶合器所传递力矩将大于涡轮制动工况时的稳定值，此时后辅室将具有过充作用，这通常是不希望的。当 $\Delta V = 0$ 时，后辅室既不起延充，也不起过充作用。

十分明显，如果后辅室起延充作用，对动力机和工作机的起动都是有利的。

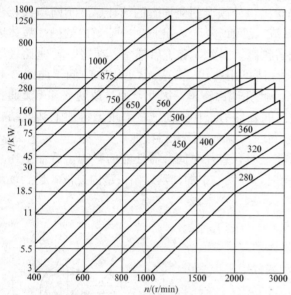

图 15.3-9　YOX 限矩型液力偶合器系列型谱图
注：图中每一曲线上方的数字为偶合器有效直径（mm）。

这种偶合器的过载系数 T_g 随着充液量的不同而变化，一般 $T_g = 1.8 \sim 2.5$。同一规格偶合器传动率范围较宽，动态性能好，灵敏度高，但结构复杂，效率较低。应用于动力机需要保护和工作机构不超过限定力矩的场合，如带式或板式运输机、斗轮挖掘机等。

图 15.3-9 为 YOX 限矩型液力偶合器系列型谱。每一有效直径液力偶合器功率的上下限分别为其最大和最小充液率的额定功率。相邻规格的偶合器，功率相互衔接，即下一规格的功率上限恰好是上一规格的下限。图中转速和功率坐标均采用对数，从图中可以看出，同一规格偶合器功率上下限相差近 1 倍，功率和转速都没有漏空，应用范围宽。

限矩型液力偶合器除具有一般偶合器的特点外，主要用做限制动力装置与传动系统的力矩，使之不超过某一值，以便起到保护作用。同时，还可利用动力装置的最大力矩（或某一特定力矩）来平稳地起动载荷。

15.3.4　调速型液力偶合器

调速型液力偶合器是人为地改变偶合器工作腔中的充液量 q，从而改变偶合器的特性。在动力机转速和负载特性都不变的条件下，改变偶合器的充液量也就改变了偶合器的输入、输出特性，从而达到调节工作机转速的目的，这就是容积调速法。调速型偶合器一般均设有补偿系统，液体不断地由油箱（或旋转油室）经冷却器进入循环圆，并不断地从循环圆排回油箱，形成循环油路。这种偶合器广泛应用于工作机需要无级调速的场合，如和异步电动机带动的离心式水泵和风机相配合。在调速过程中可以大量节约电能。

图 15.3-10 表明，偶合器工作腔中充液量不同，偶合器的特性也不一样。$-M_z$ 为工作机的负载力矩。对应转速 n_{T1}、n_{T2}、n_{T3} 即是不同充液量下工作机的转速。由于偶合器工作腔中的充液量是连续可调的，因此对工作机转速的调节是无级的。在下面的分析中将会看到，调速型偶合器对叶片泵、风机等负载力矩为抛物线形的工作机进行速度调节，具有十分

明显的节能效果，其调速范围可达 3～4 倍。

改变偶合器内充液量的方法有很多，因此调速型偶合器的结构也各不相同。调速型偶合器工作时，存在两个循环流动：一是工作腔内的循环流动，其流量为 q，它在工作中因充液量和工况的不同而改变；二是工作腔与外部油室之间的循环流动，其循环流量为 q'，q' 不仅可以改变工作腔中的循环流量，而且还可以实现工作液的冷却，因而调速型偶合器的工作油温一般不易超过 80℃。设循环流量 q' 中流入工作腔的流量为 $q_入$，流出的流量为 $q_出$，其差值 $\Delta q = q_入 - q_出$，则在平衡工作点运行时，$\Delta q = 0$。而当 $\Delta q > 0$ 时，相对充液量增加，使工作腔中的流量 q 也随之增加。反之，当 $\Delta q < 0$ 时，工作腔中的流量 q 则减少。

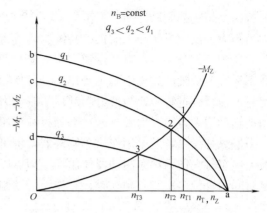

图 15.3-10 偶合器容积调速原理图

在偶合器容积调节过程中，如果工作腔的进口流量 $q_入$ 保持不变，通过改变其出口流量 $q_出$ 来调节输出速度者，称为出口调节式。反之，当工作腔的出口流量 $q_出$ 保持不变，而通过改变进口流量 $q_入$ 来调节输出速度者，称为进口调节式。若循环圆进出口流量 $q_出$ 和 $q_入$ 同时进行调节以改变 q 者，则称为进出口调节式。

15.3.5 液力制动器

液力制动器相当于液力偶合器处在 $i = 0$ 的工况，其输入的功率全部被偶合器吸收，变为工作液体的热能。其中无机械摩擦磨损的能量可作为辅助制动装置用于机械传动装置中（下坡行走和高速时的减速），以减轻机械制动器的磨损，提高机械寿命，保证安全行驶。

可见，液力制动器是一种消耗能量的元件。为了提高其消耗能量的能力，一般采用前倾角为 45°或 30°的斜叶片。循环圆与普通液力偶合器相近，有时呈椭圆形和卵圆形。

液力制动器是由一个转子（相当于偶合器的泵轮）和一个定子（相当于偶合器 $i = 0$ 时的涡轮）组成的，如图 15.3-11 所示。转子和定子均为叶轮，工作时两轮形成的工作腔内充满工作液体。转子旋转后，导致工作液体在循环圆内循环，产生能量交换。转子的能量由于液体摩擦和冲击损失转变为液体的热能。

随着各式行走机械重量的增加和速度的提高，对制动的要求也越来越高，如坦克仅依靠机械制动器已不能满足使用要求，必须采用性能适合坦克使用要求的新型液力制动器。速度越高，制动力矩越大；车速越低，制动力矩越小。液力制动器和机械制动器联合使用，可以

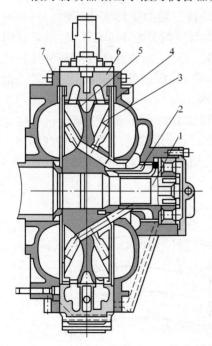

图 15.3-11 DFH 型液力制动结构
1—制动轴；2—进油体；3—闸板机构；4—外定子；5—转子；6—中间体；7—内定子

显著提高坦克的制动性能。目前，"豹" 2 坦克已采用了液力和机械的综合制动器，具有制动力矩大、反应灵敏和无磨损的持续制动等特点。其制动器由脚制动器和手制动器组成，脚制动器为工作制动器，有一台液力制动器和两台机械制动器。液力制动器消耗大部分功率，在车辆高速行驶的过程中起主要作用，可持续制动。机械制动器是油冷片式摩擦制动器，在坦克低速行驶过程中，当液力制动器的制动力矩随着转速的降低而减小时，机械制动器便自动地辅助增大力矩。驾驶员通过脚踏板和液压系统来控制这两种制动器。手制动器由驾驶员用手操纵杆操纵，既可用作停车制动器，也可用作辅助制动器。例如，当坦克需要在 31° 的坡上停车时它作为停车制动器使用；当坦克以高速行驶进行一次紧急制动和以中速行驶在一定时间内进行多次紧急制动时，它作为辅助制动器使用。

15.4　液力偶合器与动力机的共同工作

液力偶合器作为传动装置，一般与汽油机、柴油机及电动机相连，为合理选用偶合器，使偶合器与动力机合理匹配，首先必须了解动力机的特性。装有偶合器的工程机械和运输机械，其性能的好坏，除了与偶合器的匹配性能有关外，更重要的是取决于动力机与偶合器共同工作时的性能。

15.4.1　常用的动力机特性

1. 汽油机　汽油机主要靠节气阀（节气门）来调节进入气缸中混和气体的数量。当节气阀放在一定的开度位置时，动力机的功率 P_d、力矩 M_d、有效比燃料消耗 g 与发动机转速的关系曲线就一定。这些曲线称为发动机的速度特性。开度最大的速度特性称之为外特性；开度不大时，叫部分特性，如图 15.4-1 所示。汽油机的外特性随力矩的变化较大，且具有一个明显的最大力矩工况点。当节气门全开时，外特性 1 与负载力矩 M_{d1} 交于 B_1 点，这时发动机与负载的转速最高；当节气门开度减小时，$M_d = M_d (n_d)$ 的特性曲线为部分外特性 2、3、4，工作点变为 B_2、B_3、B_4，工作转速将降低。汽油机能在最低转速下稳定运转，最高转速无须控制。

2. 柴油机　柴油机按所采用调速器的不同，分为两制调节和全制调节。两制调节（又称两程调节）柴油机仅对最大和最小速度起限制作用，中间区间由节气门开度与负载平衡来决定，类似于汽油机的特性，如图 15.4-2 所示。负载为 $-M_z$ 时，对不同的节气门开度 m_1、m_2、m_3、m_4，柴油机转速分别为 n_{d1}、n_{d2}、n_{d3}、n_{d4}。

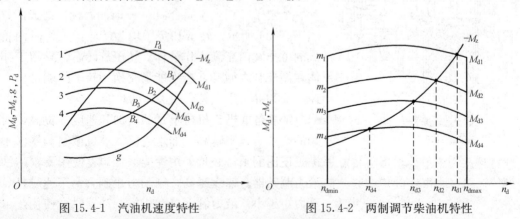

图 15.4-1　汽油机速度特性　　　　　图 15.4-2　两制调节柴油机特性

全制调节（又称全程调节）柴油机也有最高、最低两个转速限制，但调节节气门开度的手柄不论放在何种位置，柴油机就会在与该手柄位置对应的某一固定转速下运行，且转速基本不随外负载而改变。该点的力矩特性近似为直线。当负载变化时，工作点沿该转速下的直线上下移动，即柴油机的外特性较"硬"。各节气门开度下最大力矩点的连线，就是柴油机的外特性，如图 15.4-3 所示。

3. 三相交流异步电动机　三相交流异步电动机是工程中应用最广泛的动力机，尤其以笼型电动机应用更普遍，其特性如图 15.4-4 所示。图中 I_q 为电动机的起动电流；I_e 为额定电流；设 M_q 为电动机的起动力矩；M_{max} 为电动机的最大力矩，又称峰值力矩；M_{max} 对应转速为临界转速 n_L；M_e 为额定力矩，对应的转速 n_e 为电动机的额定转速。

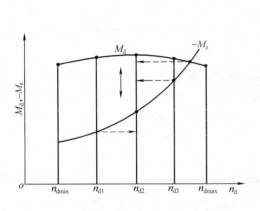

图 15.4-3　全制调节柴油机特性

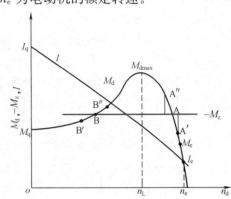

图 15.4-4　三相交流异步电动机的特性

三相异步电动机的特点之一是起动力矩 M_q 低于最大力矩 M_{max}；另一特点是起动电流很大，通常 $I_q/I_e = 6 \sim 7$。一般峰值力矩的转速 n_L 为额定转速 n_e 的 0.85～0.9 左右；最大力矩 $M_{max} = (2.0 \sim 2.8)M_e$；起动力矩 $M_q = (1.4 \sim 2.2)M_e$，对深槽电动机 $M_q = (2.8 \sim 4.0)M_e$；起动电流 $I_q = (5 \sim 7)I_e$。

由于普通交流异步电动机的起动力矩较小，而起动电流又较大，这样在起动大惯性负载时，起动时间较长，会造成电动机的过热甚至烧毁。当电动机容量较大时，大的起动电流延续时间较长，又会使电网产生压降而影响其他负载的正常运行。而电压降低又会使电动机的起动力矩随之降低，使起动时间更加延长。采用液力偶合器传动，会使这一状态得到根本改善。

15.4.2　负载的分类

负载特性因工作机功能不同而不相同，负载特性是指工作机产生的负载力矩与其转速的关系。为使书中符号一致，由相对偶合器泵轮转动方向是否一致来定义力矩的正负，显然 $-M_z > 0$。通常工作机的负载可分以下三种类型：

(1) 恒力矩负载。即 $-M_z = \text{const}$，如起重机、带式输送机、斗式提升机等都属此类负载。

(2) 抛物线负载。指与转速平方成正比的负载，即 $-M_z = kn_z^2$（k 为比例系数）。如无背压的风机、水泵等叶片式流体机械，均为此类型负载。偶合器的泵轮也是原动机的抛物线负载。

（3）与转速一次方成正比的负载。与转速一次方成正比的负载，即$-M_z=kn_z$。如压力不变的活塞式航空发动机的增压器等。

实际工作机的负载特性常常是以上几种负载特性的组合。

15.4.3　偶合器与内燃机的共同工作

1. 共同工作的稳定性　内燃机与机械传动共同工作时，其特性如图15.4-5所示。内燃机与机械传动在a点共同工作时，内燃机力矩M_f等于阻力力矩M，若因某种原因内燃机转速变化至a'或a''点，在a'点时$M_{fa'}>M_a$，内燃机要增速，直至$M_f=M_a$时为止；在点a''时$M_{fa''}<M_a$，内燃机要减速，由于$M_f<M_a$，继续减速，直至低于最小稳定转速而熄火，故a点是非稳定工作点。若内燃机与机械传动在b点共同工作，当内燃机转速变化至b'或b''，在点b'时$M_{fb'}<M_b$，内燃机减速回至b''点；在b''点时$M_{fb''}>M_b$，内燃机增速也回至b点，故b点是稳定工作点。因此，内燃机与机械传动在$n_{fM}\sim n_{fN}$区间共同工作是稳定的，而在$n_{fmin}\sim n_{fM}$区间共同工作是不稳定的。

当偶合器采用的工作液体选定以及偶合器循环圆有效直径D选定后，在一定的工况i下，λ_B值一定，此时$M_B=Cn_B^2$，其函数关系为抛物线。对抛物线方程中常数项C值有影响的因素，均对抛物线的形状有影响，而其中工作液体密度的影响较小（目前所用各种工作液体密度值差别不大）。λ_B值由不同类型偶合器的$\lambda_B=\lambda_B(i)$曲线形状所决定，有效直径D值因与力矩M_B成五次方的关系，故影响较大。

由于$M_B=Cn_B^2$的抛物线关系表明了偶合器对内燃机施加的负载与其转速的关系，因此也称为负荷抛物线。图15.4-6上绘出内燃机与某偶合器共同工作曲线。图中$M_f=M_f(n_f)$为内燃机的外特性曲线。

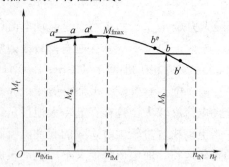

图15.4-5　内燃机与机械传动共同工作　　图15.4-6　偶合器与内燃机共同工作的稳定性的检验

设内燃机与偶合器负载的共同工作点两点a及b，在此两点$M_f=M_B$。当在a点共同工作时，若由于某种原因使内燃机工作情况改变，转速增加到a'点，或减小到a''点，此时M_B与M_f不相等。在a'点，$M_B>M_f$引起内燃机减速；在a''点$M_B<M_f$，引起内燃机加速；均变化到a点时$M_B=M_f$而稳定工作。因此，a点是稳定工作点，同样，也可证明b点也是稳定工作点。以上是在内燃机工况改变的情况下讨论的，若偶合器负荷变化，同样可以得到证明。这样，内燃机与偶合器共同工作的所有点都是稳定工作点，即在偶合器任何工况下，均能与内燃机稳定地共同工作，这也就说明了在传动系统中有偶合器时内燃机不会熄火的原因。

2. 共同工作的输入特性　在装有偶合器的工程机械或车辆中，偶合器泵轮轴与内燃机曲轴相连。偶合器与内燃机共同工作的输入特性是指泵轮轴的力矩 M_B 和转速 n_B 之间的关系，即 $M_B = M_B(n_B)$。在偶合器与内燃机共同工作时，泵轮的力矩可以看做是内燃机的负载。所以，共同工作的输入特性也称为内燃机的负载特性。

对每一个转速比 i 取不同的泵轮转速 n_B、n_B'、n_B''、…再计算出每一个转速比 i 时的工况常数和泵轮轴上的力矩 M_B。若把同一转速比 i 时的泵轮轴上力矩值 M_B 相连，就得到该转速比 i 时的共同工作输入特性。取不同的转速比，就可得到一组共同工作的输入特性曲线（负载抛物线）。输入特性与内燃机外特性曲线的交点分别为 a、b、c 和 d，如图 15.4-7 所示。因此，当偶合器与内燃机共同工作时，在每一个工况，即每一个转速比 i 时，负载抛物线与内燃机外特性曲线只有一

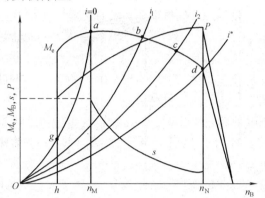

图 15.4-7　共同工作的输入特性

个交点。这个交点即为偶合器与内燃机共同工作时的工况点。因此也确定了每个工况点时的泵轮转速值 $n_B = n_e$ 和涡轮转速值 n_T。同时也可以求出转差率 s 以及转差率与泵轮转速 n_B 之间的关系。

偶合器与内燃机共同工作时的输入特性应满足如下要求：

（1）起步力矩越大越好。当内燃机在外特性曲线上工作时，共同工作的工况点 a（图 15.4-7）就表示内燃机在起步工况下传递给偶合器泵轮的力矩。起步力矩大表示机械或车辆具有良好的起步加速性。因此，希望共同工作的工况点应该位于内燃机外特性的最大力矩点，也就是 $i = 0$ 的负载抛物线应该通过内燃机外特性的最大力矩点。

（2）机械或车辆高速行驶时应具有良好的经济性。要使车辆高速行驶，偶合器的转速比应为 $i = i^*$，在该转速比下，偶合器具有最高效率。内燃机在外特性曲线上工作时，共同工作的工况点 d 应该位于内燃机最大净功率所对应的力矩值，即负载抛物线应通过内燃机外特性上最大净功率对应的力矩值。此时内燃机的耗油率较小，经济性较好。

（3）内燃机在最小稳定转速运转时附加力矩值要小。内燃机最小稳定转速称为怠速。此时，偶合器作用在内燃机上的负载力矩称为内燃机的附加力矩。附加力矩的大小决定了内燃机起动容易与否。附加力矩值越小，内燃机的起动越容易。

（4）转差率 $s = s(n_B)$ 的曲线越向下越好。曲线越向下，说明 s 越小，效率值就越大。因此，为了提高效率，应该使每一个泵轮转速的转差率 s 值尽可能小。

（5）有些增压柴油机有喘振区，在经常共同工作的区域应避开喘振区。

上述要求同时满足有时是矛盾的。在实际情况下，要根据具体要求来确定。

如果分析共同工作输入特性不够满意时，主要可通过选择不同类型的偶合器（即改变原始特性的形状）以及选择不同的有效直径两个方面来改变输入特性。因为，不同类型偶合器与同一内燃机共同工作时，输入特性会有很大差别，而同一类型不同有效直径的偶合器与同一内燃机共同工作时，其共同工作范围也不同。偶合器与内燃机共同工作输出特性的求解方法与液力变矩器相同。

3. 共同工作的输出特性　偶合器与内燃机共同工作时，输出轴（即涡轮轴）上的力矩

与其转速之间的关系，即$-M_T = M_T(n_T)$，称为共同工作的输出特性。

共同工作输出特性的绘制可以通过通用特性求得。

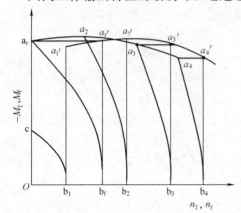

图 15.4-8　偶合器与内燃机
共同工作时的输出特性曲线

如图 15.4-8 所示，纵坐标为内燃机力矩 M_f，横坐标为内燃机转速 n_f，$a'_1 \sim a'_4$ 为内燃机的净外特性曲线。一组泵轮转速点 b_1、b_2、b_3、…对应的曲线就是通用特性曲线。点 a_1、a_2、a_3、…连成的曲线，就是共同工作时的输出特性曲线。

从偶合器与内燃机共同工作的输出特性曲线可以看出，装有偶合器的车辆其工作范围要比内燃机的净外特性宽。这种工作范围拓宽是以偶合器泵轮与涡轮之间的转速差换取的，也就是说以功率损失换取的。因此，采用偶合器改善输出特性，必然会使传动效率降低。

通过对偶合器与内燃机共同工作的输入特性与输出特性的分析，可以得出以下结论：

（1）在工程机械中，偶合器能防止内燃机的振动传给传动系，也能防止传动系的振动传给内燃机，即偶合器对振动起隔离作用。因而提高了内燃机及传动装置的寿命，并能防止内燃机的过载。

（2）由共同工作的输入特性可知，装有偶合器的工程机械，可以在重载下起动内燃机，并能使车辆以任意小的速度平稳起步。

（3）可以利用共同工作的输入特性和内燃机净外特性曲线的相对位置，分析偶合器与内燃机配合的好坏。

（4）由共同工作输出特性可以看出，车辆安装了偶合器之后，拓宽了工作范围。

15.4.4　偶合器与异步电动机的共同工作

在绘制液力偶合器与异步电动机共同工作的输入和输出特性时，必须知道异步电动机的外特性 $M_d = M_d(n_d)$，$I_d = I_d(n_d)$；所选定的偶合器的原始特性曲线及有效直径和所采用工作液体的密度值；此外，还需确定异步电动机轴与偶合器泵轮轴是直接相连还通过减速器直接连接。

图 15.4-9 为偶合器与异步电动机共同工作的输入和输出特性。由图可见，如果电动机

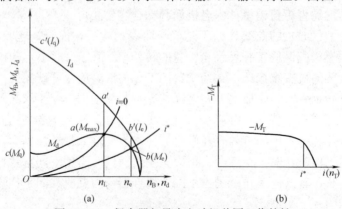

(a)　　　　　　　　(b)

图 15.4-9　偶合器与异步电动机共同工作特性
（a）输入特性；（b）输出特性

与机械传动负载连接，用异步电动机直接起动时，起动力矩较小，当转速 n_d 增加时，力矩 M_d 开始上升，然后下降到零。

只允许异步电动机在短时间内超载工作，在转差较大时更是如此。否则，由于电流 I_d 过大而损坏绝缘。

如果异步电动机所带动的传动装置惯量很大，则在起动时必须要有较大的力矩。这时，就不能将传动装置直接与电动机相连，否则，不仅起动电流太大而烧坏绝缘，而且在特性的 a 区段不能稳定工作。

异步电动机一般都不能直接与机械负载相连。而需设一套专门的起动辅助设备。如果在它们之间装上偶合器后，则情况会得到根本改善。比较偶合器的输出特性［图 15.4-9（b）］与电动机特性［图 15.4-9（a）中 M_d 曲线］可以看出，异步电动机与偶合器共同工作后，有以下特点：

（1）起动力矩增大。起动力矩可以由原先电动机的起动力矩提高到电动机的最大力矩。

（2）起动时间缩短。电动机起动时间与工作机的起动时间都缩短。电动机起动时间短是因为用了偶合器后，起动时电动机转子加速力矩大，转动惯量小。电动机与偶合器共同工作时，电动机只驱动泵轮。与电动机直接驱动工作机时的转动惯量相比，转动惯量很小。因此，电动机与偶合器共同工作起动时间可以大大缩短。电动机起动电流大，低速时电流也大。电动机起动时间缩短就意味着节约电能。

由于工作机的加速力矩是工作机起动快慢的决定因素，使用偶合器后，工作机的加速力矩变大，因此，工作机的起动时间也缩短。

（3）保护电动机。当工作机负载力矩超过电动机的最大力矩时，电动机不会停止运转，这时涡轮与工作机虽然已停止运转，但电动机仍然可以在电动机最大力矩对应的转速下旋转，此时电动机的电流大大小于电动机的起动电流，电动机不致烧坏。由于涡轮不转，偶合器内的油温迅速上升，当油温超过易熔塞的规定值时，易熔塞熔化。工作液喷出循环圆，电动机卸荷，这样偶合器可起到保护电动机的作用。

思 考 与 练 习 15

1. 简述液力偶合器的结构和工作原理。

2. 什么叫液力偶合器的外特性？

3. 液力偶合器的特性评价有哪些？各表示什么含义？

4. 牵引型偶合器的结构特点是什么？

5. 偶合器与内燃机的共同工作特性有哪些？

参 考 文 献

[1]　左健民. 液压与气压传动［M］. 北京：机械工业出版社，2007.

[2]　李壮云. 液压气动与液力工程手册［M］. 北京：电子工业出版社，2008.

[3]　骆简文，朱琪，李兴成. 液压传动与控制［M］. 2版. 重庆：重庆大学出版社，2009.

[4]　曹源文. 公路工程机械液压系统［M］. 北京：人民交通出版社，2015.

[5]　王存堂. 工程机械液压系统及故障维修［M］. 2版. 北京：化学工业出版社，2012.

[6]　乔丽霞. 工程机械液压传动［M］. 北京：化学工业出版社，2015.

[7]　初长祥，马文星. 工程机械液压与液力传动系统［M］. 北京：化学工业出版社，2015.

[8]　陆一心. 工程机械液压技术与检修实例［M］. 北京：机械工业出版社，2013.

[9]　孙立峰，等. 工程机械液压系统分析及故障诊断与排除［M］. 北京：机械工业出版社，2014.

[10]　王晓伟. 工程机械液压与液力系统［M］. 北京：化学工业出版社，2013.

[11]　朱家琏. 行走机械液压技术［M］. 北京：化学工业出版社，2015.

[12]　李华. 工程机械变速系统关键技术研究［M］. 武汉：华中科技大学出版社，2015.